全国高等学校安全工程专业规划推荐教材

土木工程概论

李　钰　主编
白海峰　主审

中国建筑工业出版社

图书在版编目（CIP）数据

土木工程概论/李钰主编. —北京：中国建筑工业出版社，2015.3
全国高等学校安全工程专业规划推荐教材
ISBN 978-7-112-17857-5

Ⅰ.①土… Ⅱ.①李… Ⅲ.①土木工程-高等学校-教材 Ⅳ.①TU

中国版本图书馆CIP数据核字（2015）第042475号

本书共10章。内容包括第1章：建设工程基础知识；第2章：土木工程材料；第3章建筑工程识图；第4章：建筑构造；第5章：建筑结构形式；第6章：建筑施工概述；第7章：道路工程；第8章：桥梁工程；第9章：隧道工程；第10章：铁路工程。

本书可作为安全工程、审计专业等与土木工程专业相关的专业教材与教学参考书。

责任编辑：张　健　陈　桦
责任设计：董建平
责任校对：张　颖　赵　颖

全国高等学校安全工程专业规划推荐教材
土木工程概论
李　钰　主编
白海峰　主审
*
中国建筑工业出版社出版、发行（北京西郊百万庄）
各地新华书店、建筑书店经销
北京红光制版公司制版
北京盈盛恒通印刷有限公司印刷
*
开本：787×1092毫米　1/16　印张：19½　字数：435千字
2015年6月第一版　　2015年6月第一次印刷
定价：**37.00元**
ISBN 978-7-112-17857-5
　　　　（27070）

版权所有　翻印必究
如有印装质量问题，可寄本社退换
（邮政编码100037）

前　言

有一部分非土木建筑类专业，如安全工程、审计等，需要对土木工程有一个初步的了解，本书针对这些专业而编写，内容基本涵盖了这些专业与土木工程相关的基础知识。

本书力求层次分明，条理清晰，结构合理，简明扼要，淡化理论，突出实用，具有下述特征：

（1）内容相对全面。简明扼要，突出工程，本书集合了土木工程建设程序，工程材料，建筑工程的构造、识图、结构选型与施工概述，道路工程、桥梁工程、隧道工程的构造与施工方法技术，铁路工程的选线与构造等，适应当前学时较少的需要。

（2）适当突出了建筑工程的内容，识图以建筑施工图、建筑结构施工图为代表。值得特别指出的是图纸是编者依据现行规范设计的。

（3）本教材配套教学资源，如各章 ppt、教案、教学大纲、课程简介、教学日历、设计施工规范等资料丰富齐全。

（4）教材内容与现行规范一致是本书的显著特点。

（5）附录提供土木工程常见的术语解释，以方便查找与系统学习。

本书由李钰主编，白海峰教授主审。编写过程中，得到了董乐霞、李金瑶、王秀玲、朱媛媛、王双、李梦楠、蔡世杰、朱凯强、李英男、丁妍君、李保平、李恬雅等同志的大力协助，在此一并表示感谢！

本书章节结构、第 9 章与第 10 章内容编排都是新的探索，可能存在不足。联系编者或者教师索要教学资料，请加入土木工程概论 QQ 群，421652265，共同探讨学习提高。

大连交通大学　李钰
2015 年 2 月

目 录

绪论 1
  0.1 土木工程与建筑工程 1
  0.2 课程学习的目的 1
  0.3 建筑的发展历程 2
  0.4 学习方法建议 5

第1章 建设工程基础知识 6
  1.1 建设项目的划分 6
  1.2 基本建设程序与工程建设管理体制 7
  1.3 建筑分类 13
  1.4 建筑模数 17
  复习思考题 17

第2章 土木工程材料 18
  2.1 材料的基本物理性质 19
  2.2 天然石材、烧结砖与砌块 28
  2.3 无机气硬性胶凝材料 38
  2.4 水泥 42
  2.5 建筑砂浆 47
  2.6 混凝土 50
  2.7 建筑钢材 57
  2.8 功能材料 63
  2.9 沥青材料 67
  复习思考题 71

第3章 建筑工程识图 73
  3.1 建筑工程制图的基本知识 73
  3.2 施工图识读的方法和步骤 86
  3.3 建筑施工图识读 87
  3.4 结构施工图识读 104
  复习思考题 120

第4章 建筑构造 122
  4.1 民用建筑的基本组成 122
  4.2 基础与地下室 123
  4.3 墙体 131
  4.4 楼地层 138

4.5　阳台与雨篷 …………………………………………… 143
　4.6　楼梯、台阶与坡道 …………………………………… 146
　4.7　门与窗 ………………………………………………… 155
　4.8　屋顶 …………………………………………………… 157
　4.9　变形缝 ………………………………………………… 163
　复习思考题 ………………………………………………… 167

第5章　建筑结构形式 ……………………………………… 168
　5.1　概述 …………………………………………………… 168
　5.2　剪力墙结构体系 ……………………………………… 171
　5.3　大跨度屋面建筑结构 ………………………………… 173
　5.4　典型建筑简介 ………………………………………… 177
　5.5　结构抗震知识简介 …………………………………… 180
　复习思考题 ………………………………………………… 182

第6章　建筑施工概述 ……………………………………… 184
　6.1　建筑物定位测量 ……………………………………… 184
　6.2　土方施工 ……………………………………………… 185
　6.3　基础工程 ……………………………………………… 188
　6.4　砌体工程 ……………………………………………… 189
　6.5　钢筋混凝土工程 ……………………………………… 195
　6.6　施工管理概述 ………………………………………… 202
　复习思考题 ………………………………………………… 204

第7章　道路工程 …………………………………………… 206
　7.1　概述 …………………………………………………… 206
　7.2　道路工程构造 ………………………………………… 207
　7.3　道路工程施工技术 …………………………………… 215
　7.4　筑路机械 ……………………………………………… 225
　复习思考题 ………………………………………………… 229

第8章　桥梁工程 …………………………………………… 230
　8.1　概述 …………………………………………………… 230
　8.2　桥梁工程构造 ………………………………………… 231
　8.3　桥梁工程施工技术 …………………………………… 245
　复习思考题 ………………………………………………… 254

第9章　隧道工程 …………………………………………… 255
　9.1　概述 …………………………………………………… 255
　9.2　隧道工程构造 ………………………………………… 257
　9.3　隧道工程施工技术 …………………………………… 263
　复习思考题 ………………………………………………… 274

第10章　铁路工程 …………………………………………… 275
　10.1　概述 …………………………………………………… 275

10.2	铁路线路	276
10.3	轨道	281
10.4	铁路路基	290
复习思考题		292
附录　常用建筑术语		**293**
主要参考文献		**306**

绪 论

0.1 土木工程与建筑工程

中国国务院学位委员会在学科简介中把土木工程定义为：建造各类工程设施的科学技术的总称。它既指所应用的材料、设备和所进行的勘测、设计、施工、保养维修等技术活动；也指工程建设的对象，即建造在地上或地下、陆上或水中，直接或间接为人类生活、生产、军事、科研服务的各种工程设施。

土木工程的分类：

(1) 工业与民用建筑工程：商场、图书馆、医院、厂房、写字楼、住宅等。
(2) 交通设施工程：铁路、公路、桥梁、隧道、码头、机场等。
(3) 市政设施工程：给排水、煤气、通讯、城市道路等。
(4) 水利工程：堤坝、运河、水库、水渠等。

"建筑"的含义：通常认为是营造建筑物和构筑物的生产活动的总称；又是指以营造建筑物和构筑物为研究对象的工程技术和艺术的总称，是一门工程技术学科。

建筑物是为了满足社会生活的需要，人类利用所掌握的物质技术手段，在科学规律和美学法则的支配下，通过空间的限定、组织而创造的人为的社会生活环境。如：住宅、办公楼、教学楼等。构筑物是指人们一般不直接在内进行生产和生活的建筑。如：水塔、烟囱等。

营造各类土木工程的活动称为工程建设。工程建设的任务称为工程建设项目，它是一次性的建设任务。

本教材内容包括土木工程建设程序，工程材料，建筑工程的构造、识图、结构选型与施工概述，道路工程、桥梁工程、隧道工程的构造与施工方法技术，铁道工程的构造等。内容相对全面，突出工程，简明扼要，与现行规范一致是本书的显著特点。

0.2 课程学习的目的

(1) 为学习其他课程打基础

每个专业都有一个由系列课程组成的培养方案，课程之间一般有先后的学习顺序，通过本课程的学习，可以系统熟悉和了解土木工程，可为学习后续的相关课程打基础。

(2) 实际工作的需要

许多实际工作，都要以土木工程图纸为基础，如造价、审计、施工、现场安全管理；水暖电设备各专业的设计与施工；装修工程的设计与施工等。这就要求我们对土木工程的相关内容有所了解，使我们能更好地适应未来的工作。

（3）生活的需要

生活当中购房、装修往往是人生的大事，需要用到户型、结构、材料、装修施工保温节能等方面的知识，这都是本课程的组成内容。

0.3 建筑的发展历程

有人类历史便有建筑，建筑工程是人类为改善自己的生存环境、与自然界的斗争中发展起来的，总是与人类共存的。建筑发展历程简表见表0-1。

建筑发展历程简表　　　　　　　　　　　　　　表0-1

阶段特征	穴居巢处	简单房屋	真正房屋	大跨度建筑	现代建筑
典型材料	天然材料	经加工的天然材料	砖、瓦、灰砂石	钢材、混凝土	各种新型材料
使用要求	遮风、避雨	遮风、避雨、抵御	大量建造物质+精神要求	适应结构	满足各种要求
设计者	居者	工匠	艺术家、工匠、工程师、设计师	工程师、设计师、艺术家	设计师、工程师、艺术家

1）古代的发展历程

远古时代的建筑是由土、石头和木头等建造的，这就是"土木"一词的由来。

大规模的建筑活动是从奴隶社会开始的。以金字塔为代表的埃及古代建筑反映了当时的几何、测量和起重机械知识已达到了相当高的水平。

我国是世界文明古国之一，留下了很多有影响的土木建筑物，如许多战国时期的城市遗址，反映了当时城市建设的发达。又如中国古代规模最宏大的防御工程——西起临洮、东至辽东的万里长城。此外我国早在秦汉时期就已广泛修建石桥，河北赵州桥（又称安济桥）就是我国古代石拱桥的杰出代表。

总的来说，古代土木工程有以下几种主要结构形式：石结构—木结构—砖结构。石结构以埃及金字塔为代表；木结构以应县木塔、南禅寺大殿、佛光寺东大殿、北京故宫为代表；砖结构以佛光寺祖师塔为代表。

我国现存最古老的木塔是山西省应县木塔，位于西街北侧，建于辽清宁二年（公元1056年），原名"佛宫寺释迦塔"，因塔身全部用木质构成，俗称木塔。塔为楼阁式，用优质松木建成，高67.13m，底层直径30m，平面呈八角形。塔刹高10m，塔的第一层有高10m的释迦像。塔壁上有6幅如来佛像。佛像及壁画为辽代风格。应县木塔结构设计精巧，保存至今已近千年，是我国现存木结构建筑之最。

山西五台山佛光寺位于山西省五台县的佛光新村，距县城三十公里。因此寺历史悠久，寺内佛教文物珍贵，故有"亚洲佛光"之称。寺内正殿即东大殿，建于唐朝大中十一年，即公元857年。从建筑时间上说，它仅次于建于唐建中三年（公元782年）的五台县南禅寺正殿，在全国现存的木结构建筑中居第二位。佛光寺的唐代建筑、唐代雕塑、唐代壁画、唐代题记，历史价值和艺术价值都很高，被人们称为"四绝"。

五台山佛光寺东大殿是佛光寺的正殿，是典型的唐代木结构建筑，面宽7间，进深4间，在全寺最后一重院落中，位置最高，外观大方简朴，朱红满涂，于唐大中十一年（公元857年）建成。山西五台县南禅寺大殿是我国现存最早的木结构建筑，比佛光寺的修建还早75年，也是亚洲最古老的木结构建筑，是我国唐代建筑的代表作。二者及殿中的唐代雕塑，堪称国宝，是全人类珍贵的文化遗产。

故宫是中国传统建筑艺术的结晶，它体现出当时帝王至尊、江山永固的主题思想，创造出巍峨壮观、富丽堂皇的组群空间和建筑形象，堪称中国古代大型组群布置的典范。

佛光寺祖师塔位于佛光寺内。佛光寺建于北魏孝文帝时期（公元471～499年），祖师塔是创建佛光寺的初祖禅师的墓塔，祖师塔是它的俗称，是砖结构的典型代表，平面六角形，二层，高约8m，式样古朴。塔的形制是国内仅见的孤例，也是全国仅存的两座北魏石塔之一。

2）近代的发展历程

17世纪中叶～第二次世界大战前后（历时约300年）的这个时期，土木工程逐步发展成为一门独立的学科（civil engineering）。

（1）理论发展

1683年，伽利略首次用公式表达了梁的设计理论；1687年，牛顿力学创立奠定了土木工程的力学分析基础；1825年，纳斯建立结构设计的容许应力法，为建筑工程的发展提供了理论基础。

（2）材料发展

1824年发明了波特兰水泥；1859年转炉炼钢法，钢材大量生产并用于土木工程；1867年钢筋混凝土开始应用；1928年预应力混凝土发明等大大促进了现代建筑工程发展。随着生产力的提高，新的生产工具、新的建筑材料、新的建筑理论不断涌现，导致土木建筑工程的快速发展。

（3）近代建筑的发展

1871年的芝加哥大火烧毁了几乎全城的建筑，30万人因此无家可归。芝加哥这个在美国经济上举足轻重城市的重建，吸引了大量的资金投入，大量的建筑项目等待进行，芝加哥成为美国建筑师密度最高的地区，形成了"芝加哥学派"。芝加哥学派的重大成就为采用新的建筑结构——钢结构来建造高层建筑。芝加哥也因此成为世界摩天大楼的摇篮和发源地。芝加哥家庭保险公司大厦，建于1883～1885年，共10层，高55m，是世界上第一幢按现代钢框架结构原理建造的高层建筑，开创摩天大楼建造之先河。这座10层的大楼在当今看来已经一点也不高大了，但是它开创了一个建筑史上的新时期——现代高层建筑的发展时期。1931年美国帝国大厦，102层，378m，高度保持世界纪录40年。

中国近代史是指从1840年鸦片战争开始，到1949年中华人民共和国建立这一时间范围。近代中国的土木建筑史深深地打上了半殖民地半封建社会的烙印。这段时期我国内忧外患频繁，土木建筑业进展缓慢。中国近代典型建筑为1934年上海建成的24层国际饭店；1937年茅以升主持建造的钱塘江大桥。

3) 土木工程的发展

土木工程技术几乎遍及各个领域，如建筑工程、市政工程、铁路公路交通工程、水利工程、采矿工程、军事工程、各类地下工程、地下空间的开发利用等。现代化城市建设向地面、空中、地下同时展开，呈立体化发展。

(1) 高层建筑大量兴起

现代技术的发展给土木工程界带来了巨大的变化。当代以大跨和高层建筑的发展为主。目前美国高度在200m以上的建筑物数量达到了100多栋；目前，世界最高建筑——阿联酋迪拜塔，160层，高828m，是人类历史上首个高度超过800m的建筑物；台湾101大厦，世界高度第二，508m；上海环球金融中心大厦492m，世界第三；马来西亚的石油双塔452m；美国西尔斯塔楼443m；上海金茂大厦420.5m；北京第一高楼528m的中国尊于2011年9月动工，预计2016年底封顶，将成为新的高度632m的上海中心大厦将于2015年建成。

大跨建筑以网架结构、悬索结构和拱结构为代表，如首都体育馆（跨度99m，平板网架）；上海体育馆（直径110m，平板网架结构）；秦俑陈列馆（跨度70m的三铰拱钢结构）；国家体育场主体建筑的"鸟巢"、国家游泳中心（俗称"水立方"）等。

(2) 地下工程高速发展

我国许多城市的地铁在飞速发展。城市向地下发展可以有效地解决用地紧张、生存空间拥挤、交通阻塞、环境恶化等一系列的城市病。今后地下空间开发的趋势是：尽一切可能把可转入地下的设施转入地下，并向深层发展。

(3) 交通运输高速化

现代世界是开放的世界，人、物和信息的交流都要求更高的速度。城市交通运输高速化，高架公路、立交桥大量涌现，高速公路的里程数已成为衡量一个国家现代化程度的标志之一。我国高速公路建设始于1988年，随着第一条高速公路沪嘉高速通车以来，我国高速公路进入高速发展期。截止到2014年末，我国高速公路通车总里程已近12万公里，居世界第三位，已经初步建成覆盖全国主要地区的高速公路网络。

高速铁路的发展，1964年10月，日本建成了世界第一条高速铁路——日本新干线，时速210km；1994年我国第一条时速160km的准高速铁路——广深高铁通车；2003年1月上海磁悬浮铁路通车，设计时速最大达到430km/h；2008年8月我国第一条高铁——京津城际高铁通车，时速350km；现在我国"八纵八横"高铁网即将建成。高速公路、高速铁路将转向国际通道建设，环球高铁和高速公路即将实施。

世界最大跨度斜拉桥是日本多多罗大桥（主跨890m），第二位是法国诺曼底大桥（主跨856m），第三位是南京长江三桥（主跨648m）。世界最大跨度钢拱桥是上海卢浦大桥（跨度550m），第二和第三位的分别是美国奇尔文桥（跨度

504m）和悉尼港湾桥（跨度 503m）。

交通高速化直接促进桥梁、隧道技术的发展，不仅穿山越江的隧道日益增多，而且出现长距离的海底隧道。日本青函隧道全长为 53860m，其中海底部分为 23300m，埋深 100m。英吉利海峡隧道长 50.3km，排名第二。

这些都是人们利用自然、战胜自然、造福于人类的重大成果，世界级的土木工程项目。这些工程的建设和建成得益于数学、力学理论的发展，也得益于工程材料、工程机械的进步和发展。

铁路、桥梁、公路、高楼大厦及各个大型水利工程的建立，使得土木工程的领域更加完善，一些新结构、新技术、新材料的运用也使土木工程更加适应现代社会的需要。

未来土木工程的发展，建筑功能要求多样化，向综合体发展；城市建设立体化，建筑向超高层、更大跨度发展；桥梁超大跨，隧道超长更深，铁道更高速度发展；土木工程建造场所向太空、地下、海洋、荒漠开拓，土木工程设计、建造与运营管理技术向信息化、智能化、集成化等方向发展等。

0.4 学习方法建议

这门学科实践性很强，要求同学们把科学理论与实践相结合。在校期间，努力学习理论，同时要重视实践教学环节，通过课程实习、生产实习、到建筑工地上参观与实习，实物联系教材，对比学习，把学到的理论与工程实践相结合。无论是在学校还是在工作以后，都要努力做到理论－实践－理论－实践，不断循环往复，才能学好理论，解决实际问题。

《土木工程概论》的作用是指导学生熟悉和了解土木工程，遵循学习规律，掌握学习方法，建立热爱土木工程的感情和对土木工程事业的责任心，为今后积极主动地学好相关课程，培养自主学习的能力打下理论基础。

第1章 建设工程基础知识

1.1 建设项目的划分

建设项目,又叫基本建设项目。凡是在一个场地上或几个场地上按一个总体设计组织施工,建成后具有完整的系统,可以独立地形成生产能力或使用价值的建设工程,称为一个建设项目。对于每一个建设项目,都编有计划任务书和独立的总体设计。例如,在工业建设中,一般一个工厂就为一个建设项目;在民用建设中,一般一个学校、一所医院即为一个建设项目。对大型分期建设的工程,如果分为几个总体设计,则就是几个建设项目。

1.1.1 建筑工程建设项目的划分

(1) 单项工程

单项工程是建设项目的组成部分。一个建设项目可以是一个单项工程,也可能包括几个单项工程。单项工程是具有独立的设计文件,建成后可以独立发挥生产能力或效益的工程。生产性建设项目的单项工程一般是指能独立生产的车间。它包括土建工程、设备安装、电气照明工程、工业管道工程等。非生产性建设项目的单项工程,如一所学校的办公楼、教学楼、图书馆、食堂、宿舍等。

(2) 单位工程

单位工程是单项工程的组成部分,一般指不能独立发挥生产能力,但具有独立施工条件的工程。如车间的土建工程是一个单位工程,车间的设备安装又是一个单位工程,此外,还有电气照明工程、工业管道工程、给排水工程等单位工程。非生产性建设项目一般一个单项工程即为一个单位工程。

(3) 分部工程

分部工程是单位工程的组成部分,一般是按单位工程的各个部位划分的。例如房屋建筑单位工程可划分为基础工程、主体工程、屋面工程等。也可以按照工种工程来划分,如土石工程、钢筋混凝土工程、砖石工程、装饰工程等。

(4) 分项工程

分项工程是分部工程的组成部分。如钢筋混凝土工程可划分为模板工程、钢筋工程、混凝土工程等分项工程;一般墙基工程可划分为开挖基槽、铺设垫层、做基础、做防潮层等分项工程。

1.1.2 建筑工程项目划分的目的和意义

(1) 可以更清晰地认识和分解建筑

(2) 方便开展相关工作

如,设计是在总体设计的基础上,一般是以一个单项工程进行组织设计;建筑工程施工是按分部工程、分项工程开展；造价预算定额是按分项工程取费；工程的验收分为过程验收与竣工验收，过程验收一般是从检验批、分项工程到分部工程，再到单位工程由小到大进行的。

注意，有的工程类型的建设项目的细分可能与建筑工程不同。

1.2 基本建设程序与工程建设管理体制

基本建设程序是拟建建设项目在整个建设过程中各项工作的先后次序，是几十年来我国基本建设工作实践经验的科学总结。基本建设程序一般可划分为决策、准备、实施三个阶段。建设程序内的若干阶段有严格的先后次序，不能任意颠倒，但可以有合理的交叉。

1.2.1 基本建设项目的决策阶段

这个阶段要根据国民经济增长、中期发展规划，进行建设项目的可行性研究，编制建设的计划任务书（又叫设计任务书）。其主要工作包括调查研究、经济论证、选择与确定建设项目的地址、规模、时间要求等。

1) 项目建议书阶段

项目建议书是向国家提出建设某一项目的建设性文件，是对拟建项目的初步设想。

（1）作用

项目建议书的主要作用是通过论述拟建项目的建设必要性、可行性，以及获利、获益的可能性，向国家推荐建设项目，供国家选择并确定是否进行下一步工作。

（2）基本内容

①拟建项目的必要性和依据。②产品方案，建设规模，建设地点初步设想。③建设条件初步分析。④投资估算和资金筹措设想。⑤项目进度初步安排。⑥效益估计。

（3）审批

项目建议书根据拟建项目规模报送有关部门审批。

大中型及限额以上项目的项目建议书，先报行业归口主管部门，同时抄送国家发展与改革委员会。行业归口主管部门初审同意后报国家发展与改革委员会，国家发展与改革委员会根据建设总规模、生产总布局、资源优化配置、资金供应可能、外部协作条件等方面进行综合平衡，还要委托具有相应资质的工程咨询单位评估后审批。重大项目由国家发展与改革委员会报国务院审批。小型和限额以下项目的项目建议书，按项目隶属关系由部门或地方发展与改革委员会审批。

项目建议书批准后，项目即可列入项目建设前期工作计划，可以进行下一步的可行性研究工作。

2) 可行性研究阶段

可行性研究是指在项目决策之前，通过调查、研究、分析与项目有关的工程、技术、经济等方面的条件和情况，对可能的多种方案进行比较论证，同时对项目建成后的经济效益进行预测和评价的一种投资决策分析研究方法和科学分析活动。

(1) 作用

可行性研究的主要作用是为建设项目投资决策提供依据，同时也为建设项目设计、银行贷款、申请开工建设、建设项目实施、项目评估、科学实验、设备制造等提供依据。

(2) 内容

可行性研究是从项目建设和生产经营全过程分析项目的可行性，主要解决项目建设是否必要、技术方案是否可行、生产建设条件是否具备、项目建设是否经济合理等问题。

(3) 可行性研究报告

可行性研究的成果是可行性研究报告。批准的可行性研究报告是项目最终决策文件。可行性研究报告经有关部门审查通过，拟建项目正式立项。

1.2.2 基本建设项目的准备阶段

1) 建设单位施工准备阶段

工程开工建设之前，应当切实做好各项施工准备工作。其中包括：组建项目法人；征地、拆迁；规划设计；组织勘察设计；建筑设计招标；建筑方案确定；初步设计（或扩大初步设计）和施工图设计；编制设计预算；组织设备、材料订货；建设工程报监理；委托工程监理；组织施工招标投标，优选施工单位；办理施工许可证；编制分年度的投资及项目建设计划等。

这里仅介绍勘察与设计阶段的工作过程与内容。

(1) 勘察阶段

由建设单位委托有相应资质的勘察单位，针对拟开发的地段，根据拟建建筑的具体位置、层数、建设高度等，进行现场土层钻探的活动。然后在实验室进行土力学实验，得出地下水高度、每一土层的名称、空间分布与变化、地基承载力大小，并对该场地给出哪一土层作为持力层的建议、建设场地适宜性评价、抗震评价等。最后以工程地质与水文地质勘探报告文件的形式提交给建设单位的有偿活动。设计单位以勘察报告的数据作为基础设计、地基处理的依据。

(2) 设计阶段

设计单位接受建设单位的委托，或设计投标中标后，建设项目不超设计资质、符合城市规划的前提下，满足建设单位的功能要求或技术经济指标，同时满足建设法律法规、结构安全、防火安全、建筑节能等一系列要求后，以设计文件的形式提交给建设单位的有偿经济活动。设计是对拟建工程在技术和经济上进行全面的安排，是工程建设计划的具体化，是决定投资规模的关键环节，是组织施工的依据。设计质量直接关系到建设工程的质量，是建设工程的决定性环节。

经批准立项的建设工程，一般应通过招标投标择优选择设计单位。

一般工程进行两阶段设计，即初步设计和施工图设计。有些工程，根据需要可在两阶段之间增加技术设计。

①初步设计。是根据批准的可行性研究报告和设计基础资料，对工程进行系统研究，概略计算，作出总体安排，拿出具体实施方案。目的是在指定的时间、

空间等限制条件下，在总投资控制的额度内和质量要求下，做出技术上可行、经济上合理的设计和规定，并编制工程总概算。

初步设计不得随意改变批准的可行性研究报告所确定的建设规模、产品方案、工程标准、建设地址和总投资等基本条件。如果初步设计提出的总概算超过可行性研究报告总投资的10%以上，或者其他主要指标需要变更时，应重新向原审批单位报批。

②技术设计。为了进一步解决初步设计中的重大问题，如工艺流程、建筑结构、设备选型等，根据初步设计和进一步的调查研究资料进行技术设计。这样做可以使建设工程更具体、更完美，技术指标更合理。

③施工图设计。在初步设计或技术设计基础上进行施工图设计，使设计达到施工安装的要求。施工图设计应结合实际情况，完整、准确地表达出建筑物的外形、内部空间的分割、结构体系以及建筑系统的组成和周围环境的协调。

在建筑设计单位，设计图纸是以建筑、结构、设备、电气等专业人员完成各个专业的施工图，设计完成后，进行校对、审核、专业会签等一系列环节，最后一套图纸（一般以单项工程为单位）按一定的序列排列，装订成册后提交给委托单位。《建设工程质量管理条例》规定，建设单位应将施工图设计文件报县级以上人民政府建设行政主管部门或其他有关部门审查，未经审查批准的施工图设计文件不得使用。

道路工程、铁道工程同样需要选线、地质勘察、初步设计、施工图设计、施工图审查、批准等准备阶段。

2）施工单位施工准备阶段

工程项目施工准备工作按其性质及内容通常包括技术准备、物资准备、劳动组织准备、施工现场准备和施工场外准备。

（1）技术准备

技术准备是施工准备的核心。具体有如下内容：

①熟悉、审查施工图纸和有关的设计资料

熟悉、审查设计图纸的程序通常分为自审阶段、会审阶段和现场签证三个阶段。

设计图纸的自审阶段。施工单位收到拟建工程的设计图纸和有关技术文件后，应组织有关的工程技术人员对图纸进行自审，记录对设计图纸的疑问和有关建议等。

设计图纸的会审阶段。一般由建设单位主持，由设计单位、施工单位和监理单位参加，四方共同进行设计图纸的会审。图纸会审时，首先由设计单位的工程主持人向到会者说明拟建工程的设计依据、意图和功能要求，并对特殊结构、新材料、新工艺和新技术提出要求；然后施工单位根据自审记录以及对设计意图的了解，提出对设计图纸的疑问和建议；最后在统一认识的基础上，对所探讨的问题逐一地做好记录，形成"图纸会审纪要"，由建设单位正式行文，参加单位共同会签、盖章，作为与设计文件同时使用的技术文件和指导施工的依据，以及建设单位与施工单位进行工程结算的依据。

设计图纸的现场签证阶段。在施工过程中，如果发现施工的条件与设计图纸的条件不符，或者发现图纸中仍然有错误，或者因为材料的规格、质量不能满足设计要求，或者因为施工单位提出了合理化建议，需要对设计图纸进行及时修订时，应遵循技术核定和设计变更的签证制度，进行图纸的施工现场签证。如果设计变更的内容对拟建工程的规模、投资影响较大时，要报请项目的原批准单位批准。在施工现场的图纸修改、技术核定和设计变更资料，都要有正式的文字记录，归入拟建工程施工档案，作为指导施工、工程结算和竣工验收的依据。

②原始材料的调查分析

自然条件的调查分析。建设地区自然条件的调查分析的主要内容有：地区水准点和绝对标高等情况；地质构造、土的性质和类别、地基土的承载力、地震级别和抗震设防烈度等情况；河流流量和水质、最高洪水和枯水期的水位等情况；地下水位的高低变化情况，含水层的厚度、流向、流量和水质等情况；气温、雨、雪、风和雷电等情况；土的冻结深度和冬、雨季的期限等情况。

技术经济条件的调查分析。建设地区技术经济条件的调查分析的主要内容有：当地施工企业的状况；施工现场的动迁状况；当地可以利用的地方材料的状况；地方能源和交通运输状况；地方劳动力的技术水平状况；当地生活供应、教育和医疗卫生状况；当地消防、治安状况和施工承包企业的力量状况等。

③编制施工图预算和施工预算

编制施工图预算。这是按照工程预算定额及其取费标准而确定的有关工程造价的经济文件，它是施工企业签订工程承包合同、工程结算、建设单位拨付工程款、进行成本核算、加强经营管理等方面工作的重要依据。

编制施工预算。施工预算是根据施工图预算、施工定额等文件进行编制的，它直接受施工图预算的控制。它是施工企业内部控制各项成本支出、考核用工、"两算"对比、签发施工任务单、限额领料、基层进行经济核算的依据。

④编制施工组织设计

施工组织设计是指导施工的重要技术文件。由于建筑工程的技术经济特点，建筑工程没有一个通用型的、一成不变的施工方法，所以，每个工程项目都要分别确定施工方案和施工组织方法，也就是要分别编制施工组织设计，作为组织和指导施工的重要依据。

（2）物资准备

根据各种物资的需要计划，分别落实货源，安排运输和储备，使其满足连续施工的要求。物资准备主要包括建筑材料的准备、构（配）件和制品的加工的准备、建筑机具安装的准备和生产工艺设备的准备。

（3）劳动组织准备

劳动组织准备的范围既有整个的施工企业的劳动组织准备，又有大型综合的拟建建设项目的劳动组织准备，也有小型简单的拟建单位工程的组织准备。这里仅以一个拟建工程项目为例，说明其劳动组织准备工作的内容：①建立拟建工程项目的领导机构；②建立精干的施工队组；③集结施工力量、组织劳动力进场，进行安全、防火和文明施工等方面的教育，并安排好职工的生活；④向施工队组、工人进行施工组织设计、计划和技术交底；⑤建立健全各项管理制度。

工地的各项管理制度是否建立健全，直接影响其各项施工活动的顺利进行。其内容通常有：工程质量检查与验收制度；工程技术档案管理制度；材料（构件、配件、制品）的检查验收制度；技术责任制度；施工图纸学习与会审制度；技术交底制度；职工考勤、考核制度；工地及班组经济核算制度；材料出入库制度；安全操作制度；机具使用保养制度。

(4) 施工现场准备

①做好施工场地的控制网测量。②搞好"三通一平"，即路通、水通、电通和平整场地。③做好施工现场的补充勘探。④建造临时设施。做好构（配）件、制品和材料的储存和堆放。⑤安装、调试施工机具。⑥及时提供材料的试验申请计划。⑦做好冬、雨期施工安排。⑧进行新技术项目的试制和试验。⑨设置消防、保安设施。

(5) 施工的场外准备

①材料的加工和订货。②做好分包工作和签订分包合同。③向有关部门提交开工申请报告。

施工单位按规定做好各项准备，具备开工条件以后，建设单位向当地建设行政主管部门提交开工申请报告。经批准，项目进入下一阶段，施工安装阶段。

1.2.3 基本建设项目的实施阶段

这个阶段主要是依据设计图纸进行施工，做好生产或使用准备，进行竣工验收，交付生产或使用。

1) 施工安装阶段

建设工程具备了开工条件并取得施工许可证后才能开工。

按照规定，工程新开工时间是指建设工程设计文件中规定的任何一项永久性工程第一次正式破土开槽的开始日期。不需开槽的工程，以正式打桩作为正式开工的日期。铁道、公路、水库等需要进行大量土石方工程的，以开始进行土石方工程作为正式开工日期。工程地质勘查、平整场地、旧建筑物拆除、临时建筑或设施等的施工不算正式开工。

本阶段的主要任务是按设计进行施工安装，建成工程实体。

在施工安装阶段，施工承包单位应当认真做好图纸会审工作，参加设计交底，了解设计意图，明确质量要求、选择合适的材料供应商、做好人员培训、合理组织施工、建立并落实技术管理、质量管理体系和质量保证体系、严格把好中间质量验收和竣工验收环节。

2) 工业建筑生产准备阶段

工程投产前，建设单位应当做好各项生产准备工作。生产准备阶段是由建设阶段转入生产经营阶段的重要衔接阶段。在本阶段，建设单位应当做好相关工作的计划、组织、指挥、协调和控制工作。

生产准备阶段的主要工作有：组建管理机构，制定有关制度和规定；招聘并培训生产管理人员，组织有关人员参加设备安装、调试、工程验收；签订供货及运输协议；进行工具、器具、备品、备件等的制造或订货；其他需要做好的有关工作。

3) 竣工验收阶段

建设工程按设计文件规定的内容和标准全部完成，并按规定将工程内外全部清理完毕后，达到竣工验收条件，建设单位即可组织竣工验收，勘察、设计、施工、监理等有关单位应参加竣工验收。竣工验收是考核建设成果、检验设计和施工质量的关键步骤，是由投资成果转入生产或使用的标志。竣工验收合格后，建设工程方可交付使用。

竣工验收后，建设单位应及时向建设行政主管部门或其他有关部门备案并移交建设项目档案。

建设工程自办理竣工验收手续后，因勘察、设计、施工、材料等原因造成的质量缺陷，应及时修复，费用由责任方承担。保修期限、返修和损害赔偿应当遵照《建设工程质量管理条例》的规定。

我国的基本建设程序如图1-1。

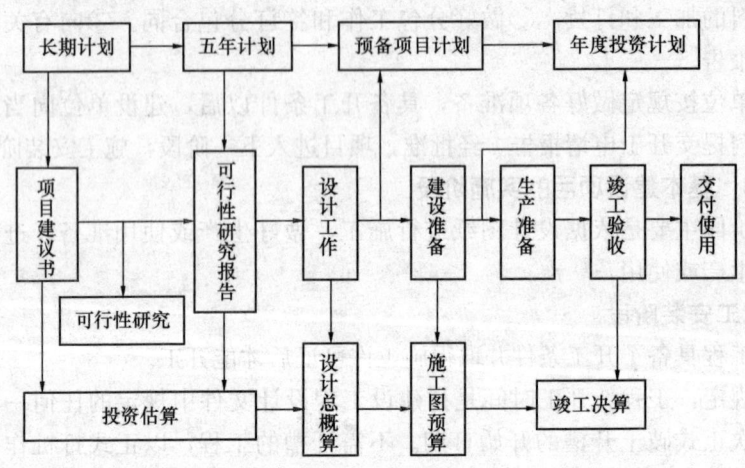

图1-1 基本建设程序

1.2.4 工程建设管理体制

我国工程建设管理体制改革的目标是：改革市场准入、项目法人责任、招标投标、勘察设计、工程监理、合同管理、工程质量监督和建筑安全生产管理等制度，建立单位资质与个人执业注册管理相结合的市场准入制度，对政府投资工程严格实行四项基本制度，建立通过市场竞争形成工程价格的机制，完善工程风险管理制度，将建设市场的运行管理逐步纳入法制化轨道。按照国家有关规定，在工程建设中应该严格执行四项基本制度，即项目法人责任制、招标投标制、工程监理制和合同管理制等主要制度。这些制度相互关联、互相支持，共同构成了建设工程管理制度体系。

（1）工程建设项目法人责任制度。国有单位经营性大中型项目在建设阶段必须组建项目法人。项目法人可按《公司法》的规定设立有限责任公司（包括国有独资公司）和股份有限公司形式。项目法人对项目的策划、资金筹措、建设实施、生产经营、债务偿还和资产的保值增值，实行全过程负责。

(2) 工程建设的招标投标制度。大型基础设施、公用事业等关系社会公共利益、公众安全的项目；全部或者部分使用国有资金投资或者国家融资的项目；使用国际组织或者外国政府贷款、援助资金的项目等必须进行招标。招标范围包括工程建设的勘察、设计、施工、监理、材料设备的招标投标。大中型工程建设项目的施工，凡纳入国家或地方财政投资的工程建设项目，可实行国内公开招标；凡利用外资或国际间贷款的工程建设项目，可实行国际招标。

(3) 建设项目必须实行工程监理制度。国家重点建设工程；大中型公用事业工程；成片开发建设的住宅小区工程；利用外国政府或者国际组织贷款、援助资金的工程等必须实行监理。工程监理是由具有相应工程监理资质的监理单位按国家有关规定受项目法人委托，对施工承包合同的执行、安全施工、工程质量、进度、费用等方面进行监督与管理。监理单位和监理人员必须全面履行监理服务合同和施工合同规定的各项监理职责，不得损害项目法人和承包人的合法利益。

(4) 合同管理制度。建设项目的勘察设计、施工、工程监理以及与工程建设有关的重要建筑材料、设备采购，必须遵循诚实信用原则，依法签订合同，通过合同明确各自的权利义务。合同当事人应当加强对合同的管理，建立相应的制度，严格履行合同。各级相应工程主管部门应依照法律法规，加强对合同执行情况的监督。

1.3 建筑分类

1.3.1 建筑三要素

无论是建筑物还是构筑物，都是为了满足一定功能，运用一定的物质材料和技术手段，依据科学规律和美学原则而建造的相对稳定的人造空间。

建筑通常是由三个基本要素构成，即建筑功能，建筑物质技术条件和建筑形象，简称"建筑三要素"。

(1) 建筑功能。是指建筑物在物质精神方面必须满足的使用要求。建筑的功能要求是建筑物最基本的要求，也是人们建造房屋的主要目的。不同的功能要求产生了不同的建筑类型，例如各种生产性建筑，居住建筑，公共建筑等等。而不同的建筑类型又有不同的建筑特点。所以建筑功能是决定各种建筑物性质、类型和特点的主要因素。

建筑功能要求是随着社会生产和生活的发展而发展的，从构木为巢到现代化的高楼大厦，从手工业作坊到高度自动化的大工厂，建筑功能越来越复杂多样，人们对建筑功能的要求也越来越高。

(2) 建筑的物质技术条件。包括材料、结构、设备和建筑生产技术（施工）等重要内容。材料和结构是构成建筑空间环境的骨架；设备是保证建筑物达到某种要求的技术条件；而建筑生产技术则是实现建筑生产的过程和方法。例如：钢材、水泥和钢筋混凝土的出现，从材料上解决了现代化建筑中大跨、高层的结构问题；电脑和各种自动控制设备的应用，解决了现代建筑中各种复杂的使用要求；

而先进的施工技术，又使这些复杂的建筑得以实现。所以他们都是达到建筑功能要求和艺术要求的物质技术条件。

建筑的物质技术条件受社会生产水平和科学技术水平制约。建筑在满足社会的物质要求和精神要求的同时，也会反过来向物质技术条件提出新的要求，推动物质技术条件进一步发展。物质技术条件是建筑发展的重要因素，只有在物质技术条件具有一定水平的情况下，建筑的功能要求和艺术审美要求才有可能充分实现。

（3）建筑形象。根据建筑的功能和艺术审美要求，并考虑民族传统和自然环境条件，通过物质技术条件的创造，构成一定的建筑形象。构成建筑形象的因素，包括建筑群体和单体的体形、内部和外部的空间组合、立面构图、细部处理、材料的色彩和质感以及光影和装饰的处理等等。如果对这些因素处理得当，就能产生良好的艺术效果，给人以一定的感染力，例如庄严雄伟、朴素大方、轻松愉快、简洁明朗、生动活泼等。

建筑形象并不单纯是一个美观问题，它还常常反映社会和时代的特征，表现出特定时代的生产水平、文化传统、民族风格和社会精神面貌；表现出建筑物一定的性格和内容。例如埃及的金字塔、希腊的神庙、中世纪的教堂、中国古代的宫殿、近代出现的摩天大楼等，它们都有不同的建筑形象，反映着不同的社会文化和时代背景。

三个基本构成要素，满足功能要求是建筑的首要目的；材料、结构、设备等物质技术条件是达到建筑目的的手段；而建筑形象则是建筑功能、技术和艺术内容的综合表现。

1.3.2 建筑高度的计算

1）实行建筑高度控制的地区

建筑高度不应危害公共空间安全、卫生和景观，下列地区应实行建筑高度控制：

（1）对建筑高度有特别要求的地区，应按城市规划要求控制建筑高度。

（2）沿城市道路的建筑物，应根据道路的宽度控制建筑裙楼和主体塔楼的高度。

（3）机场、电台、电信、微波通信、气象台、卫星地面站、军事要塞工程等周围的建筑，当其处在各种技术作业控制区范围内时，应按净空要求控制建筑高度。

（4）当建筑处在国家或地方公布的各级历史文化名城、历史文化保护区、文物保护单位和风景名胜区内时，应实行建筑高度控制。

注：建筑高度控制尚应符合当地城市规划行政主管部门和有关专业部门的规定。

2）建筑高度的计算方法

（1）上述第（3）、（4）款控制区内建筑高度，应按建筑物室外地面至建筑物和构筑物最高点的高度计算。

（2）其他控制区内建筑高度：平屋顶应按建筑物室外地面至其屋面面层或女儿墙顶点的高度计算；坡屋顶应按建筑物室外地面至屋檐和屋脊的平均高度计算。

下列突出物不计入建筑高度内：局部突出屋面的楼梯间、电梯机房、水箱间等辅助用房占屋顶平面面积不超过 1/4 者；突出屋面的通风道、烟囱、装饰构件、花架、通信设施等；空调冷却塔等设备。

1.3.3 建筑分类

1) 按建筑物的用途分类

建筑分为工业建筑与民用建筑。民用建筑根据使用功能可分为居住建筑和公共建筑。

（1）工业建筑。主要供工业生产用的建筑物。工业建筑如冶金、机械、食品、纺织等。各类型中又有很多不同的工厂，如纺织印染厂、食品加工厂、机械制造厂等。

（2）居住建筑。主要指供家庭和集体生活起居用的建筑物。包括各种类型的住宅、公寓和宿舍等。

（3）公共建筑。供人们从事各种政治、文化、福利服务等社会活动用的建筑物，如展览馆、医院等。

2) 按使用性质分类

公共建筑是供人们政治文化活动、行政办公以及其他商业、生活服务等公共事业所需要的建筑物。各类公共建筑的设置和规模，主要根据城乡总体规划来确定。由于公共建筑通常是城镇或地区中心的组成部分，是广大人民政治文化生活的活动场所，因此公共建筑设计，在满足房屋使用要求的同时，建筑物的形象也要起到丰富城市面貌的作用。公共建筑按使用功能的特点，可分为以下建筑类型：

（1）生活服务性建筑：食堂、菜场、浴室、服务站等。
（2）科研建筑：研究所、科学试验楼等。
（3）医疗建筑：医院、门诊所、疗养院等。
（4）商业建筑：超市、商场等。
（5）行政办公建筑：各种办公楼、写字楼等。
（6）交通建筑：火车站、汽车客运站、航空港、地铁站等。
（7）通信广播建筑：邮电所、广播电台、电视塔等。
（8）体育建筑：体育馆、体育场、游泳池等。
（9）观演建筑：电影院、剧院、杂技场等。
（10）展览建筑：展览馆、博物馆等。
（11）旅馆建筑：各类旅馆、宾馆等。
（12）园林建筑：公园、动（植）物园等。
（13）纪念性建筑：纪念堂、纪念碑等。
（14）文教建筑：学校、图书馆等。
（15）托幼建筑：托儿所、幼儿园等。

3) 按建筑层数或高度分类

（1）住宅建筑。低层：1~3 层；多层：4~6；中高层：7~9 层；高层：10~30 层。
（2）公共建筑及综合性建筑。建筑物总高度不大于 24m 者为单层或多层建筑，大于24m者为高层建筑（不包括建筑高度大于24m的单层建筑）。

(3) 超高层建筑。建筑物高度超过100m时，不论住宅或公共建筑均称为超高层建筑。

4) 按建筑结构类型分类

(1) 砌体结构建筑。用砌体块材（各种砖、砌块、石等）与砂浆砌筑成墙体，用钢筋混凝土楼板和钢筋混凝土屋面板建造的建筑。

(2) 混凝土结构建筑。主要承重构件全部采用钢筋混凝土建造的建筑。

(3) 钢结构建筑。主要承重构件全部采用钢材建造的建筑。

(4) 木结构建筑。承重材料或包括围护材料主要由木材建造的建筑。

5) 按抗震设防分类

建筑应根据其使用功能的重要性进行抗震设防，建筑抗震设防分类和设防标准分为甲类，乙类，丙类，丁类四个抗震设防类别。

(1) 甲类建筑：应属于重大建筑工程和地震时可能发生严重次生灾害的建筑。

(2) 乙类建筑：应属于地震时使用功能不能中止或需尽快恢复的建筑。

(3) 丙类建筑：应属于除甲，乙，丁类以外的一般建筑。

(4) 丁类建筑：应属于抗震次要建筑。

1.3.4 建筑物分等

建筑物按其性质和耐久程度分为不同的建筑等级。设计时应根据不同的建筑等级，采用不同的标准和定额，选择相应的材料结构。

1) 按建筑的耐火程度分级

建筑物的耐火性能标准，主要是由建筑物的重要性和其在使用中的火灾危险性来确定的。例如，具有重大政治意义的建筑物或使用贵重设备的工厂和实验楼，以及使用人数众多的大型公共建筑或使用易燃材料的空间和热加工车间等，都应采用耐火性能较高的建筑材料和结构形式。有些建筑为了保证在3h燃烧时间内不发生结构倒塌，还必须在结构设计中通过耐火计算，以确定构件尺寸与构造等。而一般住宅或金属冷加工的机械车间，则可采用耐火性能相对低一些的建筑材料和结构形式。

建筑物的耐火等级是由建筑材料的燃烧性能和建筑构件最低的耐火极限决定的，普通建筑分为一、二、三、四级。建筑材料的燃烧性能一般分为不燃、难燃、可燃和易燃四级。建筑构件的耐火极限是指对任意建筑构件按时间-温度标准曲线进行耐火试验，从受到火的作用时起，到失去支持能力或完整性被破坏或失去隔热作用时止的时间（用h表示）。

划分建筑物耐火等级的方法，一般是以楼板为基准，然后再按构件在结构安全上所处的地位，分级选定适宜的耐火极限，如在一级耐火等级建筑中，支承楼板的梁比楼板重要，可定为2.00h，而墙体因承受梁的重量而比梁更为重要，则可定为2.50~3.00h等等。有关建筑防火的详细内容可参考《建筑消防工程学》（李钰主编，徐州：中国矿业大学出版社，2011）。

2) 按建筑物性质及耐久年限分级

建筑物的耐久性一般包括抗冻、抗热、抗蚀、抗腐等方面。

设计使用年限是设计规定的一个时期，在这一时期内，只需正常维修（不需大修）就能完成预定的功能，即房屋建筑在正常设计、正常施工、正常使用和维护情况下所应达到的使用年限。

1.4 建筑模数

为了实现建筑设计标准化、生产工厂化、施工机械化，由《建筑模数协调统一标准》GBJ 2—1986 作为统一与协调建筑尺度的基本标准。

模数是选定的标准尺度单位，以作为建筑物、建筑构配件、建筑制品及有关设备尺寸相互协调的基础。模数数列是以选定的模数基数为基础而展开的数值系统，它包括基本模数、扩大模数和分模数。

1) 基本模数。基本模数其数值规定为 100mm，符号为 M，即 1M＝100mm。目前世界上绝大多数国家均采用 100mm 为基本模数数值。

2) 扩大模数。扩大模数是基本模数整数倍的模数尺寸。扩大模数的基数有 6 个，分别是 3M、6M、12M、15M、30M、60M，其相应尺寸为 300mm、600mm、1200mm、1500mm、3000mm、6000mm。

3) 分模数。分模数指整数除基本模数的数值。分模数的基数有 3 个，分别是 (1/10) M、(1/5) M、(1/2) M，其相应尺寸为 10mm、20mm、50mm。

复习思考题

1. 什么是建设项目？是如何细分的？
2. 基本建设程序一般可划分为哪几个阶段？
3. 什么是项目的可行性研究阶段？有何作用？有何内容？
4. 简述我国建设工程管理制度体系的组成。
5. "建筑三要素"是什么？有何关系？
6. 哪些地区应实行建筑高度控制？
7. 简述建筑高度的计算方法。
8. 建筑物按用途如何分类？

第 2 章 土木工程材料

构成土木建筑物的材料称为土木工程材料，它包括地基基础、梁、板、柱、墙体、屋面、道路、桥梁、水坝、码头等所用到的各种材料。土木工程材料是土木建筑业的物质基础，正确选择和合理使用工程材料，对土木工程的安全、实用、美观、耐久及降低造价有着重大的意义。

土木工程材料有不同的分类方法。如按土木工程材料的功能与用途分类，可以分为结构材料、防水材料、保温材料、吸声材料、装饰材料、地面材料、屋面材料等；按化学成分分类，可将土木工程材料分为无机材料、有机材料和复合材料。见表 2-1。

土木工程材料分类　　　　　　　　　　　表 2-1

土木工程材料	无机材料	金属材料	黑色金属：钢、铁
			有色金属：铝、铝合金、铜、铜合金等
		非金属材料	天然石材：花岗岩、石灰岩、大理岩、砂岩、玄武岩等
			烧结与熔融制品：烧结砖、陶瓷、玻璃、铸石、岩棉等
			胶凝材料 ── 水硬性胶凝材料：各种水泥等
			胶凝材料 ── 气硬性胶凝材料：石灰、石膏、水玻璃、菱苦土等
			混凝土及砂浆制品等
			硅酸盐制品等
	有机材料	植物材料：木材、竹材及其制品等	
		合成高分子材料：塑料、涂料、胶粘剂、密封材料等	
		沥青材料：石油沥青、煤沥青及其制品等	
	复合材料	无机材料基复合材料	混凝土、砂浆、钢筋混凝土等
			水泥刨花板、聚苯乙烯泡沫混凝土等
		有机材料基复合材料	沥青混凝土、树脂混凝土、玻璃纤维增强塑料（玻璃钢）等
			胶合板、竹胶板、纤维板等

随着社会生产力和科学技术水平的提高，各种新型建筑材料不断被研制出来，进而推动了建筑结构设计方法和施工工艺的变化，而新的建筑结构设计方法和施工工艺对建筑材料品种和质量提出更高的要求。随着人类的进步和社会的发展，更有效地利用地球有限的资源，全面改善及迅速扩大人类工作与生存空间，发展环保型建筑材料已势在必行。建筑材料在原材料、生产工艺、性能及产品方面也将面临新的挑战和更广阔的发展空间。在原材料方面要充分利用再生资源及工农业废料；在生产工艺方面要大力引进现代技术，改造或淘汰陈旧设备，降低原材

料及能源消耗，减少环境污染；在性能方面要力求轻质、高强、耐久及多功能；在产品形式方面要积极发展预制技术，逐步提高构件化、单元化的水平。

掌握各种建筑材料的性能及其适用范围，选样最合适的品种，是工程设计者的主要任务，也是施工人员、管理人员应当了解的。

2.1 材料的基本物理性质

2.1.1 密度、表观密度与堆积密度

1) 密度

密度是指材料在绝对密实状态下，单位体积的质量，按下式计算：

$$\rho = \frac{m}{V} \tag{2-1}$$

式中　ρ——密度，kg/m^3；
　　　m——材料的质量，kg；
　　　V——材料在绝对密实状态下的体积，m^3。

绝对密实状态下的体积是指不包括孔隙在内的体积。除了钢材、玻璃等少数材料外，绝大多数材料都有一些孔隙。在测定有孔隙材料的密度时，应把材料磨成细粉，干燥后，用李氏瓶测定其密实体积。材料磨得越细，测得的密度数值就越精确。砖、石材等块状材料的密度即用此法测得。

在测量某些致密材料（如卵石等）的密度时，直接以块状材料为试样，以排液置换法测量其体积。材料中部分与外部不连通的封闭孔隙无法排除，这时所求得的密度为近似密度。

2) 表观密度

表观密度是指材料在自然状态下，单位体积的质量，按下式计算：

$$\rho_0 = \frac{m}{V_0} \tag{2-2}$$

式中　ρ_0——表观密度，kg/m^3；
　　　m——材料的质量，kg；
　　　V_0——材料在自然状态下的体积，或称表观体积，m^3。

材料的表观体积是指包含内部孔隙的体积。当材料孔隙内含有水分时，其质量和体积均将有所变化，故测定表观密度时，须注明其含水情况。一般是指材料在气干状态（长期在空气中干燥）下的表观密度。在烘干状态下的表观密度，称为干表观密度。

3) 堆积密度

堆积密度是指粉状或粒状材料，在堆积状态下，单位体积的质量，按下式计算：

$$\rho_0' = \frac{m}{V_0'} \tag{2-3}$$

式中　ρ_0'——材料的堆积密度，kg/m^3；

m——材料的质量,kg;
V_0'——材料的堆积体积,m^3。

测定散粒材料的堆积密度时,材料的质量是指填充在一定容器内的材料质量,其堆积体积是指所用容器的容积而言。因此,材料的堆积体积包含了颗粒之间的空隙。

常用建筑材料的密度、表观密度和堆积密度见表2-2。

常用建筑材料的密度、表观密度和堆积密度　　表2-2

材　料	密度 ρ (kg/m^3)	表观密度 ρ_0 (kg/m^3)	堆积密度 ρ_0' (kg/m^3)
石灰石	2600	1800~2600	—
花岗石	2800	2500~2900	—
碎石（石灰岩）	2600	—	1400~1700
砂	2600	—	1450~1650
黏土	2600	—	1600~1800
普通黏土砖	2500	1600~1800	—
黏土空心砖	2500	1000~1400	—
水泥	3100	—	1200~1300
普通混凝土	—	2100~2600	—
木材	1550	400~800	—
钢材	7850	7850	—
泡沫塑料	—	20~50	—

2.1.2　材料的密实度与孔隙率

1) 密实度

密实度是指材料体积内被固体物质充实的程度,按下式计算:

$$D = \frac{V}{V_0} \tag{2-4}$$

式中　D——材料的密实度;
　　　V——材料在绝对密实状态下的体积,cm^3 或 m^3;
　　　V_0——材料在自然状态下的体积,或称表观体积,cm^3 或 m^3。

2) 孔隙率

孔隙率是指材料体积内,孔隙体积所占的比例,用下式表示:

$$P = \frac{V_0 - V}{V_0} \tag{2-5}$$

即　　　　　　　　　　　$D + P = 1$

或　　　　　　　　　密实度 + 孔隙率 = 1

孔隙率的大小直接反映了材料的致密程度。材料内部孔隙的构造,可分为连通的与封闭的两种。连通孔隙不仅彼此贯通且与外界相通,而封闭孔隙则不仅彼此不连通且与外界相隔绝。孔隙按尺寸大小又分为极微细孔隙、细小孔隙和较粗大孔隙。孔隙的大小及其分布对材料的性能影响较大。

2.1.3 材料与水有关的性质

1) 亲水性与憎水性

水分与不同固体材料表面之间相互作用的情况是不同的。在材料、水和空气的交点处，沿水滴表面的切线与水和固体接触面所成的夹角（润湿边角）θ 越小，浸润性越好。如果润湿边角 θ 为零，则表示该材料完全被水所浸润；居于中间的数值表示不同程度的浸润。一般认为，当润湿边角 $\theta \leqslant 90°$ 时，如图 2-1（a），水分子之间的内聚力小于水分子与材料分子间的相互吸引力，此种材料称为亲水性

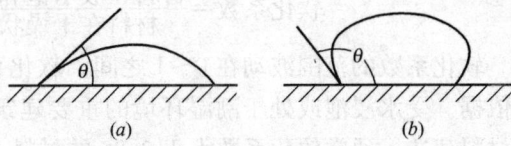

图 2-1 材料浸润边角
(a) 亲水性材料；(b) 憎水性材料

材料。当 $\theta > 90°$ 时，如图 2-1（b），水分子之间的内聚力大于水分子与材料分子间的吸引力，则材料表面不会被水浸润，此种材料称为憎水性材料。这一概念也可应用到其他液体对固体材料的浸润情况，相应地称为亲液性材料或憎液性材料。

2) 含水率

材料中所含水的质量与干燥状态下材料的质量之比，称为材料的含水率，即：

$$\omega = \frac{m_1 - m}{m} \times 100\% \qquad (2-6)$$

式中 ω——材料的含水率，%；

m——材料在干燥状态下的质量，g；

m_1——材料在含水状态下的质量，g。

3) 吸水性

材料与水接触吸收水分的性质，称为材料的吸水性。当材料吸水饱和时，其含水率称为吸水率。多数情况是按质量计算吸水率，但也有按体积计算吸水率的（吸入水的体积占材料自然状态下体积的百分率）。如果材料具有细微而连通的孔隙，则其吸水率较大；若是封闭孔隙，水分就不容易渗入。粗大的孔隙水分虽然容易渗入，但仅能润湿孔壁表面而不易在孔内存留。所以，封闭或粗大孔隙材料，其吸水率是较低的。

各种材料的吸水率相差很大，如花岗石等致密岩石的吸水率仅为 0.5%～0.7%，普通混凝土为 2%～3%，黏土砖为 8%～20%，而木材或其他轻质材料的吸水率则常大于 100%。

4) 吸湿性

材料在潮湿空气中吸收水分的性质称为吸湿性。吸湿作用一般是可逆的，也就是说材料既可吸收空气中的水分，又可向空气中释放水分。

与空气湿度达到平衡时的含水率称为平衡含水率。木材的吸湿性特别明显，它能大量吸收水汽而增加重量，致使材料降低强度和改变尺寸。木门窗在潮湿环境下往往不易开关，就是由于吸湿引起的木材膨胀所致。保温材料如果吸收水分

5) 耐水性

材料抵抗水的破坏作用的能力称为耐水性。一般材料随着含水量的增加，会减弱其内部的结合力，强度都有不同程度的降低，即使致密的石料也不能完全避免这种影响。例如，花岗石长期浸泡在水中，强度将下降3%，普通黏土砖和木材所受影响更为显著。材料的耐水性可用软化系数表示：

$$软化系数 = \frac{材料在吸水饱和状态下的抗压强度}{材料在干燥状态下的抗压强度}$$

软化系数的范围波动在0～1之间。软化系数的大小，有时成为选择材料的重要依据。受水浸泡或处于潮湿环境的重要建筑物，必须选用软化系数不低于0.85的材料建造，通常软化系数大于0.80的材料，可以认为是耐水的。

6) 抗渗性

材料抵抗压力水渗透的性质称为抗渗性（或不透水性）。材料的抗渗性用渗透系数 K 表示：

$$K = \frac{Qd}{AtH} \tag{2-7}$$

式中　K——渗透系数，cm/h；
　　　Q——透水量，cm³；
　　　d——试件厚度，cm；
　　　A——透水面积，cm²；
　　　t——时间，h；
　　　H——静水压力水头，cm。

渗透系数越小的材料表示其抗渗性越好。对于混凝土和砂浆材料，抗渗性常用抗渗等级来表示：

$$P = 10H - 1 \tag{2-8}$$

式中　P——抗渗等级；
　　　H——试件开始渗水时的水压力，MPa。

材料抗渗性的好坏与材料的孔隙率和孔隙特征有密切关系。孔隙率很低而且是封闭孔隙的材料具有较高的抗渗性能。对于地下建筑及水工构筑物，因常受到水压力的作用，所以要求材料具有一定的抗渗性，对于防水材料，则要求具有更高的抗渗性。材料抵抗其他液体渗透的性质，也属于抗渗性，如贮油罐则要求材料具有良好的不渗油性。

7) 抗冻性

材料在水饱和状态下，能经受多次冻融循环作用而不破坏，也不严重降低强度的性质，称为材料的抗冻性。

材料的抗冻性用抗冻等级表示。抗冻等级是规定的试件在规定试验条件下，测得其强度降低不超过规定值，并无明显损坏和剥落时所能经受的冻融循环次数，以此作为抗冻等级，用符号"F_n"表示，其中，n 即为最大冻融循环次数。如 F_{25}、F_{50} 等。

材料抗冻等级的选择是根据结构物的种类、使用条件、气候条件等来决定的。

例如烧结普通砖、陶瓷面砖、轻混凝土等墙体材料，一般要求其抗冻等级为 F_{15} 或 F_{25}；用于桥梁和道路的混凝土为 F_{50}、F_{100} 或 F_{200}，而水工混凝土要求高达 F_{500}。

抗冻性良好的材料，对于抵抗大气温度变化、干湿交替等风化作用的能力较强，所以抗冻性常作为考查材料耐久性的一项指标。在设计寒冷地区及寒冷环境（如冷库）的建筑物时，必须考虑材料的抗冻性。处于温暖地区的建筑物，虽无冰冻作用，但为抵抗大气的风化作用，确保建筑物的耐久性，也常对材料提出一定的抗冻性要求。

2.1.4 材料的热工性质

为了保证建筑物具有良好的室内温度，同时能降低建筑物的使用能耗，要求建筑材料必须具有一定的热工性能。建筑材料常用的热工性质有导热性、比热容等。

1) 导热性

当材料两侧存在温度差时，热量将由温度高的一侧通过材料传递到温度低的一侧，材料的这种传导热量的能力，称为导热性。

材料的导热性可用导热系数表示。导热系数的物理意义是：厚度为 1m 的材料，当温度每改变 1K 时，在 1s 时间内通过 $1m^2$ 面积的热量。用公式表示为：

$$\lambda = \frac{Qd}{(t_2 - t_1)AZ} \quad (2\text{-}9)$$

式中　λ——材料的导热系数，W/(m·K)；
　　　Q——传导的热量，J；
　　　d——材料的厚度，m；
　　　A——材料传热的面积，m^2；
　　　Z——传热时间，s；
　　$(t_2 - t_1)$——材料两侧温度差，K。

材料的导热系数越小，表示其绝热性能越好。各种材料的导热系数差别很大，如泡沫塑料 $\lambda = 0.035\text{W}/(\text{m·K})$，而大理石 $\lambda = 3.48\text{W}/(\text{m·K})$。工程中通常把 $\lambda \leqslant 0.23\text{W}/(\text{m·K})$ 的材料称为绝热材料。

2) 比热容

材料比热容的物理意义是指质量 1kg 的材料，在温度每改变 1K 时所吸收或放出的热量。用公式表示为：

$$c = \frac{Q}{m(t_2 - t_1)} \quad (2\text{-}10)$$

式中　Q——材料的吸热或放热量，kJ；
　　　m——材料的质量，kg；
　　$(t_2 - t_1)$——材料受热或冷却前后的温度差，K；
　　　c——材料的比热容，kJ/(kg·K)。

材料的导热系数和比热容是设计建筑物围护结构（墙体、屋盖）进行热工计算时的重要参数。设计时应选用导热系数较小而比热容较大的建筑材料，以使建筑物保持室内温度的稳定性。同时，导热系数是热工计算和确定冷藏库绝热层厚度的重要数据。几种典型材料的热工性质指标如表 2-3 所示。由表 2-3 可见，水的比热容最大。因此在冬期混凝土施工中,当需要对原材料进行加热时,应优先对水进行加热。

几种典型材料的热工性质指标 表 2-3

材料	导热系数 λ [W/(m·K)]	比热容 c [kJ/(kg·K)]	材料	导热系数 λ [W/(m·K)]	比热容 c [kJ/(kg·K)]
铜	370	0.38	松木(横纹)	0.15	1.63
钢	55	0.46	泡沫塑料	0.03	1.30
花岗石	2.9	0.80	冰	2.20	2.05
普通混凝土	1.8	0.88	水	0.60	4.19
烧结普通砖	0.55	0.84	静止空气	0.025	1.00

2.1.5 材料的基本力学性质

建筑材料的力学性质是指材料在外力作用下,抵抗破坏的能力和变形方面的性质,它对合理选用材料非常重要,是建筑材料最重要的技术性质。

1) 材料的强度

材料在外力(荷载)作用下抵抗破坏的能力,称为材料的强度。当材料受外力作用时,其内部就产生应力。外力增加,应力相应增大,直至材料内部质点间结合力不足以抵抗所作用的外力时,材料即发生破坏。材料破坏时,应力达极限值,这个极限应力值就是材料的强度,也称极限强度。

根据外力作用形式的不同,材料的强度有抗压强度、抗拉强度、抗弯强度及抗剪强度等,如图 2-2 所示。

材料的这些强度是通过静力试验测定的,故总称为静力强度。材料的静力强度是通过标准试件的破坏试验而测得,而且对不同类型材料,试验方法及试件有较大的区别。对比较理想的线弹性材料,材料的抗压、抗拉和抗剪强度

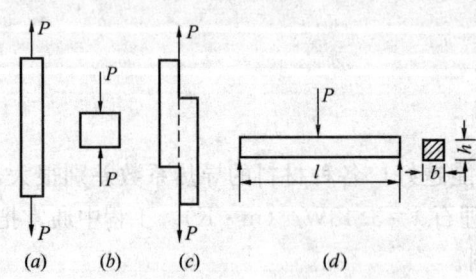

图 2-2 材料受外力作用示意图
(a) 抗拉;(b) 抗压;(c) 抗剪;(d) 抗弯

的计算公式分别为:

抗压、抗拉:
$$\sigma = \frac{P}{A} \leqslant [\sigma] \quad (2\text{-}11)$$

抗剪:
$$\tau = \frac{P}{A} \leqslant [\tau] \quad (2\text{-}12)$$

式中 $[\sigma]$——材料容许的极限抗压或抗拉强度,MPa;
$[\tau]$——材料容许的极限抗剪强度,MPa;
P——试件破坏时的最大荷载,N;
A——试件受力面积,mm²;
σ——横截面上的最大正应力;
τ——受剪面上的平均剪应力。

材料的抗弯强度与试件的几何外形及荷载施加的情况有关,强度的计算公式为:

$$\sigma = \frac{M}{W} \leqslant [\sigma] \qquad (2\text{-}13)$$

式中　M——计算截面弯矩;
　　　W——材料的抗弯截面模量。

材料的强度与其组成及构造有关,即使材料的组成相同而构造不同,强度也不一样。材料的孔隙率越大,则强度越小。一般表观密度大的材料,其强度也大。晶体结构的材料,其强度还与晶粒粗细有关,其中细晶粒的强度高。玻璃原是脆性材料,抗拉强度很小,但当制成玻璃纤维后,则成了很好的抗拉材料。材料的强度还与其含水状态及温度有关,含有水分的材料,其强度较干燥时为低。一般温度高时,材料的强度将降低,这对沥青混凝土尤为明显。

材料的强度与其测试所用的试件形状、尺寸有关,也与试验时加荷速度及试件表面形状有关。相同材料采用小试件测得的强度较大试件高;加荷速度快者强度值偏高;试件表面不平或表面涂润滑剂时,所测强度值偏低。由此可知,材料的强度是在特定条件下测定的数值。为了使试验结果准确,且具有可比性,各国都制定了统一的材料试验标准,在测定材料强度时,必须严格按规定的试验方法进行。常用建筑材料强度见表2-4。

常用建筑材料强度(MPa)　　　　表2-4

材料	抗压	抗拉	材料	抗压	抗拉
石材	20~100	—	松木(横纹)	30~50	80~120
烧结普通砖	10~30	—	建筑钢材	235~1860	235~1860
普通混凝土	15~80	1.27~3.11	砂浆	2.5~15	—

2) 材料的弹性与塑性

材料在外力作用下产生变形,当外力去除后能完全恢复到原始形状的性质称为弹性。材料的这种可恢复的变形称为弹性变形。弹性变形属可逆变形,其数值大小与外力成正比,这时的比例系数 E 称为材料的弹性模量。材料在弹性变形范围内,E 为常数,其值可用正应力 σ 与应变 ε 之比表示,即

$$E = \frac{\sigma}{\varepsilon} = 常数 \qquad (2\text{-}14)$$

各种材料的弹性模量相差很大,弹性模量是衡量材料抵抗变形能力的一个指标。E 值越大,材料越不易变形,亦即刚度好。弹性模量是结构设计时的重要参数。

材料在外力作用下产生变形,当外力去除后,有部分变形不能恢复,这种性质称为材料的塑性。这种不能恢复的变形称为塑性变形。塑性变形为不可逆变形。

实际上纯弹性变形的材料是没有的,通常一些材料在受力不大时,表现为弹性变形,而当外力达一定值时,则呈现塑性变形,如低碳钢就是典型的这种材料。另外许多材料在受力时,弹性变形和塑性变形同时发生,这种材料当外力取消后,

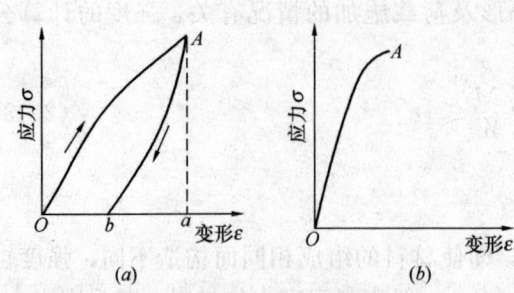

图 2-3 材料的变形曲线
(a) 弹塑性材料；(b) 脆性材料的变形

弹性变形会恢复，而塑性变形不能消失。混凝土就是这类材料的代表。弹塑性材料的变形曲线如图 2-3 (a) 所示，图中 ab 为可恢复的弹性变形，Ob 为不可恢复的塑性变形。

3) 材料的脆性与韧性

材料受外力作用，当外力达一定值时，材料发生突然破坏，且破坏时无明显的塑性变形，这种性质称为脆性，具有这种性质的材料称脆性材料，其变形曲线如图 2-3 (b) 所示。脆性材料的抗压强度远大于其抗拉强度，可高达数倍甚至数十倍，所以脆性材料不能承受振动和冲击荷载，也不宜用作受拉构件，只适于作承压构件。建筑材料中大部分无机非金属材料为脆性材料，如天然岩石、陶瓷、玻璃、普通混凝土等。

材料在冲击或振动荷载作用下，能吸收较大的能量，同时产生较大的变形而不破坏，这种性质称为韧性。在建筑工程中，对于要求承受冲击荷载和有抗震要求的结构，如吊车架、桥梁、路面等所用的材料，均应具有较高的韧性。

4) 材料的硬度与耐磨性

硬度是指材料表面抵抗硬物压入或刻划的能力。测定材料硬度的方法有多种，通常采用的有刻划法和压入法两种，不同材料其硬度的测定方法不同。刻划法常用于测定天然矿物的硬度，按硬度递增顺序分为 10 级，即滑石、石膏、方解石、萤石、磷灰石、正长石、石英、黄玉、刚玉、金刚石。压入法如布氏硬度值是以压痕单位面积上所受压力来表示的，常用于测定钢材、木材和混凝土等建筑材料的硬度。

材料的硬度越大，其耐磨性越好。工程中有时也可用硬度来间接推算材料的强度。材料的耐磨性与材料的组成成分、结构、强度、硬度等有关。在建筑工程中，对于用作踏步、台阶、地面、路面等的材料，应具有较高的耐磨性。

2.1.6 材料的耐久性

材料的耐久性是指用于建筑物的材料，在环境的多种因素作用下，能经久不变质、不破坏，长久地保持其使用性能的性质。

材料在建筑物使用过程中，除材料内在原因使其组成、构造、性能发生变化以外，还要长期受到使用条件及各种自然因素的作用，这些作用可概括为以下几方面：

(1) 物理作用

物理作用包括环境温度、湿度的交替变化，即冷热、干湿、冻融等循环作用。材料在经受这些作用后，将发生膨胀、收缩或产生内应力，长期的反复作用，将使材料逐渐遭到破坏。

(2) 化学作用

化学作用包括大气和环境水中的酸、碱、盐等溶液或其他有害物质对材料的侵蚀作用，以及日光、紫外线等对材料的作用。

(3) 机械作用

机械作用包括荷载的持续作用，交变荷载对材料引起的疲劳、冲击、磨损、磨耗等。

(4) 生物作用

生物作用包括菌类、昆虫等的侵害作用，导致材料发生腐朽、虫蛀等破坏。

耐久性是材料的一项综合性质，各种材料耐久性的具体内容，因其组成和结构不同而异。例如钢材易受氧化而锈蚀；无机非金属材料常因氧化、风化、碳化、溶蚀、冻融、热应力、干湿交替等作用而破坏；有机材料多因腐烂、虫蛀、老化而变质等。

在设计建筑物选用材料时，必须考虑材料的耐久性问题，因为只有采用耐久性良好的建筑材料，才能保证建筑物的耐久性。提高材料的耐久性，对节约建筑材料、保证建筑物长期正常使用、减少维修费用、延长建筑物使用寿命等，均具有十分重要的意义。

2.1.7 材料的装饰性

建筑是技术与艺术相结合的产物，而建筑艺术的发挥，除建筑设计外，在很大程度上取决于建筑材料的装饰性。为了满足这方面的要求，建材行业的工作者们不断研制和生产出各种形形色色、琳琅满目的装饰材料。

建筑装饰材料主要用作建筑物内、外墙面、柱面，地面及顶棚等处的饰面层，这类材料往往兼具结构、绝热、防潮、防火、吸声、隔声或耐磨等两种以上的功能。因此，采用装饰材料修饰主体结构的面层，不仅能大大改善建筑物的外观艺术形象，使人们获得舒适和美的感受，最大限度地满足人们生理和心理上的各种需要，同时也起到了保护主体结构材料的作用，提高建筑物的耐久性。所以材料的装饰性对于建筑物具有十分重要的作用。近年来，随着人们生活水平的提高，对建筑装修、装饰的要求越来越高，目前一般用于建筑装饰的费用要占建筑总造价的1/3以上，高等级的建筑物可能更高，所以材料的装饰性很重要。

材料通常通过以下装饰功能达到美化建筑物的作用。

(1) 色彩

色彩最能突出表现建筑物的美，古今中外的建筑物，无一不是利用丰富的色彩来塑造其形象。同时，不同色彩能使人产生不同感觉。暖色调使人感到热烈、兴奋、温暖，冷色调使人感到宁静、幽雅、清凉。为此，建筑装饰材料的色彩可以营造不同的空间环境，满足不同的使用要求。

(2) 光泽

光泽是光线在材料表面有方向性的反射。若反射光线分散在各个方向，称漫反射，如与入射光线成对称的集中反射，则称镜面反射。镜面反射是材料产生光泽的主要原因。材料表面的光洁度越高，光线的反射越强，光泽越高。光泽是材料的表面特性之一，也是材料的重要装饰性能。高光泽的材料具有很高的观赏性，同时在灯光的配合下，能对空间环境的装饰效果起到强化、点缀和烘托的作用。

所以许多装饰材料的面层均加工成光滑的表面，如天然大理石和花岗石板材、釉面砖、镜面玻璃、不锈钢钢板等。

生产中判别材料表面的光泽度，可采用光电光泽度计进行测定。

(3) 透明性

材料的透明性是由于光线透射材料的结果。能透光又能透视的材料称透明体（如普通平板玻璃），只能透光而不能透视者称为半透明体（如压花玻璃）。由于透明材料具有良好的透光性，故被广泛用作建筑采光和装饰。采用大量透明材料建造的玻璃幕墙建筑，给人以通透明亮、强烈的时代气息之感。

(4) 表面质感

表面质感是指材料本身具有的材质特性，或材料表面由人为加工至一定程度而造成的表面视感和触感，如表面粗细、软硬程度、手感冷暖、纹理构造、凹凸不平、图案花纹、明暗色差等。

这些表面质感均会对人们的心理产生影响，如建筑物的勒脚和外墙面采用在质感上感觉厚重的材料（如贴蘑菇石）将给人以稳重的感觉。设计时根据建筑功能要求，恰当地选用各种不同质感的材料，充分发挥材料本身的质感特性。

(5) 形状尺寸

材料的形状与尺寸是建筑构造的细部之一。将建筑材料加工成各种形状和不同尺寸的型材，以配合建筑形体和线条，可构筑成风格各异的各种建筑造型，既可满足使用功能要求，又可创造出建筑的艺术美。

2.2 天然石材、烧结砖与砌块

2.2.1 天然石材

天然石材是经过加工或不加工的岩石，是最古老的建筑材料之一。天然石材具有较高的抗压强度，良好的耐久性和耐磨性。天然石材在建筑中主要用作结构材料、装饰材料、混凝土骨料和人造建材的原料。但由于石材脆性强、抗拉强度低、自重大，石结构的抗震性能差，加之岩石的开采加工较困难、价格高等原因，石材作为结构材料，近代已逐步被混凝土材料所代替。但装饰用石材仍十分普遍。随着石材加工水平的不断提高，石材独特的装饰效果得到充分展示，作为高级饰面材料，颇受人们欢迎。许多商场、宾馆等公共建筑均使用石材做墙面、地面装饰材料。天然岩石是经自然风化或人工破碎而得的卵石、碎石、砂，大量用作混凝土的骨料，是混凝土的主要组成材料之一。作为原料使用的天然岩石，如石灰石是生产硅酸盐水泥、石灰的原料，石英岩是生产陶瓷、玻璃的原料等。

1) 岩石的形成与分类

岩石是由各种不同的地质作用所形成的天然矿物的集合体。组成岩石的矿物称岩矿物。由一种矿物构成的岩石称单成岩（如石灰岩），由两种或更多种矿物构成的岩石称复成岩。自然界大部分岩石都是复成岩，如花岗岩是由长石、石英、云母及某些暗色矿物组成。只有少数岩石是单成岩，如白色大理岩，是由方解石或白云石所组成。岩石并无确定的化学成分和物理性质，同一种岩石，产地不同，其矿物组成和结构均有差异，因而其颜色、强度、性能等也均不相同。

天然岩石根据其形成的地质条件可分为岩浆岩、沉积岩和变质岩三大类。

(1) 岩浆岩

又称火成岩。它是地壳深处的熔融岩浆上升到地表附近或喷出地表经冷凝而成。岩浆岩是组成地壳的主要岩石，占地壳总量的89%。建筑上常用的花岗石即属于岩浆岩的一种。用花岗石做建筑饰面，给人以庄严肃穆、稳重大方、雄伟壮观的感觉，且耐风化。

(2) 沉积岩

石灰岩属于沉积岩的一种，它是由露出地表的各种岩石（母岩）经自然风化、风力搬迁、流水冲移等作用后再沉淀堆积形成的岩石。沉积岩为层状构造，其各层的成分、结构、颜色、层厚等均不相同。与岩浆岩相比，沉积岩的表观密度较小，密实度较差，吸水率较大，强度较低，耐久性也较差。

石灰岩是建筑上用途最广、用量最大的岩石，它不仅是制造石灰和水泥的主要原料，而且是普通混凝土常用的骨料。石灰岩还可砌筑基础、勒脚、墙体、拱、柱、路面、踏步、挡土墙等。其中致密者，经磨光打蜡，可代替大理石板材使用。

(3) 变质岩

变质岩是由岩浆岩或沉积岩在地壳运动过程中，受到地壳内部高温、高压的作用，使岩石原料的结构发生变化，产生熔融再结晶而形成的岩石。通常沉积岩变质后，结构较原岩致密，性能变好，而岩浆岩变质后，有时构造不如原岩坚实，性能变差。建筑上常用的变质岩为大理岩、石英岩、片麻岩等。其中大理岩自古以来就被视作一种高级的建筑饰面材料，它在我国资源丰富，几乎遍及各省、区，最有名的是云南大理县的大理石。

2) 天然石材的技术性质

(1) 物理性质

致密的石材（如花岗石、大理石等），其表观密度接近于其密度，约为$2500\sim3100kg/m^3$；而孔隙率较大的石材（如火山凝灰岩、浮石等），其表观密度约为$500\sim1700kg/m^3$。

按表观密度大小可分为重石和轻石两类，表观密度大于$1800kg/m^3$的为重石，表观密度小于$1800kg/m^3$的为轻石。重石可用于建筑物的基础、贴面、地面、房屋外墙、桥梁及水工构筑物等；轻石主要用作墙体材料。

吸水性主要与其孔隙率及孔隙特征有关。花岗岩的吸水率通常小于0.5%。致密的石灰岩，吸水率可小于1%；而多孔贝壳石灰岩，吸水率高达15%。石材的吸水性对强度和耐水性有很大影响。石材吸水后会降低颗粒之间的粘结力，使结构减弱，从而使强度降低。石材吸水性还影响到其他一些性质，如导热性、抗冻性等。而耐磨性以单位面积磨耗量表示。石材耐磨性与其组成矿石的硬度、结构、构造特征以及石材的抗压强度和冲击韧性等有关，组成矿物越坚硬、构造越致密以及石材的抗压强度和冲击韧性越高，则石材的耐磨性越好。

抗冻性与其矿物组成、晶粒大小及分布均匀性、天然胶结物的胶结性质等有关。石材在水饱和状态下，经规定次数的反复冻融循环，若无贯穿裂纹且重量损失不超过5%，强度损失不超过25%时，则为符合抗冻性的要求。

耐热性取决于其化学成分及矿物组成。含有石膏的石材，在100℃以上时开始破坏；含有碳酸镁的石材，当温度高于625℃时会发生破坏；含有碳酸钙的石材，温度达到827℃时开始破坏。由石英和其他矿物所组成的结晶石材（如花岗岩等），当温度达到700℃以上时，由于石英受热发生膨胀，强度会迅速下降。

导热性主要与其表观密度和结构状态有关。重质石材导热系数可达2.91~3.49W/(m·K)。可见，石材建筑的保温及隔热性能较差。

(2) 力学性质

抗压强度是划分强度等级的依据。测定抗压强度的试件尺寸为50mm×50mm×50mm的立方体。天然石材的强度等级分为MU100、MU80、MU60、MU50、MU40、MU30、MU20七个等级，等级愈高，强度愈高。如MU60表示按规定的实验方法在试件达到60N/mm² 材料受压破坏。

天然岩石的抗拉强度比抗压强度小得多，约为抗压强度的1/20~1/10，是典型的脆性材料。这是石材不同于金属材料和木材的重要特性，也是限制其适用范围的重要原因。

3) 建筑石材的加工成品

根据建筑工程使用的要求，建筑石材一般可分为料石和毛石。

(1) 细料石

通过细加工，表面规则，叠砌面凹入深度不应大于10mm，截面的宽度、高度不应小于200mm，且不宜小于长度的1/4。

(2) 半细料石

规格尺寸同细料石，但叠砌面凹入深度不应大于15mm。

(3) 粗料石

规格尺寸同细料石，但叠砌面凹入深度不应大于20mm。

(4) 毛料石

外形大致方正，一般不加工或稍加修正，高度不应小于200mm，叠砌面凹入深度不应大于25mm。

(5) 毛石

是指形状不规则的块石，中部厚度不应小于200mm（图2-4）。

图2-4 毛石

料石一般由致密均匀的砂岩、石灰岩、花岗岩等开凿而成，制成条石、方石或拱石，用于建筑物的基础、勒脚、墙体等部位。毛石主要用于砌筑建筑物基础、勒脚、墙身、挡土墙等，还用于铺筑园林中的小径石路，可形成不规则的拼缝图案，增加环境的自然美。

石板主要是用花岗岩和大理岩经机械加工而成。其中剁斧板、机刨板、粗磨板用于墙外曲面、柱面、台阶、勒脚等部位；磨光板材因具有镜面感，色彩鲜艳，光泽动人，主要用于室内墙面、柱面、地面等装饰。

4）建筑装饰常用饰面石材

用于建筑装饰的天然石材品种繁多，但按其基本属性可归为大理石和花岗石两大类。

（1）大理石

结构紧密，抗压强度较高，一般可达100～150MPa，莫氏硬度3～4度，吸水率小，装饰性好，耐磨性好，但硬度不大，抗风化性差，易被酸类侵蚀。大理石较易进行锯解、雕琢和磨光等加工。纯净的大理石为白色，我国常称汉白玉。大理石中一般常含有氧化铁、云母、石墨、蛇纹石等杂质，使大理石常呈现红、黄、棕、黑、绿等各色斑斓纹缕，磨光后极为美丽典雅。白色大理石（汉白玉）洁白如玉，晶莹纯净；纯黑大理石庄重典雅，秀丽大方；彩花大理石色彩绚丽，花纹奇异。对大理石选择使用恰当，可获得极佳的装饰效果。

天然大理石建筑板材根据形状可分为普型板材和异型板材两类。普型板材为正方形和长方形，其他形状的板材为异型板材。国内大理石板材厚度为20mm。

大理石属碱性石材，因其主要成分是碳酸盐，能抵抗碱的作用，但不耐酸。由于城市空气中常含有二氧化硫，它遇水生成亚硫酸，再变成硫酸，而与岩石中的碳酸盐作用，生成易溶于水的石膏，使表面失去光泽，变成粗糙麻面，而降低其装饰及使用性能。这类大理石不宜用作城市建筑外部饰面材料。但含石英为主的砂岩及石英岩不存在这种问题。

天然大理石板材按板材的规格尺寸偏差、平面度公差、角度公差及外观质量分为优等品（A）、一等品（B）、合格品（C）三个等级。

天然大理石板材的技术要求包括规格尺寸允许偏差、平面度允许公差、角度允许公差、外观质量和物理性能。其中物理性能的要求为：体积密度应不小于2.30g/cm³，吸水率不大于0.50%，干燥压缩强度不小于50MPa，弯曲强度不小于7MPa，耐磨度不小于$10cm^{-2}$，镜面板材的镜向光泽值应不低于70光泽单位。

天然大理石板材是装饰工程的常用饰面材料。一般用于宾馆、展览馆、剧院、商场、图书馆、机场、车站等工程的室内墙面、柱面、服务台、栏板、电梯间门口等部位。由于其耐磨性相对较差，虽也可用于室内地面，但不宜用于人流较多场所的地面。大理石由于耐酸腐蚀能力较差，除个别品种外，一般只适用于室内。

（2）花岗石

是指由石英、长石及少量云母和暗色矿物（橄榄石类、辉石类、角闪石类及黑云母等）组成全晶质的岩石。它们经研磨、抛光后形成的镜面，呈现出斑点状花纹。

花岗石构造致密、强度高、密度大、吸水率极低、质地坚硬、耐磨，为酸性石材，因此其耐酸、抗风化、耐久性好，使用年限长。但是多数花岗石不抗火，因为它的成分中含有较多的石英（20%～40%），石英在573℃及870℃时发生晶态转变，产生体积膨胀，故火灾时此类花岗石会产生严重开裂而破坏。耐磨度不小于$10cm^{-2}$，所以不耐火，但因此而适宜制作火烧板。

花岗石板材的加工制作比大理石困难得多。

天然花岗石毛光板按厚度偏差、平面度公差、外观质量等，天然花岗石普型板按规格尺寸偏差、平面度公差、角度公差及外观质量等,圆弧板按规格尺寸偏差、直线度公差、线轮廓度公差及外观质量等,分为优等品(A)、一等品(B)、合格品(C)三个等级。

天然花岗石板材的技术要求包括规格尺寸、允许偏差、平面度允许公差、角度允许公差、外观质量和物理性能。其中物理力学性能的要求见表2-5。

天然花岗石建筑板材的物理性能　　　　　表2-5

项目		技术指标		项目		技术指标	
		一般用途	功能用途			一般用途	功能用途
体积密度(g/cm^3)≥		2.56	2.56	弯曲强度(MPa)≥	干燥	8.0	8.3
吸水率(%)≤		0.60	0.40		水饱和		
压缩强度(MPa)≥	干燥	100	131	耐磨性*($1/cm^3$)≥		25	25
	水饱和						

注:*使用在地面、楼梯踏步、台面等严重踩踏或磨损部位的花岗石石材应检验此项。

花岗石板材主要应用于大型公共建筑或装饰等级要求较高的室内外装饰工程。花岗石因不易风化,外观色泽可保持百年以上,所以粗面和细面板材常用于室外地面、墙面、柱面、勒脚、基座、台阶;镜面板材主要用于室内地面、墙面、柱面、台面等,特别适宜做大型公共建筑大厅的地面。

5) 天然石材的放射性

天然石材的放射性是引起普遍关注的问题。国家标准《建筑材料放射性核素限量》GB 6566—2010中规定,装修材料(花岗石、建筑陶瓷、石膏制品等)中以天然放射性核素(镭-226、钍-232、钾-40)的放射性比活度及外照射指数的限值分为A、B、C三类:A类产品的产销与使用范围不受限制;B类产品不可用于1类民用建筑的内饰面,但可用于1类民用建筑的外饰面及其他一切建筑物的内、外饰面;C类产品只可用于一切建筑物的外饰面。

放射性水平超过此限值的花岗石和大理石产品,其中的镭、钍等放射元素衰变过程中将产生天然放射性气体氡。氡是一种无色、无味、感官不能觉察的气体,特别是易在通风不良的地方聚集,可导致肺、血液、呼吸道发生病变。

目前国内使用的众多天然石材产品,大部分是符合A类产品要求的,但不排除有少量的B、C类产品。因此装饰工程中应选用经放射性测试,且发放了放射性产品合格证的产品。此外,在使用过程中,还应经常打开居室门窗,促进室内空气流通,使氡稀释,达到减少污染的目的。

2.2.2 烧结砖

砖是建筑工程中用作墙体的主要建筑材料。用黏土烧结的砖和瓦,是传统建筑材料。它生产方便、价格便宜,最大缺点是要耗用大量耕地且生产耗能高、产生环境污染、自重大、施工效率低、劳动强度大。继续大量使用黏土砖不适合我国国情,目前我国已有许多城市限制使用普通黏土砖。随着现代建筑的发展,大力开发和使用轻质、高强、耐久、多功能、节土、节能、大尺寸、可工业化生产的新型材料非常重要，采用、生产新型的墙体材料上可享受优惠的减、免税政策。

烧结砖按孔洞率分为无孔洞或孔洞率小于15％的实心砖（普通砖）；孔洞率等于或大于15％，孔的尺寸小而数量多的多孔砖；孔洞率等于或大于15％、孔的尺寸大而数量少的空心砖。按制造工艺分为经焙烧而成的烧结砖；（常压或高压）养护而成的蒸养（压）砖；以自然养护而成的免烧砖等。

1）烧结普通砖

黏土、页岩、煤矸石、粉煤灰等原料的化学组成相近。烧结砖是以这些原料为主，并加入少量添加料，经配料、混合匀化、制坯、干燥、预热、焙烧而成。因此，烧结砖有黏土砖、页岩砖、煤矸石砖、粉煤灰砖等多种。

烧结普通砖的公称尺寸为240mm×115mm×53mm。黏土砖的表观密度在1600～1800kg/m³之间；吸水率一般为6％～18％；导热系数约为0.55W/(m·K)。砖的吸水率与砖的焙烧温度有关，焙烧温度高，砖的孔隙率小、吸水率低、强度高且抗冻融性能好。但砖的吸水率过低，会影响砖的热工性能和砌筑性质。

根据尺寸偏差、外观质量、泛霜和石灰爆裂，烧结普通砖一般分为优等品、一等品和合格品三个产品等级。产品中不允许有欠火砖、酥砖和螺旋纹砖。优等品应无泛霜，合格品不得严重泛霜。泛霜系砖的原料中含有的可溶性盐类，在砖使用过程中，随水分蒸发在砖表面产生盐析，常为白色粉末。严重者会导致粉化剥落。优等品不允许出现最大破坏尺寸大于2mm的爆裂区域。合格品允许有一定数目小于15mm的爆裂区域，但不允许出现最大破坏尺寸大于15mm的爆裂区域。爆裂系石灰引起。砖内存在生石灰时，待砖砌筑后，生石灰吸水消解体积膨胀而使砖开裂，故亦称为石灰爆裂。

烧结普通砖强度等级是通过10块样砖的抗压强度试验，根据抗压强度平均值和强度标准值来划分五个等级：MU30、MU25、MU20、MU15、MU10。烧结普通砖具有一定的强度、较好的耐久性，可用于砌筑承重或非承重的内外墙、柱、拱、沟道及基础等。优等品砖可用于清水墙建筑，合格品砖可用于混水墙建筑。中等泛霜的砖不能用于潮湿部位。

2）烧结多孔砖

烧结多孔砖是以黏土、页岩、煤矸石等为主要原料，经焙烧而成。烧结多孔砖为大面有孔的直角六面体，孔多而小，孔洞垂直于受压面。砖的主要规格为：M型190mm×190mm×90mm；P型240mm×115mm×90mm，有MU30、MU25、MU20、MU15和MU10五个强度等级。砖的形状如图2-5所示。

3）烧结空心砖

烧结空心砖是以黏土、页岩、煤矸石等为主要原料，经焙烧而成。烧结空心砖为顶面有孔的直角六面体，孔大而少，孔洞为矩形条孔或其他孔形、平行于大面和条面，在与砂浆的接合面上应设有增加结合力的深度1mm以上的凹线槽。

按烧结空心砖和空心砌块的表观密度分成800、900、1100三个密度级别，每个表观密度级别又根据孔洞及其排列数、尺寸偏差、外观质量、强度等级、物理性能等分为优等品、一等品、合格品三个产品等级（表2-6）。根据抗压强度分为：2.0、3.0、5.0三个强度等级。砖和砌块的规格尺寸（长度×宽度×高度）有两个

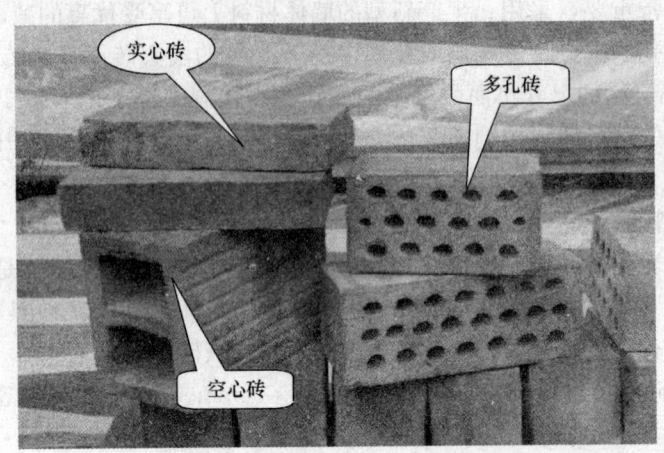

图 2-5 烧结普通砖、多孔砖、空心砖

系列：290mm×190（140）mm×90mm 和 240mm×180（175）mm×115mm，也可由供需双方商定。砖和砌块的壁厚应大于 10mm；肋厚应大于 7mm。

烧结空心砖的强度等级（MPa）　　　　表 2-6

产品等级	强度等级	大面抗压强度		条面抗压强度	
		平均值，≥	单块最小值，≥	平均值，≥	单块最小值，≥
优等品	5.0	5.0	3.7	3.4	2.3
一等品	3.0	3.0	2.2	2.2	1.4
合格品	2.0	2.0	1.6	1.6	0.9

烧结空心砖的孔洞率一般在 35% 以上，表观密度在 800~1100kg/m³ 之间。这种砖自重较轻，强度不高，因而多用作非承重墙，如多层建筑内隔墙或框架结构的填充墙等。

多孔砖、空心砖可节省黏土，节省能源，且砖的自重轻、热工性能好，使用多孔砖尤其是空心砖和空心砌块，既可提高建筑施工效率、降低造价，还可减轻墙体自重、改善墙体的热工性能等。烧结普通砖、多孔砖、空心砖见图 2-5。

另外，还有灰砂砖、炉渣砖及粉煤灰砖等，常用于非承重外墙等。

2.2.3 砌块

砌块按主规格尺寸可分为小砌块、中砌块和大砌块。目前，我国以中小型砌块使用较多。按其空心率，大小砌块又可分为空心砌块和实心砌块两种。空心率小于 25% 或无孔洞的砌块为实心砌块；空心率大于或等于 25% 的砌块为空心砌块。

砌块通常又可按其所用主要原料及生产工艺命名，如水泥混凝土砌块、加气混凝土砌块、粉煤灰砌块、石膏砌块、烧结砌块等。常用的砌块有普通混凝土小型空心砌块、轻骨料混凝土小型空心砌块和蒸压加气混凝土砌块等。

1）普通混凝土小型空心砌块

按国家标准《普通混凝土小型砌块》GB/T 8239—2014 的规定，普通混凝土小型空心砌块出厂检验项目有尺寸偏差、外观质量、最小壁肋厚度和强度等级；

按其强度等级分为MU5.0、MU7.5、MU10、MU15、MU20和MU25六个等级。

砌块的主规格尺寸为390mm×190mm×190mm。其孔洞设置在受压面,有单排孔、双排孔、三排及四排孔洞。砌块除主规格外,还有若干辅助规格,共同组成砌块基本系列。

普通混凝土小型空心砌块作为烧结砖的替代材料,可用于承重结构和非承重结构。目前主要用于单层和多层工业与民用建筑的内墙和外墙,如果利用砌块的空心配置钢筋,可用于建造高层砌块建筑。

混凝土砌块的吸水率小(一般为14%以下),吸水速度慢,砌筑前不允许浇水,以免发生"走浆"现象,影响砂浆饱满度和砌体的抗剪强度。但在气候特别干燥炎热时,可在砌筑前稍喷水湿润。与烧结砖砌体相比,混凝土砌块墙体较易产生裂缝,应注意在构造上采取抗裂措施。另外,还应注意防止外墙面渗漏,粉刷时做好填缝,并压实、抹平。

2)轻集料混凝土小型空心砌块

轻集料混凝土小型空心砌块按密度划分为700kg/m³、800kg/m³、900kg/m³、1000kg/m³、1100kg/m³、1200kg/m³、1300kg/m³和1400kg/m³八个等级;按强度分为MU2.5、MU3.5、MU5.0、MU7.5和MU10.0五个等级。

与普通混凝土小型空心砌块相比,轻集料混凝土小型空心砌块密度较小、热工性能较好,但干缩值较大,使用时更容易产生裂缝,目前主要用于非承重的隔墙和围护墙。

3)蒸压加气混凝土砌块

根据国家标准《蒸压加气混凝土砌块》GB 11968—2006规定,砌块按干密度分为B03、B04、B05、B06、B07、B08共六个级别;按抗压强度分A1.0、A2.0、A2.5、A3.5、A5.0、A7.5、A10七个强度级别;按尺寸偏差与外观质量、干密度、抗压强度和抗冻性分为优等品(A)、合格品(B)两个等级。

加气混凝土砌块保温隔热性能好,用作墙体可降低建筑物采暖、制冷等使用能耗。加气混凝土砌块的表观密度小,一般为黏土砖的1/3,可减轻结构自重,有利于提高建筑物抗震能力。另外,加气混凝土砌块表面平整、尺寸精确,容易提高墙面平整度。特别是它像木材一般,可锯、刨、钻、钉,施工方便快捷。但由于其吸水导湿缓慢,导致干缩大、易开裂且强度不高,表面易粉化,故需要采取专门措施。例如,砌块在运输、堆存中应防雨防潮,过大墙面应适当在灰缝中布设钢丝网,砌筑砂浆和易性要好,抹面砂浆适当提高灰砂比,墙面增挂一道钢丝网,用于外墙时进行饰面处理或憎水处理等。

蒸压加气混凝土砌块广泛用于一般建筑物墙体,可用于多层建筑物的非承重墙及隔墙,也可用于低层建筑的承重墙。体积密度级别低的砌块还用于屋面保温。

2.2.4 建筑陶瓷

建筑陶瓷是以黏土为主要原料,经配料、制坯、干燥、焙烧而制成的用于建筑工程的制品。主要品种有陶瓷砖、卫生陶瓷、琉璃制品等。

建筑陶瓷具有色彩鲜艳、图案丰富、坚固耐久、防火防水、耐磨耐蚀、易清洗、维修费用低等优点,是主要的建筑装饰材料之一。

1）陶瓷砖

陶瓷砖根据坯体烧结程度、细密性、均匀性及粗糙程度等不同，分为陶质砖、炻质砖、细炻砖、炻瓷砖、瓷质砖五种。

（1）陶质内墙面砖

陶质砖主要用于建筑物内墙、柱和其他构件表面的薄片状精陶制品。陶质内墙面砖的结构是由坯体和表面釉彩层两部分组成的。

陶质内墙面砖按釉面颜色可分为单色（包括白色）釉面砖、花色釉面砖、装饰釉面砖、图案砖和字画砖；按其正面形状可分为正方形、长方形和异形配件；陶质砖的厚度为4～5mm，长宽为75～350mm，常用的产品尺寸有150mm×150mm、300mm×200mm等。陶质内墙面砖的质量应满足《陶瓷砖》GB/T 4100—2006要求。

陶质内墙面砖的特点是：色彩繁多，镶拼图案丰富，表面平整光滑，不易污染，耐水、耐蚀，易清洗，耐急冷急热。但陶质砖的抗干湿交替能力和抗冻性较差。

陶质内墙面砖主要用于浴室、厨房、厕所的墙面、台面及试验室桌面；也可用于砌筑水槽、便池。另外，经专门绘画、设计的釉面砖还可以镶成壁画，以此来提高装饰效果。

（2）陶瓷墙地砖

陶瓷墙地砖是指用于建筑墙面、柱面、地面等处的粗炻、细炻、炻瓷、瓷质板状陶瓷制品。陶瓷墙地砖按表面是否施釉分为施釉墙地砖（简称彩釉砖）和无釉陶瓷墙地砖；按其正面形状可分为正方形、长方形和异形产品；其表面有光滑、粗糙或凹凸花纹之分，有光泽与无光泽质感之分。其背面为了便于和基层粘贴牢固制有背纹。陶瓷墙地砖的厚度为8～12mm，长宽范围为60～400mm，常用的规格有100mm×100mm、150mm×150mm、300mm×150mm等。陶瓷墙地砖、劈离砖（挤压成型时双砖背联坯体，烧成后再劈离成2块砖）等挤压成型陶瓷砖的质量应符合《陶瓷砖》GB/T 4100—2006的要求。

陶瓷墙地砖的特点是色彩鲜艳、表面平整（其中用于地面的主要有红、黄、蓝、绿色，且表面光泽差，多无釉，有的带凹凸花纹），可拼成各种图案，有的还可仿天然石材的色泽和质感。墙面砖吸水率不大于10%（寒冷地区用于室外的面砖，其吸水率应小于3%），抗冻，强度高，耐磨耐蚀，防火防水，易清洗，不褪色，耐急冷急热。但也有造价偏高，工效低、自重大等不足。

陶瓷墙地砖主要用于装饰等级要求较高的建筑内外墙、柱面及室内外通道、走廊、门厅、展厅、浴室、厕所、厨房及人流出入频繁的站台、商场等民用及公共场所的地面，也可用于工作台面及耐腐蚀工程的衬面等。

2）陶瓷锦砖

陶瓷锦砖（也称陶瓷马赛克）是用优质瓷土烧制而成的厚为3～4mm，形状各异的小块薄片（面积不大于55cm²）陶瓷材料，多属瓷质，因其有多种颜色和多种形状图案故称锦砖。

陶瓷锦砖在出厂时，按一定的花色与图案将各单块锦砖正面铺贴在一定规格尺寸的牛皮纸上，每张大小约为300mm×300mm。单块小砖有正方、长方和其他形状，砖表面分有釉和无釉两种，按砖联拼成图案可分为单色、混色和拼花三种。其尺寸偏差，外观质量、吸水率、耐磨性、抗热震性、抗冻性、耐化学腐蚀等性能及产品质量应满足《陶瓷马赛克》JC/T 456—2005 的规定。

陶瓷锦砖的特点是：颜色多样，图案丰富，质地坚硬，其体积密度为 2500~2600kg/m³，抗压强度为 150~200MPa，莫氏硬度为 6~7，吸水率不大于 0.2%（有釉锦砖不大于 1.0%），适用于 −40~100℃ 的环境，且耐酸耐碱，耐火耐磨，抗冻抗渗，防滑易洗，永不褪色。

陶瓷锦砖主要用于建筑外墙面及室内地面，起保护与装饰作用。与墙地砖相比，具有耐久、砖块薄、自重轻、造价较低等优点。用于装饰地面时，由于表面缝格较多，使用一段时间后，缝格内污染严重且清理麻烦，因而卫生间、厨房地面，特别是较讲究的宾馆等公共场所，近年来已逐步被大尺寸的墙地砖代替。

3) 陶瓷卫生产品

根据《卫生陶瓷》GB 6952—2005，陶瓷卫生产品按材质分为瓷质卫生陶瓷（吸水率要求不大于 0.5%）和陶质卫生陶瓷（吸水率大于或等于 8.0%、小于 15.0%）。

常用的陶瓷卫生产品主要有：洗面器、浴缸和大小便器，各种大小便器按用水量分别分为普通型和节水型。

陶瓷卫生产品具有质地洁白、色泽柔和、釉面光亮、细腻、造型美观、性能良好等特点。陶瓷卫生产品的技术要求分为一般技术要求（外观质量、最大允许变形、尺寸、吸水率、抗裂性）、功能要求（便器的用水量、冲洗功能；洗面器、洗涤槽和净身器的溢流功能；耐荷重性；坐便器的冲水噪声）和便器配套性技术要求（冲水装置配套性、坐便器坐圈和盖配套性、连接密封性要求）。

(1) 陶瓷卫生产品的主要技术指标是吸水率，它直接影响到洁具的清洗性和耐污性。

(2) 耐急冷急热要求必须达到标准要求。

(3) 节水型和普通型坐便器的用水量（便器用水量是指一个冲水周期所用的水量）分别不大于 6L 和 9L，节水型和普通型蹲便器的用水量分别不大于 8L 和 11L，节水型和普通型小便器的用水量分别不大于 3L 和 5L。

(4) 卫生洁具要有光滑的表面，不易玷污，易清洁。便器与水箱配件应成套供应。

(5) 便器安装要注意排污口安装距（下排式便器排污口中心至完成墙的距离；后排式便器排污口中心至完成地面的距离）。

(6) 水龙头合金材料中的铅含量愈低愈好（有的产品铅含量已降到 0.5% 以下）。

4) 琉璃制品

琉璃制品是以难熔黏土作原料，经成型、素烧，表面涂琉璃釉料后，再经烧制而成的制品。其釉料以石英、铅丹为主要原料，加入着色剂而成。釉色有金、黄、蓝、绿、紫等颜色。

琉璃制品是我国独有的建筑装饰材料。多用于园林建筑中，故有园林陶瓷之称。其产品有琉璃瓦、琉璃砖、琉璃兽及各种室内陈设工艺品等。

琉璃制品色彩绚丽、表面光滑，不易污染，质地坚硬，使用耐久。产品质量应符合《建筑琉璃制品》JC/T 765—2006 的规定。

2.3 无机气硬性胶凝材料

建筑上用来将散粒材料（如砂、石子等）或块状材料（如砖、石块等）粘结成为整体的材料，统称为胶凝材料。胶凝材料按其化学成分可分为无机胶凝材料和有机胶凝材料两大类，前者如水泥、石灰、石膏等，后者如沥青、树脂等，其中无机胶凝材料在建筑工程中应用更加广泛。无机胶凝材料按其硬化条件的不同又分为气硬性和水硬性两类。

所谓气硬性胶凝材料是指只能在空气中硬化，也只能在空气中保持或继续发展其强度的胶凝材料，如石膏、石灰等。水硬性胶凝材料是指不仅能在空气中硬化，而且能更好地在水中硬化，并保持和继续发展其强度的胶凝材料，如各种水泥。所以气硬性胶凝材料只适用于地上或干燥环境，不宜用于潮湿环境，更不可用于水中，而水硬性胶凝材料既适用于地上环境，也可用于地下或水中环境。

2.3.1 建筑石膏

生产建筑石膏的原料主要是天然二水石膏，也可采用化工石膏。天然二水石膏（$CaSO_4 \cdot 2H_2O$）又称生石膏。以石膏作为原材料，可制成多种石膏胶凝材料，建筑中使用最多的石膏胶凝材料是建筑石膏，其次是高强石膏，此外还有硬石膏水泥等。建筑石膏属气硬性胶凝材料。随着高层建筑的发展，它的用量正逐年增多，在建筑材料中的地位也越将重要。

1）建筑石膏的特性

（1）凝结硬化快。建筑石膏与适量的水相混合后，很快就失去塑性而凝结硬化成为固体。

（2）凝结硬化后空隙大、强度低。抗压强度 3～5MPa，但能满足隔墙和饰面的要求。高强石膏硬化后抗压强度可达 10～40MPa。通常建筑石膏在贮存三个月后强度将降低 30%，故在贮存及运输期间应防止受潮。

（3）防火性能良好。建筑石膏硬化后的主要成分是带有两个结晶水分子的二水石膏，当其遇火时，二水石膏脱出结晶水，结晶水吸收热量蒸发时，在制品表面形成水蒸气幕，有效地阻止火的蔓延。制品厚度越大，防火性能越好。

（4）建筑石膏硬化时体积略有膨胀。一般膨胀 0.05%～0.15%，这种微膨胀性可使硬化体表面光滑饱满，干燥时不开裂，且能使制品造型棱角很清晰，有利于制造复杂图案花型的石膏装饰件。

（5）耐水性和抗冻性差。建筑石膏硬化体的吸湿性强，吸收的水分会减弱石膏晶粒间的结合力，使强度显著降低；若长期浸水，还会因二水石膏晶体逐渐溶解而导致破坏。石膏制品吸水饱和后受冻，会因孔隙中水分结晶膨胀而破坏。所以，石膏制品的耐水性和抗冻性较差，不宜用于潮湿部位。在建筑石膏中加入适量水泥、粉煤灰、磨细的粒化高炉矿渣以及各种有机防水剂，可提高制品的耐水性。

(6) 装饰性好且可加工性能好。石膏硬化制品表面细腻平整，洁白，具有雅静感。硬化体的可加工性能好，可锯、可钉、可刨，便于施工。

2) 建筑石膏的应用

建筑石膏广泛用于配制石膏抹面灰浆和制作各种石膏制品。高强石膏适用于强度要求较高的抹灰工程和石膏制品。在建筑石膏中掺入防水剂可用于湿度较高的环境中，加入有机材料如聚乙烯醇水溶液、聚酯酸乙烯乳液等，可配成粘结剂，其特点是无收缩性。

建筑石膏制品的种类较多，我国目前生产的主要有石膏砌块、纸面石膏板、空心石膏条板、纤维石膏板、装饰石膏制品等。

(1) 纸面石膏板

是以建筑石膏为主要原料，掺入纤维、外加剂（发泡剂、缓凝剂等）和适量的轻质填料等，加水拌成料浆，浇注在行进中的纸面上，成型后再覆以上层面纸。料浆经过凝固形成芯材，经切断、烘干则使芯材与护面纸牢固地结合在一起。

纸面石膏板有普通纸面石膏板、耐水纸面石膏板和耐火纸面石膏板三类。普通纸面石膏板是以重磅纸为护面纸。耐水纸面石膏板采用耐水的护面纸，并在建筑石膏料浆中掺入适量防水外加剂制成耐水芯材。耐火纸面石膏板的芯材是在建筑石膏料浆中掺入适量无机耐火纤维增强材料后制作而成。耐火纸面石膏板的主要技术要求是在高温明火下燃烧时，能在一定时间内保持不断裂。

普通、耐水、耐火三类纸面石膏板，按棱边形状有矩形、45°倒角形、楔形、半圆形和圆形五种产品，产品的规格尺寸：长度有1800mm、2100mm、2400mm、2700mm、3000mm、3300mm、3600mm等规格；宽度有900mm、1200mm两种；厚度为9mm、12mm、15mm三种。此外，普通纸面石膏板还有18mm厚的产品，耐火纸面石膏板还有18mm、21mm、25mm厚的产品。

普通纸面石膏板可用作室内吊顶和内隔墙，可钉在金属、木材或石膏龙骨上，也可直接粘贴在砖墙上。耐水纸面石膏板主要用于厨房、卫生间等潮湿场合。耐火纸面石膏板适用于耐火性能要求高的室内隔墙、吊顶和装饰用板。

纸面石膏板由于原料来源广，加工设备简单，生产能耗低、周期短，故它将是我国今后重点发展的新型轻质墙体材料之一。纸面石膏板与龙骨组成轻质墙体，有两层板隔墙和四层板隔墙两种，这种墙体最适合于作多层或高层建筑的分室墙。

(2) 空心石膏条板

生产方法与普通混凝土空心板类似。尺寸规格为：宽450～600mm，厚50～100mm，长2700～3000mm，孔数7～9，孔洞率30%～40%。生产时常加入纤维材料或轻质填料，以提高板的抗折强度和减轻自重。这种板多用于民用住宅的分室墙。

(3) 纤维石膏板

将玻璃纤维、纸筋或矿棉等纤维材料与建筑石膏等混合制成无纸面的纤维石膏板，它的抗弯强度和弹性模量都高于纸面石膏板。纤维石膏板主要用作建筑物的内隔墙、吊顶以及预制石膏板复合墙板。

(4) 装饰石膏制品

是以建筑石膏为主要原料，掺入适量纤维增强材料和外加剂，与水搅拌成均匀的料浆，经浇注成型、干燥后制成，主要用作室内吊顶，也可用作内墙面板。装饰石膏板包括平板、孔板、浮雕板、防潮平板、防潮孔板和防潮浮雕板等品种。

嵌装式装饰石膏板在板材背面四边加厚，并带有嵌装企口可制成嵌装式装饰石膏板，其板材正面可为平面、穿孔或浮雕图案。以具有一定数量穿透孔洞的嵌装式装饰石膏板为面板，在其背面加复合吸声材料就成为嵌装式吸声石膏板，它是一种既能吸声又有装饰效果的多功能板材，嵌装式装饰石膏板主要用作吊顶材料，施工安装十分方便，特别适用于影剧院、大礼堂及展览厅等观众比较集中又要求具有雅静感的公共场所。

艺术装饰石膏制品主要包括浮雕艺术石膏角线、线板、角花、灯圈、壁炉、罗马柱、灯座、雕塑等。这些制品均系采用优质建筑石膏为基料，配以纤维增强材料、胶粘剂等，与水拌制成料浆，经注模成型、硬化、干燥而成。这类石膏装饰件用于室内顶棚和墙面，将高雅而豪华的气派带入居室和厅堂。

2.3.2 建筑石灰

石灰是以碳酸钙为主要成分的石灰石（$CaCO_3$）、白垩等为原料，在低于烧结温度下煅烧所得的产物，其主要成分是氧化钙（CaO）。建筑石灰常简称为石灰，实际上它是具有不同化学成分和物理形态的生石灰、消石灰、水硬性石灰的统称。由于生产石灰的原料石灰石分布很广，生产工艺简单，成本低廉，所以在建筑上历来应用很广。

1) 石灰的种类

根据成品的加工方法不同，石灰有以下四种成品。

(1) 生石灰。由石灰石煅烧成的白色疏松结构的块状物。

(2) 生石灰粉。由块状生石灰磨细而成。主要成分为 CaO。

(3) 消石灰粉。将生石灰用适量水经消化和干燥而成的粉末，主要成分为 $Ca(OH)_2$，也称熟石灰。

(4) 石灰膏。将块状生石灰用过量水（约为生石灰体积的 3～4 倍）消化，或将消石灰粉和水拌和，所得达一定稠度的膏状物，主要成分为 $Ca(OH)_2$ 和水。

2) 生石灰的水化

又称熟化或消化，它是指生石灰与水发生水化反应，生成 $Ca(OH)_2$ 的过程。

生石灰水化反应的特点如下：

(1) 反应可逆

在常温下反应向右进行。在 547℃，反应向左进行，即 $Ca(OH)_2$ 分解为 CaO 和 H_2O。

(2) 水化热大，水化速率快

生石灰的消化反应为放热反应，消化时不但水化热大而且放热速率也快。每千克生石灰消化放热 1160kJ，它在最初 1h，放出的热量几乎是同质量硅酸盐水泥 1 天放热量的 9 倍，28 天放热量的 3 倍。

(3) 水化过程中体积增大

块状生石灰消化过程中其外观体积可增大 1.5～2 倍，这一性质易在工程中造成事故,应予重视。但也可加以利用,即由于水化时体积增大,造成膨胀压力,致使石灰块自动分散成粉末,故可用此法将块状生石灰加工成消石灰粉。

3) 石灰浆的硬化

石灰浆体在空气中逐渐硬化,是由下面两个同时进行的过程来完成:

(1) 结晶作用。游离水分蒸发,氢氧化钙逐渐从饱和溶液中结晶析出。

(2) 碳化作用。氢氧化钙与空气中的 CO_2 和水化合生成 $CaCO_3$,释出水分并被蒸发。

4) 建筑石灰的特性与技术要求

(1) 保水性与可塑性好

生石灰消化为石灰浆时,能形成颗粒极细呈胶体分散状态的氢氧化钙粒子,表面吸附一层厚的水膜,使颗粒间的摩擦力减小,因而其可塑性好。利用这一性质,将其掺入水泥砂浆中,配制成混合砂浆,可显著提高砂浆的和易性。

(2) 硬化缓慢

石灰浆的硬化只能在空气中进行,由于空气中 CO_2 含量少,使碳化作用进行缓慢,加之已硬化的表层对内部的硬化起阻碍作用,所以石灰浆的硬化过程较长。

(3) 硬化后强度低

生石灰消化时的理论需水量为生石灰质量的 32.13%,但为了使石灰浆具有一定的可塑性便于应用,同时考虑到一部分水因消化时水化热大而被蒸发掉,故实际消化用水量很大,多余水分在硬化后蒸发,留下大量孔隙,使硬化石灰体密实度小,强度低。

(4) 硬化时体积收缩大

由于石灰浆中存在大量的游离水,硬化时大量水分蒸发,导致内部毛细管失水紧缩,引起显著的体积收缩变形,使硬化石灰体产生裂纹,故石灰浆不宜单独使用,通常工程施工时常掺入一定量的骨料(砂子)或纤维材料(麻刀、纸筋等)。

(5) 耐水性差

由于石灰浆硬化慢、强度低,当其受潮后,其中尚未碳化的 $Ca(OH)_2$ 易产生溶解,硬化石灰体遇水会产生溃散,故石灰不宜用于潮湿环境。

5) 建筑石灰的应用

(1) 用于建筑室内粉刷

(2) 大量用于拌制建筑砂浆

消石灰浆和消石灰粉可以单独或与水泥一起配制成砂浆,前者称石灰砂浆,后者称混合砂浆。石灰砂浆可用作砖墙和混凝土基层的抹灰,混合砂浆则用于砌筑,也常用于抹灰。

(3) 配制三合土和灰土

三合土是采用生石灰粉(或消石灰粉)、黏土和砂子按 1∶2∶3 的比例,再加水拌和夯实而成。灰土是用生石灰粉和黏土按 1∶2~4 的比例,再加水拌和夯实而成。三合土和灰土在强力夯打之下,密实度大大提高,而且可能是黏土中的少量活性氧化硅和氧化铝与石灰粉水化产物 $Ca(OH)_2$ 作用,生成了水硬性矿物,因而具有一定抗压强度、耐水性和相当高的抗渗能力。三合土和灰土主要用于建筑物的基础、路面或地面的垫层。

(4) 加固含水的软土地基

生石灰块可直接用来加固含水的软土地基（称为石灰桩）。它是在桩孔内灌入生石灰块，利用生石灰吸水熟化时体积膨胀的性能产生膨胀压力，从而使地基加固。

(5) 磨制生石灰粉

目前，建筑工程中大量采用磨细生石灰来代替石灰膏和消石灰粉配制灰土或砂浆，或直接用于制造硅酸盐制品。由于磨细生石灰具有很高的细度，表面积极大，水化时加水量亦随之增大，水化反应速度可提高 30～50 倍，水化时体积膨胀均匀，避免了产生局部膨胀过大现象，所以可不经预先消化而直接应用，不仅提高了工效，而且节约了场地，改善了环境；同时，将石灰的熟化过程与硬化过程合二为一，熟化过程中所放热量又可加速硬化过程；另外，改善了石灰硬化缓慢的缺点，并可提高石灰浆体硬化后的密实度、强度和抗水性。石灰中的过烧石灰和欠烧石灰被磨细，也提高了石灰的质量和利用率。

(6) 制造静态破碎剂和膨胀剂

利用过烧石灰水化慢且同时伴随体积膨胀的特性，可用它来配制静态破碎剂和膨胀剂。这是一种非爆炸性破碎剂，适用于混凝土和钢筋混凝土构筑物的拆除，以及对岩石（花岗石、大理石等）的破碎和割断。

2.4 水泥

水泥呈粉末状，与水混合后，经物理化学作用能由可塑性浆体变成坚硬的石状体，并能将散粒状材料胶结成为整体，所以水泥是一种良好的矿物胶凝材料。水泥浆体不但能在空气中硬化，还能更好地在水中硬化、保持并继续增长其强度，故水泥属于水硬性胶凝材料。

水泥是最重要的建筑材料之一，在建筑、道路、水利和国防等工程中应用广泛，常用来制造各种形式的混凝土、钢筋混凝土、预应力混凝土构件和建筑物，也常用于配制砂浆，以及用作灌浆材料等。

随着基本建设发展的需要，水泥品种越来越多。按化学成分，水泥可分为硅酸盐水泥、铝酸盐水泥、硫铝酸盐水泥、铁铝酸盐水泥等系列，其中以硅酸盐系列水泥应用最广。

硅酸盐水泥按其性能和用途不同，又可分为通用硅酸盐水泥、专用水泥和特性水泥三大类。

通用硅酸盐水泥是以硅酸盐水泥熟料和适量的石膏及规定的混合材料制成的水硬性胶凝材料。硅酸盐水泥熟料由主要含 CaO、SiO_2、Al_2O_3、Fe_2O_3 的原料，按适当比例磨成细粉烧至部分熔融所得以硅酸钙为主要矿物成分的水硬性胶凝物质。其中硅酸钙矿物不小于 66%，氧化钙和氧化硅质量比不小于 2.0。

通用硅酸盐水泥按混合材料的品种和掺量分为硅酸盐水泥、普通硅酸盐水泥、矿渣硅酸盐水泥、火山灰质硅酸盐水泥、粉煤灰硅酸盐水泥和复合硅酸盐水泥。各品种的组分和代号应符合表 2-7 的规定。

通用硅酸盐水泥各品种的组分和代号表（单位:%）　　表 2-7

品　　种	代号	组　　分				
		熟料+石膏	粒化高炉矿渣	火山灰质混合材料	粉煤灰	石灰石
硅酸盐水泥	P·Ⅰ	100	—	—	—	—
	P·Ⅱ	≥95	≤5	—	—	—
		≥95	—	—	—	≤5
普通硅酸盐水泥	P·O	≥80且<95	>5且≤20			—
矿渣硅酸盐水泥	P·S·A	≥50且<80	>20且≤50	—	—	—
	P·S·B	≥30且<50	>50且≤70	—	—	—
火山灰质硅酸盐水泥	P·P	≥60且<80	—	>20且≤40	—	—
粉煤灰硅酸盐水泥	P·F	≥60且<80	—	—	>20且≤40	—
复合硅酸盐水泥	P·C	≥50且<80	>20且≤50			

本组分材料均应符合国家有关规范的要求

通用硅酸盐水泥广泛应用于一般建筑工程，专用水泥是指专门用途的水泥，如砌筑水泥、道路水泥等。特性水泥则是指某种性能比较突出的水泥，如快硬硅酸盐水泥、白色硅酸盐水泥、抗硫酸盐硅酸盐水泥、低热硅酸盐水泥、硅酸盐膨胀水泥等。

2.4.1 硅酸盐水泥的生产及凝结硬化过程

（1）生产过程

硅酸盐水泥是通用水泥中的一个基本品种，其主要原料是石灰质原料和黏土质原料。石灰质原料主要提供 CaO，它可以采用石灰石和贝壳等，其中多用石灰石。黏土质原料主要提供 SiO_2、Al_2O_3 及少量 Fe_2O_3，它可以采用黏土、黄土、页岩石、泥岩石、粉砂岩石等。其中以黏土与黄土用最广。为满足成分的要求还常用校正原料，例如用铁矿粉等原料补充氧化铁的含量，以砂岩石等硅质原料增加二氧化硅的成分等。

硅酸盐水泥的生产过程分为制备生料、煅烧熟料、粉磨水泥等三个阶段，简称两磨一烧，如图 2-6 所示。

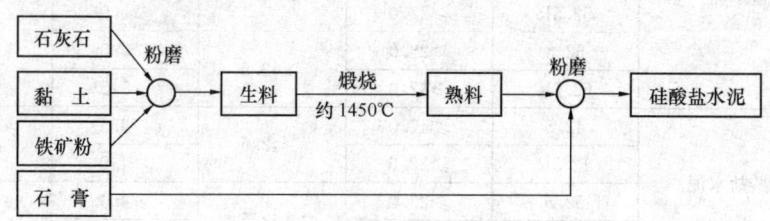

图 2-6　硅酸盐水泥主要生产流程

（2）凝结硬化过程

一般认为可分为早、中、后三个时期，如图 2-7 所示。

2.4.2 通用硅酸盐水泥的主要技术性质

根据国家标准《通用硅酸盐水泥》GB 175—2007，对通用硅酸盐水泥的主要技术性质要求如下：

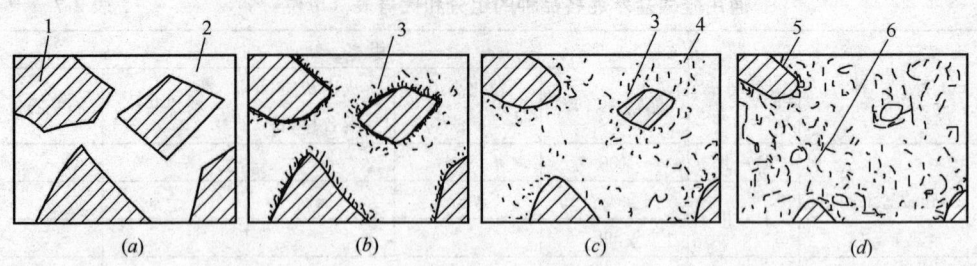

图 2-7 水泥凝结硬化过程示意图
(a) 分散在水中未水化的水泥颗粒；(b) 在水泥颗粒表面形成的水化物膜层；
(c) 膜层长大并互相连接；(d) 水化物进一步发展，填充毛细孔（硬化）
1—水泥颗粒；2—水分；3—凝胶；4—晶体；
5—水泥颗粒的未水化内核；6—毛细孔

(1) 强度及强度等级

水泥的强度是评定其质量的重要指标。国家标准规定，采用《水泥胶砂强度检验方法（ISO 法）》GB/T 17671—1999 测定水泥强度，该法是将水泥和中国 ISO 标准砂按质量以 1∶3 混合，用 0.5 的水灰比按规定的方法制成 40mm×40mm×160mm 的试件，在标准温度（20±1）℃的水中养护，分别测定其 3d 和 28d 的抗折强度和抗压强度。水泥按 3d 强度又可分为普通型和早强型两种类型，其中有代号 R 者为早强型水泥。强度不符合规定者为不合格品。

不同品种不同强度等级的通用硅酸盐水泥，其不同龄期的强度应符合表 2-8 的规定。

通用硅酸盐水泥的强度要求（单位：MPa）　　　表 2-8

品　种	强度等级	抗压强度		抗折强度	
		3d	28d	3d	28d
硅酸盐水泥	42.5	≥17.0	≥42.5	≥3.5	≥6.5
	42.5R	≥22.0		≥4.0	
	52.5	≥23.0	≥52.5	≥4.0	≥7.0
	52.5R	≥27.0		≥5.0	
	62.5	≥28.0	≥62.5	≥5.0	≥8.0
	62.5R	≥32.0		≥5.5	
普通硅酸盐水泥	42.5	≥17.0	≥42.5	≥3.5	≥6.5
	42.5R	≥22.0		≥4.0	
	52.5	≥23.0	≥52.5	≥4.0	≥7.0
	52.5R	≥27.0		≥5.0	
矿渣硅酸盐水泥 火山灰质硅酸盐水泥 粉煤灰硅酸盐水泥 复合硅酸盐水泥	32.5	≥10.0	≥32.5	≥2.5	≥5.5
	32.5R	≥15.0		≥3.5	
	42.5	≥15.0	≥42.5	≥3.5	≥6.5
	42.5R	≥19.0		≥4.0	
	52.5	≥21.0	≥52.5	≥4.0	≥7.0
	52.5R	≥23.0		≥4.5	

(2) 化学指标

化学指标应符合表 2-9 的规定。化学指标不符合规定者为不合格品。

通用水泥的化学指标（单位:%） 表 2-9

品　　种	代号	不溶物 （质量分数）	烧失量 （质量分数）	三氧化硫 （质量分数）	氧化镁 （质量分数）	氯离子 （质量分数）
硅酸盐水泥	P·Ⅰ	≤0.75	≤3.0	≤3.5	≤5.0[a]	≤0.06[c]
	P·Ⅱ	≤1.50	≤3.5			
普通硅酸盐水泥	P·O	—	≤5.0			
矿渣硅酸盐水泥	P·S·A	—	—	≤4.0	≤6.0[b]	
	P·S·B	—	—			
火山灰质硅酸盐水泥	P·P					
粉煤灰硅酸盐水泥	P·F	—	—	≤3.5	≤6.0[b]	
复合硅酸盐水泥	P·C					

注：a 如果水泥压蒸试验合格，则水泥中氧化镁的含量（质量分数）允许放宽至 6.0%。
　　b 如果水泥中氧化镁的含量（质量分数）大于 6.0% 时，需进行水泥压蒸安定性试验并合格。
　　c 当有更低要求时，该指标由买卖双方协商确定。

(3) 凝结时间

水泥的凝结时间有初凝与终凝之分。自加水起至水泥浆开始失去塑性、流动性减小所需要的时间，称为初凝时间。自加水起至水泥浆完全失去塑性、开始有一定结构强度所需的时间，称为终凝时间。国家标准规定：硅酸盐水泥初凝不小于 45min，终凝不大于 390min；普通硅酸盐水泥、矿渣硅酸盐水泥、火山灰质硅酸盐水泥、粉煤灰硅酸盐水泥和复合硅酸盐水泥初凝不小于 45min，终凝不大于 600min。凝结时间不符合规定者为不合格品。

规定水泥的凝结时间在施工中具有重要的意义。初凝不宜过快是为了保证有足够的时间在初凝之前完成混凝土成型等各工序的操作；终凝不宜过迟是为了使混凝土在浇捣完毕后能尽早凝结硬化，产生强度，以利于下一道工序的及早进行。

(4) 体积安定性

水泥的体积安定性是指水泥在凝结硬化过程中体积变化的均匀性。水泥硬化后产生不均匀的体积变化即体积安定性不良，水泥体积安定性不良会使水泥制品、混凝土构件产生膨胀性裂缝，降低建筑物质量，甚至引起严重工程事故。因此，水泥的体积安定性检验必须合格，体积安定性不合格的水泥为不合格品。

(5) 其他技术要求

其他技术要求包括标准稠度用水量、水泥的细度及化学指标。水泥的细度属于选择性指标。国家标准规定，硅酸盐水泥和普通硅酸盐水泥的细度以比表面积表示，其比表面积不小于 $300m^2/kg$；其他四类常用水泥的细度以筛余表示，其 $80\mu m$ 方孔筛筛余不大于 10% 或 $45\mu m$ 方孔筛筛余不大于 30%。通用硅酸盐水泥的化学指标有不溶物、烧失量、三氧化硫、氧化镁、氯离子和碱含量。碱含量属于选择性指标，水泥中碱含量以 $Na_2O+0.658K_2O$ 计算值来表示。水泥中的碱含量高时，如果配制混凝土的骨料具有碱活性，可能产生碱骨料反应，导致混凝土因不均匀膨胀而破坏。因此，若使用活性骨料，用户要求提供低碱水泥时，则水泥中碱含量应不大于0.6%或由买卖双方协商确定。

2.4.3 常用水泥的特性及应用

六大常用水泥的主要特性见表2-10。

常用水泥的主要特性　　　　表2-10

	硅酸盐水泥	普通硅酸盐水泥（普通水泥）	矿渣水泥	火山灰水泥	粉煤灰水泥	复合水泥
主要特性	①凝结硬化快、早期强度高 ②水化热大 ③抗冻性好 ④耐热性差 ⑤耐蚀性差 ⑥干缩性较小	①凝结硬化较快、早期强度较高 ②水化热较大 ③抗冻性较好 ④耐热性较差 ⑤耐蚀性较差 ⑥干缩性较小	①凝结硬化慢、早期强度低，后期强度增长较快 ②水化热较小 ③抗冻性差 ④耐热性好 ⑤耐蚀性较好 ⑥干缩性较大 ⑦泌水性大、抗渗性差	①凝结硬化慢、早期强度低，后期强度增长较快 ②水化热较小 ③抗冻性差 ④耐热性较差 ⑤耐蚀性较好 ⑥干缩性大 ⑦抗渗性较好	①凝结硬化慢、早期强度低，后期强度增长较快 ②水化热较小 ③抗冻性差 ④耐热性较差 ⑤耐蚀性较好 ⑥干缩性较小 ⑦抗裂性较高	①凝结硬化慢、早期强度低，后期强度增长较快 ②水化热较小 ③抗冻性差 ④耐蚀性较好 ⑤其他性能与所掺入的两种或两种以上混合材料的种类、掺量有关

混凝土工程根据使用场合、条件的不同，可选择不同种类的水泥，可参考表2-11。

常用水泥的适用范围　　　　表2-11

混凝土工程特点及所处环境条件		优先选用	可以选用	不宜选用
普通混凝土	在一般气候环境中的混凝土	普通水泥	矿渣水泥、火山灰水泥、粉煤灰水泥、复合水泥	
	在干燥环境中的混凝土	普通水泥	矿渣水泥	火山灰水泥、粉煤灰水泥
	在高湿度环境中或长期处于水中的混凝土	矿渣水泥、火山灰水泥、粉煤灰水泥、复合水泥	普通水泥	
	厚大体积的混凝土	矿渣水泥、火山灰水泥、粉煤灰水泥、复合水泥	普通水泥	硅酸盐水泥
有特殊要求的混凝土	要求快硬、高强（>C40）的混凝土	硅酸盐水泥	普通水泥	矿渣水泥、火山灰水泥、粉煤灰水泥、复合水泥
	严寒地区的露天混凝土、寒冷地区处于水位升降范围内的混凝土	普通水泥	矿渣水泥	火山灰水泥、粉煤灰水泥
	严寒地区处于水位升降范围内的混凝土	普通水泥（强度等级>42.5）		火山灰水泥、矿渣水泥、粉煤灰水泥、复合水泥
	有抗渗要求的混凝土	普通水泥、火山灰水泥		矿渣水泥
	有耐磨性要求的混凝土	硅酸盐水泥、普通水泥	矿渣水泥	火山灰水泥、粉煤灰水泥
	受侵蚀性介质作用的混凝土	矿渣水泥、火山灰水泥、粉煤灰水泥、复合水泥		硅酸盐水泥、普通水泥

2.4.4 其他特性水泥

(1) 白水泥与彩色硅酸盐水泥

白色和彩色硅酸盐水泥在装饰工程中常用来配制彩色水泥浆，配制装饰混凝土，配制各种彩色砂浆用于装饰抹灰，以及制造各种色彩的水刷石、人造大理石及水磨石等制品。

(2) 快硬高强水泥

主要用于配制早强混凝土，适用于紧急抢修工程和低温施工工程。

(3) 膨胀水泥

适用于补偿混凝土收缩的结构工程，作防渗层或防渗混凝土，填灌构件的接缝和管道接头，结构的加固及修补，固结机器底座及地脚螺栓等。

2.4.5 常用水泥的包装及标志

水泥可以散装或袋装，袋装水泥每袋净含量为50kg，且应不少于标志质量的99%；随机抽取20袋总质量（含包装袋）应不少于1000kg。水泥包装袋上应清楚标明：执行标准、水泥品种、代号、强度等级、生产者名称、生产许可证标志（QS）及编号、出厂编号、包装日期、净含量。包装袋两侧应根据水泥的品种采用不同的颜色印刷水泥名称和强度等级。硅酸盐水泥和普通硅酸盐水泥采用红色，矿渣硅酸盐水泥采用绿色；火山灰质硅酸盐水泥、粉煤灰硅酸盐水泥和复合硅酸盐水泥采用黑色或蓝色。散装发运时应提交与袋装标志相同内容的卡片。

2.5 建筑砂浆

建筑砂浆在建筑工程中是常用的建筑材料，它用途广泛、用量较大。建筑砂浆一般可分为砌筑砂浆和抹面砂浆两类。在砌体结构中，砌筑砂浆可将单块的黏土砖、石材或砌块胶结起来，构成砌体。砂浆还用于砖墙勾缝和填充大型墙板的接缝；墙面、地面及梁柱的表面都需用砂浆抹面，起到保护结构以及装饰作用；镶贴大理石、水磨石、贴面砖、瓷砖、马赛克等都需用砂浆。此外，还有隔热、吸声、防水、防腐等特殊用途的砂浆，以及专门用于装饰的砂浆。

2.5.1 砂浆的组成材料

(1) 胶凝材料

建筑砂浆常用的胶凝材料有水泥、石灰、石膏等。建筑砂浆按所用胶凝材料的不同，可分为水泥砂浆、石灰砂浆、水泥石灰混合砂浆等。在选用时应根据使用环境、用途等合理选择。在干燥条件下使用的砂浆既可选用气硬性胶凝材料（石灰、石膏），也可选用水硬性胶凝材料（水泥）；若在潮湿环境或水中使用的砂浆，则必须选用水泥作为胶凝材料。

水泥是砂浆中主要的胶凝材料，普通水泥、矿渣水泥、火山灰水泥等常用品种的水泥都可用来配制砂浆。要根据砂浆的用途不同，合理地选择水泥品种。砌筑砂浆用水泥的强度等级应根据设计要求进行选择。为合理利用资源、节约材料，在配制砂浆时要尽量选用低强度等级水泥或砌筑水泥。水泥砂浆采用的水泥，其强度等级不宜大于32.5级；水泥混合砂浆采用的水泥，其强度等级不宜大于

42.5级。

对于特殊用途的砂浆，要选用相应的特种水泥，例如接头、接缝、结构加固、修补裂缝等，应采用膨胀水泥。有时为了改善砂浆的和易性、节约水泥，还常在砂浆中掺入适量的石灰或黏土制成石灰砂浆、混合砂浆（水泥石灰砂浆、石灰黏土砂浆）等。

（2）砂

配制砂浆用砂应符合国家规定技术性质要求和质量标准，以选用洁净的中砂为宜。由于砂浆层较薄，对砂子的最大粒径应有所限制。用于毛石砌体的砂浆，其砂的最大粒径应小于砂浆层厚度的 1/5～1/4；对砖砌体，砂的粒径不宜大于 2.5mm；对于光滑的抹面及勾缝砂浆则应采用细砂。

砂中的黏土杂质含量对砂浆的强度、变形性、稠度及耐久性影响较大，必须有所限制。强度等级为 M5 以上砂浆用砂，其黏土杂质含量不得超过 5％；M5 以下的砂浆，其黏土杂质不得超过 10％。

（3）塑化剂

当采用高强度等级水泥配制低强度砂浆时，由于水泥强度等级过高，致使水泥用量过少，而砂用量过多，砂浆常会产生分层泌水（表面积水）现象，造成和易性不良。如遇上述情况，为了改善其和易性，可在水泥砂浆中掺入适量的石灰膏、黏土膏、粉煤灰或松香皂（微沫剂）等塑化剂。

在砂浆中掺入石灰质或黏土质塑化剂时，必须事先制成膏浆后再掺入。但掺入符合细度要求的生石灰粉或粉煤灰时，可直接加入砂浆搅拌机中，与其他组成材料搅拌均匀，以改善砂浆的和易性。

微沫剂是用松香与氢氧化钠熬制而成的，是一种憎水性表面活性剂。它在砂浆中可产生大量微小气泡，减小水泥颗粒和砂粒之间的摩擦力，改善砂浆的和易性。微沫剂的掺量一般为水泥用量的 0.005％～0.01％。

（4）水

拌制砂浆要求使用不含有害物质的洁净水，凡可饮用的水，均可拌制砂浆。不得使用污水拌制砂浆。

2.5.2 砂浆的技术性质

新拌的砂浆主要要求具有良好的和易性。和易性良好的砂浆容易铺抹成均匀的薄层，且能与砖石底面紧密粘结，这样既便于施工操作又能保证工程质量。砂浆和易性包括流动性和保水性两方面性能。硬化后砂浆应具有所需的强度和对底面的粘结力，而且应具有适应变形的能力。

（1）流动性

砂浆的流动性也称稠度，是指在自重或外力作用下流动的性能。施工时，砂浆要能很好地铺成均匀薄层，以及泵送砂浆，均要求砂浆具有一定的流动性。

稠度是以砂浆稠度测定仪的圆锥体沉入砂浆内的深度（单位为 mm）表示。圆锥沉入深度越大，砂浆的流动性越大。

砂浆稠度的选择与砌体材料的种类、施工条件及气候条件等有关。对于吸水性强的砌体材料和高温干燥的天气，要求砂浆稠度要大些；反之，对于密实不吸水的砌体材料和湿冷天气，砂浆稠度可小些。

影响砂浆稠度的因素有：所用胶凝材料种类及数量；用水量；掺合料的种类与数量；砂的形状、粗细与级配；外加剂的种类与掺量；搅拌时间。

(2) 保水性

砂浆能够保持水分的能力称为保水性，即新拌砂浆在运输、停放、使用过程中与水分不致分离的性质。保水性差的砂浆容易产生分层、泌水或使流动性降低。砂浆失水后，会影响水泥正常硬化，从而降低砌体的质量。

影响砂浆保水性的因素与材料组成有关。若砂及水的用量过多，而胶凝材料及掺合料不足，或是砂粒过粗，都将导致保水性不良。因此，注意砂浆组成材料的适当比例，才能获得良好的保水性。

(3) 强度

砂浆硬化后应具有足够的强度，根据边长为 7.07cm 的立方体试块，在标准养护条件下，用标准试验方法测得 28d 龄期的抗压强度值（单位为 MPa）确定。水泥砂浆及预拌砌筑砂浆强度等级可分为 7 级：M5、M7.5、M10、M15、M20、M25、M30。水泥混合砂浆分为 4 级：M5、M7.5、M10、M15。重要的砌体要采用 M10 以上的砂浆。砌筑砂浆首先要根据工程类别及砌体部位的设计要求来选择强度，然后再确定其配合比，同时还需保证砂浆有良好的和易性。砂浆配合比，一般情况可查阅有关手册或资料来选择。如需计算，应先确定各项材料的用量，再加适量的水搅拌达到施工所需的稠度。

(4) 粘结力

砂浆必须有足够的粘结力才能把砖石材料粘结为坚固的整体。砂浆的抗压强度越高，其粘结力一般也越大。此外，砂浆的粘结力与砖石表面状况、清洁程度、湿润情况以及施工养护条件等都有关系。所以，在砌砖之前，要求把砖浇水润湿，这样，可以提高砂浆与砖之间的粘结力，保证砌体的质量。

凡用于建筑物或建筑构件表面的砂浆，可统称为抹面砂浆。根据抹面砂浆功能的不同，一般可分为普通抹面砂浆、装饰砂浆、防水砂浆和具有某些特殊功能的砂浆（如绝热、防辐射、耐酸砂浆等）。对抹面砂浆要求具有良好的和易性、较高的粘结力、不开裂、不脱落等性能。抹面砂浆应用非常广泛，它的功用是保护墙体、地面，以提高防潮、抗风化、防腐蚀的能力，增强耐久性，以及使表面平整美观。

抹面砂浆通常分为两层或三层进行施工。对保水性要求比砌筑砂浆更高，胶凝材料用量也较多。砖墙的底层抹灰，多用石灰砂浆或石灰炉灰砂浆。板条墙或顶棚的底层抹灰，多用麻刀或纸筋石灰灰浆。混凝土墙、梁、柱、顶板等底层抹灰，多用水泥石灰混合砂浆，中间层抹灰起找平作用，多用混合砂浆或石灰砂浆。面层的砂浆要求表面平滑，所用砂粒较细（最大粒径 1.25mm），多用混合砂浆或麻刀石灰灰浆。在容易碰撞或潮湿的地方，如墙裙、踢脚板、地面、雨罩、窗台、水池及水井等处，多用 1∶2.5 水泥砂浆。

2.6 混凝土

混凝土是由胶凝材料、粗细骨料与水按一定比例，经过搅拌、捣实、养护、硬化而成的一种人造石材。混凝土有时还掺入化学外加剂以改造混凝土的性能，如达到减水、早强、调凝、抗冻、膨胀、防锈等要求。建筑工程中使用最广泛的是用水泥做胶凝材料的混凝土。由水泥和普通砂、石配制而成的混凝土称为普通混凝土。

混凝土材料具有原料广泛、制作简单、造型方便、性能良好、耐久性强、防火性能好及造价低等优点，因此应用非常广泛。但这种材料也存在抗拉强度低、质量大等缺点，而钢筋混凝土和预应力钢筋混凝土较好地弥补了抗拉强度低的问题。

现代的混凝土正向着轻质、高强、多功能方向发展。采用轻骨料配制混凝土，表观密度仅为 $800 \sim 1400 kg/m^3$，其强度可达 30MPa。这种混凝土既能减轻自重，又能改善热工性能，采用高强度混凝土，可以达到减小结构构件的截面、节约混凝土和降低建筑物自重以及增加建筑的净使用空间的目的。

2.6.1 混凝土组成材料及质量要求

1）混凝土组成材料

在混凝土中，砂、石起骨架作用，称为骨料。水泥与水形成水泥浆，水泥浆包裹在骨料表面并填充其空隙。在硬化前，水泥浆起润滑作用，赋予拌合物一定和易性，且便于施工。水泥浆硬化后，则将骨料胶结成一个坚实的整体。混凝土的结构如图 2-8 所示。

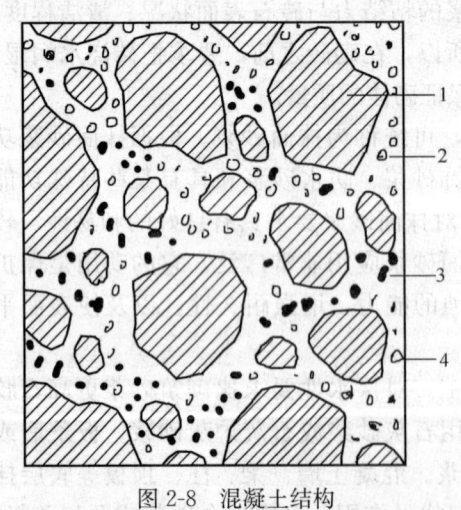

图 2-8 混凝土结构
1—石子；2—砂；3—水泥浆；4—气孔

（1）水泥

配制混凝土一般可采用硅酸盐水泥、普通硅酸盐水泥、矿渣硅酸盐水泥、火山灰质硅酸盐水泥和粉煤灰硅酸盐水泥。必要时可采用快硬硅酸盐水泥或其他水泥。采用何种水泥，应根据混凝土工程特点和所处的环境条件，参照表 2-11 选用。

水泥强度等级的选择应与混凝土的设计强度等级相适应。原则上是配制高强度等级混凝土，选用高强度等级水泥，配制低强度等级混凝土，选用低强度等级水泥。如必须用高强度等级水泥配制低强度等级混凝土时，会使水泥用量偏少，影响和易性及密实度，所以应掺入一定数量的混合材料。如必须用低强度等级水泥配制高强度等级混凝土时，会使水泥用量过多，不经济，而且要影响混凝土其他性质。

（2）细骨料

粒径在 0.16～5mm 之间的骨料为细骨料（砂）。一般采用天然砂，它是岩石风化后所形成的大小不等、由不同矿物散粒组成的混合物,一般有河砂、海砂、山砂。普通混凝土用砂多为河砂。河砂是由岩石风化后经河水冲刷而成。河砂的特征是颗粒光滑、无棱角。山区所产的砂粒为山砂,是由岩石风化而成,特征是多棱角。沿海地区的砂称为海砂,海砂中含有氯盐对钢筋有锈蚀作用。

砂子的粗细颗粒要搭配合理,不同颗粒等级搭配称为级配。因此,混凝土用砂要符合理想的级配。砂子的粗细程度还可以用细度模数来表示。一般细度模数 $3.1 \sim 3.7$ 称为粗砂,$2.3 \sim 3.0$ 的为中砂,$1.6 \sim 2.2$ 的称为细砂,$0.7 \sim 1.5$ 称为特细砂。配制混凝土的细骨料要求清洁不含杂质,以保证混凝土的质量。

氯离子超标会对钢筋产生腐蚀作用,在一定年限之后钢筋逐步锈蚀,进而导致混凝土开裂。没有钢筋支撑,素混凝土将导致建筑不能够承受拉力、承载力下降,从而造成安全隐患。因此《混凝土质量控制标准》GB 50164—2011 规定:钢筋混凝土和预应力混凝土用砂的氯离子含量分别不应大于 0.06% 和 0.02%。混凝土用海砂应经过净化处理。混凝土用海砂氯离子含量不应大于 0.03%,海砂不得用于预应力混凝土。

(3) 粗骨料

粒径大于 5mm 的骨料,通常为石子。石子又有碎石和卵石之分。天然岩石经过人工破碎筛分而成的称为碎石,经过河水冲刷而成的为卵石。碎石的特征是多棱角,表面粗糙,与水泥粘结较好;而卵石则表面圆滑,无棱角,与水泥粘结不太好,但流动性较好,对泵送混凝土较有利。在水泥和水用量相同的情况下,用碎石拌制的混凝土强度较高,但流动性差,而卵石拌制的混凝土流动性好,但强度较低。石子中各种粒径分布的范围称为粒级。粒级又分为连续粒级和单粒级两种。建筑上常用的有 $5 \sim 10mm$、$6 \sim 15mm$、$5 \sim 20mm$、$5 \sim 30mm$、$6 \sim 40mm$ 等五种连续粒级。单粒级石子主要用于按比例组合成级配良好的骨料。要根据结构的薄厚及钢筋疏密的程度确定粗骨料的粒级。

(4) 水

混凝土拌合用水要求洁净,不含有害杂质。凡是能饮用的自来水或清洁的天然水都能拌制混凝土。酸性水、含硫酸盐或氯化物以及遭受污染的水和海水都不宜拌合混凝土。

2) 对粗细骨料的质量要求

为了保证混凝土质量,并且不耗用过多的水泥,对粗细骨料要有一定的质量要求。

(1) 级配

为了保证混凝土的密实性,并尽量节约水泥,要求骨料的粗细颗粒比例适当,使骨料间的空隙最小,所有颗粒的总表面积并不太大。这就可以减少填充空隙和包裹颗粒所需要的水泥浆,以达到节约水泥的目的。

(2) 含泥量

砂石中如含泥土太多,将严重影响混凝土的强度和耐久性。含泥量对不同强度等级的混凝土的影响程度不同,对高强度混凝土的影响大,骨料的含泥量应控制得更严些;而对低强度混凝土的控制则可稍许放宽些。

(3) 有害杂质含量

骨料中的有害杂质包括有机质、硫化物、硫酸盐、氯盐及云母等物质。骨料中如含有这些有害杂质,将对混凝土的凝结、硬化、耐久性以及对钢筋等都有不良影响。所以骨料中的有害杂质含量要控制。

(4) 粗骨料中针片状颗粒含量

理想粗骨料(石子)的长、宽、厚三个方向的尺寸应该比较相近,以保证混凝土的各项性能良好。粗骨料中针片状颗粒本身容易折断,可使混凝土拌合物的工作性能变坏,如果含量过多,则影响混凝土的强度及水泥用量。

骨料中含泥量、有害杂质及针片状颗粒含量等的限量在有关标准中都有规定。

(5) 粗骨料的强度

为了保证混凝土的强度,要求石子的强度高于混凝土强度至少1.5倍。石子强度可以用原始石材切割成立方体试件进行抗压试验。以上方法比较麻烦,一般情况多用压碎指标来检验石子的强度。压碎指标是指石子在刚性的标准圆筒内,在规定压力下被压碎颗粒的百分率,被压碎颗粒越多表示石子强度越低。

2.6.2 新拌混凝土的性质

新拌混凝土的性质应有较好的和易性。和易性是指混凝土拌合物易于施工操作(拌合、运输、浇筑、捣实),并能获得质量均匀、成型密实的性能。和易性包括有流动性、黏聚性和保水性,其中流动性为主要方面。

1) 和易性

(1) 流动性

是指混凝土拌合物是否容易流动的性质。流动性可用坍落度表示。坍落度测定方法是将混凝土拌合物装入标准坍落筒内,提起坍落筒,拌合物由于自重即会坍落,坍落尺寸(mm)就称坍落度。坍落度越大,表示流动性越大。对于干硬性拌合物,需测其维勃稠度,维勃稠度用维勃稠度仪测定。该仪器利用振动原理,测定时将拌合物按规定方法装入仪器。拌合物振动密实所需的秒数称为维勃稠度。振实所需秒数越多,表示拌和物的稠度越大。测定坍落度和维勃稠度的实验装置如图2-9所示。

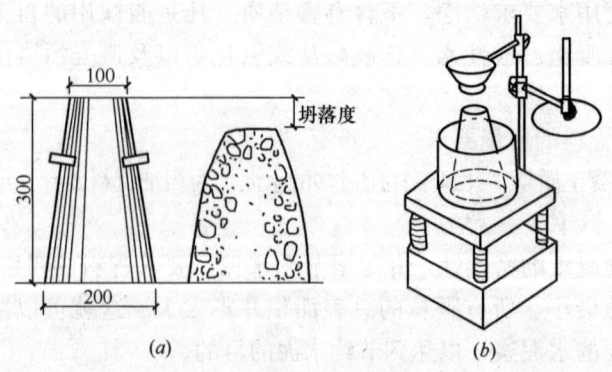

图2-9 新拌混凝土试验方法示意
(a) 坍落度试验;(b) 维勃稠度试验

混凝土拌合物流动性的选择要根据结构截面大小、钢筋疏密等情况来确定。在容易浇灌密实的结构部位,可选择流动性低的拌合物;浇灌比较困难的部位,选用流动性大的拌合物。如果拌合物需用泵送,则需要更大的流动性。

(2) 黏聚性和保水性

关于混凝土拌合物的黏聚性和保水性，主要是要求拌合物组成材料之间有一定黏聚力，不致产生离析，分层和泌水现象。

2) 影响混凝土和易性的主要因素

影响混凝土和易性的主要因素有水泥的比率、水灰比、砂率、水泥的品种、骨料的性质、外加剂、温度和时间等。为了改善和易性，可采取降低砂率、改善骨料级配、尽量采用较粗的砂石、适当增加水泥用量、使用外加剂等措施。

2.6.3 硬化后混凝土性质

1) 强度

混凝土的强度与水泥强度等级、水灰比有很大关系，骨料的性质、级配，混凝土成型方法、硬化时的环境条件及混凝土的龄期等不同程度地影响混凝土的强度。试件的大小、形状，试验方法和加载速率也影响混凝土的强度。因此各国对各种单向受力下的混凝土强度都规定了统一的标准试验方法。

混凝土的抗压强度有立方体抗压强度和强度等级两种。

(1) 混凝土的抗压强度

①混凝土的立方体抗压强度和强度等级。立方体试件的强度比较稳定，制作及试验比较方便，所以我国把立方体强度值作为混凝土的强度基本指标，并把立方体抗压强度作为在统一试验方法下评定混凝土强度的标准，也是衡量混凝土各种力学指标的代表值。我国国家标准《普通混凝土力学性能试验方法标准》GB/T 50081—2002规定以边长为150mm的立方体为标准试件，标准立方体试件在（20±2)℃的温度和相对湿度95%以上的潮湿空气中养护28d，试件的承压面不涂润滑剂，按照标准试验方法测得的抗压强度作为混凝土的立方体抗压强度，单位为N/mm^2或MPa。

《混凝土结构设计规范》GB 50010—2010规定混凝土强度等级应按立方体抗压强度标准值确定，用符号$f_{cu,k}$表示，即用上述标准试验方法测得的具有95%保证率的立方体抗压强度作为混凝土的强度等级。《混凝土结构设计规范》规定的混凝土强度等级有C15、C20、C25、C30、C35、C40、C45、C50、C55、C60、C65、C70、C75和C80，共14个等级。例如C30表示立方体抗压强度标准值为$30N/mm^2 \leqslant f_{cu,k} < 35N/mm^2$。其中C50~C80属高强度混凝土范畴。

《混凝土结构设计规范》规定，素混凝土结构的混凝土强度等级不应低于C15；钢筋混凝土结构的混凝土强度等级不应低于C20；当采用强度级别400MPa及以上的钢筋时，混凝土强度等级不应低于C25；承受重复荷载的钢筋混凝土构件，混凝土强度等级不应低于C30；预应力凝土结构的混凝土强度等级不宜低于C40，且不应低于C30。

加载速度对立方体强度也有影响，加载速度越快，测得的强度越高。通常规定混凝土强度等级低于C30时，加载速度取为每秒钟（0.3~0.5）N/mm^2；混凝土强度等级高于或等于C30时，取每秒钟（0.5~0.8）N/mm^2。

混凝土的立方体强度还与成型后的龄期有关，混凝土的立方体抗压强度随着成型后混凝土的龄期逐渐增长，开始时增长速度较快，后来逐渐缓慢，强度增长过程往往要延续几年，在潮湿环境中往往延续更长。

由于试件的尺寸效应，当采用边长为200×200×200（mm）或边长100×100

×100（mm）的立方体试件时，按《混凝土结构工程施工质量验收规范》GB 50204—2002规定，需将试件抗压强度实测值乘以换算系数，转换成标准试件的立方体抗压强度标准值，换算系数见表2-12。

混凝土试件尺寸及强度的尺寸换算系数　　　　表2-12

骨料最大粒径（mm）	试件尺寸（mm×mm×mm）	换算系数
≤31.5	100×100×100	0.95
≤40	150×150×150	1.00
≤63	200×200×200	1.05

②混凝土的棱柱体轴心抗压强度。混凝土的抗压强度与试件的形状有关，采用棱柱体比立方体能更好地反映混凝土结构的实际受力状态。用混凝土棱柱体试件测得的抗压强度称轴心抗压强度。

我国《普通混凝土力学性能试验方法标准》GB/T 50081—2002规定以150mm×150mm×300mm的棱柱体作为混凝土轴心抗压强度试验的标准试件。棱柱体试件与立方体试件的制作条件相同。《混凝土结构设计规范》GB 50010—2010规定以上述棱柱体试件试验测得的具有95%保证率的抗压强度为混凝土轴心抗压强度标准值，用符号f_{ck}表示。

(2) 混凝土的轴心抗拉强度

抗拉强度是混凝土的基本力学指标之一，也可用它间接地衡量混凝土的冲切强度等其他力学性能。轴心抗拉强度只有立方抗压强度的1/10～1/20，混凝土强度等级愈高，这个比值愈小。

混凝土的棱柱体轴心抗压强度、轴心抗拉强度的标准值、设计值都可以依据立方抗压强度得到。

2) 混凝土的长期性和耐久性

混凝土的耐久性是指混凝土抵抗环境介质作用并长期保持其良好的使用性能和外观完整性的能力。它是一个综合性概念，包括抗渗、抗冻、抗侵蚀、抗碳化、早期抗裂等性能，这些性能均决定着混凝土经久耐用的程度，故称为耐久性。相关内容可参见《混凝土质量控制标准》GB 50164—2011。

(1) 抗水渗透性。混凝土的抗渗性直接影响到混凝土的抗冻性和抗侵蚀性。混凝土的抗渗性用抗渗等级表示，分P6、P8、P10、P12、>P12共五个等级。混凝土的抗渗性主要与其密实度及内部孔隙的大小和构造有关。

(2) 抗冻性能。混凝土的抗冻性用抗冻等级表示，分F50、F100、F150、F200、F250、F300、F350、F400和>F400共九个等级。

(3) 抗侵蚀性。当混凝土所处环境中含有侵蚀性介质时，要求混凝土具有抗侵蚀能力。侵蚀性介质包括硫酸盐、镁盐、碳酸盐、一般酸、强碱、海水等。抗硫酸盐等级可划分为：KS30、KS60、KS90、KS120、KS150、>KS150共六个等级。

(4) 抗碳化性能。混凝土的碳化是环境中的二氧化碳与水泥石中的氢氧化钙作用，生成碳酸钙和水。碳化使混凝土的碱度降低，削弱混凝土对钢筋的保护作用，可能导致钢筋锈蚀；碳化显著增加混凝土的收缩，使混凝土抗压强度增大，但可能产生细微裂缝,而使混凝土抗拉强度、抗折强度降低。混凝土抗碳化性能等级可划分为:T-Ⅰ、T-Ⅱ、T-Ⅲ、T-Ⅳ与T-Ⅴ共五个等级。

(5) 早期抗裂性。混凝土早期抗裂性能等级根据单位面积上的总开裂面积C(mm^2/m^2)可划分为:L-Ⅰ、L-Ⅱ、L-Ⅲ、L-Ⅳ与L-Ⅴ共五个等级。

3) 混凝土的变形性能

混凝土的变形主要分为两大类:非荷载变形和荷载变形。非荷载变形指物理化学因素引起的变形,包括:化学收缩、碳化收缩、干湿变形、温度变形等。荷载作用下的变形可分为短期作用下的变形与长期作用下的变形——徐变。

(1) 混凝土受压时的应力-应变关系

一次短期加载是指荷载从零开始单调增加至试件破坏,也称单调加载。我国采用棱柱体试件测定一次短期加载下混凝土受压应力-应变曲线比较。图2-10为实测不同等级的混凝土受压应力-应变曲线比较。可以看到,这条曲线包括上升段和下降段两部分。从图中可以看出,受力不大时,混凝土近于弹性,较高应力状态时则呈明显的弹塑性。高等级的混凝土比低等级的混凝土强度高但变形能力差,即脆性大。

(2) 荷载长期作用下混凝土的变形性能

结构或材料承受的荷载或应力不变,而应变或变形随时间增长的现象称为徐变。混凝土的徐变特性主要与时间参数有关。徐变开始增长较快,以后逐渐减慢,经过较长时间后就逐渐趋于稳定(图2-11)。

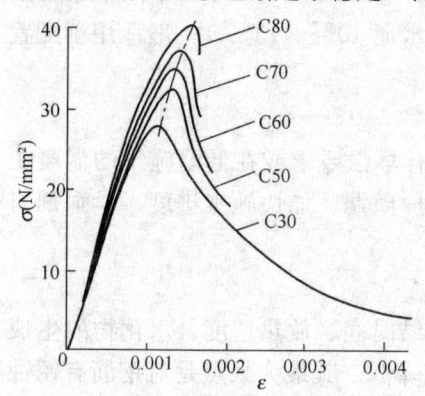

图2-10 不同强度混凝土应力-应变曲线比较

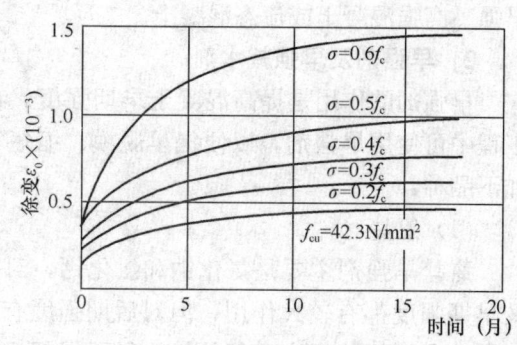

图2-11 压应力与徐变的关系

徐变对混凝土结构和构件的工作性能有很大的影响。由于混凝土的徐变,会使构件的变形增加,在钢筋混凝土截面中引起应力重分布。

2.6.4 混凝土外加剂

混凝土外加剂是在混凝土拌合前或拌合时掺入的,掺入量一般不大于水泥质量的5%(特殊情况除外),并能按要求改善混凝土性能的物质。混凝土外加剂能起到很好的改性作用,因此外加剂得到了广泛的应用。混凝土外加剂种类繁多,功能多样,按其主要使用功能分为以下四类:

(1) 改善混凝土拌合物流变性能的外加剂。包括各种减水剂、引气剂和泵送剂等。

(2) 调节混凝土凝结时间、硬化性能的外加剂。包括缓凝剂、早强剂和速凝剂等。

(3) 改善混凝土耐久性的外加剂。包括引气剂、防水剂和阻锈剂等。

(4) 改善混凝土其他性能的外加剂。包括膨胀剂、防冻剂、着色剂、防水剂和泵送剂等。

目前建筑工程中应用较多和较成熟的外加剂有减水剂、早强剂、缓凝剂、引气剂、膨胀剂、防冻剂等。

1) 普通减水剂及高效减水剂

减水剂是一种水溶性有机的或有机与无机复合的材料。减水剂对水泥颗粒有很好的分散作用，掺入混凝土中明显地改善其和易性。如果保持坍落度不变，可减少用水量和提高混凝土强度；若保持强度不变，则可节省水泥。

普通减水剂主要成分为木质素磺酸盐。常用的木质素磺酸钙减水剂是以亚硫酸盐蒸煮木材所得的废液为原料，经发酵提取酒精后而制成的干粉，简称木钙。其掺量为水泥质量的0.2%~0.3%。在水泥用量与坍落度基本一致的情况下，可减少用水量10%左右，提高混凝土强度10%~25%；如保持坍落度和强度不变，一般可节省水泥5%~10%。

高效减水剂又称超塑化剂，其主要成分为萘磺酸盐甲醛缩合物、三聚氰胺甲醛混合物、木质素磺酸盐等。其掺入量为水泥质量的0.5%~1.5%，减水率可达15%~20%，可提高强度20%~40%，或节约水泥10%~15%，一般适用于配置早强、高强混凝土或流态混凝土。

2) 早强剂及早强减水剂

早强剂的作用是提高混凝土早期强度。在有早强要求或在低温施工的混凝土工程中可使用早强剂，以便提早脱模、缩短养护周期、加快施工进度。早强剂有如下品种：

(1) 氯盐

氯盐早强剂主要是氯化钠和氯化钙，对凝结时间、放热速度、水化物的生成及早期强度都有较大作用，但对后期强度有所降低。其最大缺点是对钢筋有锈蚀作用。我国规范规定，氯盐掺入量不得超过水泥质量的2%，在无钢筋混凝土中掺入量不得超过水泥质量的3%，在预应力钢筋混凝土中一般不允许掺加氯盐。

(2) 硫酸钠

混凝土中掺入硫酸钠可提高早期强度100%~200%，其掺量为水泥质量的1%~2%。硫酸钠中有时会含有氯化物，应防止对钢筋的锈蚀作用。

(3) 三乙醇胺

很少作为早强剂单独使用，一般与其他早强剂复合使用效果良好。掺有醇胺的混凝土容易产生干缩和在载荷作用下的收缩（徐变）。

早强减水剂是早强剂与减水剂复合使用的。它既有早强作用，又能弥补早强剂降低后期强度的缺点。常用的早强剂是硫酸钠，常用的减水剂有木钙、萘磺酸盐等。

3) 引气剂

引气剂可在混凝土中形成大量细微的而互不连通均匀分布的气泡，因此，可提高混凝土的和易性和抗冻性，同时也能减少泌水和离析现象，并能提高抗硫酸盐侵蚀作用。

引气剂的主要成分为表面活性剂，常用的引气剂为松香热聚物、烷基苯磺酸钠等。引气剂掺量为0.01%~0.1%。混凝土掺入引气剂能很好地改善和易性和耐久性，但由于含气量增加，使其强度有所降低，因此混凝土的含气量以3%~6%为最适宜。混凝土中掺入引气剂能够显著改善混凝土的耐久性和新拌混凝土的流变性能，适用于泵送混凝土、防水混凝土和大流动性混凝土。

4）速凝剂

速凝剂是使混凝土迅速凝结的外加剂。速凝剂可促使水泥中铝酸三钙迅速水化，并在溶液中析出水化物使水泥浆迅速凝固。

速凝剂的主要成分为碳酸钠、铝酸钠等。常用的速凝剂是将矾土、纯碱和石灰石煅烧成铝氧熟料，再与生石灰、纯碱按比例配料，经细磨而成。速凝剂掺量一般为2.5%~4%，1h强度可达0.6MPa，8h强度可达4MPa。掺速凝剂的混凝土早期强度较高，但28d强度有所降低。速凝剂常用于紧急工程的快速施工或喷射混凝土。

5）缓凝剂

缓凝剂能延缓混凝土的凝结时间，早期强度发展较慢，但不会降低后期强度。缓凝剂的主要成分为多羟基化合物、羟基羧酸盐及其衍生物、高糖木质素磺酸盐，掺量为0.1%~0.6%，使用较多的是糖钙。用量较少时可用硼酸或柠檬酸等。缓凝剂适用于高温天气连续浇灌的混凝土时，可避免接缝，滑模施工控制混凝土的凝结时间，以及远距离运输商品混凝土等。

6）加气剂

加气剂又称发泡剂，它在拌和混凝土发生反应时放出氢、氧等气体。混凝土凝固后形成大量气孔从而减轻混凝土质量，常用的加气剂有过氧化氢、铝粉等。掺量要根据制品的孔隙率和生产工艺条件而定。铝粉是生产加气混凝土最常用的加气剂。

加气混凝土具有重量轻、保温性能好、良好的耐火性能与不散发有害气体、具有可加工性、良好的吸声性能等特性。加气的目的主要是达到轻质保温，一般用于墙体材料，对强度要求不高。

2.7 建筑钢材

建筑钢材是指用于钢结构的各种材料（如圆钢、角钢、工字钢等）、钢板、钢管和用于钢筋混凝土中的各种钢筋、钢丝等。钢材具有强度高、有一定的塑性和韧性、有承受冲击和振动载荷的能力、可以焊接和铆接、便于装配等特点。因此，在建筑工程中大量使用钢材作为结构材料。建筑钢材可分为钢结构用钢、钢筋混凝土结构用钢和建筑装饰用钢制品。

2.7.1 钢材的主要钢种

混凝土结构中使用的钢材按化学成分，可分为碳素钢和普通合金钢两大类。

碳素钢除含有铁元素外还含有少量的碳、硅、锰、硫、磷等元素。根据含碳量的多少，碳素钢又可分为低碳钢（含碳量<0.25%）、中碳钢（含碳量0.25%～0.6%）和高碳钢（含碳量0.6%～1.4%），含碳量越高强度越高，但是塑性和可焊性会降低。普通低合金钢除碳素钢中已有的成分外，再加入少量的硅、锰、钛、矾、铬等合金元素，加入这些元素后可以有效地提高钢材的强度和改善钢材的其他性能。目前我国普通低合金钢按加入元素的种类有以下几种体系：锰系（20MnSi、25MnSi）、硅矾系（40Si2MnV、45SiMnV）、硅钛系（45Si2MnTi）、硅锰系（40Si2Mn、48Si2Mn）和硅铬系（45Si2Cr）。

根据钢中有害杂质硫、磷的多少，工业用钢可分为普通钢、优质钢、高级优质钢和特级优质钢。根据用途的不同，工业用钢常分为结构钢、工具钢和特殊性能钢。

建筑钢材的主要钢种有碳素结构钢、优质碳素结构钢和低合金高强度结构钢。

国家标准《碳素结构钢》GB/T 700—2006规定，碳素结构钢的牌号由代表屈服强度的字母Q、屈服强度数值、质量等级符号、脱氧方法符号4个部分按顺序组成。其中，质量等级以磷、硫杂质含量由多到少，分别用A、B、C、D表示，D级钢质量最好，为优质钢；脱氧方法符号的含义为：F—沸腾钢，Z—镇静钢，TZ—特殊镇静钢，牌号中符号Z和TZ可以省略。例如，Q235-AF表示屈服强度为235MPa的A级沸腾钢。除常用的Q235外，碳素结构钢的牌号还有Q195、Q215和Q275。碳素结构钢为一般结构钢和工程用钢，适于生产各种型钢、钢板、钢筋、钢丝等。

优质碳素结构钢钢材按冶金质量等级分为优质钢、高级优质钢（牌号后加"A"）和特级优质钢（牌号后加"E"）。优质碳素结构钢一般用于生产预应力混凝土用钢丝、钢绞线、锚具，以及高强度螺栓、重要结构的钢铸件等。低合金高强度结构钢的牌号与碳素结构钢类似，不过其质量等级分为A、B、C、D、E五级，牌号有Q295、Q345、Q390、Q420、Q460几种。主要用于轧制各种型钢、钢板、钢管及钢筋，广泛用于钢结构和钢筋混凝土结构中，特别适用于各种重型结构、高层结构、大跨度结构及桥梁工程等。

2.7.2 建筑钢材的力学性能

建筑钢材的主要性能包括力学性能和工艺性能。其中力学性能是钢材最重要的使用性能，包括拉伸性能、冲击性能、疲劳性能等。工艺性能表示钢材在各种加工过程中的行为，包括弯曲性能和焊接性能。

1）强度与变形性能

钢材的强度和变形性能可以用拉伸试验得到的应力-应变曲线来说明。

应力：
$$\sigma = \frac{P}{A} \tag{2-15}$$

式中 P——轴力；
A——截面面积。

应变：
$$\varepsilon = \frac{\Delta l}{l_0} \tag{2-16}$$

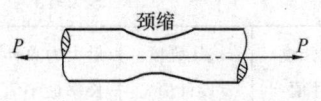

钢筋颈缩现象示意图

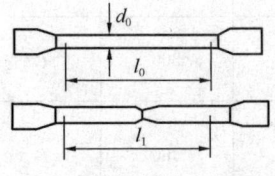

图 2-12 拉断前后的试件

式中 Δl——伸长量。

伸长率: $\delta = \dfrac{l_1 - l_0}{l_0} \times 100\%$ (2-17)

式中 l_1——拉伸断裂时的长度;
l_0——试件原长。

对中低强度钢材,破坏时试件出现明显的颈缩,应力-应变曲线有明显的屈服平台,伸长率较大。对高强度的钢材,则试件断口平齐,应力-应变曲线没有明显的屈服平台(见图 2-12、图 2-13),但抗拉强度 σ_b 较大,呈脆性破坏。

2) 拉伸性能

钢筋的应力-应变曲线有的有明显的屈服阶段,例如热轧低碳钢和普通热轧低合金钢所制成的钢筋,对有明显屈服阶段的钢筋,在计算承载力时以屈服点作为钢筋强度限值;对没有明显屈服阶段或屈服点的钢筋,一般将对应于塑性应变为 0.2% 时的应力定为屈服强度,并用 $\sigma_{0.2}$ 表示,如图 2-13 所示。

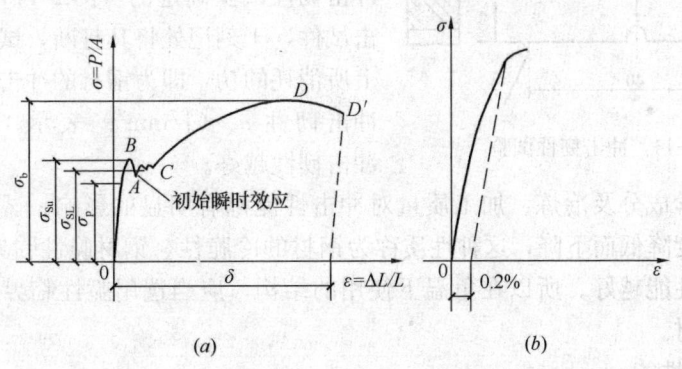

图 2-13 钢材的应力-应变曲线
(a) 有明显屈服阶段的钢材;(b) 无明显屈服阶段的钢材

反映建筑钢材拉伸性能的指标包括屈服强度、抗拉强度和伸长率。屈服强度是结构设计中钢材强度的取值依据。抗拉强度与屈服强度之比称为强屈比,是评价钢材使用可靠性的一个参数。强屈比越大,钢材受力超过屈服点工作时的可靠性越大,安全性越高,但强屈比过大,钢材强度利用率偏低,浪费材料。

钢材在受力破坏前可以经受永久变形的性能,称为塑性。在工程应用中,钢材的塑性指标通常用伸长率表示。伸长率是钢材发生断裂时所能承受永久变形的能力。伸长率越大,说明钢材的塑性越大。试件拉断后标距长度的增量与原标距长度之比的百分比即为断后伸长率。对常用的热轧钢筋而言,还有一个最大力总伸长率的指标要求。热轧钢筋的力学和工艺性能见表 2-13。

热轧钢筋的力学和工艺性能 表 2-13

牌 号	符 号	公称直径 d (mm)	屈服强度标准值 f_{yk} (N/mm²)	极限强度标准值 f_{stk} (N/mm²)	抗拉强度设计值 f_y (N/mm²)	抗压强度设计值 f'_y (N/mm²)	最大力总伸长率最小值 δ_{gt} (%)
HPB300	Φ	6~22	300	420	270	270	10.0
HRB335 HRBF335	Φ ΦF	6~50	335	455	300	300	7.5
HRB400 HRBF400 RRB400	Φ ΦF ΦR	6~50	400	540	360	360	7.5
HRB500 HRBF500	Φ ΦF	6~50	500	630	435	435	7.5

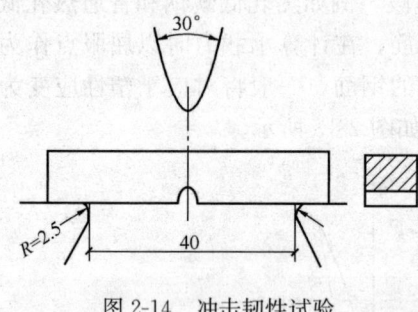

图 2-14 冲击韧性试验

3）冲击性能

冲击性能是指钢材抵抗冲击载荷的能力。冲击性能的指标是通过标准试件的弯曲冲击韧性试验确定的（图 2-14），以摆锤打击试件，于刻记处将其打断，试件单位面积上所消耗的功，即为钢材的冲击韧性值，用冲击韧性 a_k（J/mm²）表示。a_k 值越大，冲击韧性越好。

钢的化学成分及冶炼、加工质量对冲击性能都有明显的影响。试验表明，冲击韧性随温度降低而下降，这种性质称为钢材的冷脆性。钢材脆性临界温度越低，其低温冲击性能越好。所以在负温下使用的结构，应当选用脆性临界温度比使用温度低的钢材。

4）疲劳性能

受交变荷载反复作用时，钢材在应力远低于其屈服强度的情况下突然发生脆性断裂破坏的现象，称为疲劳破坏。疲劳破坏是在低应力状态下突然发生的，所以危害极大，往往造成灾难性的事故。钢材的疲劳极限与其抗拉强度有关，一般抗拉强度高，其疲劳极限也较高。

5）冷弯性能

冷弯性能是指钢材在常温下承受弯曲变形的能力，是建筑钢材的重要工艺性能，对钢材弯曲和弯钩有影响。

钢材的冷弯性能指标，用试件在常温下所能承受的弯曲程度表示。弯曲程度是通过试件被弯曲的角度和弯芯直径对试件的厚度（或直径）的比值区分的。

冷弯试验是通过试件弯曲处的塑性变形实现的，如图 2-15 所示。它和伸长率一样，表明钢材在静荷下的塑性。但冷弯是钢材处于不利变形条件下的塑性，而伸长率则是反映钢材在均匀变形下的塑性。故冷弯

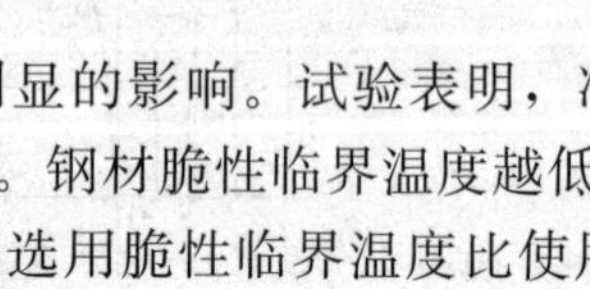

图 2-15 冷弯试验

试验是一种比较严格的检验，能揭示钢材是否存在内部组织不均匀、内应力和夹杂物等缺陷。在拉应力试验中，这些缺陷常因塑性变形导致应力重新分布而得不到反映。

2.7.3 常用的建筑钢材

1) 钢筋混凝土结构用钢

《混凝土结构设计规范》GB 50010—2010 规定，用于钢筋混凝土结构的国产普通钢筋可使用热轧钢筋。热轧钢筋是低碳钢、普通低合金钢在高温状态下轧制而成。热轧钢筋为软钢，其应力应变曲线有明显的屈服点和屈服阶段，断裂时有"颈缩"现象，伸长率比较大。热轧钢筋根据其力学指标的高低，分为 HPB300 级（Ⅰ级）、HRB335（Ⅱ级）、HRBF335（Ⅱ级）、HRB400（Ⅲ级）、HRBF400（Ⅲ级）、RRB400 级（Ⅲ级）、HRB500（Ⅳ级）、HRBF500（Ⅳ级）四个级别。Ⅰ级钢筋强度最低，Ⅳ级钢筋强度最高。

钢筋混凝土的结构中使用的钢筋可以分为柔性钢筋及劲性钢筋。常用的普通钢筋统称为柔性钢筋，其外形有光圆和带肋两类，带肋钢筋又分为等高肋和月牙肋两种。Ⅰ级钢筋是光圆钢筋，Ⅱ级、Ⅲ级、Ⅳ级钢筋是带肋的，统称为变形钢筋，如图 2-16 所示。钢筋的外形通常为光圆，也有在表面刻痕的。柔性钢筋可绑扎或焊接成钢筋骨架或钢筋

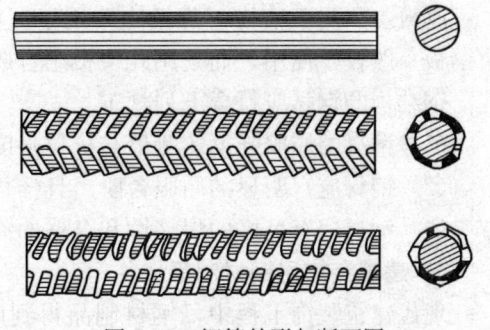

图 2-16 钢筋外形与断面图

网，分别用于梁、柱或板、壳结构中。劲性钢筋是由各种型钢、钢轨或用型钢与钢筋焊接成的骨架。劲性钢筋本身刚度很大，施工时模板及混凝土的重力可以由劲性钢筋本身来承担，因此能加速并简化支模工作，承载能力也比较大。

钢筋混凝土结构中的纵向受力钢筋宜采用 HRB400、HRB500、HRBF400、HRBF500 钢筋，箍筋宜采用 HRB400、HRBF400、HPB300、HRB500、HRBF500 钢筋。预应力钢筋宜采用预应力钢丝、钢绞线和预应力螺纹钢筋。RRB400 钢筋不宜用作重要部位的受力钢筋，不应用于直接承受疲劳荷载的构件。

对有抗震设防要求的结构，其纵向受力钢筋的性能应满足设计要求；当设计无具体要求时，对按一、二、三级抗震等级设计的框架和斜撑构件（含梯段）中的纵向受力钢筋应采用 HRB335E、HRB400E、HRB500E、HRBF335E、HRBF400E 或 HRBF500E 钢筋，其强度和最大力下总伸长率的实测值应符合下列规定：

(1) 钢筋的抗拉强度实测值与屈服强度实测值的比值不应小于 1.25；

(2) 钢筋的屈服强度实测值与屈服强度标准值的比值不应大于 1.30；

(3) 钢筋的最大力下总伸长率不应小于 9%。

国家标准还规定，热轧带肋钢筋应在其表面轧上牌号标志，还可依次轧上经注册的厂名（或商标）和公称直径毫米数字。钢筋牌号以阿拉伯数字或阿拉伯数字加英文字母表示，HRB335、HRB400、HRB500 分别以 3、4、5 表示，

HRBF335、HRBF400、HRBF500 分别以 C3、C4、C5 表示。厂名以汉语拼音字头表示。公称直径毫米数以阿拉伯数字表示。对公称直径不大于 10mm 的钢筋，可不轧制标志，可采用挂标牌方法。

2) 钢结构用钢

钢结构用钢主要是热轧成形的钢板和型钢等。薄壁轻型钢结构中主要采用薄壁型钢、圆钢和小角钢。钢材所用的母材主要是普通碳素结构钢及低合金高强度结构钢。

钢结构常用的热轧型钢有：工字钢、H 型钢、T 型钢、槽钢、等边角钢、不等边角钢等。型钢是钢结构中采用的主要钢材。

钢板材包括钢板、花纹钢板、建筑用压型钢板和彩色涂层钢板等。钢板规格表示方法为宽度×厚度×长度（单位为 mm）。钢板分厚板（厚度＞4mm）和薄板（厚度≤4mm）两种。

厚板主要用于结构，薄板主要用于屋面板、楼板和墙板等。在钢结构中，单块钢板一般较少使用，而是用几块板组合成工字形、箱形等结构形式来承受荷载。

钢结构的钢材应符合下列规定：

(1) 钢材的屈服强度实测值与抗拉强度实测值的比值不应大于 0.85；

(2) 钢材应有明显的屈服台阶，且伸长率不应小于 20%；

(3) 钢材应有良好的焊接性和合格的冲击韧性。

3) 建筑装饰用钢材制品

现代建筑装饰工程中，钢材制品得到广泛应用。常用的主要有不锈钢钢板和钢管、彩色不锈钢板、彩色涂层钢板和彩色涂层压型钢板，以及镀锌钢卷帘门板及轻钢龙骨等。

(1) 不锈钢及其制品

不锈钢是指含铬量在 12% 以上的铁基合金钢。铬的含量越高，钢的抗腐蚀性越好。建筑装饰工程中使用的是要求具有较好的耐大气和水蒸气侵蚀性的普通不锈钢。用于建筑装饰的不锈钢材主要有薄板（厚度小于 2mm）和用薄板加工制成的管材、型材等。

(2) 轻钢龙骨

轻钢龙骨是以镀锌钢带或薄钢板由特制轧机经多道工艺轧制而成，断面有 U 形、C 形、T 形和 L 形。主要用于装配各种类型的石膏板、钙塑板、吸声板等，用作室内隔墙和吊顶的龙骨支架。与木龙骨相比，具有强度高、防火、耐潮、便于施工安装等特点。

轻钢龙骨主要分为吊顶龙骨（代号 D）和墙体龙骨（代号 Q）两大类。吊顶龙骨又分为主龙骨（承载龙骨）、次龙骨（覆面龙骨）。墙体龙骨分为竖龙骨、横龙骨和通贯龙骨等。

2.7.4 混凝土结构对钢筋性能的要求

(1) 钢筋的强度

所谓钢筋强度是指钢筋的屈服强度及极限强度。钢筋的屈服强度是设计计算时的主要依据（对无明显流幅的钢筋，取它的条件屈服点）。采用高强度钢筋可以节约钢材，取得较好的经济效果。改变钢材的化学成分，生产新的钢种可以提高钢筋的强度。另外，对钢筋进行冷加工也可以提高钢筋的屈服强度。使用冷拔和冷拉钢筋时应符合专门规程的规定。

（2）钢筋的塑性

要求钢材有一定的塑性是为了使钢筋在断裂前有足够的变形，在钢筋混凝土结构中，能给出构件将要破坏的预告信号，同时要保证钢筋冷弯的要求，通过试验检验钢材承受弯曲变形的能力以间接反映钢筋的塑性性能。钢筋的伸长率和冷弯性能是施工单位验收钢筋塑性是否合格的主要指标。

（3）钢筋的可焊性

可焊性是评定钢筋焊接后的接头性能的指标。可焊性好，即要求在一定的工艺条件下钢筋焊接后不产生裂纹及过大的变形。

（4）钢筋的耐火性

热轧钢筋的耐火性能最好，冷轧钢筋其次，预应力钢筋最差。结构设计时应注意混凝土保护层厚度满足对构件耐火极限的要求。

（5）钢筋与混凝土的粘结力

为了保证钢筋与混凝土共同工作，要求钢筋与混凝土之间必须有足够的粘结力。钢筋表面的形状是影响粘结力的重要因素。

2.8 功能材料

土木工程使用的功能材料有：防水材料、保温材料、吸声材料、防腐材料与防火涂料等。下面仅对防水材料与保温材料进行简要介绍。

2.8.1 防水材料

材料防水依据不同的材料又分为刚性防水和柔性防水。刚性防水是采用钢筋混凝土材料进行防水，如水池；柔性防水采用的是柔性防水材料，主要包括各种防水卷材、防水涂料、密封材料和堵漏灌浆材料等。柔性防水材料是建筑防水材料的主要产品，是化学建材产品的重要组成部分，在工程防水工程应用中占主导地位，是维护建筑物防水功能所采用的重要材料。

1）防水卷材的分类

防水卷材在我国建筑防水材料的应用中处于主导地位，广泛用于屋面、地下和特殊构筑物的防水，是一种面广量大的防水材料。防水卷材主要包括沥青防水卷材、高聚物改性沥青防水卷材和高聚物防水卷材三大系列。

沥青防水卷材是传统的防水材料，成本较低，但拉伸强度和延伸率低，温度稳定性较差，高温易流淌，低温易脆裂；耐老化性较差，使用年限较短，属于低档防水卷材。

高聚物改性沥青防水卷材和高聚物防水卷材是新型防水材料，各项性能较沥青防水卷材优异，能显著提高防水功能，延长使用寿命，工程应用非常广泛。高聚物改性沥青防水卷材按照改性材料的不同分为：弹性体改性沥青防水卷材、塑性体改性沥青防水卷材和其他改性沥青防水卷材。高聚物防水卷材按基本原料种类的不同分为：橡胶类防水卷材、树脂类防水卷材和橡树共混防水卷材。

(1) 高聚物改性沥青防水卷材

高聚物改性沥青防水卷材是指以聚酯毡、玻纤毡、纺织物材料中的一种或两种复合为胎基，浸涂高分子聚合物改性石油沥青后，再覆以隔离材料或饰面材料而制成的长条片状可卷曲的防水材料。

高聚物改性沥青防水卷材主要有弹性体（SBS）改性沥青防水卷材、塑性体（APP）改性沥青防水卷材、沥青复合胎柔性防水卷材、自粘橡胶改性沥青防水卷材、改性沥青聚乙烯胎防水卷材以及道桥用改性沥青防水卷材等。其中，SBS卷材适用于工业与民用建筑的屋面及地下防水工程，尤其适用于较低气温环境的建筑防水。APP卷材适用于工业与民用建筑的屋面及地下防水工程，以及道路、桥梁等工程的防水，尤其适用于较高气温环境的建筑防水。

SBS防水卷材是近年来生产的一种弹性体改性沥青防水卷材，是以聚酯毡、玻纤毡、玻纤增强聚酯毡为胎基，以苯乙烯-丁二烯-苯乙烯（SBS）热塑性弹性体作石油沥青改性剂，两面覆以隔离材料所制成的防水卷材。按胎基分为聚酯毡（PY）、玻纤毡（G）、玻纤增强聚酯毡（PYG）三类。表面隔离材料分为上表面隔离材料和下表面隔离材料，按上表面隔离材料分为聚乙烯膜（PE）、细砂（S）、矿物粒料（M）三种，下表面隔离材料细砂（S）、聚乙烯膜（PE），同时规定了细砂粒径不超过0.60mm。表面隔离材料不得采用聚酯膜（PET）和耐高温聚乙烯膜。按材料性能分为Ⅰ型和Ⅱ型。产品按名称、型号、胎基、上表面材料、下表面材料、厚度、面积和本标准编号顺序标记。示例：$10m^2$ 面积、3mm厚上表面为矿物粒料、下表面为聚乙烯膜聚酯毡Ⅰ型弹性体改性沥青防水卷材标记为：SBS Ⅰ PY M PE 3 10 GB 18242—2008 我国国标《弹性体改性沥青防水卷材》GB 18242—2012 规定的单位面积质量、面积及厚度应符合表2-14的规定。

单位面积质量、面积及厚度　　　　表2-14

规格（公称厚度）/mm		3			4			5		
上表面材料		PE	S	M	PE	S	M	PE	S	M
下表面材料		PE	PE、S		PE	PE、S		PE	PE、S	
面积/(m²/卷)	公称面积	10、15			10、7.5			7.5		
	偏差	±0.10			±0.10			±0.10		
单位面积质量/(kg/m²) ≥		3.3	3.5	4.0	4.3	4.5	5.0	5.3	5.5	6.0
厚度/mm	平均值 ≥	3.0			4.0			5.0		
	最小单值	2.7			3.7			4.7		

(2) 高聚物防水卷材

高聚物防水卷材，亦称高分子防水卷材，是以合成橡胶、合成树脂或者两者共混体系为基料，加入适量的各种助剂、填充料等，经过混炼、塑炼、压延或挤出成型、硫化、定型等加工工艺制成的片状可卷曲的防水材料。

高聚物防水卷材品种较多，一般基于原料组成及性能分为：橡胶类、树脂类和橡塑共混。常见的三元乙丙、聚氯乙烯、氯化聚乙烯、氯化聚乙烯-橡胶共混及三元丁橡胶防水卷材都属于高聚物防水卷材。

三元乙丙橡胶防水卷材是以三元乙丙橡胶为主体制成,是目前耐老化性能最好的一种卷材,使用寿命可达50年。它的耐候性、耐臭氧性、耐热性和低温柔性超过氯丁与丁基橡胶,比塑料优越得多。它还具有质量轻、抗拉强度高、延伸率大和耐酸碱腐蚀等特点。它对煤焦油不敏感,但遇机油时将产生溶胀。

三元乙丙橡胶防水卷材的适用范围非常广,可用于屋面、厨房、卫生间等防水工程;也可用于桥梁、隧道、地下室、蓄水池、电站水库、排灌渠道和污水处理等需要防水的部位。

三元乙丙橡胶卷材防水性能虽然很好,但工程造价较贵,目前在我国属高档防水材料。但从综合经济分析,应用经济效益还是十分显著的。目前在美国、日本等国,其用量已占合成高分子防水卷材总量的60%～70%。

2) 防水涂料

防水涂料是指常温下为液体,涂覆后经干燥或固化形成连续的能达到防水目的的弹性涂膜的柔性材料。

防水涂料按照使用部位可分为:屋面防水涂料、地下防水涂料和道桥防水涂料。也可按照成型类别分为:挥发型、反应型和反应挥发型。一般按照主要成膜物质种类进行分类,防水涂料分为:丙烯酸类、聚氨酯类、有机硅类、高聚物改性沥青类和其他防水涂料。

防水涂料特别适用于各种复杂、不规则部位的防水,能形成无接缝的完整防水膜。涂布的防水涂料既是防水层的主体,又是胶粘剂,因而施工质量容易保证,维修也较简单。防水涂料广泛适用于屋面防水工程、地下室防水工程和地面防潮、防渗等。下面仅对聚氨酯防水涂料进行介绍。

聚氨酯防水涂料为双组分型,其中甲组分为含异氰酸基(—NCO)的聚氨酯预聚物,乙组分由含多羟基(—HO)或氨基(—NH$_2$)的固化剂及填充料、增韧剂、防霉剂和稀释剂等组成。甲、乙两组分按一定比例配合拌匀涂于基层后,在常温下即能交联固化,形成具有柔韧性、富有弹性、耐水、抗裂的整体防水厚质涂层。

聚氨酯防水涂膜固化时无体积收缩,它具有优异的耐候、耐油、耐臭氧、不燃烧等特性。涂膜具有橡胶般的弹性,故延伸性好,抗拉强度及抗撕裂强度也较高。使用温度范围宽,为$-30℃\sim+80℃$。耐久性好,当涂膜厚为$1.5\sim2.0mm$时,耐用年限在10年以上。聚氨酯涂料对材料具有良好的附着力,因此与各种基材如混凝土、砖、岩石、木材、金属、玻璃及橡胶等均能粘结牢固,且施工操作较简便。

聚氨酯涂料是目前世界各国最常用的一种树脂基防水涂料,它可在任何复杂的基层表面施工,适用于各种基层的屋面、地下建筑、水池、浴室、卫生间等工程的防水。例如北京长城饭店的屋面防水,即采用了这种防水涂料,其防水效果很好。聚氨酯涂料施工时需首先进行基层表面处理,然后涂布底胶,待底胶固化后再行涂刷聚氨酯防水层,一般刷两遍,第二遍的涂刷方向应与第一遍垂直,以确保防水施工质量。最后可在第二遍涂层尚未固化前,撒上少量干净石碴,以对防水层起保护作用。也可在施工第二遍涂料时,随刷随贴一层玻璃布,以增强防水效果。

3) 建筑密封材料

密封材料是指能适应接缝位移达到气密性、水密性目的而嵌入建筑接缝中的定形和非定形的材料。

建筑密封材料分为定型和非定型密封材料两大类型。定型密封材料是具有一定形状和尺寸的密封材料,包括各种止水带、止水条、密封条等;非定型密封材料是指密封膏、密封胶、密封剂等黏稠状的密封材料。

建筑密封材料按照应用部位可分为:玻璃幕墙密封胶、结构密封胶、中空玻璃密封胶、窗用密封胶、石材接缝密封胶。一般按照主要成分进行分类,建筑密封材料分为:丙烯酸类、硅酮类、改性硅酮类、聚硫类、聚氨酯类、改性沥青类、丁基类等。

2.8.2 保温绝热材料

建筑上常用保温绝热材料按化学成分可分为有机和无机两大类,按材料的构造可分为多孔组织、纤维状和松散粒状材料三种,通常可制成板、片、卷材或管壳等多种形式的制品。一般来说,无机保温绝热材料的表观密度较大,但不易腐朽,不会燃烧,有的能耐高温。有机保温材料质轻,保温性能好,但耐热性较差。

1) 多孔性保温隔热材料

近年来,我国因保温材料引发的火灾时有发生,人员生命和财产的巨大损失触目惊心。《关于进一步明确民用建筑外保温材料消防监督管理有关要求的通知》(公消[2011]65号)规定:民用建筑外保温材料采用燃烧性能为A级的材料。目前普遍使用的保温材料主要有酚醛树脂、挤塑聚苯板等。聚苯板、聚氨酯泡沫的燃烧性能等级较低,目前已限制使用。

酚醛树脂保温板由酚醛泡沫树脂制成,酚醛泡沫树脂是一种新型不燃、防火、低烟、抗高温形变保温材料,它是由酚醛树脂加入发泡剂、固化剂及其他助剂制成的闭孔硬质泡沫塑料。它克服了原有泡沫塑料型保温材料易燃、多烟、遇热变形的缺点,保留了原有泡沫塑料型保温材料质轻、施工方便等特点。

酚醛泡沫树脂保温板具有良好的保温隔热性能,其导热系数约为0.023W/(m·K),远远低于目前市场上常用的无机、有机外墙保温产品,可以达到更高的节能效果。

酚醛树脂保温板可以达到国家防火标准A级,从根本上杜绝外保温火灾发生的可能性,使用温度范围为-250℃~+150℃,酚醛泡沫树脂保温板在高温下不熔滴、不软化、发烟量低、不扩散火焰、耐火焰穿透,防火性能出色,并且具有良好的保温节能效果,将优异的防火性能与良好的节能效果集于一身,适合于外墙外保温,是目前推广使用的外保温材料。

酚醛泡沫树脂保温板不仅可以用于传统外墙外保温系统,也可以与饰面层复合制作保温装饰一体化板,还可以用于构筑传统EPS/XPS/PU外墙保温系统防火隔离带,用作幕墙内的防火保温隔热材料、防火门内隔热材料,以及低温或高温场合的防火保温隔热材料。

2）纤维状保温隔热材料

这类材料主要是以矿棉、石棉、玻璃棉及植物纤维等为主要原料，制成板、筒、毡等形状的制品，广泛用于住宅建筑和热工设备、管道等的保温。这类保温材料通常也是良好的吸音材料。下面仅对矿棉及其制品进行简要介绍。

矿棉一般包括矿渣棉和岩石棉。矿渣棉所用原料有高炉硬矿渣、铜矿渣等，并加一些调节原料（钙质和硅质原料）；岩棉的主要原料为天然岩石（白云石、花岗石、玄武岩等）。上述原料经熔融后，用喷吹法或离心法制成细纤维。矿棉具有轻质、不燃、绝热和电绝缘等性能，且原料来源广，成本较低，可制成矿棉板、矿棉毡及管壳等，可用作建筑物的墙壁、屋顶、天花板等处的保温和吸声材料，以及热力管道的保温材料。

3）散粒状保温隔热材料

仅以膨胀珍珠岩及其制品为例进行介绍。膨胀珍珠岩是由天然珍珠岩、黑曜岩或松脂岩为原料，经煅烧体积急剧膨胀（约 20 倍）而得蜂窝状白色或灰白色松散颗料。堆积密度为 $40\sim300kg/m^3$，$\lambda=0.025\sim0.048W/(m\cdot K)$，耐热 800℃，为高效能保温保冷填充材料。

膨胀珍珠岩制品是以膨胀珍珠岩为骨料，配以适量胶凝材料，经拌和、成型、养护（或干燥、或焙烧）后而制成的板、砖、管等产品。目前国内主要产品有水泥膨胀珍珠岩制品、水玻璃膨胀珍珠岩制品、磷酸盐膨胀珍珠岩制品及沥青膨胀珍珠岩制品等。

2.9 沥青材料

2.9.1 沥青

1）沥青的概念与分类

沥青是一种憎水性的有机胶凝材料，在常温下呈黑色或黑褐色的黏稠状液体、半固体或固体。沥青的主要成分是沥青质和树脂，其次是矿物油和少量氧、硫和氮的混合物。

沥青按产源可分为地沥青和焦油沥青。地沥青包括天然沥青和石油沥青；焦油沥青包括煤沥青、木沥青和页岩沥青。天然沥青是石油经长期地球物理作用，轻质组分挥发和缩聚而成的沥青类物质；石油沥青是石油蒸馏后的残余物；页岩沥青是煤、木材和页岩干馏后的焦油，再经加工得到的沥青类物质。

2）沥青的技术性能

（1）黏性（黏滞性）

沥青的黏性是沥青在外力或自重的作用下抵抗变形的能力，是划分沥青牌号的主要性能指标。沥青的黏性与其组分及所处的温度有关，当沥青质含量较高、有适量的树脂、油分含量较少时，黏性较大。在一定的温度范围内，当温度升高，黏性随之降低，反之则增大。

固体或半固体的石油沥青是用针入度来表示黏性或稠度高低。其数值越小，表明黏度越大，沥青越硬。针入度是以 25℃时 100g 重的标准针经 5s 沉入沥青试样中的深度表示，每深 1/10 mm，定为 1 度。

(2) 塑性

塑性是指石油沥青受外力作用时产生变形而不破坏，除去外力后仍保持变形后形状的性质，它是沥青的主要性能之一。沥青的塑性用延度表示。延度是将沥青试样制成 8 字形标准试件，在规定条件（25℃的液体中，以 5cm/min 的速率拉伸），试件被拉断时伸长的数值，以 cm 为单位。延度越大，塑性越好，柔性和抗断裂性越好。塑性大的沥青不易开裂，塑形小的沥青在低温下易开裂。

(3) 温度稳定性

温度稳定性是指石油沥青的黏性和塑性随温度升降而变化的性能，是沥青的重要指标之一。在工程中使用的沥青，要求有较好的温度稳定性，否则容易发生沥青材料夏季流淌或冬季变脆甚至开裂等现象，使防水层失效。

通常用软化点来表示沥青的温度稳定性，即沥青受热由固态转变为具有一定流动态时的温度。软化点越高，表明沥青的耐热性越好，即温度稳定性越好。沥青的软化点不能太低，不然夏季易融化发软；但也不能太高，否则不易施工，品质太硬，冬季易发生脆裂现象。

(4) 大气稳定性

大气稳定性是指沥青在热、阳光、氧气和潮湿等因素的长期综合作用下性能稳定的程度。在阳光、空气和热的综合作用下，沥青各组分会不断递变，低分子组分将逐步转变成高分子组分，即油分和树脂逐渐减少，而地沥青质逐渐增多。沥青随着时间的进展而流动性和塑性逐渐减小，硬脆性逐渐增大，直至脆裂，这个过程称为沥青的"老化"。所以，大气稳定性可以用抗"老化"性能来说明。

沥青的大气稳定性常用"蒸发损失率"和"针入度比"表示。蒸发损失率是将沥青试样加热至 160℃，恒温 5h 测得蒸发前后的质量损失率。针入度比是上述条件下蒸发后与蒸发前针入度比值。蒸发损失率越小，针入度比越大，则大气稳定性愈好。

闪点是指加热沥青至挥发出的可燃气体和空气的混合物，在规定条件下与火焰接触，初次闪火时的沥青温度。燃点或称着火点，指加热沥青产生的气体和空气的混合物，与火焰接触能持续燃烧 5s 以上时，此时沥青的温度即为燃点。燃点温度比闪点温度约高 10℃，沥青质组分多的沥青燃点与闪点相差愈多，液体沥青由于轻质成分较多，闪点和燃点的温度相差很小。闪点和燃点的高低表明沥青引起火灾或爆炸的可能性的大小，它关系到运输、贮存和加热使用等方面的安全。例如建筑石油沥青闪点约 230℃，在熬制时一般温度为 185℃～200℃，为安全起见，沥青还应与火焰隔离。

2.9.2 沥青混合料

1) 沥青混合料的概念与分类

沥青混合料是指由适当比例的矿料（粗集料、细集料和填料）与沥青结合料拌和而成的混合料的总称。通常，它包括沥青混凝土混合料和沥青碎（砾）石混合料两类。

沥青混合料按材料组成及结构分为连续级配、间断级配混合料，按矿料级配组成及空隙率大小分为密级配、半开级配、开级配混合料。按公称最大粒径的大小可分为特粗式（公称最大粒径等于或大于 31.5mm）、粗粒式（公称最大粒径 26.5mm）、中粒式（公称最大粒径 16 或 19mm）、细粒式（公称最大粒径 9.5 或 13.2mm）、砂粒式（公称最大粒径小于 9.5mm）沥青混合料。按制造工艺分热拌沥青混合料、冷拌沥青混合料、再生沥青混合料等。

沥青碎石混合料（简称沥青碎石）是指由矿料和沥青组成具有一定级配要求的混合料。按空隙率、集料最大粒径、添加矿粉数量的多少，分为密级配沥青碎石（ATB），开级配沥青碎石（OGFC 表面层及 ATPB 基层）、半开级配沥青碎石（AM）。

沥青混凝土混合料与沥青碎石混合料的主要区别在于矿料的级配不同：沥青碎石混合料中所含细矿料和矿粉较少，压实后表面较粗糙；沥青混凝土混合料的矿料则级配严格，细矿料和矿粉含量较多，压实后表面较细密。

沥青混合料是一种粘—弹塑性材料，具有良好的力学性能，一定的高温稳定性和低温柔性，修筑路面无接缝，减震吸声，行车舒适；路面平整而且有一定的粗糙度，无强烈反光，有利于行车安全；施工方便、不需养护，速度快，能及时开放交通；便于分期修建和再生利用。因此，沥青混合料是高等级道路修筑中的一种主要的路面材料。

2）沥青混合料的组成

（1）沥青材料

不同型号的沥青材料，具有不同的技术指标，适用于不同等级、不同类型的路面。在选择沥青材料的时候，要考虑到气候条件、交通量、施工方法等情况。寒冷地区宜选用稠度较小，延度较大的沥青，以免冬季裂缝；较热地区选用稠度较大，软化点高的沥青，以免夏季泛油，发软。一般路面的上层宜用较稠的沥青，下层和联结层宜用较稀的沥青。

（2）粗集料

粗集料包括碎石、破碎砾石、筛选砾石、钢渣、矿渣等，但高速公路和一级公路不得使用筛选砾石和矿渣。

沥青混合料的粗集料要求洁净、干燥、无风化、无杂质，并且具有足够的强度和耐磨性。一般选用高强、碱性的岩石轧制成接近于立方体、表面粗糙、具有棱角的颗粒。

沥青混合料对粗集料的级配不单独提出要求，只要求它与细集料、矿粉组成的矿质混合料能符合相应的沥青混合料的矿料级配范围。每种混合料按空隙率分为Ⅰ型（空隙率为 3‰～6‰）和Ⅱ型（空隙率为 6‰～10‰）两种。一种粗集料不能满足要求时，可用两种以上不同级配的粗集料掺合使用。

（3）细集料

沥青路面的细集料包括天然砂、机制砂、石屑。细集料应洁净、干燥、无风化、无杂质，并有适当的颗粒级配。细集料同样应洁净、黏土含量不大于 3‰。

细集料应与沥青有很好的粘接能力。热拌沥青混合料的细集料宜采用优质的天然砂或机制砂。在缺砂地区，也可使用石屑，但用于高速公路、一级公路、城市快速路、主干路沥青混凝土面层及抗滑表层的石屑用量不宜超过砂的用量。

(4) 矿粉

矿粉是由石灰岩或岩浆岩中的碱性岩石磨制而成的，也可以利用工业粉末、废料、粉煤灰等代替，但用量不宜超过矿料总量的2%。其中粉煤灰的用量不宜超过填料总量的50%，粉煤灰的烧失量应小于12%，与矿粉混合后的塑性指数应小于4%。矿粉应干燥、洁净，能自由地从矿粉仓流出。高速公路、一级公路的沥青面层不宜采用粉煤灰作填料。拌和机的粉尘可作为矿粉的一部分回收使用。但每盘用量不得超过填料总量的25%，掺有粉尘填料的塑性指数不得大于4%。

沥青混合料配合比设计的主要任务是根据沥青混合料的技术要求，选择粗集料、细集料、矿粉和沥青材料，并确定各组成材料相互配合的最佳组成比例，使沥青混合料既满足技术要求，又符合经济原则。

3) 沥青混合料的技术性质

沥青是一种粘—弹塑性体材料，当应用于道路时，因所处的环境、位置、荷载的特点，应有不同的技术要求。

(1) 高温稳定性

沥青混合料的高温稳定性是指在高温条件下，沥青混合料承受多次重复荷载作用而不发生过大的累积塑性变形的能力。

沥青混合料的高温稳定性，通常采用高温强度与稳定性作为主要技术指标。常用的测试评定方法有：马歇尔试验法、无侧限抗压强度试验法、史密斯三轴试验法等。

(2) 低温抗裂性

沥青混合料是粘—弹塑性体材料，其物理性质随温度变化会有很大变化。当温度较低时，沥青混合料表现为弹性性质，变形能力大大降低。在外部荷载产生的应力和温度下降引起的材料的收缩应力联合作用下，沥青路面可能发生断裂，产生低温裂缝。沥青混合料的低温开裂是由混合料的低温脆化、低温收缩和温度疲劳引起的。混合料的低温脆化一般用不同温度下的弯拉破坏试验来评定；低温收缩可采用低温收缩试验评定；而温度疲劳则可以用低频疲劳试验来评定。

(3) 耐久性

沥青混合料的耐久性与组成材料的性质和配合比有密切关系。首先，沥青在大气因素作用下，组分会产生转化，油分减少，沥青质增加，使沥青的塑性逐渐减小，脆性增加，路面的使用品质下降。其次，以耐久性考虑，混合料应有较高的密实度和较小的空隙率，但是空隙率过小，将影响沥青混合料的高温稳定。因此，在我国的有关规定中，对空隙率和饱和度提出了要求。

(4) 抗滑性

沥青路面的抗滑性与集料的表面结构、级配组成、沥青用量等因素有关。为保证抗滑性能，面层集料应选用质地坚硬具有棱角的碎石，通常采用玄武岩。采用适当增大集料粒径、减少沥青用量及控制沥青的含蜡量等措施，均可提高路面的抗滑性。

(5) 施工和易性

沥青混合料应具备良好的施工和易性，使混合料易于拌和、摊铺和碾压施工。影响施工和易性的因素很多，主要是混合料的级配和沥青的黏度大小及用量，其他如当地气温、拌合设备、施工机械条件等都有一定影响。

4）沥青混合料的组成结构

沥青混合料是由沥青、粗细集料和矿粉按一定比例拌和而成的一种复合材料。按矿质骨架的结构状况，其组成结构分为以下三种类型。

（1）悬浮密实结构

当采用连续密级配矿质混合料与沥青组成的沥青混合料时，矿料由大到小形成连续级配的密实混合料。由于粗集料的数量较少，细集料的数量较多，较大颗粒被较小颗粒挤开，使粗集料以悬浮状态存在于细集料之间。这种结构的沥青混合料虽然密实度和强度较高，但稳定性较差，其结构示意如图2-17（a）所示。

（2）骨架空隙结构

连续开级配的沥青混合料，由于细集料的数量较少，粗集料之间不仅紧密相连，而且有较多的空隙。这种结构的沥青混合料的内摩阻力起重要作用，因此，沥青混合料受沥青材料的变化影响较小，稳定性较好。当沥青路面采用这种形式的沥青混合料时，沥青面层下必须做下封层。其结构示意如图2-17（b）所示。

（3）骨架密实结构

采用间断型级配矿质混合料与沥青组成的沥青混合料时，是综合以上两种结构之长的一种结构。它既有一定数量的粗骨料形成骨架，又根据粗集料空隙的多少加入细集料，形成较高的密实度，其结构示意如图2-17（c）所示。这种结构的沥青混合料的密实度、强度和稳定性都较好，是一种理想的结构类型。

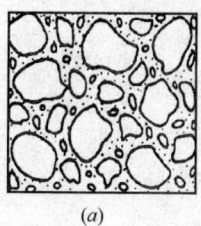 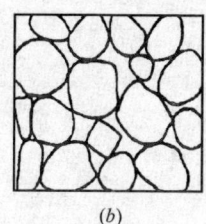 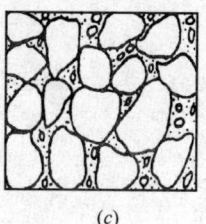

(a)   (b)   (c)

图 2-17 沥青混合料组成结构示意图
(a) 悬浮密实结构；(b) 骨架空隙结构；(c) 骨架密实结构

复 习 思 考 题

1. 简述土木工程材料不同的分类方法。
2. 天然石材的放射性是如何分类的，适用于什么场所？
3. 烧结普通砖的公称尺寸是什么？烧结多孔砖分类及尺寸分别是什么？
4. 建筑石膏的特性有哪些？
5. 建筑石灰的特性有哪些？
6. 通用硅酸盐水泥的主要技术性质是什么？
7. 厚大体积的混凝土优先选用什么类型的水泥？为什么？
8. 简述砂浆的技术性质有哪些？

9. 简述混凝土组成材料。
10. 新拌混凝土的性质有哪些？
11. 混凝土的立方体抗压强度是如何定义的，强度等级是如何定义与划分的？
12. 建筑钢材的主要性能包括力学性能和工艺性能，二者分别包括什么性能？
13. 热轧钢筋根据其力学指标的高低划分为什么类型？
14. 对有抗震设防要求的结构，当设计无具体要求时，钢筋应满足什么力学指标？
15. SBS 卷材与 APP 卷材适用于什么场所？
16. 民用建筑外保温材料采用燃烧性能为哪一级的材料？目前普遍使用的保温材料主要有什么类型？该保温材料有什么特点？
17. 什么是沥青？如何分类的？
18. 简述沥青的技术性能。
19. 简述沥青混合料的组成。
20. 简述沥青混合料的技术性质。

第3章 建筑工程识图

根据正投影原理及建筑工程施工图的规定画法，把一幢房屋的全貌及各个细微局部完整地表达出来，这就是建筑工程施工图。建筑工程施工图是表达设计思想、指导工程施工的重要技术文件。本章着重介绍建筑工程各专业施工图的用途、图示内容和表达方法，为阅读和绘制房屋建筑施工图打下一定的基础。

3.1 建筑工程制图的基本知识

3.1.1 施工图的产生

一个建筑工程项目，从项目建议书到最终建成，必须经过一系列的过程。建筑工程施工图的产生过程，是建筑工程从计划到建成过程中的一个重要环节。

建筑工程施工图是由设计单位根据设计任务书的要求、有关的设计规范、计算数据及建筑艺术等多方面因素设计绘制而成的。根据建筑工程的复杂程度，其设计过程分两阶段设计和三阶段设计两种。一般情况都按两阶段进行设计，对于较大的或技术上较复杂、设计要求高的工程，才按照三阶段进行设计。

两阶段设计包括初步设计和施工图设计两个阶段。

初步设计的主要任务是根据建设单位提出的设计任务和要求，进行调查研究、搜集资料，提出设计方案，其内容包括必要的工程图纸、设计概算和设计说明等。初步设计的工程图纸和有关文件只是作为提供方案研究和审批之用，不能作为施工的依据。

施工图设计的主要任务是满足工程项目具体技术要求，提供一切准确可靠的施工依据，其内容包括工程施工所有专业的基本图、详图及其说明书、计算书等。此外还应有整个工程的施工预算书。整套施工图纸是设计人员的最终技术成果，是施工单位进行施工的依据。所以施工图设计的图纸必须详细完整、前后统一、尺寸齐全、正确无误，符合国家建筑制图标准。

当工程项目比较复杂，许多工程技术问题和各工种之间的协调问题在初步设计阶段无法确定时，就需要在初步设计和施工图设计之间插入一个技术设计阶段，形成三阶段设计。技术设计的主要任务是在初步设计的基础上，进一步确定各专业间的具体技术问题，使各专业之间取得统一，达到相互配合协调。在技术设计阶段各专业均需绘制出相应的技术图纸，写出有关设计说明和初步计算，为第三阶段施工图设计提供比较详细的资料。

3.1.2 民用建筑构造组成和各部分的作用

建筑物是由许多部分组成的，它们在不同的位置上发挥着不同的作用。民用建筑一般由基础、墙体（柱）、楼板层、地坪、屋顶、楼梯和门窗等几大部分构成的，如图3-1所示。

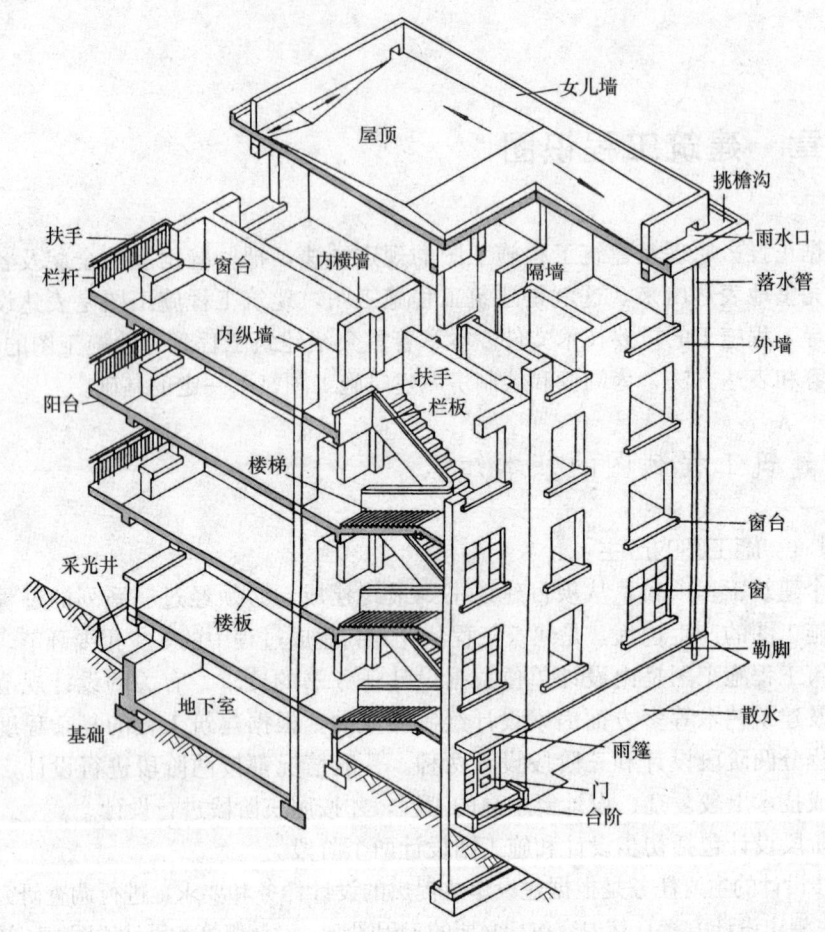

图 3-1　民用建筑的构造组成

（1）基础。基础是房屋的重要组成部分，是建筑地面以下建筑物底部与地基接触的承重构件，它承受建筑物上部结构传递下来的全部荷载，并把这些荷载连同基础的自重一起传到地基上。因此，基础必须固定、稳定、可靠。

（2）墙（或柱）。墙是建筑物的竖向构件，其作用是承重、围护、分隔及美化室内空间。作为承重构件，墙承受着由屋顶或楼板层传来的荷载，并将其传给基础；作为围护构件，外墙抵御着自然界各种不利因素对室内的侵袭；作为分隔构件，内墙起着分隔建筑内部空间的作用；同时，墙体对建筑物的室内外环境还起着美化和装饰作用。

砌体结构的墙体既是建筑物的承重构件，也可以是建筑物的围护构件。框架结构的柱是承重构件，而墙仅是分隔空间或抵抗风、雨、雪的围护构件。

柱也是建筑物的竖向构件，主要用作承重构件，作用是承受屋顶和楼板层传来的荷载并传给基础。柱与墙的区别在于其高度尺寸远大于自身的长宽尺寸，截面面积较小，受力比较集中。

（3）楼板层。楼板层是楼房建筑中水平方向的承重构件。楼板将整个建筑物分成若干层，它承受着人、家具以及设备的荷载，并将这些荷载传递给墙或柱，它应该有足够的强度和刚度。楼板作为分隔构件，沿竖向将建筑物分隔成若干楼层，以扩大建筑面积。对卫生间、厨房等房间应具有防水、防潮能力。

（4）地坪。地坪是房间与土层相接触的水平部分，它承受着底层房间中人和家具等荷载，不同性质的房间应该具有不同的功能，如：防潮、防滑、耐磨、保温等。

（5）屋顶。屋顶是建筑物顶部水平的围护构件和承重构件。它抵御着自然界对建筑物的影响，承受着建筑物顶部的荷载，并将荷载传给墙体或柱。屋顶必须具有足够的强度和刚度，并具有防水、保温、隔热等性能。

（6）楼梯。建筑物中的垂直交通工具，作为人们上下楼和发生事故时的紧急疏散之用。楼梯也有承重作用，但不是基本承重构件。

（7）门窗。门主要用来通行和紧急疏散，窗主要用来采光和通风。开门以沟通内外联系，开窗以沟通人和大自然的联系。处于外墙上的门和窗属于围护构件。

（8）附属部分。民用建筑中除了上述构件外，还有一些附属部分，如阳台、雨篷、台阶等。

以上构件中，由基础、墙或柱、楼板层、屋顶四种构件共同构成房屋的承重结构。作为建筑物的骨架体系，它们对整个房屋的坚固耐久影响极大。

外墙、门窗、屋顶等又构成了房屋的外围护结构。外围护结构对保证建筑室内空间的环境质量和建筑的外形美观起着不可忽视的作用。

3.1.3 建筑平面图、立面图、剖面图的形成

1）建筑平面图的形成

假想用一水平剖切平面，沿着房屋各层窗台上方 10cm 处将房屋切开，移去剖切平面以上部分，向下所作的水平投影图，称为建筑平面图，简称平面图，如图 3-2 所示。

剖切平面沿房屋底层门、窗洞口剖切，所得到的平面图称为一层平面图。依次类推。通常应画出各层平面图（称二、三……层平面图），当有些楼层平面布置相同，或者只有局部不同时，也可只画一个共同的平面图（称为标准层平面图），对于局部不同的地方，则另画局部平面图。

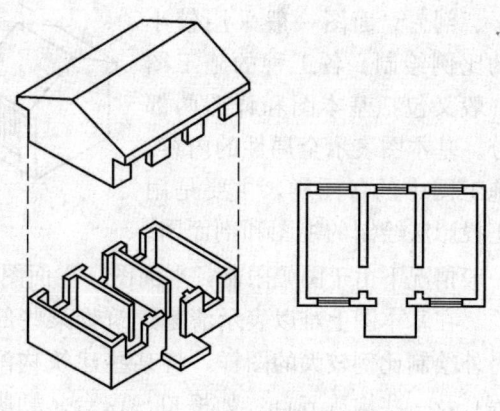

图 3-2 建筑平面图的形成

平面图是放线、砌筑墙体、安装门窗、作室内装修及编制预算、备料等的基本依据。

2）建筑立面图的形成

建筑立面图是投影面平行于建筑物各个外墙面的正投影图，如图 3-3 所示。

建筑立面图是用来表示建筑物的外貌，并表明外墙装饰要求的图样。

对有定位轴线的建筑物，宜根据两端定位轴线编注立面图名称（如①～⑩立面图、②～⑤立面图），无定位轴线的建筑物，可按平面图各面的方向确定名称

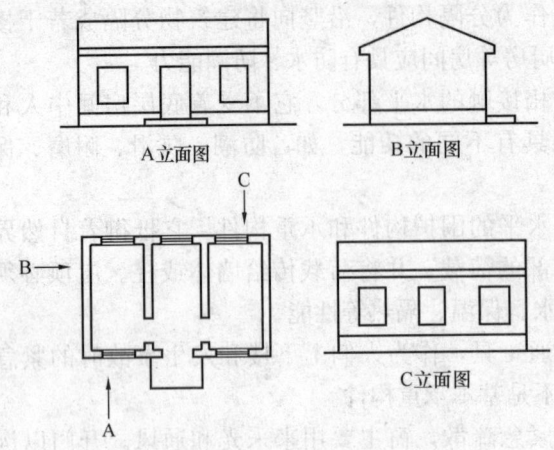

图3-3 建筑立面图的形成

（如南立面图、东立面图）。也有按建筑物立面的主次，把建筑物主要入口面或反映建筑物外貌主要特征的立面称为正立面图，从而确定背立面图和左、右侧立面图。

3）建筑剖面图的形成

假想用一个垂直剖切平面把建筑剖开，移去靠近观察者的部分，对留下部分作正投影所得到的正投影图，称为建筑剖面图，简称剖面图，如图3-4所示。

建筑剖面图用来表达建筑物内部垂直方向的高度、楼层分层情况及简要的结构形式和构造方式。它与建筑平面图、立面图相配合，是建筑施工图中不可缺少的重要图样之一。

剖面图的剖切位置应选择在内部结构和构造比较复杂或有代表性的部位，其数量应根据建筑的复杂程度和施工实际需要而定。两层以上的楼房一般至少要有一个通过楼梯间剖切的剖面图。剖面图的剖切位置和剖视方向，应在一层平面图中绘出。

4）建筑详图

建筑形体较大，所以建筑平、剖、立面图一般采用较小的比例绘制。各工种的施工图一般又包括基本图和详图两部分。基本图表示全局性的内容。施工图中的各图样，主要是用正投影法绘制的视图和剖面图。

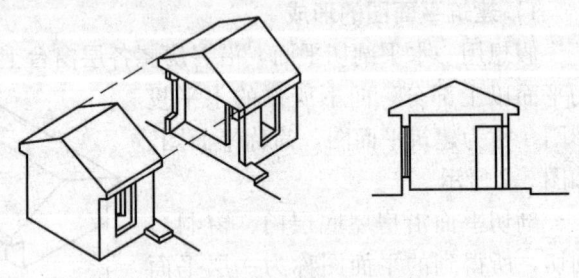

图3-4 建筑剖面图的形成

一般情况下由于图幅限制，平面图、立面图和剖面图等图样，需分别单独画出。

在基本图上难以表示清楚建筑物某些部位的详细情况，根据施工需要，必须另外绘制比例较大的图样，将某些建筑构配件（如门、窗、楼梯、阳台、雨水管等）及一些构造节点（如檐口、窗台、勒脚、明沟等）的形状、尺寸、材料、做法详细表达出来。所以还需要配以较大比例的详图。由此可见，建筑详图是建筑细部的施工图，是建筑平、剖、立面图等基本图纸的补充和深化，是建筑工程的细部施工、建筑构配件的制作及编制预算的依据。

把某些建筑详图进行归类，形成标准化的做法，就逐渐形成了各地的标准图。如各省标准图集（简称辽标、豫标等）、国家标准图集（简称国标）、中南标、华东标、西南标、华北与西北标。

3.1.4 施工图的分类和编排顺序

建筑施工图是直接用来为施工服务的图样，能够明确无误地反映出拟建房屋的内外形状、大小、结构形式、装饰、设备等方面的内容，以及构配件的做法与用料等。

1）施工图的分类

建筑工程施工图按照专业分工的不同，可分为建筑施工图、结构施工图和设备施工图。

建筑施工图包括建筑总平面图、各层平面图、各个立面图、必要的剖面图和建筑施工详图及设计说明书等。

结构施工图包括基础平面图、基础详图、结构平面图、楼梯结构图和结构构件详图及设计说明书等。

设备施工图包括给水排水、供暖通风、建筑电气等专业的施工图，各设备施工图一般包括平面图、系统图和施工详图及设计说明书等。其中，建筑电气施工图包括动力、照明、电视、网络及电话等施工图。

2）施工图的编排顺序

一套简单的建筑施工图就有一二十张图纸，一套大型复杂建筑物的图纸几十张、上百张甚至会有几百张之多。因此，为了便于看图，易于查找，就应把这些图纸按顺序编排。

建筑工程施工图一般的编排顺序是：封面、图纸目录、施工总说明、总平面图、建筑施工图、结构施工图、给水排水施工图、供暖通风施工图、电气施工图等。如果是以某专业工种为主体的工程，则应该突出该专业的施工图而另外编排。

各专业的施工图，应按图纸内容的主次关系系统地排列。例如基本图在前、详图在后；总体图在前、局部图在后；主要部分在前、次要部分在后；布置图在前、构件图在后；先施工的图在前、后施工的图在后等。

3.1.5 施工图的一般规定

1）索引符号与详图符号

（1）索引符号

图中某一局部或构件，如需另见详图，应以索引符号索引，如图 3-5 所示。索引符号是由直径为 10mm 的圆和水平直径组成，圆及水平直径均应以细实线绘制，如图 3-5（a）所示。索引符号应按下列规定编写：

①索引出的详图，如与被索引的详图在同一张图纸内。应在索引符号的上半圆中用阿拉伯数字注明该详图的编号，并在下半圆中间画一段水平细实线，如图 3-5（b）所示。

②索引出的详图，如与被索引的详图不在同一张图内，应在索引符号的上半圆中用阿拉伯数字注明该详图的编号，在索引符号的下半圆中用阿拉伯数字注明该详图所在图纸的编号，如图 3-5（c）所示，数字较多时，可加文字标注。

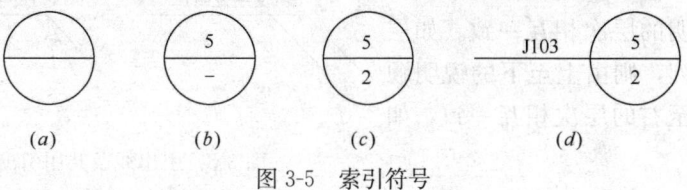

图 3-5 索引符号

③索引出的详图，如采用标准图，应在索引符号水平直径的延长线上加注该标准图册的编号，如图 3-5（d）所示。

④索引符号如用于索引剖视详图，应在被剖切的部位绘制剖切位置线，并以引出线引出索引符号，引出线所在的一侧应为投射方向，如图 3-6 所示。

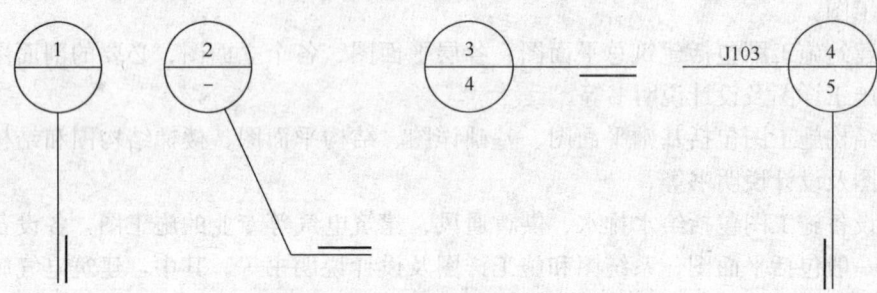

图 3-6 用于索引剖面详图的索引符号

⑤零件、钢筋、杆件、设备等的编号，用直径为 4~6mm（同一图样应保持一致）的细实线圆表示，其编号应用阿拉伯数字按顺序编写。

(2) 详图符号

详图的位置和编号，应该以详图符号表示。详图符号的圆应以直径为 14mm 粗实线绘制。详图应按下列规定编号：

①详图与被索引图的图样不在同一张图纸内，应用细实线在详图符号内画一水平直径，在上半圆中注明详图编号，在下半圆中注明被索引的图纸的编号，如图 3-7（a）所示。

②详图与被索引的图样同在一张图纸内时，应在详图符号内用阿拉伯数字注明详图的编号，如图 3-7（b）所示。

2) 引出线

(1) 引出线以细实线绘制，宜采用水平方向的直线，或经下述角度再折为水平线，与水平方向呈 30°、45°、60°、90°的直线。文字说明宜注写在水平线的上方，也可注写在水平线的端部，索引详图的引出线应与水平直线相连接，如图 3-8（a）所示。

图 3-7 索引详图

(2) 同时引出几个相同部分的引出线，宜互相平行，也可画成集中于一点的放射线，如图 3-8（b）所示。

(3) 多层构造或多层管道共用引出线，应通过引出的各层。文字说明宜注写在水平线的上方。或注写在水平面的端部，说明顺序应由上至下。并应与被说明的层次相互一致。如层次为横向排列，则由上至下的说明顺序应与由左至右的层次相互一致，如图 3-9 所示。

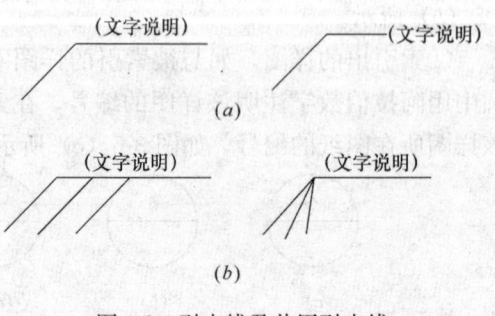

图 3-8 引出线及共用引出线

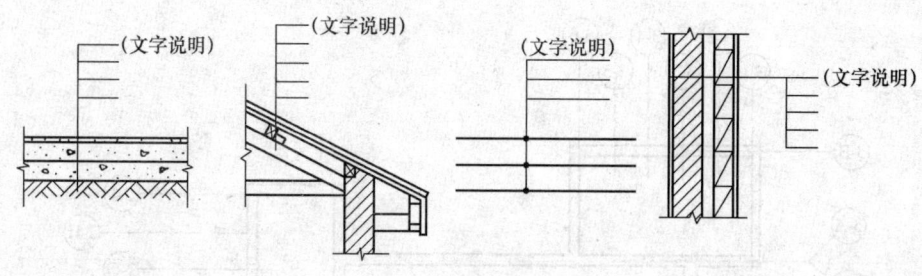

图 3-9 多层构造引出线

3）指北针和风玫瑰图

（1）指北针的形状如图 3-10（a）所示，其圆的直径宜为 24mm，用细实线绘制；指针尾部的宽度宜为 3mm，指针头部应注"北"或"N"字。需用较大直径绘制指北针时，指针尾部宽度宜为直径的 1/8。

（2）风向频率玫瑰图，俗称风向图，如图 3-10（b）所示，是在罗盘方位图上根据多年平均统计的各个方向吹风次数的百分数值而绘制的图形。有箭头的方向为北向。风吹方向是指从外吹向中心，实线表示全年风向频率，虚线表示按 6、7、8 三个月统计的夏季风向频率。最大风频方向即为该地区的主导风向，又名盛行风向。夏季的盛行风向对环境影响较大，污染源切忌位于盛行风向的上方。

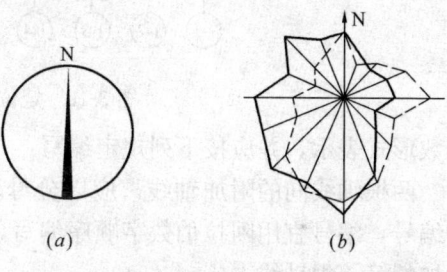

图 3-10 指北针符号和风向频率玫瑰图

4）定位轴线

定位轴线是设计人员人为定义的，有利于设计、施工等工作表达交流方便的辅助工具，是定位、施工放线的依据。一般先由建筑专业定义，结构、设备专业要与建筑专业保持一致。定位轴线不影响建筑物的大小、形状、位置、相互关系等内容。同时定位轴线的定义各设计单位有自己的习惯。

定位轴线一般应编号，编号应注写在轴线端部的圆内。圆应用细实线绘制，直径为 8~10mm。定位轴线圆的圆心，应在定位轴线的延长线上或延长线的折线上。平面图上，定位轴线的编号，宜标注在图样的下方与左侧。横向编号应用阿拉伯数字，从左至右顺序编写，竖向编号应用大写拉丁字母，从下至上顺序编写，如图 3-11 所示。拉丁字母的 I、O、Z 不得用做轴线的编号。

组合较复杂的平面图中定位轴线也可采用分区编号，如图 3-12所示，编号的注写形式应为"分区号-该分区编号"。分区号采用阿拉伯数字或大写拉丁字母表示。

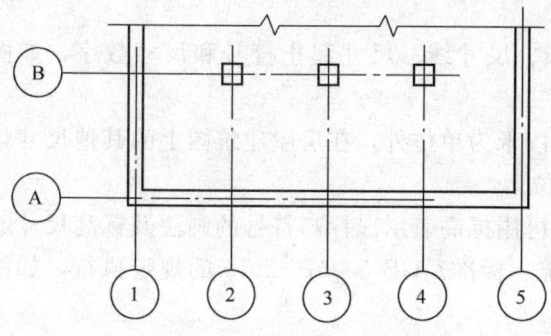

图 3-11 定位轴线的编写顺序

附加定位轴线的编号，应以

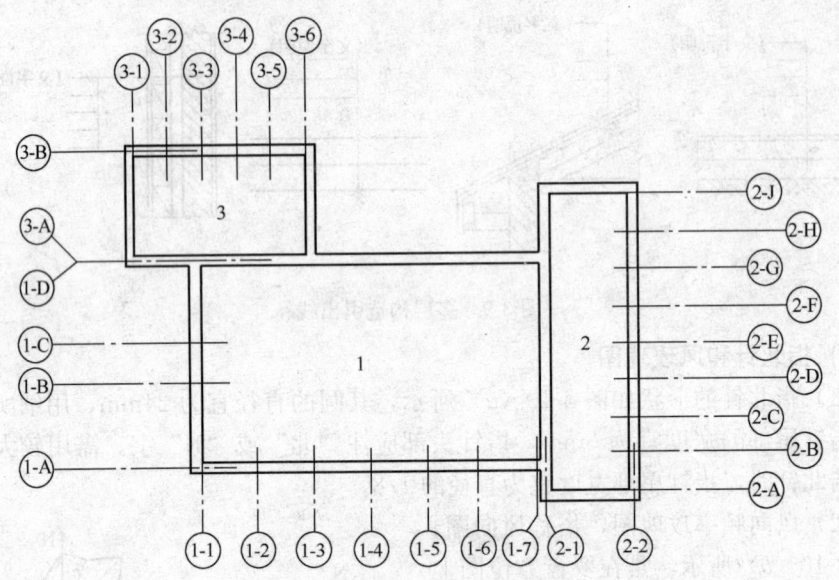

图 3-12 定位轴线的分区编号

分数形式表示，并应按下列规定编写：

两根轴线间的附加轴线，应以分母表示前一轴线的编号，分子表示附加轴线的编号，编号宜用阿拉伯数字顺序编写，如图 3-13（a）所示，表示 2 号轴线之后附加的第一根轴线。

一个详图适用于几根轴线时，应同时注明各有关轴线的编号，如图 3-13（b）、(c)、(d) 所示。通用详图中的定位轴线，应只画圆，不注写轴线编号。

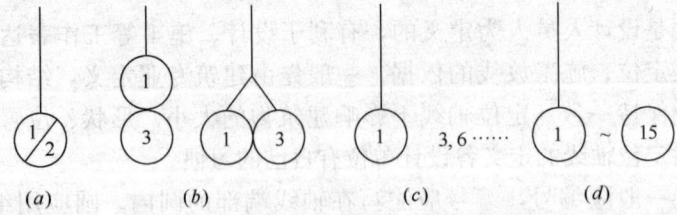

图 3-13 附加定位轴线与详图的轴线编号
(a) 表示 2 号轴线之后附加的第一根轴线；(b) 用于 2 根轴线；
(c) 用于 3 根或 3 根以上轴线；(d) 用于 3 根以上连续轴线

5）尺寸标注

图样上的尺寸，包括尺寸界线、尺寸线、尺寸起止符号和尺寸数字，如图 3-14 所示。

(1) 除标高和总平面上的尺寸以米为单位外，在房屋建筑图上的其他尺寸均以毫米为单位，故不在图中注写单位。

(2) 建筑物各部分的高度尺寸可用标高表示。标高符号的画法及标高尺寸的书写方法应按照《房屋建筑制图统一标准》GB 50001—2010 的规定执行，如图 3-15 所示。

个体建筑物图样上的标高符号应使用细实线绘制，形状为一等腰直角三角形，其高程数字就注写在等腰三角形底边的延长线上，尺寸数字应注写到小数点后的第三位。

总平面图上室外整平地面的标高符号，应采用涂黑的等腰直角三角形表示，标高尺寸要写在三角形的后面，注写到小数点后两位。

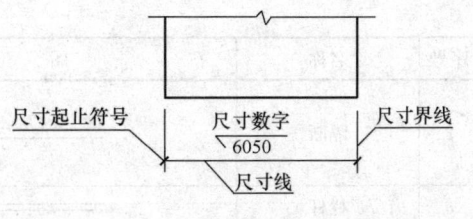

图 3-14　尺寸的组成

当需要在图纸的同一位置标注几个标高尺寸时，可采用图 3-15（b）所示的方法。

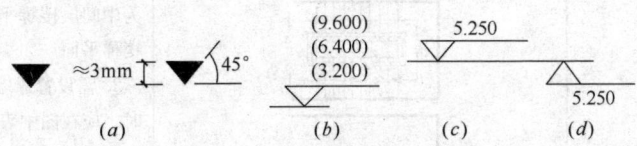

图 3-15　标高的标注方法

（a）总平面图室外地坪标高符号；（b）同一位置注写多个标高数字；
（c）、（d）标高的指向可上可下

（3）标高的分类

房屋建筑图中的标高应分为绝对标高和相对标高两种。绝对标高是以青岛黄海平均海平面的高度为零点参照点时所得到的高差值；相对标高是以每一幢房屋的室内底层地面的高度为零点参照点。零点标高应注写成±0.000，正数标高不注"＋"，负数标高应注"－"，例如 3.000、－0.600。

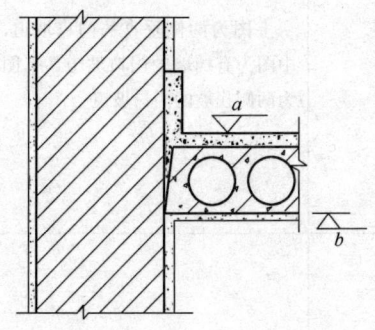

图 3-16　建筑标高与结构标高

另外，标高还可分为建筑标高和结构标高两类。建筑标高是指包含构件粉饰层厚度的标高。结构标高为不含粉饰层的标高。图 3-16 中，标高 a 所示是建筑标高，b 所示为结构标高。

6）图例

由于建筑绘图时采用的比例一般较小，所以其上的一些细部构造和配件只能用图例表示。

（1）如表 3-1 所示，为部分常用建筑构造及配件图例。

（2）如表 3-2 所示，为钢筋混凝土建筑结构图例。

部分常用建筑构造及配件图例　　　　表 3-1

序号	名称	图　　例	备　　注
1	墙体		1. 上图为外墙，下图为内墙 2. 外墙细线表示有保温层或有幕墙 3. 应加注文字或涂色或图案填充表示各种材料的墙体 4. 在各层平面图中防火墙宜着重以特殊图案填充表示

续表

序号	名称	图例	备注
2	隔断	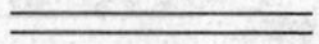	1. 加注文字或涂色或图案填充表示各种材料的轻质隔断 2. 适用于到顶与不到顶隔断
3	栏杆		—
4	楼梯	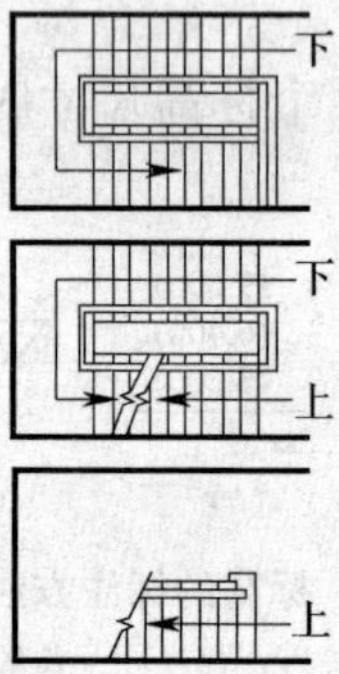	1. 上图为顶层楼梯平面,中图为中间层楼梯平面,下图为底层楼梯平面 2. 需设置靠墙扶手或中间扶手时,应在图中表示
5	坡道	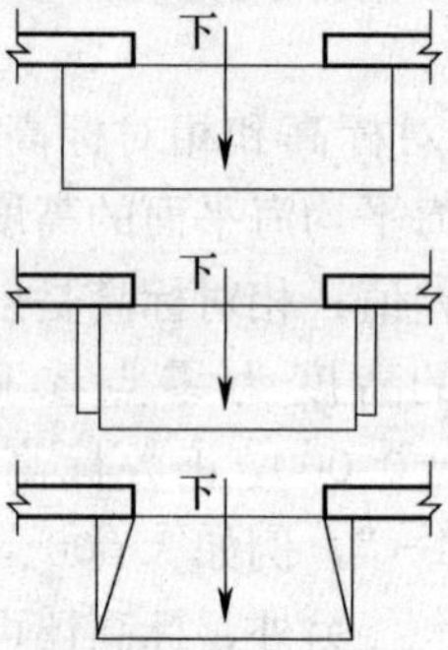	上图为两侧垂直的门口坡道,中图为有挡墙的门口坡道,下图为两侧找坡的门口坡道
6	台阶	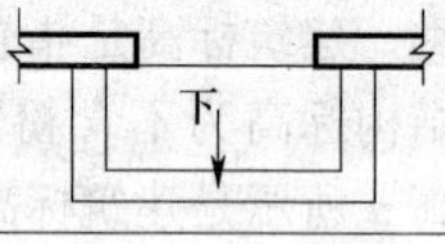	—
7	检查口		左图为可见检查口,右图为不可见检查口
8	孔洞		阴影部分亦可填充灰度或涂色代替
9	坑槽		—
10	新建的墙和窗	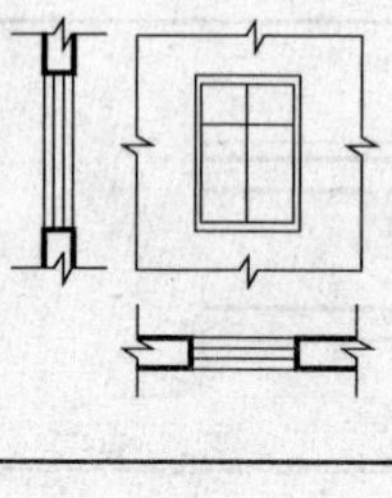	—

3.1 建筑工程制图的基本知识

续表

序号	名称	图例	备注
11	单面开启单扇门（包括平开或单面弹簧）	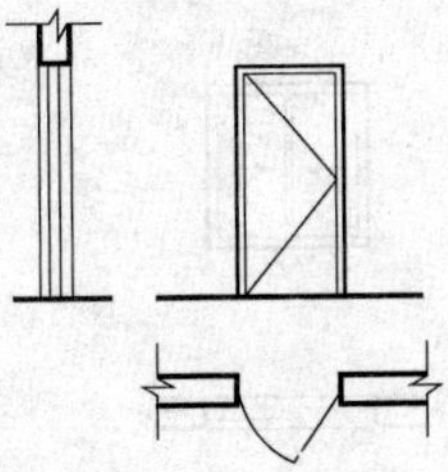	1. 门的名称代号用 M 表示 2. 平面图中，下为外，上为内门开启线为90°、60°或45°，开启弧线宜绘出 3. 立面图中，开启线实线为外开，虚线为内开。开启线交角的一侧为安装合页一侧。开启线在建筑立面图中可不表示，在立面大样图中可根据需要绘出 4. 剖面图中，左为外，右为内 5. 附加纱扇应以文字说明，在平、立、剖面图中均不表示 6. 立面形式应按实际情况绘制
	双面开启单扇门（包括双面平开或双面弹簧）	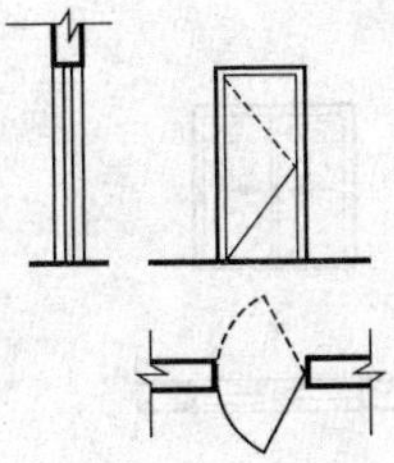	
	双层单扇平开门	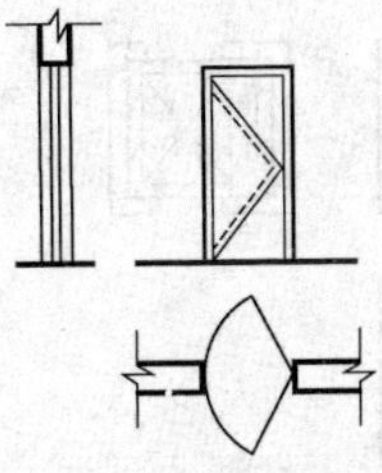	
12	单面开启双扇门（包括平开或单面弹簧）	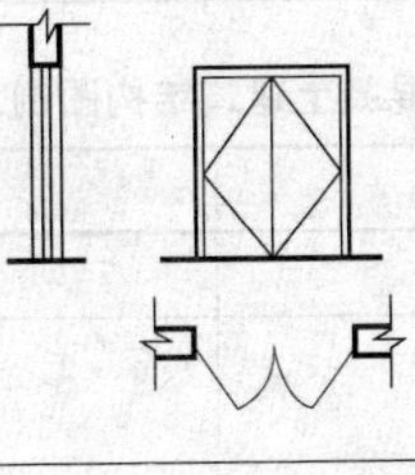	1. 门的名称代号用 M 表示 2. 平面图中，下为外，上为内门开启线为90°、60°或45°，开启弧线宜绘出 3. 立面图中，开启线实线为外开，虚线为内开。开启线交角的一侧为安装合页一侧。开启线在建筑立面图中可不表示，在立面大样图中可根据需要绘出 4. 剖面图中，左为外，右为内 5. 附加纱扇应以文字说明，在平、立、剖面图中均不表示 6. 立面形式应按实际情况绘制
	双面开启双扇门（包括双面平开或双面弹簧）	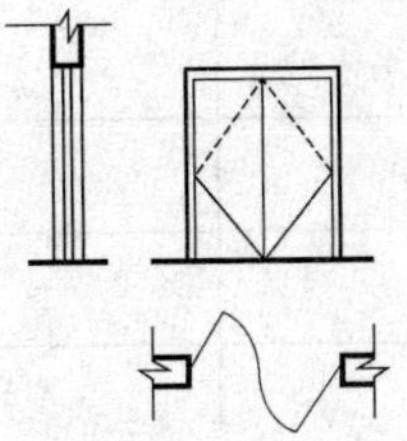	
	双层双扇平开门	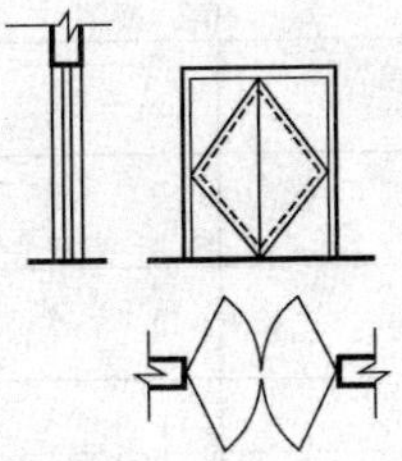	

83

续表

序号	名称	图例	备注
13	单层推拉窗	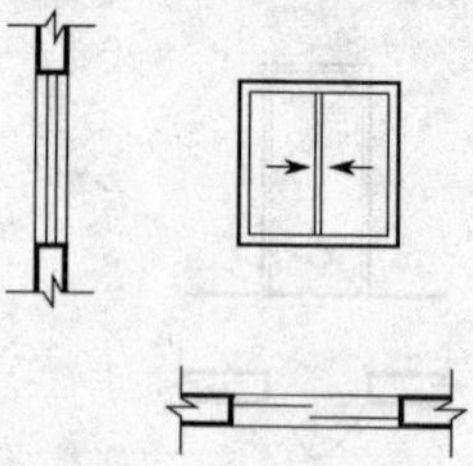	1. 窗的名称代号用C表示 2. 立面形式应按实际情况绘制
	双层推拉窗	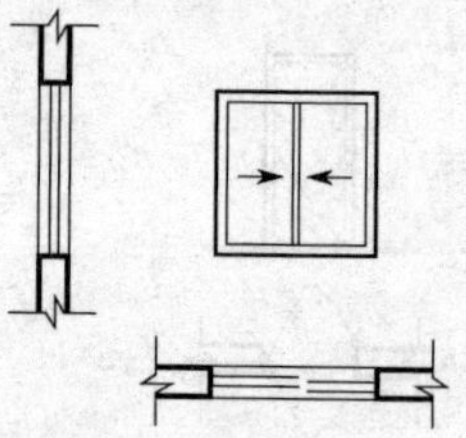	
14	电梯	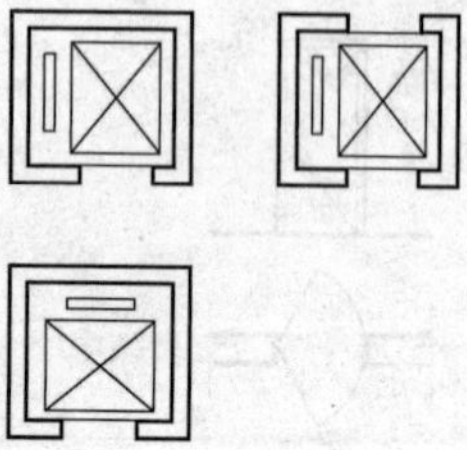	电梯应注明类型,并按实际绘出门和平衡锤或导轨的位置

钢筋混凝土建筑结构图例　　　　表3-2

序号	名　称	图　例
1	钢筋横断面	
2	无弯钩的钢筋端部	
3	带半圆形弯钩的钢筋端部	
4	带直钩的钢筋端部	
5	带丝扣的钢筋端部	
6	无弯钩的钢筋搭接	
7	带半圆弯钩的钢筋搭接	
8	带直钩的钢筋搭接	
9	花篮螺丝的钢筋接头	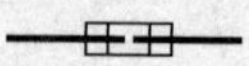
10	机械连接的钢筋接头	

续表

序号	名 称	图 例
11	在结构楼板中配置双层钢筋时,底层钢筋的弯钩应向上或向左,顶层钢筋的弯钩则向下或向右	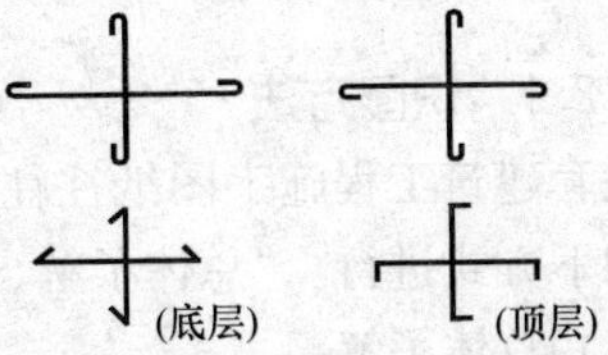 (底层) (顶层)
12	钢筋混凝土墙体配双层钢筋时,在配筋立面图中,远面钢筋的弯钩应向上或向左,而近面钢筋的弯钩向下或向右(JM 近面, YM 远面)	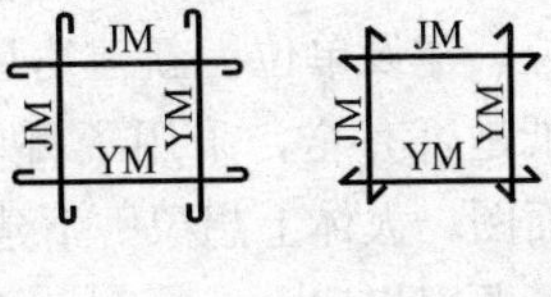
13	若在断面图中不能表达清楚的钢筋布置,应在断面图外增加钢筋大样图(如:钢筋混凝土墙,楼梯等)	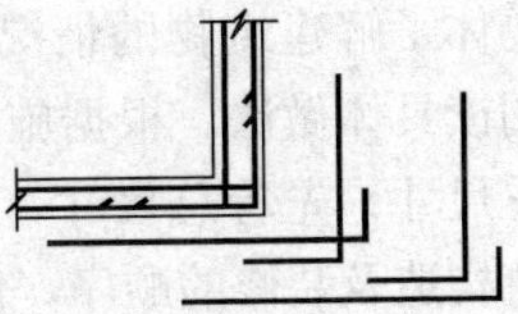
14	图中所表示的箍筋、环筋等若布置复杂时,可加画钢筋大样及说明	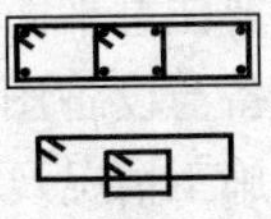
15	每组相同的钢筋、箍筋或环筋,可用一根粗实线表示,同时用一两端带斜短划线的横穿细线,表示其钢筋及起止范围	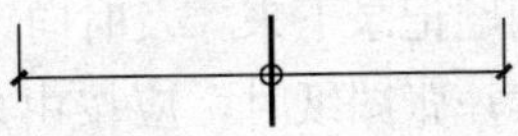

钢材代号

钢材	品 种		代号
钢筋	热轧钢筋	HPB300 HRB335 HRB400 HRB500	ϕd Φd Φd Φd
	冷拉钢筋	HPB300 HRB335 HRB400 HRB500	$\phi^l d$ $\Phi^l d$ $\Phi^l d$ $\Phi^l d$
	热处理钢筋		$\Phi^t d$
钢丝	碳素钢丝 刻痕钢丝 冷拔低碳钢丝甲级 冷拔低碳钢丝乙级		$\phi^s d$ $\Phi^k d$ $\Phi^b d$ $\Phi^b d$
钢绞线			ϕd

3.2 施工图识读的方法和步骤

3.2.1 识图方法

一套建筑工程施工图纸往往有很多张,识图时需掌握看图的基本方法,一般可按如下方式进行:"总体了解、顺序识读、前后对照、重点细读"的读图方法。

(1) 总体了解

一般是先看目录、总平面图和施工总说明,以大致了解工程的概况,如工程设计单位、建设单位、新建房屋的位置、周围环境、施工技术要求等。对照目录检查图纸是否齐全,采用了哪些标准图并准备齐全这些标准图。然后看建筑平、立、剖面图,大体上想象一下建筑物的立体形象及内部布置。

(2) 顺序识读

在总体了解建筑物的情况以后,再研究某专业图纸,先通读整个专业图纸,再详细阅读具体做法。根据施工的先后顺序,先看基本图,后看详细图;先看图形,后看尺寸;先看总尺寸,后看分尺寸。从基础、墙体(或柱)、结构平面布置、建筑构造及装修的顺序,仔细阅读有关图纸。

(3) 前后对照

读图时,要注意平面图、剖面图对照着读,建筑与结构、建筑与设备、结构与设备图、设备与设备图对照着读,特别是相互之间有交叉的部位更应如此,做到对整个工程施工情况及技术要求心中有数。

(4) 重点细读

重点细读根据工种的不同,将有关专业施工图再有重点地仔细读一遍,并将遇到的问题记录下来,及时向设计部门反映。

识读一张图纸时,应按由外向里看、由大到小看、由粗至细看、图样与说明交替看、有关图纸对照看的方法。重点看轴线及各种尺寸关系。

3.2.2 识图步骤

(1) 看封面、目录

了解建筑物的名称、性质、等级、建筑面积,图纸的种类、张数及每张图纸的主要内容,建筑单位,设计单位,执业人员等情况。

(2) 看设计总说明

了解建筑物的概况、设计原则、统一做法及对施工的总要求等。

(3) 看总平面图

了解建筑物的地理位置、高程、朝向、层数、占地面积、平面形状、周围环境以及新建建筑物的定位关系。

(4) 看建筑施工图

先看各层平面图,了解建筑物的长度、宽度、轴线尺寸、室内布局及功能、主要结构类型等,再看立面图和剖面图,了解建筑物的层高、总高、各部位的大致做法。基本图看懂后,要大致想象出建筑物的立体图形。

(5) 看建筑详图

了解各部位的详细尺寸、所用材料、具体做法。

(6) 看结构施工图

先看结构设计说明，基础施工图，再看结构平面图，后看结构详图。了解基础的形状、埋深，梁、柱、墙、板、预埋件和预留孔的位置、标高、构造，结构材料的品种、规格型号、等级和施工方法等。

(7) 看设备施工图

主要了解各种管线的管径、走向、标高、材料和数量，了解设备的位置、规格型号以及安装的要求。

要想熟练地正确识读施工图，除了要掌握投影原理、熟悉国家制图标准外，还必须掌握建筑材料、建筑构造、建筑结构、建筑设备等方面的知识，结合各专业施工图的用途、图示内容和表达方法，才能更准确地识读建筑施工图纸。此外，还要经常深入到施工现场，对照图纸，观察实物，理论联系实际，反复对比，才能深入理解图纸，也是提高识图能力的一个重要方法。

本教材仅介绍建筑施工图、结构施工图识图，水暖电等设备专业图纸识图见其他教材。

3.3 建筑施工图识读

建筑施工图主要表示建筑物的总体布局、外部造型、内部布置、细部构造、内外装饰以及一些固定设施和施工要求。为建造房屋时定位放线，砌筑墙身，制作楼梯、屋面，安装门窗、固定设施以及室内外装饰服务。

建筑施工图主要包括建筑平面图、立面图、剖面图和建筑详图。

总平面图反映新建房屋的总体施工要求和布局，一般放在建筑施工图内，也有单独列出一张图的。建筑平面图、立面图、剖面图是建筑施工图中最基本的图样，它们相互配合可反映房屋的全貌。本教材以北京东方华太建筑工程有限责任公司设计的××公司的餐厅宿舍楼为例进行讲解。

3.3.1 建筑设计说明

下页为建施—01改编后的节选，为区别书的正文用框框起来（下文的结构、给排水、暖通、电气设计说明均加了一个框）。一般是一套图纸的首页，一般包括建筑物的概况、结构类型、主要结构的施工方法、设计原则、统一做法、设计使用年限、使用的标准图或通用图集号、门窗表以及对施工的总要求等。

建筑设计说明（节选部分）

一、设计依据（略）

二、工程概况

1. 工程名称：北京英迈特矿山机械公司宿舍餐厅。

2. 本工程为二层框架结构，建筑耐火等级为二级。建筑耐久年限：三类（50年）。

---

3. 本工程抗震设防烈度为8度。

4. 建筑面积：1421m²。

三、标高及高差

1. 本工程室内外高差0.450m。

2. 本工程标高以米（m）为单位，尺寸以毫米（mm）为单位。

四、建筑设计及选用材料

1. 墙体：加气混凝土砌块300厚外墙和200厚内隔墙，容重≤700kg/m³，M5混合砂浆砌筑，轻钢龙骨石膏隔墙、房间隔墙见88J2-6，G3、Y1。散水：88J1-1散1。

2. 台阶做法88J1-1 13B，台阶部分及台阶上下各一步踏步宽做麻面，其余做光面。

3. 屋面做法：上人屋面屋88J1-1屋3，A3Ⅱ5和不上人屋面88J1-1屋11，A3Ⅱ5，防水层4厚SBS与3厚改性沥青。保温层100厚加气混凝土块+50厚聚苯板。屋面采用有组织排水。排雨水管选用白色φ100PVC。

4. 窗户采用88J13-1塑钢窗，详见门窗表。门采用88J13-1塑钢门，88J13-3木门。

5. 木材表面露明部分：88J1油1，不露明部分表面满刷木材防腐油漆，露明金属附件表面应做防锈处理，88J1油22，油漆颜色与所处墙面同色。

五、材料做法一览表、门窗表

门 窗 表（仅列出部分示意）

类型	门窗编号	洞口尺寸	一层	二层	合计	图集号	编号	备注
塑钢管	C-1	1800×1700	14	16	30			推拉带纱窗
	C-2	1500×1700	2	2	4			
	C-3	1200×1700	2	2	4			
铝合金百叶窗	BY-1	1500×200	2		2			
不锈钢框	M-1	3000×2400	3		3			玻璃门
木门	M-2	1500×2100	4	3	7	88J13-3	1521M1	
	M-3	1200×2100	5		5	88J13-3	1221M1	
	M-4	1000×2100	4	17	21	88J13-3	1021M1	
塑钢门	M-7	1500×2100	1		1	88J13-1	1523M1改	

材料做法表									88J1－1 工程做法	
楼层	房间名称	地 面		楼 面		顶 棚		墙 面		踢脚
一层	门厅	花岗石	地 19	/	/	纸面石膏板	棚 27	乳胶漆	内墙 46	花岗石	踢 11
一层	餐厅、走道、更衣间	通体砖	地 9-3	/	/	矿棉吸声板	棚 36	乳胶漆	内墙 6	地砖	踢 6-3
一层	卫生间、清洁间、厨房、备餐间	防滑地砖	地 9F-2	/	/	铝扣板	棚 52	釉面砖	内墙 38	/	/
一层	经理餐厅	木地板	地 27	/	/	纸面石膏板	棚 27	装饰布	内墙 19	硬木踢脚	踢 12A1-2
二层	宿舍	/	/	通体砖	楼 80-3	乳胶漆	棚 8	乳胶漆	内墙 6	地砖	踢 6-3
二层	卫生间、洗衣间	/	/	防滑地砖	楼 9F	铝扣板	棚 52	釉面砖	内墙 38	/	/
二层	走道	/	/	通体砖	楼 80-5	矿棉吸声板	棚 36	乳胶漆	内墙 6	地砖	踢 6-3
二层	楼梯间	/	/	花岗石	楼 16	乳胶漆	棚 8B	乳胶漆	内墙 6	花岗石	踢 11

六、建施图纸目录（略）

一些地方的施工图还单独列有防火设计专篇等文字说明。防火设计专篇一般按总平面、建筑、结构、设备等专业说明所建项目满足防火设计规范情况和采取的主要措施等。

3.3.2 总平面图

将拟建工程场地一定范围内的新建、计划扩建、原有和拆除的建筑物、构筑物的位置、标高、道路布置，连同周围的地形地物状况，用水平投影的方法画出的图样，即为总平面图。总平面图上标注的尺寸一律以米为单位，且一般注写到小数点后第二位。

总平面图是新建筑物定位、施工放线、土方施工和施工总平面布置的依据，也是室外工程总平面布置的依据。部分总平面图常用图例见表 3-3。总平面图一般要表达出建筑红线范围，建筑红线是指由有关机构（如规划土地管理部门）批准使用土地的地点及大小范围。

现以××公司总平面图为例，见图 3-17。说明阅读总平面图的方法以及总平面图所表达的具体内容。

（1）先看图样的名称、比例、图例与文字说明。因其包括的地方范围较大，所以绘制时都使用较小比例，常用比例 1：500、1：1000、1：2000 等。如本例总平面图的比例为 1：500。

图中使用较多图例符号，如用粗实线画出的图形是新建建筑底层的平面轮廓；建筑物入口处实线断开；细实线画出的是道路和绿化，细虚线表示二期工程建筑底层的平面轮廓。各建筑平面图内右上角的数字或小黑点数表示了房屋的层数（6层及以上用阿拉伯数字表示），在该总平面图中，新建餐厅宿舍楼为2层、办公楼为3层，局部1层，车间为1层。

按建筑总图标准规定的图例绘制的总平面图一般不再单独说明，但由设计者自定的图例，要画出并注明名称。

图中的风向频率玫瑰图既表示该地区的风向频率，又表明总平面图内建筑物、构筑物的朝向。

部分总平面图常用图例　　　　　　　　　　　表 3-3

序号	名称	图　例	备　注
1	新建建筑物	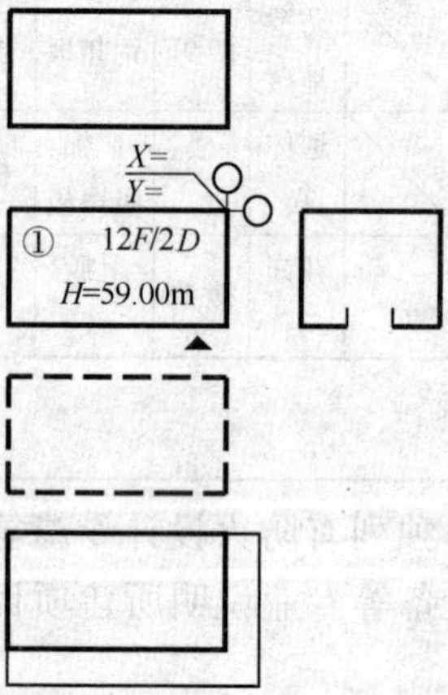 ① 12F/2D H=59.00m　X=/Y=	新建建筑物以粗实线表示与室外地坪相接处±0.00外墙定位轮廓线 建筑物一般以±0.00高度处的外墙定位轴线交叉点坐标定位。轴线用细实线表示，并标明轴线号 根据不同设计阶段标注建筑编号，地上、地下层数，建筑高度，建筑出入口位置（两种表示方法均可，但同一图纸采用一种表示方法） 地下建筑物以粗虚线表示其轮廓 建筑上部（±0.00以上）外挑建筑用细实线表示 建筑物上部轮廓用细虚线表示并标注位置
2	原有建筑物	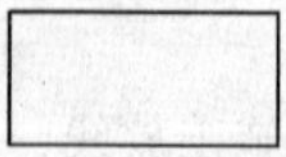	用细实线表示
3	计划扩建的预留地或建筑物		用中粗虚线表示
4	拆除的建筑物	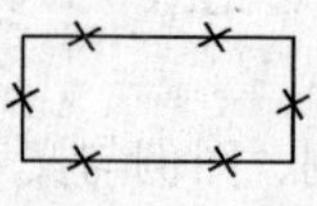	用细实线表示
5	围墙及大门	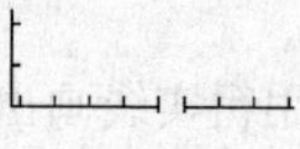	—

续表

序号	名称	图例	备注
6	坐标	1. $X=105.00$ / $Y=425.00$ 2. $A=105.00$ / $B=425.00$	1. 表示地形测量坐标系 2. 表示自设坐标系 坐标数字平行于建筑标注
7	方格网交叉点标高	-0.50 | 77.85 / 78.35	"78.35"为原地面标高 "77.85"为设计标高 "-0.50"为施工高度 "-"表示挖方（"+"表示填方）
8	雨水口	1. ▢▮ 2. ▢▢ 3. ▢▮▢▮	1. 雨水口 2. 原有雨水口 3. 双落式雨水口
9	消火栓井	⊘	—
10	室内地坪标高	▽ 151.00 (±0.00)	数字平行于建筑物书写
11	室外地坪标高	▼ 143.00	室外标高也可采用等高线
12	新建的道路	0.30% / R=6.00 / 100.00 / 107.50	"R=6.00"表示道路转弯半径；"107.50"为道路中心线交叉点设计标高，两种表示方式均可，同一图纸采用一种方式表示；"100.00"为变坡点之间距离，"0.30%"表示道路坡度，——表示坡向
13	原有道路	═══	—
14	管线	——代号——	管线代号按国家现行有关标准的规定标注 线型宜以中粗线表示

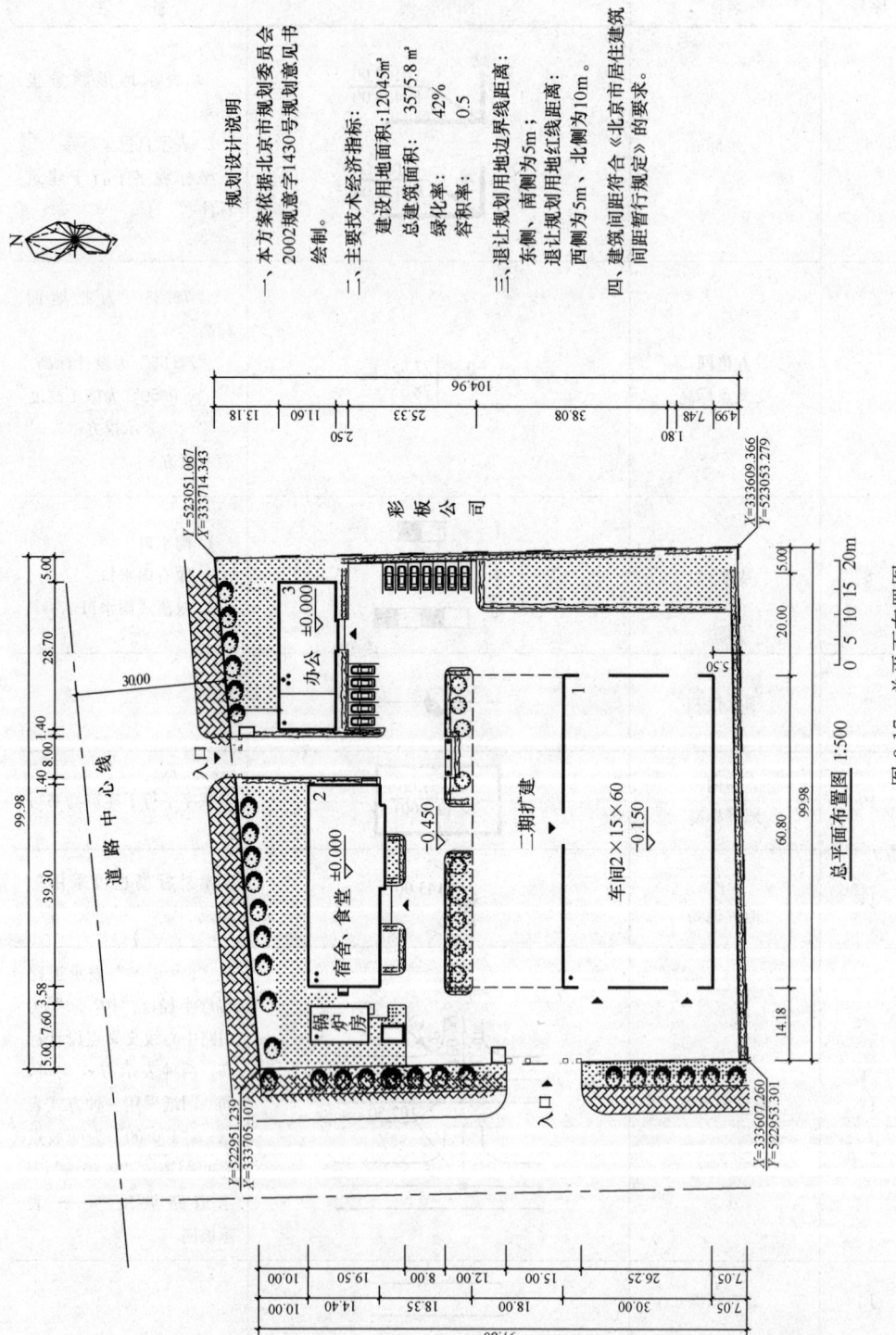

图 3-17 总平面布置图

(2) 了解工程的性质、用地范围、地形地物和高程情况。从图标、图名和图中各房屋所标注的名称，可知拟建工程北面、西面靠城市道路，东面与彩板公司为邻。建筑场地四周有坐标，可计算出占地面积，地形、高差没有显示，因为地形平坦，基本无高差。

(3) 明确新建筑物的位置和朝向。根据图中指北针的指向，可以确定办公楼入口朝南，北面是城市道路，餐厅宿舍楼有两个入口，主入口朝南，次入口（厨房入口）朝西。总平面图中建筑物的朝向也可以用风玫瑰确定。

房屋的位置可用定位尺寸或坐标确定。定位尺寸一般注出与原建筑物或道路中心线的联系尺寸。用坐标确定位置时，一般注出房屋二个角的坐标，当建筑不规整时要多标注转角，以表达清楚为准。

建筑总平面使用的坐标有两种：测量坐标网（大地坐标）和施工坐标网。测量坐标网把南北方向称为纵坐标轴方向，用 X 表示；东西方向的横坐标轴方向用 Y 表示，并以 100m×100m 或 50m×50m 为一方格，测量坐标网在总平面图上用细实线画成交叉十字线。施工坐标网是人为设定的系统，将总平面图上坐标轴的方向与主建筑物的轴线方向相平行，坐标轴代号用 A，B 表示。施工坐标网在总平面图上用细实线画成网格通线。

(4) 了解周围环境情况。从图中可以看出，交通主入口、次入口，东面邻居等。

3.3.3 建筑平面图

1) 建筑平面图的分类与作用

一般分为楼层平面图和屋顶平面图，楼层平面图包括底层平面图、中间层平面图、顶层平面图。屋顶平面图是一幢房屋的水平投影。底层平面图又称为首层平面图或一层平面图。它是所有建筑平面图中首先绘制的一张图。参见图 3-18 一层平面图、图 3-19 二层平面图。

平面图反映房屋的大小形状、各房间的布置情况，反映墙柱的位置和尺寸以及反映门窗的类型和尺寸，也是施工放线、砌墙、安装门窗、编制概预算的依据。

2) 建筑平面图包括的基本内容

(1) 图名、比例、朝向；

(2) 定位轴线及其编号；

(3) 建筑物及组成房间的名称和平面位置、形状、大小，墙、柱的断面形状和尺寸等；

(4) 门、窗的位置、尺寸及编号。如果有高窗，要标出窗底距该层楼（地）面的距离，因剖切面在高窗下，因此常用虚线在该层示出；

(5) 走廊楼梯（电梯）或台阶的位置、形状及尺寸等；

(6) 标注建筑物的外形、内部尺寸和室内地面各部分的标高以及坡比与坡向等；

(7) 底层平面图还应画出室外台阶、花台、散水、雨篷的位置及细部尺寸，还有指北针和剖切位置符号和编号；

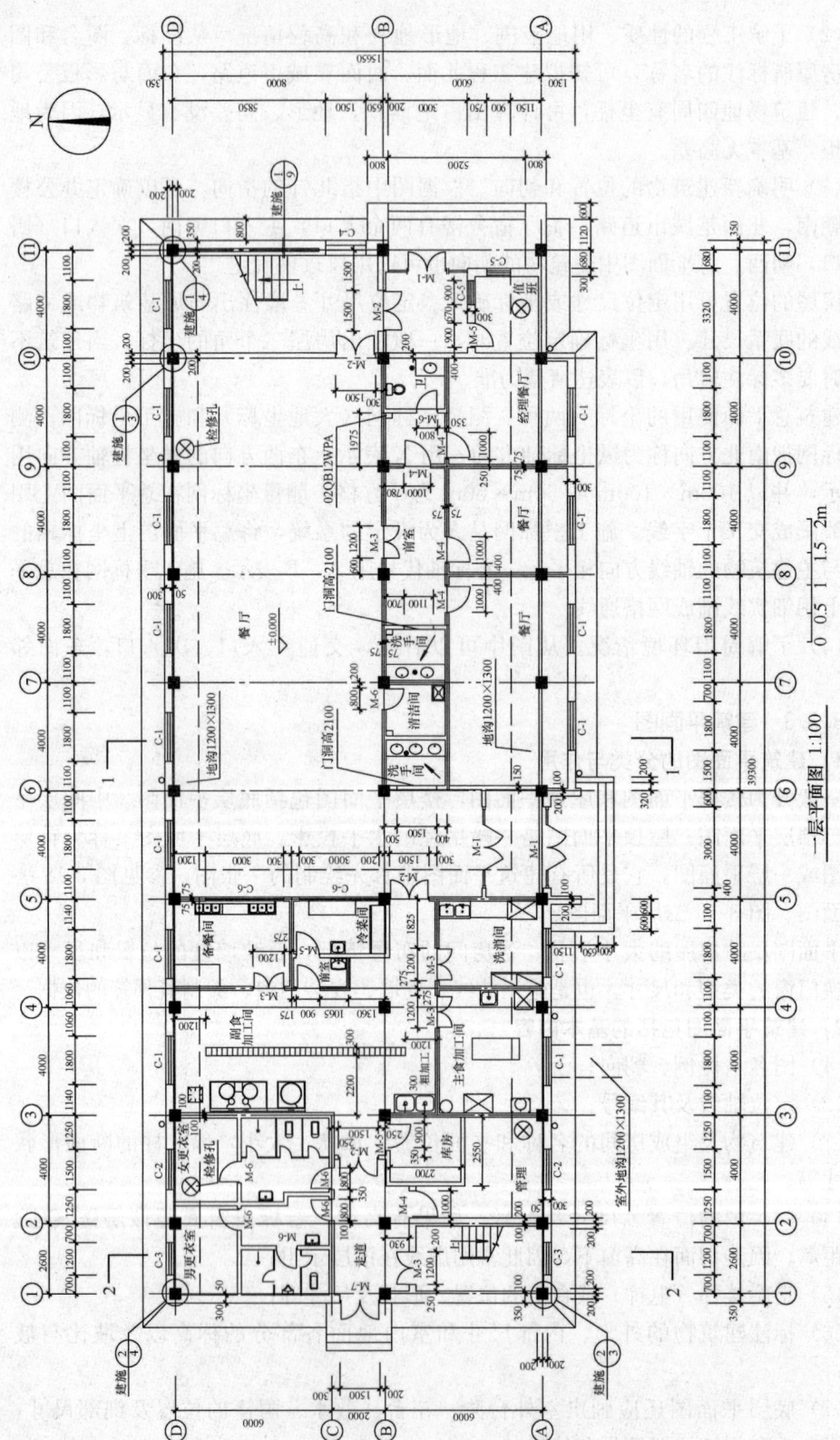

图 3-18 一层平面图

3.3 建筑施工图识读

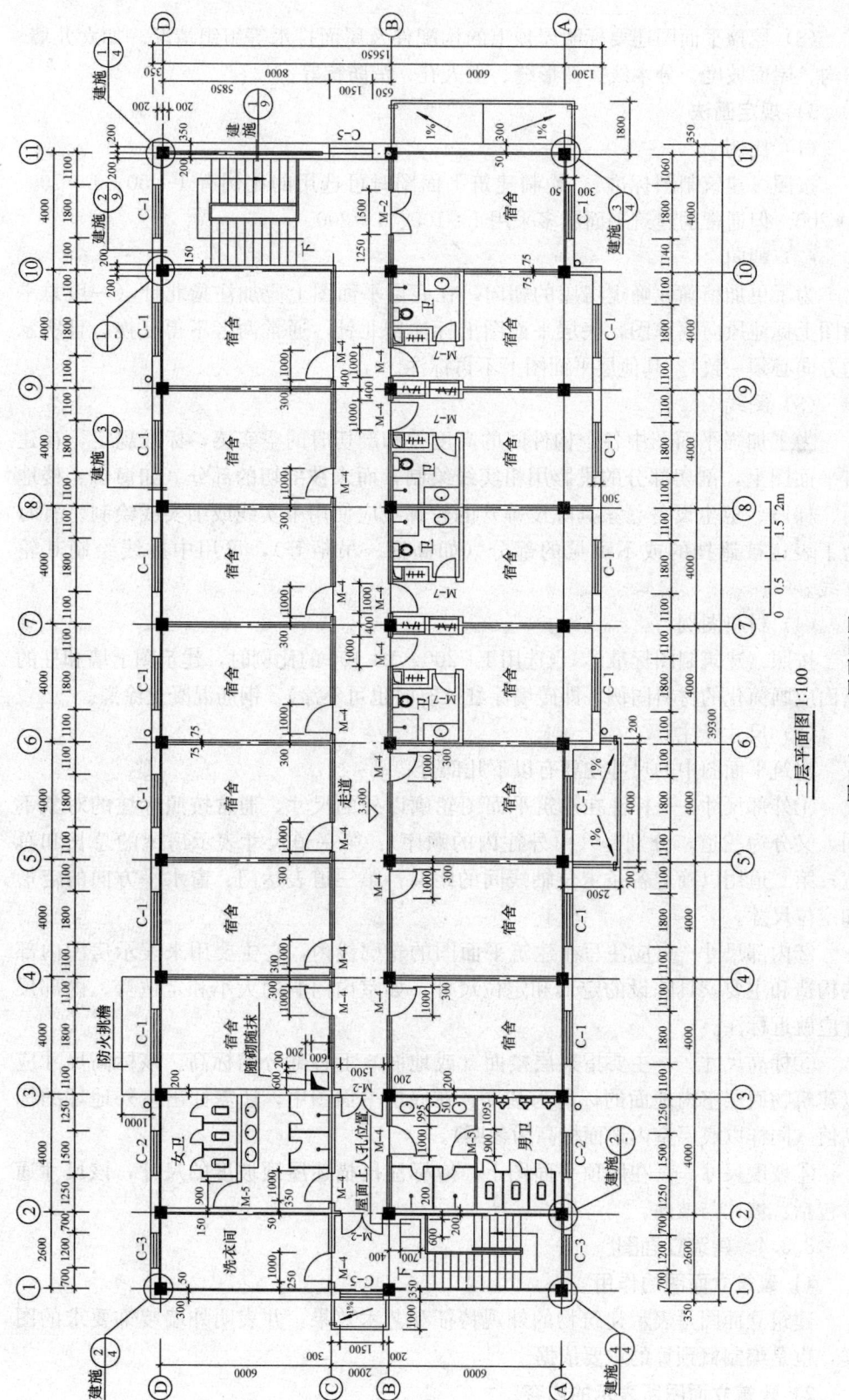

图 3-19 二层平面图

(8) 屋顶平面图还要标明屋顶上的构配件及屋面排水等组织情况。如女儿墙、檐沟、屋面坡度、分水线、变形缝、上人孔、消防梯等。

3) 规定画法

(1) 比例

按照《建筑制图标准》，绘制建筑平面图时可选用的比例有1∶50、1∶100、1∶200。但通常的建筑平面图多采用1∶100、1∶200。

(2) 朝向

为了更加精确地确定房屋的朝向，在底层平面图上应加注指北针（一般总平面图上标注风向频率图，底层平面图上标注指北针，通常两者不得互换，且所示的方向必须一致）。其他层平面图上不再标注。

(3) 图线

为了加强平面图中各个构件间的高度差和剖切时的空实感，标准规定，在建筑平面图上，剖切部分的投影用粗实线绘制，而未被剖切的部分（如窗台、楼地面、梯段、卫生设备、家具陈设等）的轮廓线应使用中实线或细实线绘制。有时为了表达被遮挡的或不可见的部分（如高窗、吊柜等），可用中虚线绘制其轮廓线。

(4) 材料图例

按照《建筑制图标准》，当选用1∶200、1∶100的比例时，建筑图上墙和柱的断面应画简化的材料图例，即砖墙涂红（有时也可不涂），钢筋混凝土涂黑。

(5) 尺寸标注

建筑平面图中的尺寸主要有以下几部分：

①外部尺寸——标注在建筑平面图轮廓以外的尺寸，通常按照标注的对象不同，又分为三道，分别是（由外往内的顺序）：第一道尺寸表示房屋的总长和总宽；第二道用以确定各条定位轴线间的距离；第三道表达门、窗水平方向的定形和定位尺寸。

②内部尺寸——应注写在建筑平面图的轮廓线内，它主要用来表示房屋内部的构造和主要家具陈设的定形和定位尺寸，如室内门洞的大小和定位等。内部尺寸应就近标注。

③标高尺寸——主要指某层楼面（或地面）上各部分的标高。该标高尺寸应以建筑物底层室内地面的标高为基准。在底层平面图中，还需标出室外地坪的标高值（同样以底层室内地面标高为参照）。

④坡度尺寸——在屋顶平面图上，应标注出描述屋顶坡度的尺寸，该尺寸通常包括：坡比与坡向。

3.3.4 建筑立面图

1) 建筑立面图的作用

建筑立面图是表示建筑物的外观特征和艺术效果，并表明外墙装饰要求的图样，也是编制概预算的重要依据。

2) 建筑立面图所表示的内容

从立面图，如图3-20南北立面图、图3-21东立面图中应可以看出以下内容：

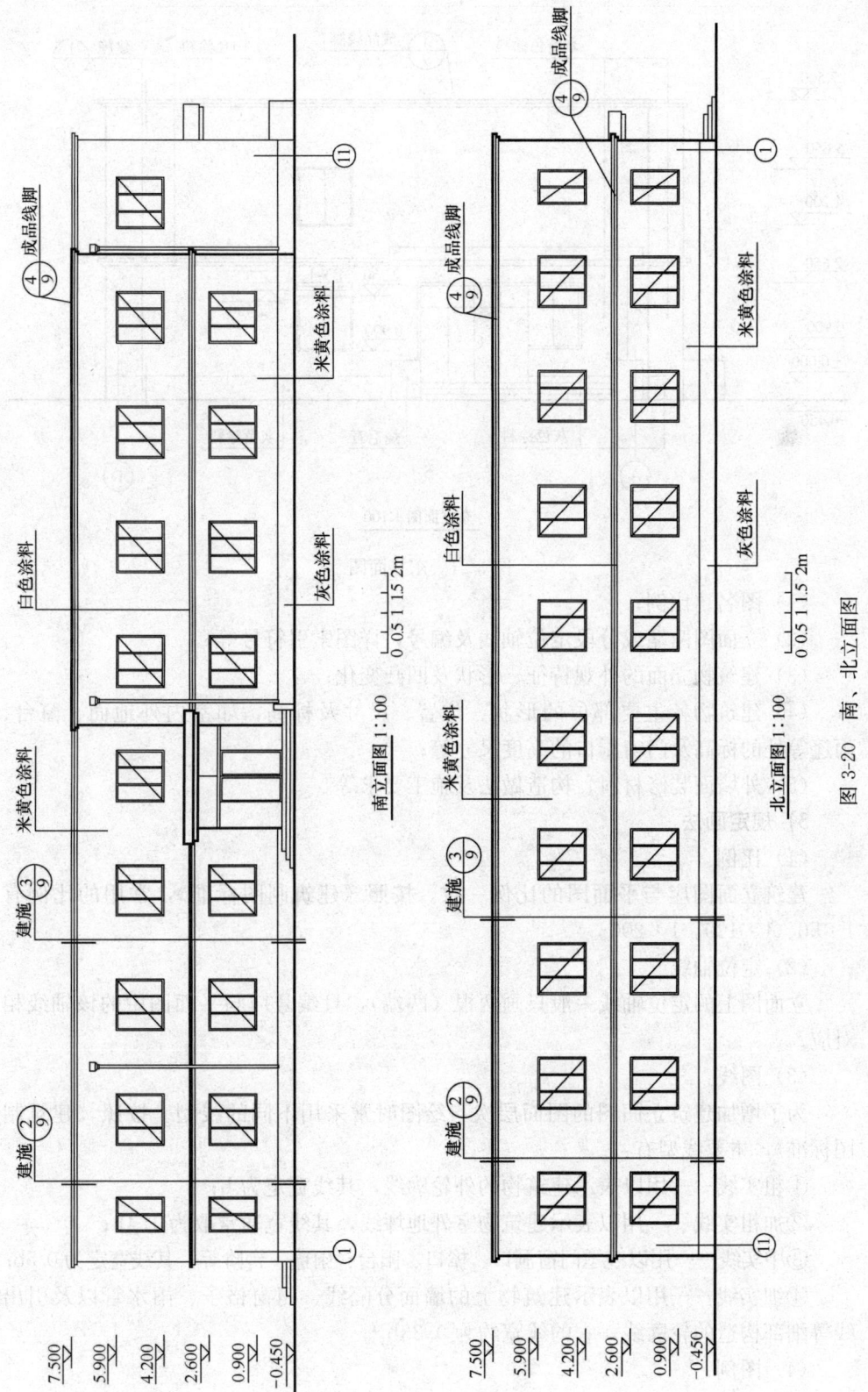

图 3-20 南、北立面图

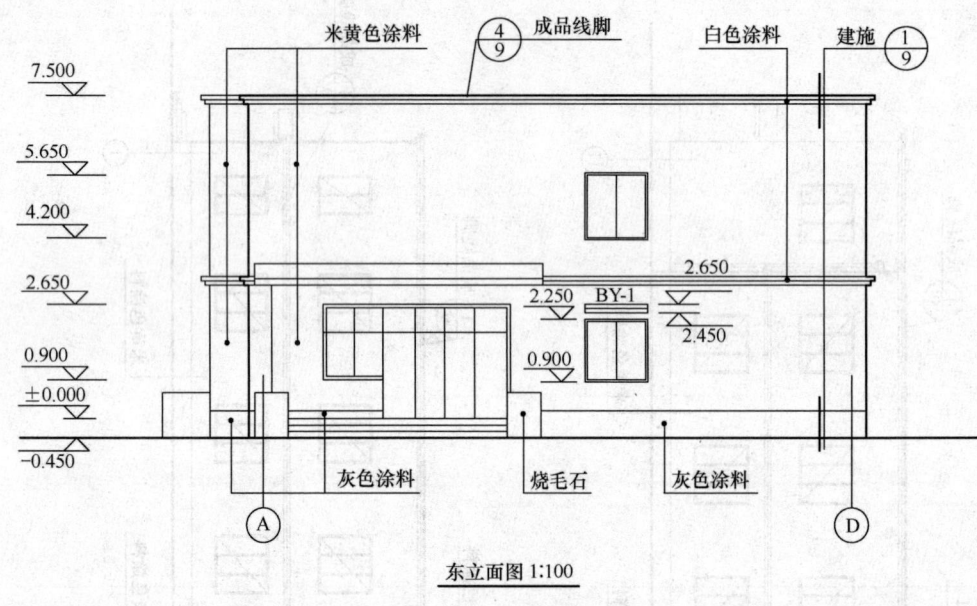

图 3-21 东立面图

(1) 图名、比例;

(2) 立面图两端或分段定位轴线及编号,详图索引符号等;

(3) 建筑物立面的外观特征、形状及凹凸变化;

(4) 建筑物各主要部位的形状、位置、尺寸及标高,如室内外地面、窗台、雨篷等处的标高及门窗洞口的高度尺寸等;

(5) 外墙面装修材料、构造做法及施工要求等。

3) 规定画法

(1) 比例

建筑立面图应与平面图的比例一致。按照《建筑制图标准》,常用的比例有 1∶50、1∶100、1∶200。

(2) 定位轴线

立面图上的定位轴线一般只画两根(两端),且编号应与平面图中的该轴线相对应。

(3) 图线

为了增加建筑立面图的图面层次,绘图时常采用不同的线型。按照《建筑制图标准》,主要线型有:

①粗实线——用以表示建筑物的外轮廓线,其线宽定为 b;

②加粗实线——用以表示建筑物室外地坪线,其线宽通常取为 1.4b;

③中实线——用以表示门窗洞口、檐口、阳台、雨篷、台阶等,其线宽定为 0.5b;

④细实线——用以表示建筑物上的墙面分隔线、门窗格子、雨水管以及引出线等细部构造的轮廓线,它的线宽约为 0.23b。

(4) 图例

立面图上,门窗也应该按照表 3-1 所示常用建筑构造及配件图例表示。

为了简便作图,对于相同型号的门窗,只需详细地画出其中的一、两个即可。

(5) 尺寸标注

在立面图上通常只表示高度方向的尺寸，且该类尺寸主要用标高尺寸表示。一般情况下，一张立面图上应标注出：室外地坪、勒脚、窗台、窗沿、雨篷底、阳台底、檐口顶面等各部位的标高。

通常，立面图上的标高尺寸，应注写在立面图轮廓线以外，分两侧就近注写。注写时要上下对齐，并尽量使它们位于同一条铅垂线上。但对于一些位于建筑物中部的结构，为了表达更为清楚，在不影响图面清晰的前提下，也可就近标注在轮廓线以内。

立面图中所标注的标高尺寸有两种：建筑标高和结构标高。在一般情况下，用建筑标高表示构件的上表面（如阳台的上表面、檐口顶面等）；而用结构标高表示构件的下表面（雨篷、阳台的底面等）。但门窗洞的上下两面必须用结构标高。

(6) 装饰做法的表示

一般情况下，外墙的装饰做法可利用文字说明或材料图例表示（就在立面图中），但有时也可写在施工总说明中。当文字出现在图中时，应加上徒手绘制的引出线。

3.3.5 建筑剖面图

1) 建筑剖面图的作用

建筑剖面图反映建筑物内部的竖向结构和特征及内部装修情况，可作为室内装修、编制工程概预算、施工备料的依据。

2) 建筑剖面图所表示的内容

从建筑剖面图，如图 3-22 剖面图中应可以看出以下内容：

(1) 图名、比例；

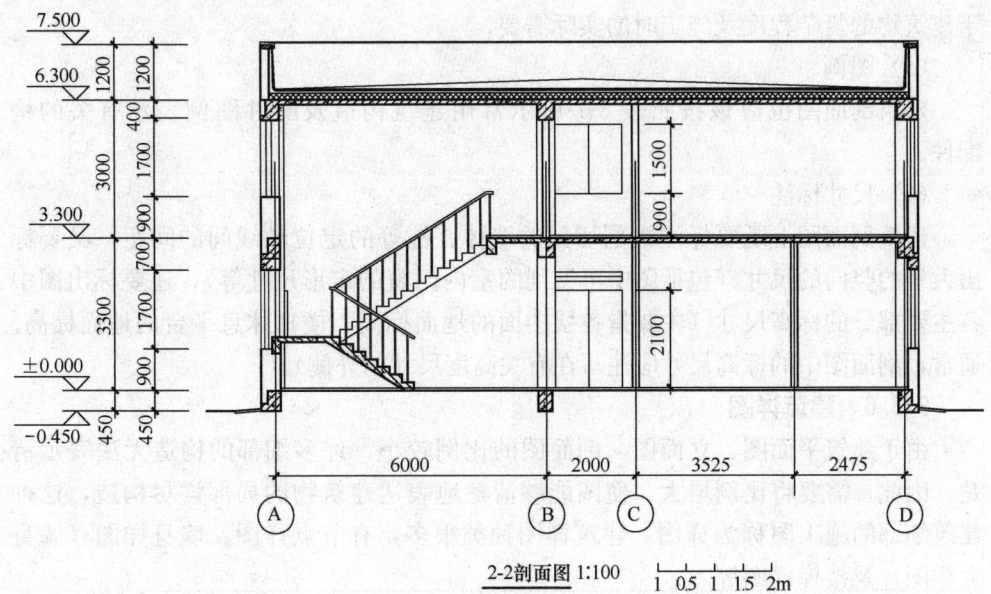

图 3-22　剖面图

(2) 剖切到的各部位的位置、形状,如室内外的地面、楼板层、屋顶层、内外墙、楼梯梯段等;

(3) 未剖到的可见部分,如楼梯栏杆和扶手、踢脚线、门窗等;

(4) 内外墙的尺寸及标高;

(5) 墙体的定位轴线、编号;

(6) 详图索引号。

3) 规定画法

(1) 比例

绘制建筑剖面图,可以采用与建筑平面图相同的比例。但有时为了将房屋的构造,表达得更加清楚,《建筑制图标准》GB/T 50104—2010 也允许采用比平面图更大的比例。可选用的比例有 1∶50、1∶100、1∶200。

(2) 定位轴线

剖面图上定位轴线的数量比立面图的要多,通常只画被剖到的墙或柱的轴线。

(3) 剖切平面的选取

为了较好地反应建筑物的内部构造,应合理地选择剖切平面。在选择剖切平面时,应注意以下几点:

①剖切平面通常是与纵向定位轴线垂直的铅垂面。

②通常要将剖切平面选择在那些能反映房屋全貌和构造特征的地方(应尽量多的通过房屋内的门窗,以反映出它们的高度尺寸),或选择在具有代表性的特殊部位,如楼梯间等。

③一般情况下,建筑剖面图所选用的是单一的剖切平面,但在需要时,允许转折一次(即为阶梯剖面图)。

(4) 剖面图的名称和数量

建筑剖面图的名称,应和平面图上所标注的一致。而剖面图的数量,则取决于建筑物的复杂程度及施工时的实际需要。

(5) 图例

建筑剖面图也应该按照表 3-1 所示常用建筑构造及配件图例表示有关的构配件。

(6) 尺寸标注

建筑剖面图上既要标注被剖切到的墙体、柱等的定位轴线间的间距,又要标出大量的竖向的尺寸(包括图中可见到的室内门窗的定形尺寸等),还要标出图中各主要部分的标高尺寸(主要指各层楼面的地面标高、楼梯休息平台的地面标高。通常,剖面图中的标高尺寸应注写在有关高度尺寸的外侧)。

3.3.6 建筑详图

由于建筑平面图、立面图、剖面图的比例较小,许多细部的构造无法表示清楚,因此,需要将比例增大,使图能够清楚地表达建筑物的局部详尽构造,这种建筑细部的施工图称为详图。建筑详图种类很多,有节点详图、墙身详图(墙身大样图)及楼梯详图等。

对于套用标准图或通用图的建筑构配件和节点,只要注明所套用图集的名称、型号或页次（索引符号），就可不必再画详图。

对于建筑构造节点详图，除了要在平、剖、立面图中的有关部位绘注索引符号外，还应在详图上绘注详图符号或写明详图名称，以便对照查阅。

对于建筑构配件详图，一般只要在所画的详图上写明该建筑构配件的名称或型号，就不必在平、剖、立面图上绘索引符号。

现仅介绍外墙身和楼梯详图。

1) 外墙详图

（1）详图画法及作用。如图 3-23 墙身详图所示。外墙身详图实际是建筑剖面图中外墙从室外地坪以下到屋顶檐部的局部放大图。它表明房屋顶层、楼板层、地面檐部的构造，楼板与墙的连接，门窗顶、窗台与勒脚、散水等的构造情况，施工时，可以为砌墙、预留门窗洞口、安放预制构配件、室内外装修等提供依据。

（2）详图所表示的内容。从外墙身详图 3-23 中可以看出以下内容：

①墙的厚度与各部分的尺寸变化及与定位轴线的关系。

②防潮层、室内地面和室外勒脚及散水的构造做法。

③各层墙体与圈梁、楼板等构件的连接关系及连接做法。表明各层地面、楼面等的标高及构造做法，表明门窗洞口的高度及标高。

④檐口节点表明屋面的高度、标高及构造做法。

（3）规定画法

外墙节点详图上所标注的定位轴线编号应与其他图中所表示的部位一致，其详图符号也要和相应的索引符号对应。

由于外墙详图是由几个节点图组合而成的，为了表示各节点图间的联系，通常将它们画在一起，中间用折断符号断开。

在外墙详图上，应标出绘图时采用的比例。绘图比例通常标注在相应详图符号的后面，但由于各节点图所用比例一致，故也可采用标注在定位轴线的后面。

有时也可采用同一个外墙详图来表示几面外墙，此时应将各墙身所对应的定位轴线编号全部标上。或者采用其他方式说明，这时只画轴线，不再标编号。

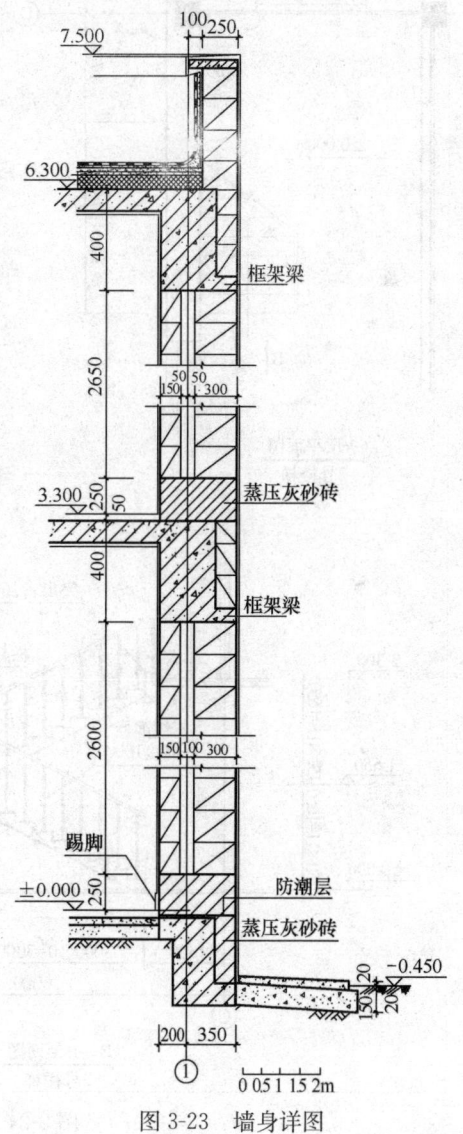

图 3-23 墙身详图

标高标注时,可用带括号的标高来表示上一层的标高。

在外墙详图中,可用图例或文字说明来表示有关楼(地)面及屋顶所用的建筑材料,包括材料的混合比、施工厚度和做法、内外墙面的做法等。

2) 楼梯详图

楼梯详图是楼梯间局部平面及剖面图的放大图,是楼梯施工放料的主要依据。楼梯详图包括楼梯平面图、楼梯剖面图和踏步、栏杆(栏板)、扶手等节点详图。如图 3-24 楼梯详图所示。

(1) 楼梯平面图

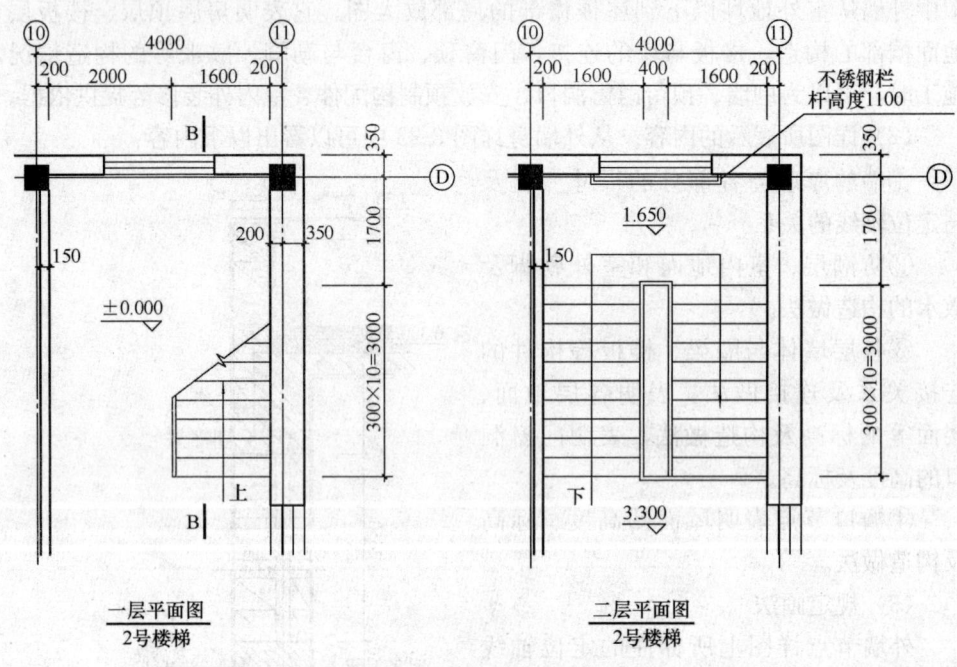

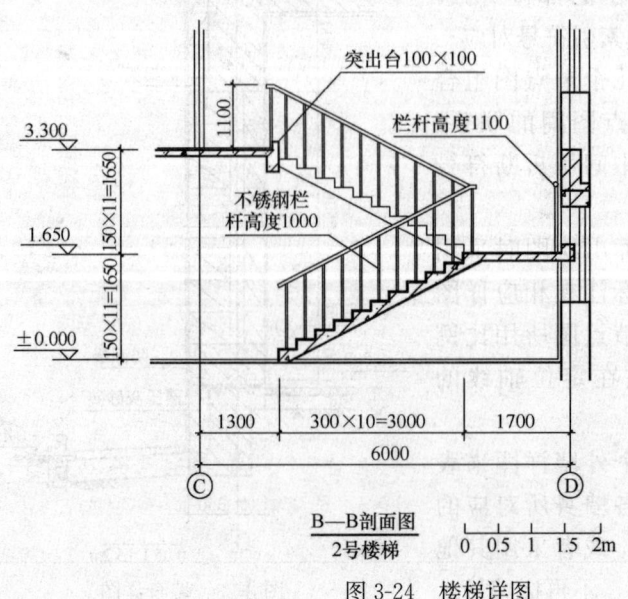

图 3-24　楼梯详图

①楼梯平面图有：楼梯底层平面图、楼梯中间层平面图和楼梯顶层平面图。但如果中间各层中某层的平面布置与其他层相差较多，也可专门绘制。常用的楼梯比例是1：50。

②楼梯间在建筑中的位置与定位轴线的关系，应与建筑平面图上的一致。

③楼梯段、休息平台的平面形式和尺寸，楼梯踏面的宽度和踏步级数，以及栏杆扶手的设置情况。

④楼梯间开间、进深情况，以及墙、窗的平面位置和尺寸。

⑤室内外地面、楼面、休息平台的标高。

⑥底层楼梯平面图还表明剖切位置。

⑦为了避免与踏步线混淆，按制图标准规定，剖切线应用倾斜的折断线表示（折断线的倾斜角度通常为45°），并用箭头表示楼梯段的走向（或向上或向下），同时标出各层楼梯的踏步总数。

(2) 从楼梯剖面图中应看出的内容

①楼梯在竖向和进深方向的有关尺寸和标高，如各楼层休息平台的标高。

②楼梯间墙身的轴线号、轴线间距、楼梯结构及与墙柱的连接。

③踏步的宽度与高度、踏步的级数、栏杆扶手的高度及做法，楼梯间门窗的位置及尺寸等。

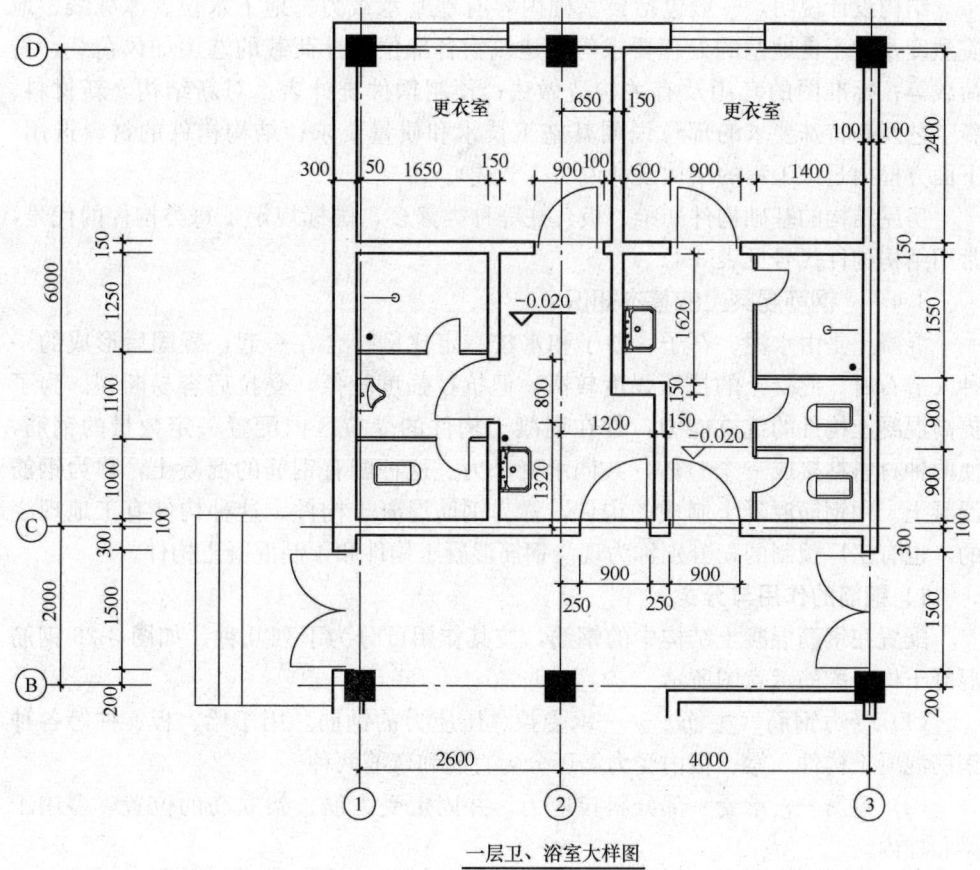

一层卫、浴室大样图

图 3-25　卫生间详图

(3) 楼梯节点详图

一般表示梯段、踢面、踏面、扶手等的尺寸、标高及材料做法等，常用比例为1∶20、1∶10、1∶5等。如果选用标准图能表达清楚，就可以省去节点详图。

3) 卫生间平面详图

一般可以看出：蹲位（或坐便器）的个数、位置；小便器（或小便槽）的数量、位置；洗手盆的数量、位置；污水盆的数量、位置；隔板的选型（尺寸、开门方向、高度、材质等）等。如图 3-25 所示。

3.4 结构施工图识读

建筑设计完成之后，根据建筑各方面的要求，在进行结构选型和构件布置时，通过力学计算，决定各承重构件（基础、柱、承重墙、梁、板）的材料、形状、大小以及内部构造等，并将设计结果绘制成图样，以指导施工，这种图称为结构施工图。

结构施工图包括结构设计说明、结构平面布置图（基础平面布置图、楼层平面结构布置图、屋面平面结构图）和构件详图（梁、板、柱结构详图，楼梯结构详图，基础详图，屋架结构详图）等。

结构设计说明，一般包括：基础内容有地基承载力、地下水位、冰冻线、地震烈度及对不良地基的处理要求等；建筑物各部位设计荷载的选用如风荷载、雪荷载等；标准图的套用及有关构造做法；预制构件统计表；对新结构、新材料、新工艺及有特殊要求的部位说明其施工技术和质量要求；结构构件的材料选用。下面方框内是该工程的结构设计说明（节选）。

房屋结构的基础构件如梁、板、柱等种类繁多，国标规定了每类构件的代号，常用结构构件代号见表 3-4。

3.4.1 钢筋混凝土的基本知识

混凝土是由水泥、石子、砂子和水按一定比例拌合在一起，凝固后形成的一种人造石材。混凝土的抗压强度较高，但抗拉强度较低，受拉后容易断裂。为了提高混凝土构件的抗拉能力，常在混凝土构件的受拉区内配置一定数量的钢筋，使两种材料粘接成一个整体，共同承受外力。这种配有钢筋的混凝土，称为钢筋混凝土。用钢筋混凝土制成的构件，称为钢筋混凝土构件。这种构件有工地现浇的，也有工厂预制的，分别称为现浇钢筋混凝土构件和预制混凝土构件。

1) 钢筋的作用与分类

配置在钢筋混凝土结构中的钢筋，按其作用可分为下列几种。如图 3-26 钢筋混凝土构件配筋示意图所示。

(1) 受力钢筋（主筋）——承受拉、压应力的钢筋。用于梁、板、柱等各种钢筋混凝土构件。梁、板内受力筋还分为直筋和弯筋两种。

(2) 箍筋——承受一部分斜拉应力，并固定受力筋、架立筋的位置，多用于梁和柱内。

结构施工图设计说明（节选部分）

二、建筑结构的安全等级：__二__级；设计使用年限：__50__年。

九、主要结构材料

1. 钢筋（热轧钢筋）：$d \leqslant 10mm$ 时，为 HPB300（Ⅰ级）钢筋（Φ）

　　　　　　　　　　$d > 10mm$ 时，为 HRB400（Ⅲ级）钢筋（Φ）

框架柱主筋为：HRB400（Ⅲ级）钢筋（Φ）

2. 混凝土：各部分结构构件的混凝土强度等级：

构件部位	混凝土强度等级	备　注
基础垫层	C15	
基础板、基础梁	C35	
框架柱	C35	节点区同框架柱
框架梁、梁、楼板、楼梯	C30	节点区同框架柱
填充墙的构造柱及圈梁	C25	

十、钢筋混凝土结构构造

4. 现浇钢筋混凝土板

主次梁相交时，应采用图五附加箍筋的做法。

5. 梁侧面纵向构造钢筋

当梁高≥450时，除注明外均设置侧面纵向构造钢筋，直径为Φ14，间距不大于200，并保证单侧配筋率≥0.1%。

6. 钢筋混凝土过梁

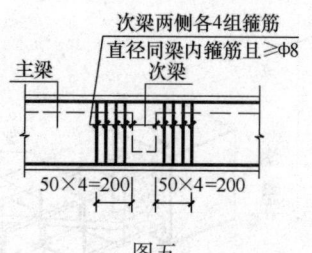

图五

填充墙洞口过梁可根据建施图纸的洞口尺寸按92G21过梁通用图集选用，荷载可按一级取用。当洞口紧贴柱或墙时，过梁改为现浇。施工主体结构时，应按相应的梁详图，在柱（墙）内预留相应插筋。插筋在柱（墙）内锚固长度为La，伸出柱（墙）外长度为L1或过梁全长。现浇过梁断面及配筋详图（梁长＝洞宽＋2×250）：

序号	洞口宽度B (mm)	过梁钢筋 ①	②	③	过梁尺寸 $b \times h$	过梁配筋示意图
1	B<900	3Φ8	3Φ8	Φ6@150	$b \times 120$	
2	900≤B<1500	2Φ12	2Φ12	Φ6@150	$b \times 200$	
3	1500≤B<2500	2Φ14	2Φ12	Φ6@150	$b \times 250$	
4	2500≤B<3600	3Φ16	2Φ12	Φ6@150	$b \times 300$	

十五、图纸目录

序　号	图　号	图　　名	规　格
1	结施－01	餐厅宿舍结构设计总说明	A2
2	结施－02	餐厅宿舍楼基础平面布置图	A2
3......			

常用构件代号 表3-4

序号	名称	代号	序号	名称	代号	序号	名称	代号
1	板	B	15	吊车梁	DL	29	基础	J
2	屋面板	WB	16	圈梁	QL	30	设备基础	SJ
3	空心板	KB	17	过梁	GL	31	桩	ZH
4	槽形板	CB	18	联系梁	LL	32	柱间支撑	ZC
5	折板	ZB	19	基础梁	JL	33	垂直支撑	CC
6	密肋板	MB	20	楼梯梁	TL	34	水平支撑	SC
7	楼梯板	TB	21	檩条	LT	35	梯	T
8	盖板或沟盖板	GB	22	屋架	WJ	36	雨篷	YP
9	挡雨板或檐口板	YB	23	托架	TJ	37	阳台	YT
10	吊车安全走道板	DB	24	天窗架	CJ	38	梁垫	LD
11	墙板	QB	25	框架	KJ	39	预埋件	M
12	天沟板	TGB	26	刚架	GJ	40	天窗端臂	TD
13	梁	L	27	支架	ZJ	41	钢筋网	W
14	屋面梁	WL	28	柱	Z	42	钢筋骨架	G

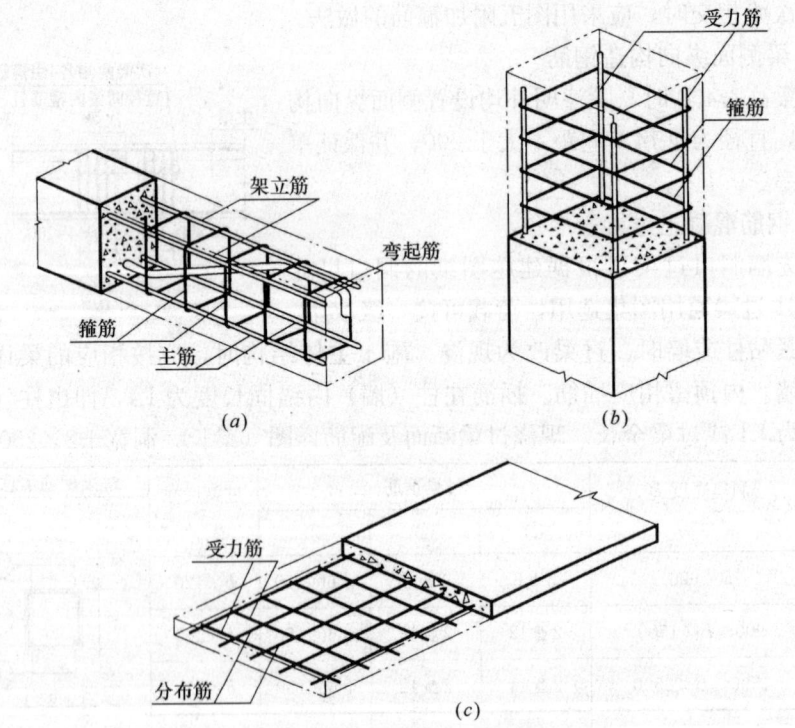

图 3-26 钢筋混凝土构件配筋示意图
(a) 梁；(b) 柱；(c) 板

(3) 架立钢筋——固定梁内箍筋位置，把纵向的受力钢筋和箍筋绑扎成骨架。

(4) 分布钢筋——用于屋面板、楼板内，与板的受力钢筋垂直布置，将承受的重量均匀地传给受力筋，并固定受力筋的位置，以及抵抗热胀冷缩所引起的温度变形。

(5) 其他钢筋——因构件构造要求或施工安装需要而配置的构造筋,如腰筋、预埋锚固筋、吊环等。

2) 钢筋的标注

钢筋(或钢丝束)的说明应给出钢筋的数量、代号、直径、间距、编号及所在位置,其说明应沿钢筋的长度标注或标注在有关钢筋的引出线上(一般若注出数量,可不注间距;若注出间距,就可不注数量。简单的构件,钢筋可不编号)。具体标注方式如图 3-27 所示。

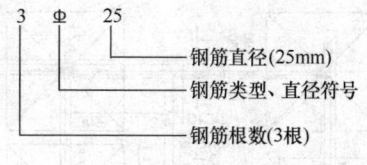

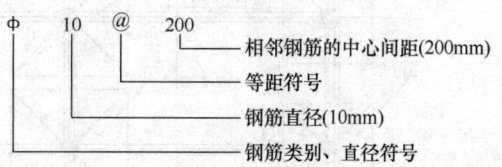

图 3-27 钢筋的标注形式及含义

3.4.2 基础结构施工图的识读

基础结构施工图包括基础平面图、详图及文字说明。文字说明的主要内容包括相对标高、地基承载力、材料选用及强度等级、标准构件选用图集。

1) 基础平面图

基础平面图是假想用一个水平剖切面在地面与地基之间把整幢房屋剖开后,移去地面以上的房屋及其基础周围的泥土后,所做出的基础水平投影图。

基础平面图主要表示基础的平面布置、定位轴线、基础类型、管沟的位置和标注基础剖面图的剖切位置等,它是放线、挖槽、砌筑等施工的重要依据。从基础平面图,如图 3-28 基础平面布置图所示,可以看出以下内容:

(1) 图名、比例;
(2) 基础的定位轴线、编号及轴线间的尺寸,应与平面图上的数字是一致的;
(3) 基础的平面布置、基础柱,以及基础底面的形状、大小;
(4) 室内地沟的平面位置及沟盖板的布置;
(5) 标注基础剖面图的剖切位置;
(6) 基础预留洞,如暖气工程穿墙洞口。

2) 基础详图

基础平面图只表明了基础的平面布置,而基础详图表明了基础细部的形状、大小、材料、构造及基础的埋置深度,是基础施工的重要依据。从基础详图,如图 3-29 基础详图所示,可以看出以下内容:

(1) 图名、比例;
(2) 基础的详细尺寸和标高;
(3) 基础的断面和基础梁的形状、大小、材料及配筋;
(4) 防潮层的位置和做法(砌体结构)。

3.4.3 楼层、屋顶及楼梯结构图

1) 楼层、屋顶平面布置图

楼层、屋顶平面布置图是假想沿楼板顶面将房屋水平剖切后,移去上面部分,向下做水平投影而得到的水平剖面图。主要表示楼层、屋顶的梁、板、墙、柱、

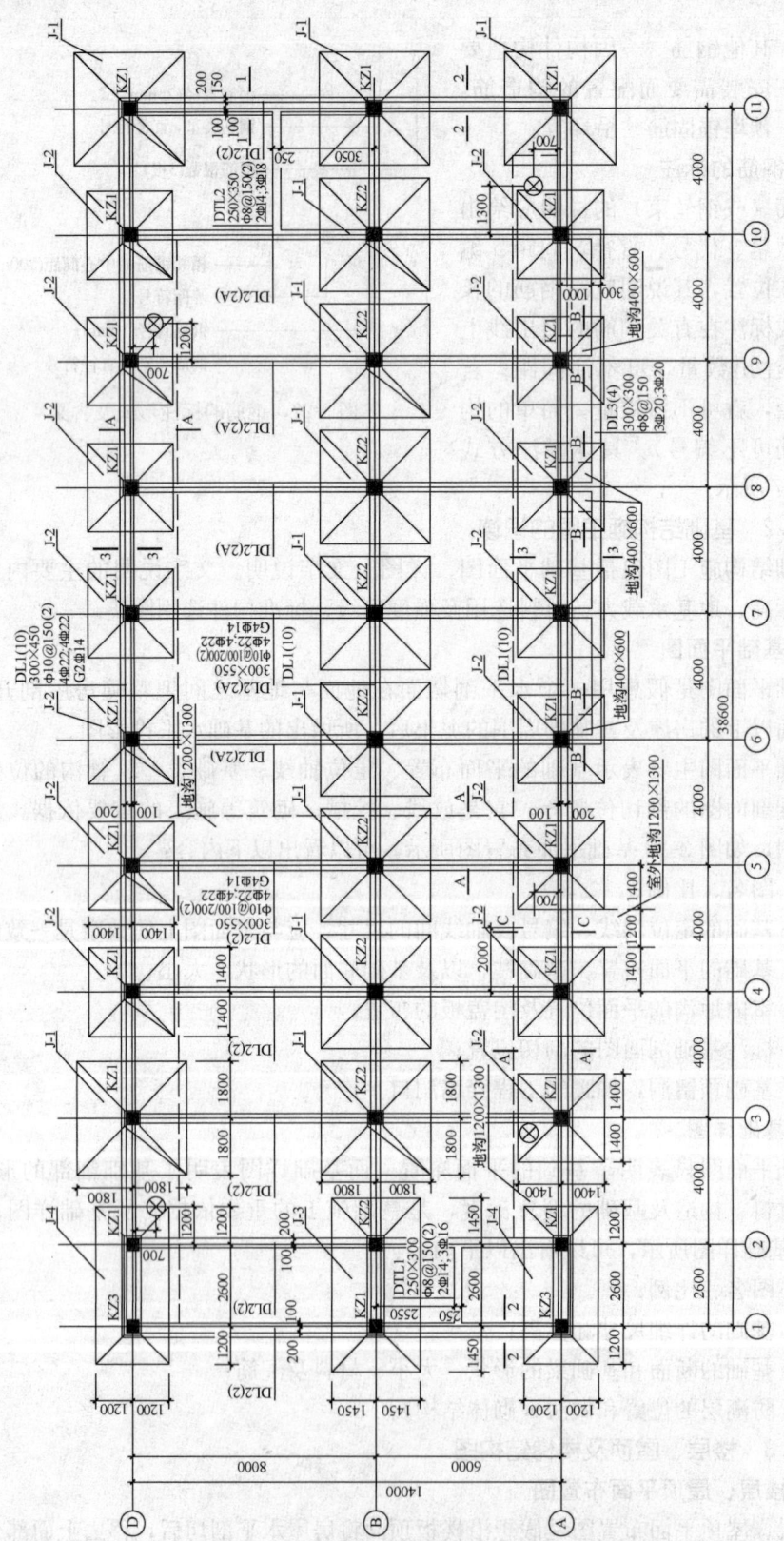

图 3-28 基础平面布置图

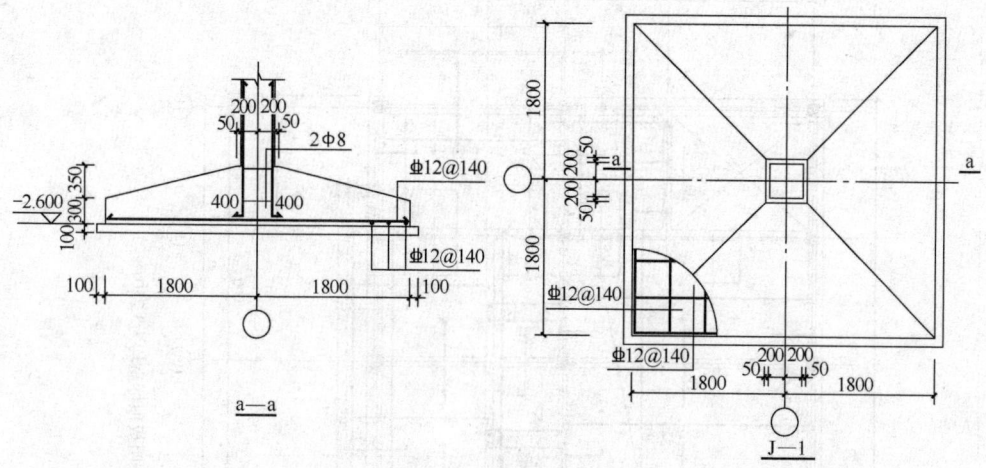

图 3-29 基础详图

门窗、过梁等承重构件及圈梁的平面布置情况,现浇板的构造及配筋,以及它们相互间的结构关系,也是建筑施工的重要依据。从楼层结构施工图,如图 3-30 所示,可以看出以下内容:

(1) 图名、比例;
(2) 轴线的编号及轴线间尺寸(与平面图一致);
(3) 梁的平面布置及编号,如图 3-31 用平法绘制的钢筋混凝土梁结构图所示;
(4) 现浇或预制钢筋混凝土楼板的平面布置及编号;
(5) 现浇钢筋混凝土楼板的布置、编号及配筋;
(6) 钢筋混凝土楼板的标高;
(7) 圈梁的布置等(砖混结构才有,框架结构一般没有圈梁)。

2)楼梯结构详图

楼梯结构详图有楼梯结构平面图、楼梯结构剖面图和构件详图。

(1) 楼梯结构平面图。一般是在休息平台上方所做的水平剖面图,应分层画出,当中间几层的结构布置和构件类型相同时,可画出一个标准层、一个底层、一个顶层结构平面图。

从楼梯结构平面图,如图 3-32 楼梯结构详图所示,可以看出以下内容:

①楼梯间的定位轴线、编号、墙厚;
②楼梯段和平台的位置,楼梯段的长度和宽度,楼梯踏步数和踏面的宽度,上、下行方向;
③平台梁、平台板、楼梯梁、楼梯板及楼梯间的门窗过梁的平面布置、规格尺寸和编号;
④地面、平台顶面的结构标高;
⑤楼梯结构剖面图的剖切位置。

(2) 楼梯结构剖面图。是用假想的竖直剖切平面沿楼梯段方向做剖切后得到的投影图,它反映了楼梯结构沿竖向的布置和构造关系。

从楼梯结构剖面图,如图 3-32 楼梯结构详图所示,可以看出以下内容:

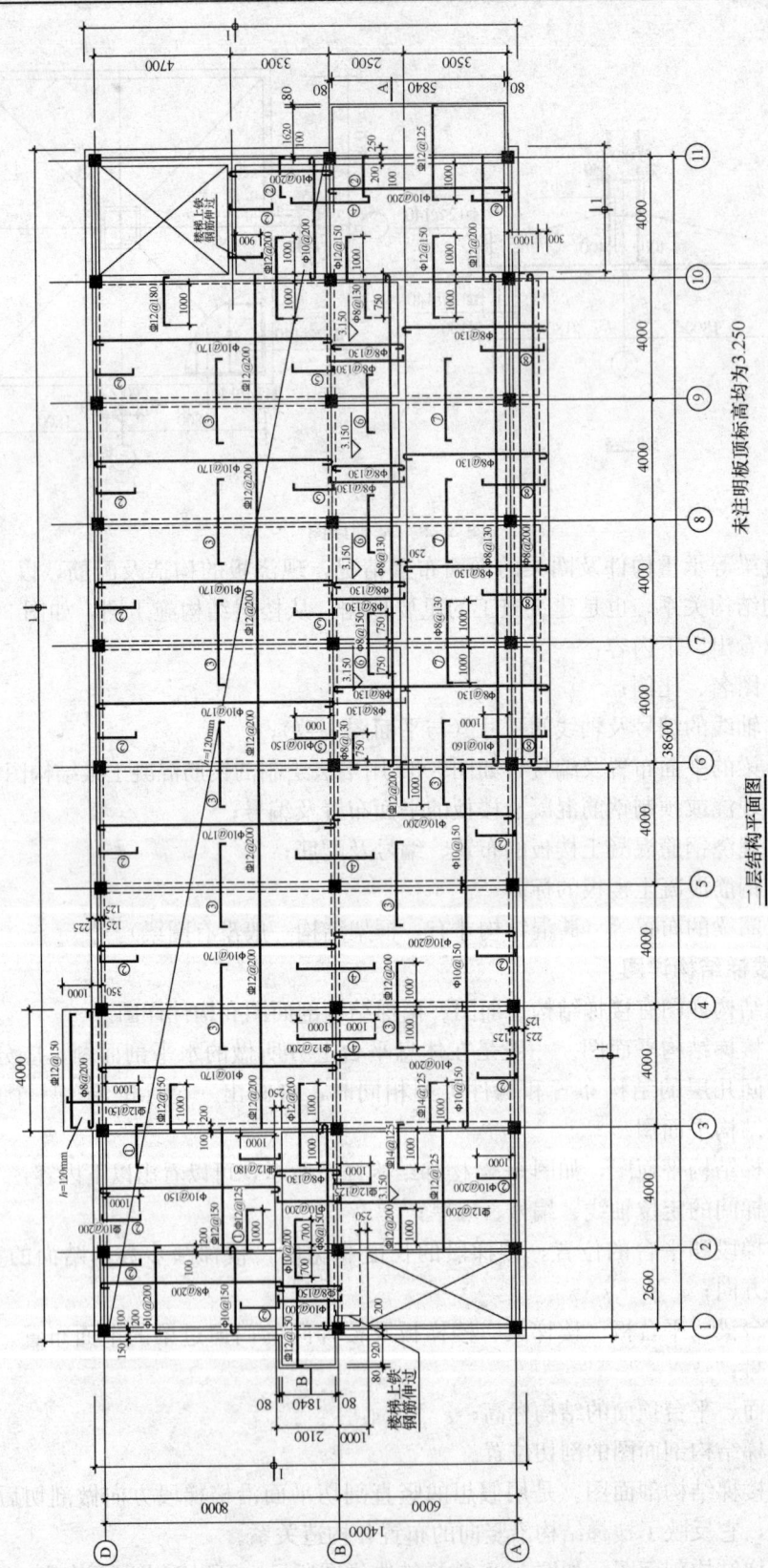

图3-30 二层楼板配筋平面图

3.4 结构施工图识读

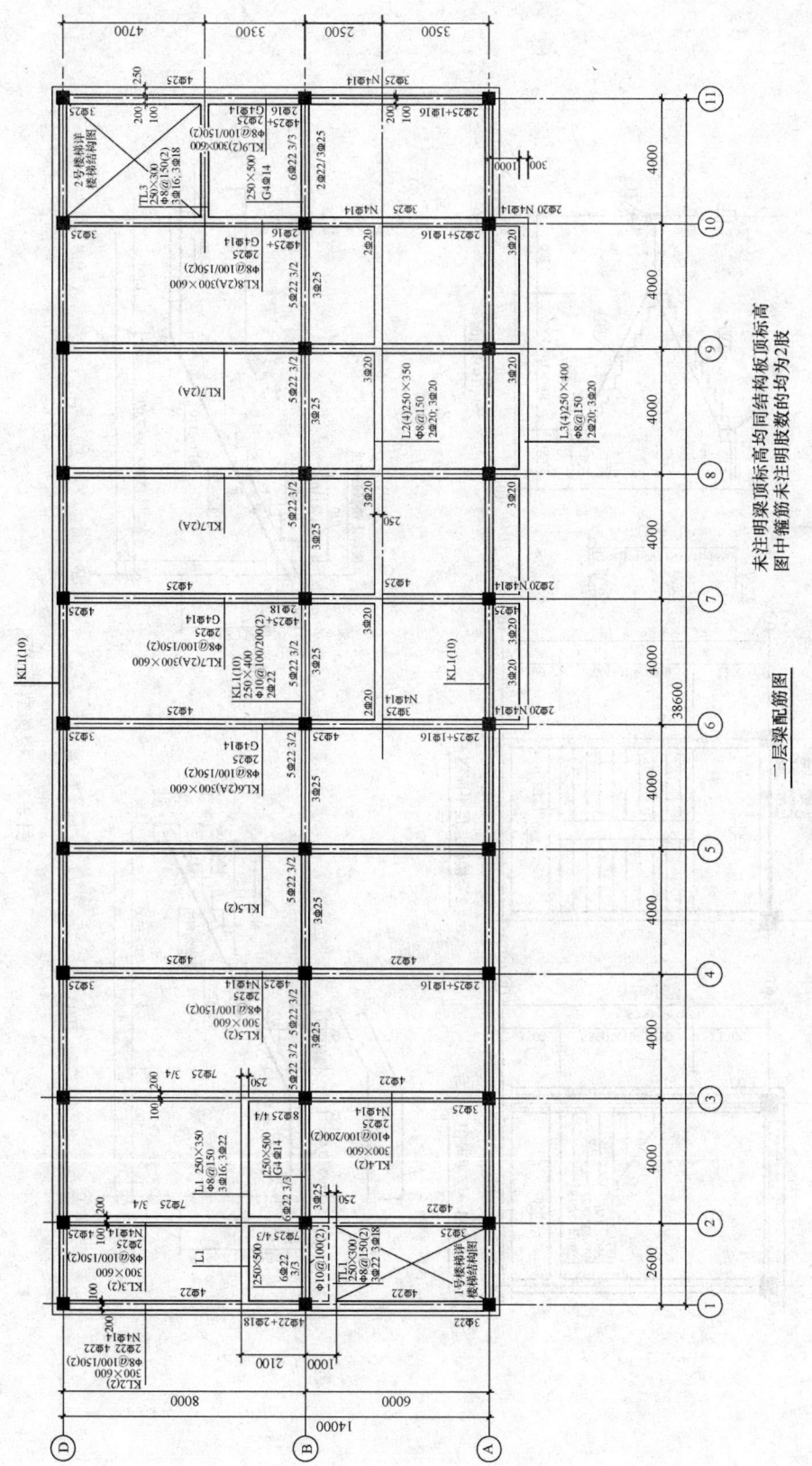

图 3-31 用平法绘制的钢筋混凝土梁结构图

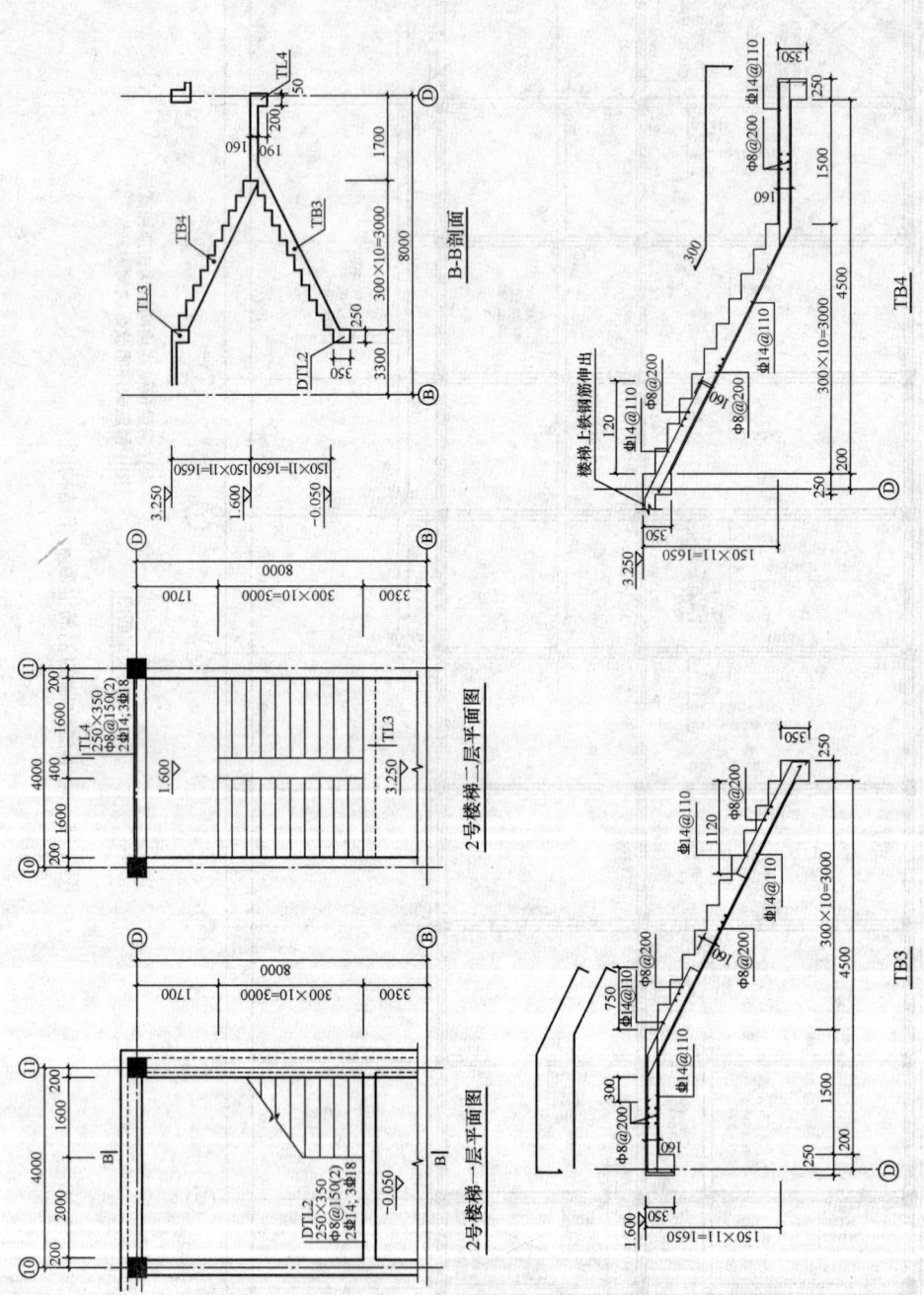

图 3-32 楼梯结构详图

①与剖切位置和投影方向对应的定位轴线及编号；
②平台与楼梯段的相对位置，踏步级数和踢面高度；
③平台与楼梯段的结构形式、构件厚度和材料（现浇钢筋混凝土楼梯标明配筋、预制钢筋混凝土楼梯标明构件的结构代号）；
④标注平台、平台梁标高。

3.4.4 钢筋混凝土构件结构详图

钢筋混凝土构件是建筑工程中的主要结构构件，包含梁、板、柱等，结构详图表明构件的形状、大小、材料、构造和连接情况。

1）钢筋混凝土板结构详图

建筑中常见的钢筋混凝土板有楼板、屋面板、楼梯踏步板、平台板、挑檐板等，板内的配筋可分为受力筋和分布筋，一般受力筋的保护层厚度为15mm，受力筋布置在分布筋的下面。

钢筋混凝土板结构详图表明详图所在的位置即定位轴线及编号，钢筋的型号及布置情况，板厚及板的结构标高（结构标高为建筑标高减去构造层的厚度）等。识图时，要注意板面钢筋与板底钢筋的标注方法。

2）钢筋混凝土梁、柱结构详图

钢筋混凝土梁、柱的结构详图以配筋图为主，由梁、柱的立面图、截面图和钢筋详图组成。

立面图表明梁、柱的立面轮廓、长度尺寸，钢筋在梁、柱内上下左右的配置、轴线编号等。断面图表明梁、柱的截面形状、高度、宽度尺寸和钢筋上下前后的排列情况。钢筋详图表明钢筋的编号、根数、形状、直径、各段长度及定位等。

3.4.5 钢筋混凝土平面整体表示方法

建筑结构施工图平面整体设计方法（简称平法）的表达形式，概括来讲，是把结构构件的尺寸和配筋等，按照平面整体表示方法制图规则，整体直接表达在各类构件的结构平面布置图上，再与标准构件详图相配合，即构成一套新型完整的结构设计，改变了传统的那种将构件从结构平面布置图上索引出来，再逐个绘制配筋详图的繁琐方法。

为了规范使用平法，保证按平法设计绘制的结构施工图实现全国统一，国家批准编制《混凝土结构施工图平面整体表示方法制图规则和构造详图》图集。该图集包括平面整体表示方法制图规则和标准构造详图两大部分。

本教材仅对一般梁与柱的平法标注进行讲解。其他构件如现浇钢筋混凝土的剪力墙、楼梯、板、基础、加腋梁、井字梁的平面注写方式请参见《混凝土结构施工图平面整体表示方法制图规则和构造详图》11G101-1、11G101-2、11G101-3。

1）平法标注时梁的识读

梁平面施工图是在梁平面布置图上采用平面注写方式或截面注写方式表达。

平面注写方式采取在不同编号的梁中各选一根梁在其上注写截面尺寸和配筋具体数值的方式来表达梁平法施工图。

截面注写方式采取在不同编号的梁中各选一根梁用剖切符号引出配筋图，并在其上注写截面尺寸和配筋具体数值的方式来表达梁平面施工图。平面注写方式如下：

(1) 梁在平面布置图上标注的方法

平面注写包括集中注写与原位注写，施工时原位标注取值优先。其一般表达形式和各部分的含义如图 3-33 集中注写与原位注写所示。平法施工图所表达的意义即为图 3-33 中下面四个截面标注的含义。

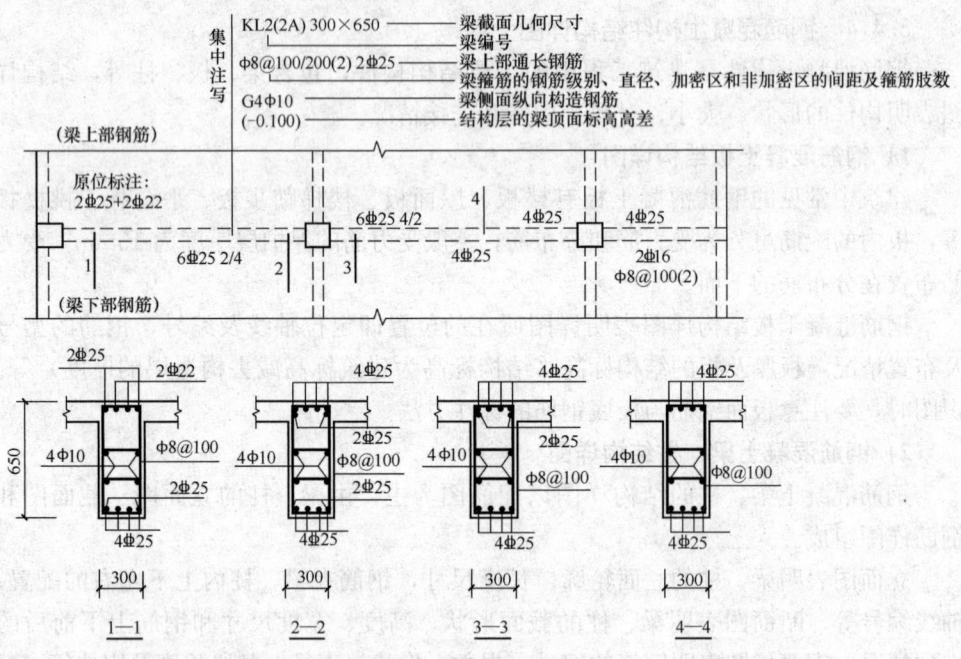

图 3-33 平面注写方式示例

注：本图四个梁截面系采用传统表示方法绘制，用于对比按平面注写方式表达的同样内容。实际采用平面注写方式表达时，不需绘制梁截面配筋图和图 3-33 中的相应截面号。

(2) 梁编号的含义

梁编号由梁类型、代号、序号、跨数及有无悬挑代号几项组成，并应符合表 3-5 的规定。

梁 编 号　　　　　　　　　　　　　　　　表 3-5

梁类型	代号	序号	跨数及是否带有悬挑
楼层框架梁	KL	××	(××)、(××A) 或 (××B)
屋面框架梁	WKL	××	(××)、(××A) 或 (××B)
框支梁	KZL	××	(××)、(××A) 或 (××B)
非框架梁	L	××	(××)、(××A) 或 (××B)
悬挑梁	XL	××	
井字梁	JZL	××	(××)、(××A) 或 (××B)

注：(××A) 为一端有悬挑，(××B) 为两端有悬挑，悬挑不计入跨数。

【例】 KL7 (5A) 表示第 7 号框架梁，5 跨，一端有悬挑；

L9 (7B) 表示第 9 号非框架梁，7 跨，两端有悬挑。

(3) 梁集中标注的内容

梁集中标注的内容，有五项必注值及一项选注值（集中标注可以从梁的任意一跨引出），规定如下：

①梁编号，见表3-5，该项为必注值。

②梁截面尺寸，该项为必注值。

当为等截面梁时，用 $b\times h$ 表示；

当有悬挑梁且根部和端部的高度不同时，用斜线分隔根部与端部的高度值，即为 $b\times h_1/h_2$（图3-34）。

③梁箍筋，包括钢筋级别、直径、加密区与非加密区间距及肢数，该项为必注值。箍筋加密区与非加密区的不同间距及肢数需用斜线"/"分隔；当梁箍筋为同一种间距及肢数时，则不需用斜线；当加密区与非加密区的箍筋肢数相同时，则将肢数注写一次；箍筋肢数应写在括号内。加密区范围见相应抗震等级的标准构造详图。

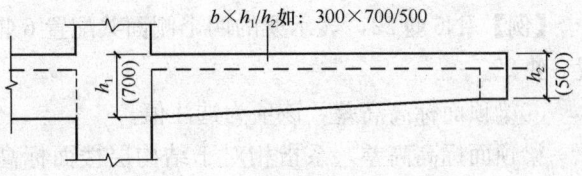

图3-34 悬挑梁不等高截面注写示意

梁箍筋的肢数如图3-35所示。

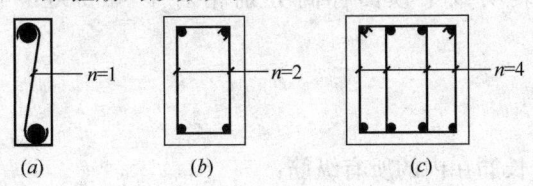

图3-35 箍筋的肢数
(a) 单肢箍；(b) 双肢箍；(c) 四肢箍

【例】 Φ10@100/200（4），表示箍筋为HPB300钢筋，直径 $\phi 10$，加密区间距为100，非加密区间距为200，均为四肢箍。

Φ8@100（4）/150（2），表示箍筋为HPB300钢筋，直径 $\phi 8$，加密区间距为100，四肢箍；非加密区间距为150，两肢箍。

④梁上部通长筋或架立筋配置（通长筋可为相同或不同直径采用搭接连接、机械连接或焊接的钢筋），该项为必注值。所注规格与根数应根据结构受力要求及箍筋肢数等构造要求而定。当同排纵筋中既有通长筋又有架立筋时，应用加号"+"将通长筋和架立筋相连。注写时需将角部纵筋写在加号的前面，架立筋写在加号后面的括号内，以示不同直径及与通长筋的区别。当全部采用架立筋时，则将其写入括号内。

【例】 2Φ22用于双肢箍；2Φ22+（4Φ12）用于六肢箍，其中2Φ22为通长筋，4Φ12为架立筋。

当梁的上部纵筋和下部纵筋为全跨相同，且多数跨配筋相同时，此项可加注下部纵筋的配筋值，用分号"；"将上部与下部纵筋的配筋值分隔开来，少数跨不同者，按本规则原位标注处理。

【例】 3Φ22；3Φ20 表示梁的上部配置3Φ22的通长筋，梁的下部配置3Φ20的通长筋。

⑤梁侧面纵向构造钢筋或受扭钢筋配置，该项为必注值。

当梁腹板高度 $h_w\geqslant 450$mm 时，需配置纵向构造钢筋，所注规格与根数应符合规范规定。此项注写值以大写字母G打头，接续注写设置在梁两个侧面的总配筋值，且对称配置。

【例】 G4Φ12，表示梁的两个侧面共配置 4Φ12 的纵向构造钢筋，每侧各配置 2Φ12。

当梁侧面需配置受扭纵向钢筋时，此项注写值以大写字母 N 打头，接续注写配置在梁两个侧面的总配筋值，且对称配置。受扭纵向钢筋应满足梁侧面纵向构造钢筋的间距要求，且不再重复配置纵向构造钢筋。

【例】 N6Φ22，表示梁的两个侧面共配置 6Φ22 的受扭纵向钢筋，每侧各配置 3Φ22。

⑥梁顶面标高高差，该项为选注值。

梁顶面标高高差，系指相对于结构层楼面标高的高差值，对位于结构夹层的梁，则指相对于结构夹层楼面标高的高差。有高差时，需将其写入括号内，无高差时不注。

注：当某梁的顶面高于所在结构层的楼面标高时，其标高高差为正值，反之为负值。

【例】 某结构标准层的楼面标高为 44.950m 和 48.250m，当某梁的梁顶面标高高差注写为（-0.050）时，即表明该梁顶面标高分别相对于 44.950m 和 48.250m 低 0.05m。

(4) 梁原位标注的内容

梁原位标注的内容规定如下：

①梁支座上部纵筋，该部位含通长筋在内的所有纵筋：

A) 当上部纵筋多于一排时，用斜线"/"将各排纵筋自上而下分开。

【例】 梁支座上部纵筋注写为 6Φ25 4/2，则表示上一排纵筋为 4Φ25，下一排纵筋为 2Φ25。

B) 当同排纵筋有两种直径时，用加号"+"将两种直径的纵筋相连，注写时将角部纵筋写在前面。

【例】 梁支座上部有四根纵筋，2Φ25 放在角部，2Φ22 放在中部，在梁支座上部应注写为 2Φ25+2Φ22。

C) 当梁中间支座两边的上部纵筋不同时，须在支座两边分别标注；当梁中间支座两边的上部纵筋相同时，可仅在支座的一边标注配筋值，另一边省去不注（图 3-36）。

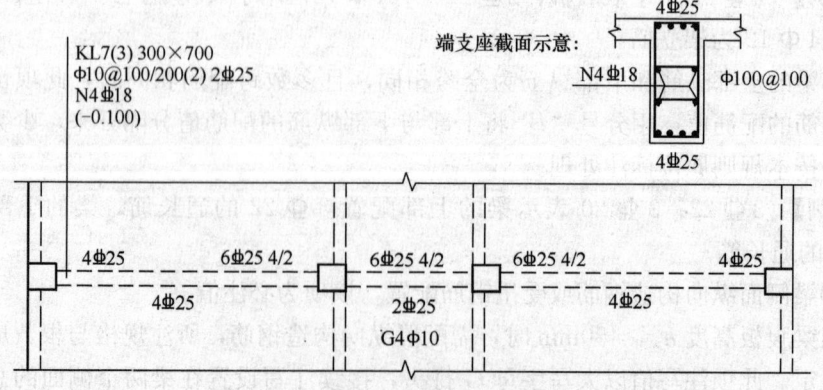

图 3-36 大小跨梁的注写示意

②梁下部纵筋：

A）当下部纵筋多于一排时，用斜线"/"将各排纵筋自上而下分开。

【例】 梁下部纵筋注写为 6Φ25 2/4，则表示上一排纵筋为 2Φ25，下一排纵筋为 4Φ25，全部伸入支座。

B）当同排纵筋有两种直径时，用加号"+"将两种直径的纵筋相连，注写时角筋写在前面。

C）当梁的集中标注中已按本规则的规定分别注写了梁上部和下部均为通长的纵筋值时，则不需在梁下部重复做原位标注。

③当在梁上集中标注的内容（即梁截面尺寸、箍筋、上部通长筋或架立筋，梁侧面纵向构造钢筋或受扭纵向钢筋，以及梁顶面标高高差中的某一项或几项数值）不适用于某跨或某悬挑部分时，则将其不同数值原位标注在该跨或该悬挑部位，施工时应按原位标注数值取用。

④附加箍筋或吊筋，将其直接画在平面图中的主梁上，用线引注总配筋值（附加箍筋的肢数注在括号内）（图 3-37）。当多数附加箍筋或吊筋相同时，可在梁平法施工图上统一注明，少数与统一注明值不同时，再原位引注。

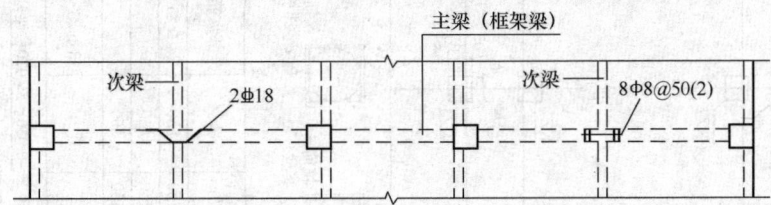

图 3-37 附加箍筋和吊筋的画法示例

2）平法标注时柱的识读

柱平法施工图系在柱平面布置图上采用列表注写方式或截面注写方式表达。

（1）列表注写方式

列表注写方式，系在柱平面布置图上（一般只需采用适当比例绘制一张柱平面布置图，包括框架柱、框支柱、梁上柱和剪力墙上柱），分别在同一编号的柱中选择一个（有时需要选择几个）截面标注几何参数代号；在柱表中注写柱编号、柱段起止标高、几何尺寸（含柱截面对轴线的偏心情况）与配筋的具体数值，并配以各种柱截面形状及其箍筋类型图的方式，来表达柱平法施工图。如图 3-38 所示。

柱表注写内容规定如下：

①注写柱编号，柱编号由柱类型、代号和序号组成，应符合表 3-6 的规定。

柱 编 号   表 3-6

柱类型	代号	序号	柱类型	代号	序号
框架柱	KZ	××	梁上柱	LZ	××
框支柱	KZZ	××	剪力墙上柱	QZ	××
芯柱	XZ	××			

注：编号时，当柱的总高、分段截面尺寸和配筋均对应相同，仅截面与轴线的关系不同时，仍可将其编为同一柱号，但应在图中注明截面与轴线的关系。

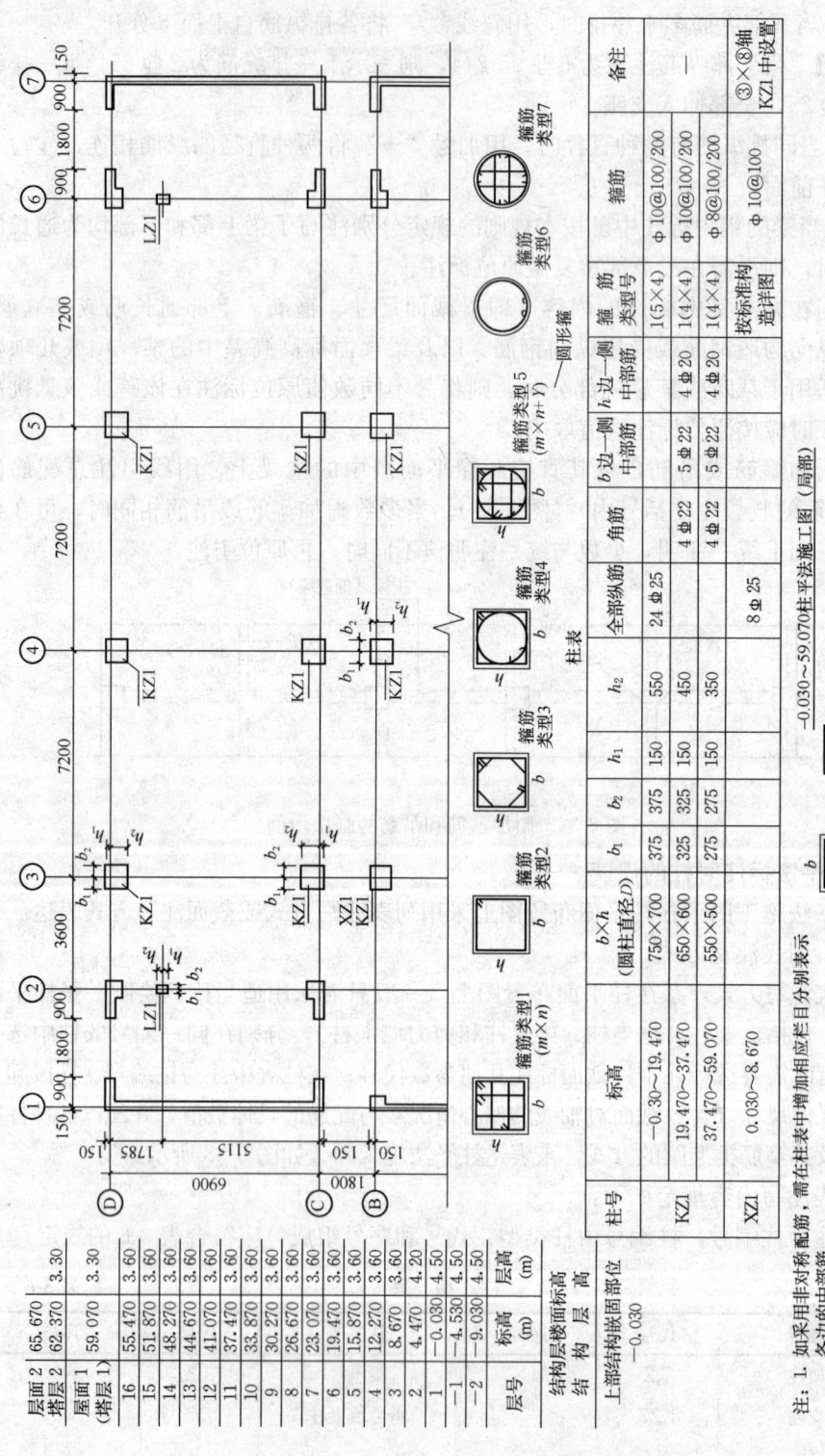

图 3-38 柱平法施工图列表注写方式示例图

②注写各段柱的起止标高,自柱根部往上以变截面位置或截面未变但配筋改变处为界分段注写。框架柱和框支柱的根部标高系指基础顶面标高;芯柱的根部标高系指根据结构实际需要而定的起始位置标高;梁上柱的根部标高系指梁顶面标高;剪力墙上柱的根部标高为墙顶面标高。

③对于矩形柱,注写柱截面尺寸 $b \times h$ 及与轴线关系的几何参数代号 b_1、b_2 和 h_1、h_2 的具体数值,需对应于各段柱分别注写。其中 $b = b_1 + b_2, h = h_1 + h_2$。当截面的某一边收缩变化至与轴线重合或偏到轴线的另一侧时,b_1、b_2、h_1、h_2 中的某项为零或为负值。

对于圆柱,表中 $b \times h$ 一栏改用在圆柱直径数字前加 d 表示。为表达简单,圆柱截面与轴线的关系也用 b_1、b_2 和 h_1、h_2 表示,并使 $d = b_1 + b_2 = h_1 + h_2$。

④注写柱纵筋。当柱纵筋直径相同,各边根数也相同时(包括矩形柱、圆柱和芯柱),将纵筋注写在"全部纵筋"一栏中;除此之外,柱纵筋分角筋、截面 b 边中部筋和 h 边中部筋三项分别注写(对于采用对称配筋的矩形截面柱,可仅注写一侧中部筋,对称边省略不注)。

⑤注写箍筋类型号及箍筋肢数,在箍筋类型栏内注写按本规则规定的箍筋类型号与肢数。

⑥注写柱箍筋,包括钢筋级别、直径与间距。

当为抗震设计时,用斜线"/"区分柱端箍筋加密区与柱身非加密区长度范围内箍筋的不同间距。施工人员需根据标准构造详图的规定,在规定的几种长度值中取其最大者作为加密区长度。当框架节点核芯区内箍筋与柱端箍筋设置不同时,应在括号中注明核芯区箍筋直径及间距。

【例】 Φ10@100/250,表示箍筋为 HPB300 级钢筋,直径 ϕ10,加密区间距为 100,非加密区间距为 250。

Φ10@100/250(Φ12@100),表示柱中箍筋为 HPB300 级钢筋,直径 ϕ10,加密区间距为 100,非加密区间距为 250。框架节点核芯区箍筋为 HPB300 级钢筋,直径Φ12,间距为 100。

当箍筋沿柱全高为一种间距时,则不使用"/"线。

【例】 Φ10@100,表示沿柱全高范围内箍筋均为 HPB300 级钢筋,直径Φ10,间距为 100。

当圆柱采用螺旋箍筋时,需在箍筋前加"L"。

【例】 LΦ10@100/200,表示采用螺旋箍筋,HPB300 级钢筋,直径 ϕ10,加密区间距为 100,非加密区间距为 200。

(2)截面注写方式

截面注写方式,系在柱平面布置图的柱截面上,分别在同一编号的柱中选择一个截面,以直接注写截面尺寸和配筋具体数值的方式来表达柱平法施工图。

截面注写方式的一般表达形式与各部分的含义如图 3-39 所示。有时在一个柱平面布置图上通过加"( )"或"〈 〉"等同时表达不同楼层的注写数值。

如图 3-40 所示为柱平法施工图截面注写方式的局部示例图。

截面注写方式的柱编号、箍筋的注写方式与列表注写方式相同。对除芯柱之

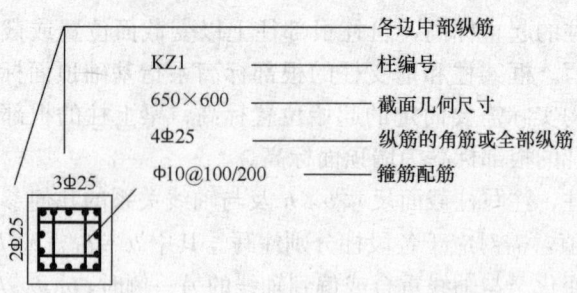

图 3-39　平法施工图标注柱的含义

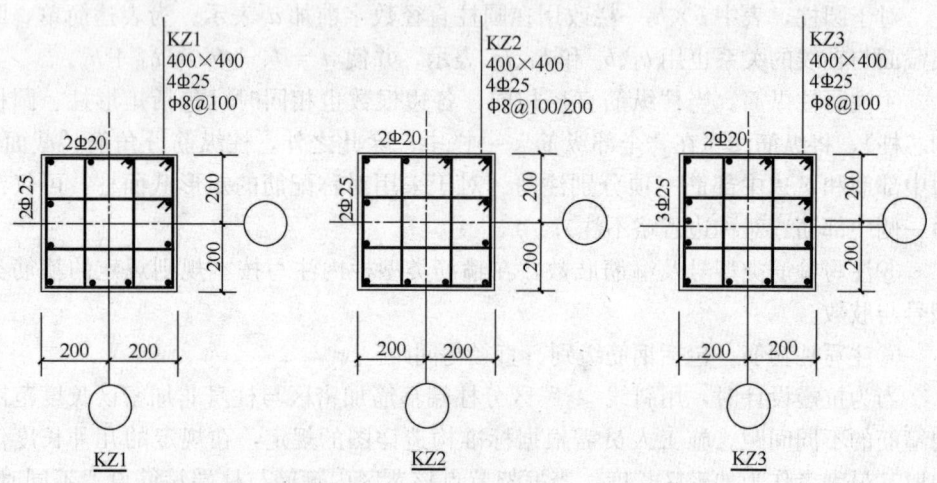

图 3-40　柱平法施工图截面注写方式局部示例图

外的所有柱截面进行编号，从相同编号的柱中选择一个截面，按另一种比例原位放大绘制柱截面配筋图，并在各配筋图上继其编号后再注写截面尺寸 $b×h$、角筋或全部纵筋（当纵筋采用一种直径且能够图示清楚时）、箍筋的具体数值以及在柱截面配筋图上标注柱截面与轴线关系 b_1、b_2、h_1、h_2 的具体数值。

当纵筋采用两种直径时，需再注写截面各边中部筋的具体数值（对于采用对称配筋的矩形截面柱，可仅在一侧注写中部筋，对称边省略不注）。

在截面注写方式中，如柱的分段截面尺寸和配筋均相同，仅截面与轴线的关系不同时，可将其编为同一柱号。但此时应在未画配筋的柱截面上注写该柱截面与轴线关系的具体尺寸。

水暖电等设备专业图纸识图见其他教材。

复习思考题

识图填空题，本章所有的填空识图题均指教材上第 3 章的图纸。

1. 总平面图的建设用地面积是_____。
2. ■该图例表示的含义是_____。
3. 该工程 C-1 的数量是_____个。
4. 该工程 M-1 的尺寸是_____。
5. 该工程的高度是_____m。

6. 该工程的二层层高是_____ m。
7. 该工程二层的标高是_____。
8. 该工程二层宿舍的窗户的顶标高是_____。
9. 二层走道面层材料是_____，做法是_____。
10. 该工程的 2♯楼梯梯井净宽是_____。
11. 基础垫层的混凝土等级是_____。
二层结构平面图上，①钢筋是_____，②钢筋是_____，③钢筋是_____，④钢筋是_____，⑤钢筋是_____。
12. KL2 的跨数是_____，宽是_____，高是_____，上部通长钢筋是_____，下部受力筋是_____，箍筋是_____。
13. J-4 垫层的体积是_____ m³。
14. 图 3-38，KZ1 在 3 层的尺寸是_____，角部钢筋是_____，箍筋是_____，箍筋类型是_____。
15. 圈梁的代号是_____。

第4章 建筑构造

4.1 民用建筑的基本组成

4.1.1 建筑物的组成构件

建筑物是由许多部分组成的，它们在不同的位置上发挥着不同的作用。民用建筑概括起来一般由基础、墙体（柱）、楼板层、地坪、屋顶、楼梯和门窗等几大部分构成。如图3-1所示。工业建筑构造可参考有关书籍。

4.1.2 民用建筑构造的影响因素

民用建筑物从建成到使用，要受到许多因素的影响，这些因素主要有：

（1）外界环境的影响

①外界作用力的影响

主要指人、家具和设备以及建筑自身的重量、风力、地震力、雪荷载等。这些外界作用力的大小是建筑设计的主要依据，它决定着构件的尺度和用料。

②气候条件的影响

对于不同的气候如风、雨、雪、日晒等的影响，建筑构造应该考虑相应的防护措施。

③人为因素的影响

人所从事的生产和生活活动，如火灾、机械振动、噪声等，往往也会对建筑构造造成影响。

（2）建筑技术条件的影响

建筑技术条件指建筑材料技术、结构技术和施工技术等。随着这些技术的发展和变化，建筑构造也发生了相应的变化。例如木结构的建筑和帐篷结构的建筑相比，它们的施工方法和构造做法是不相同的。

（3）建筑标准的影响

不同的建筑具有不同的建筑标准。建筑标准一般包括建筑的造价标准、建筑的装修标准、建筑的设备标准。不同的建筑标准对建筑构造会产生不同的影响，如建筑材料质量的高低、构造做法是否考究、设备是否齐全等。

4.1.3 建筑构造的设计

民用建筑构造在设计中不仅要考虑到建筑分类、组成部分、模数协调以及许多因素的影响外，还要根据以下原则设计：

（1）坚固实用

建筑构造应该坚固耐用，这样才能保证建筑物的整体刚度、安全可靠、经久耐用。

（2）技术先进

建筑构造设计应该从材料、结构、施工三个方面引入先进技术，但要因地制宜、不能脱离实际。

(3) 经济合理

建筑构造设计处应该考虑经济合理，在选用材料上要注意就地取材，注意节约钢材、水泥、木材等三大材料，并在保证质量的前提下降低造价。

(4) 美观大方

建筑构造设计是建筑设计的继续和深入，建筑要做到美观大方，构造设计是非常重要的一环。

总之，在建筑构造的设计中，必须满足以上原则，才能设计出合理、实用、经久、美观的建筑作品来。

4.2 基础与地下室

基础是房屋的重要组成部分，是建筑地面以下的承重构件，它承受建筑物上部结构传递下来的全部荷载，并把这些荷载连同基础的自重一起传到地基上。地基则是支承基础的土体和岩体，它不是建筑物的组成部分。地基承受建筑物荷载而产生的应力和应变随着土层深度的增加而减小，达到一定深度后就可忽略不计。地基由持力层与下卧层两部分组成。直接承受建筑荷载的土层为持力层，持力层下面的不同土层均属下卧层（图4-1）。

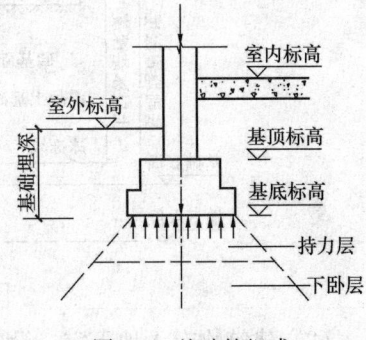

图 4-1 基础的组成

4.2.1 地基

1) 地基土的分类

《建筑地基基础设计规范》GB 50007—2011 中规定，作为建筑地基的土层分为岩石、碎石土、砂土、粉土、黏性土和人工填土等不同的类型。

2) 对地基土的要求

(1) 强度方面。要求地基有足够的承载力。

(2) 变形方面。要求地基有均匀的压缩量，若地基土沉降不均匀时，建筑物上部会产生开裂变形。地基的计算变形值不应大于地基的变形允许值。

(3) 稳定方面。要求地基有防止产生滑坡、倾斜方面的能力。

当基础对地基的压力超过地基承载力时，地基将出现较大的沉降变形，甚至产生地基土层滑动而破坏，为了保证建筑物的稳定性与安全，必须将房屋基础与土层接触部分底面积尺寸适当扩大，以减少地基单位面积承受的压力。

3) 天然地基与人工地基

地基分为天然地基和人工地基两大类。天然土层具有足够的承载力，不需要经过人工加固，可直接在其上建造房屋的土层，称之为天然地基。天然地基的土层分布及承载力大小由地质勘查部门实测提供。

当土层的承载力较差或虽然土层较好，但上部荷载较大时，为使地基具有足够的承载能力,应对土体进行人工加固,这种经人工处理的土层,称为人工地基。常用基本方法有机械碾压法、重锤夯实法、换土法、深层密实法(如灰土桩、砂桩等)。

4.2.2 基础

1) 基础埋置深度

由室外设计地面到基础底面的垂直距离叫基础埋置深度,简称基础的埋深(图4-2)。决定基础的埋置深度涉及诸多因素:

(1) 建筑物上部荷载的大小和性质

一般高层建筑的箱形和筏形基础埋置深度为地面以上建筑物总高度的1/15;多层建筑一般根据地下水位及冻土深度来确定埋深尺寸(图4-2)。除岩石地基外,埋深一般不少于0.5m。

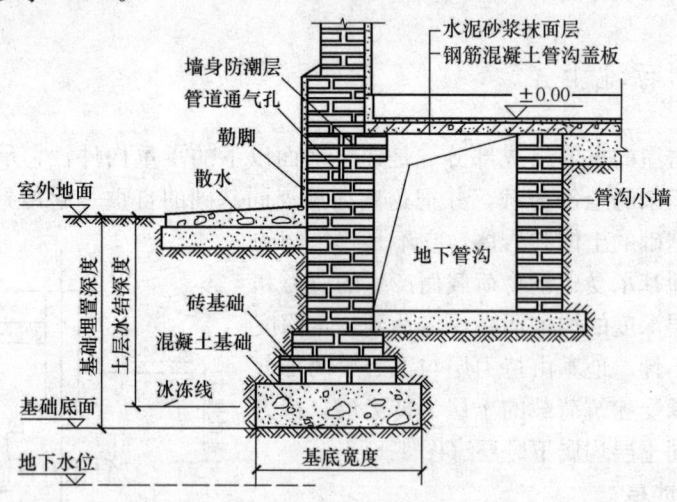

图4-2 外墙基础埋深

(2) 建筑物有无地下室、设备基础和地下设施,基础的形式和构造

当建筑物设有地下室时,基础埋深要受地下室地面标高的影响,给排水、供热等管道原则上不允许管道从基础底下通过,一般可以在基础上设洞口,且洞口顶面与管道之间要留有足够的净空高度,以防止基础沉降压裂管道。

(3) 工程地质条件与水文地质条件

选择基础的埋深应选择土层的厚度均匀,压缩性小,承载力高的土层,作为基础的持力层,且尽量浅埋;但基础最小埋置深度不宜小于0.5m。若地基土质差,承载力低,则应该将基础深埋,或结合具体情况另外进行加固处理。

确定地下水的常年水位和最高水位,因为地下水对某些土层的承载能力有很大影响,如黏性土在地下水上升时,将因含水量增加而膨胀,使土的强度降低;当地下水下降时,基础将产生下沉,所以为避免地下水的变化影响地基承载力及防止地下水对基础施工带来的影响,一般基础宜埋在地下常年水位之上,这样可不需进行特殊防水处理,节省造价。

(4) 相邻建筑物的基础埋深

新建房屋的基础埋置深度不宜大于原有房屋的基础埋深,并应考虑新加荷载对原有建筑物的不利作用。若新建房屋的基础埋深大于原有房屋的基础深度,则两基础间应保持一定间距，不要小于两相邻基础的底面高差的1~2倍（图4-3），或采取一定措施加以处理。

(5) 地基土层冻胀深度

应根据当地的气候条件了解土层的冻结深度，一般基础的埋深应在土层的冻结深度以下。若将基础埋在冻胀土之上，冬天土层的冻胀力会把房屋拱起，产生变形，天气转暖，冻土解冻时又会产生陷落。

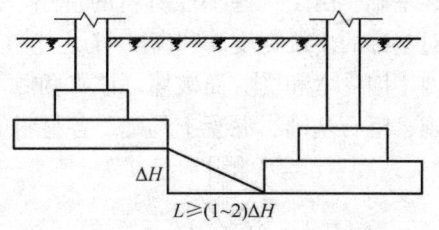

图4-3 相邻建筑物的基础埋置深度

2) 基础的设计要求

基础是建筑结构很重要的一个组成部分。基础设计时需要综合考虑建筑物的情况和场地的工程地质条件，并结合施工条件以及工期、造价等各方面要求，合理选择地基基础方案，因地制宜，精心设计，以保证基础工程安全可靠、经济合理。

(1) 基础应具有足够的强度、刚度和耐久性

基础作为最下部的承重构件，必须具有足够的强度和刚度才能保证建筑物的安全和正常使用。同时，基础下面的地基也应具有足够的强度和稳定性并满足变形方面的要求。对地基应进行承载力计算，对经常承受水平荷载作用的高层建筑和高耸结构，以及建造在斜坡上或边坡附近的建筑物应验算其稳定性，同时保证建筑物不因地基沉降影响正常使用。

(2) 基础应满足设备安装的要求

许多设备管线如水、电、煤气等会有进线或出线，需要在室外地面下一定的标高进入或引出建筑物，这些设备的管线在进入建筑物之后一般从管沟中通过。这些管沟一般都沿内、外墙布置，或从建筑物中间通过。如管线与基础交叉，为了避免因为建筑物的沉降对这些管线产生不良剪切作用，基础在遇有设备管线穿越的部位必须预留管道孔。管道孔的大小应考虑基础沉降的因素，留有足够的余地。其做法可以是预埋金属套管、特制钢筋混凝土预制块。

(3) 基础应满足经济要求

一般情况下，多层砌体结构房屋基础的造价占房屋土建造价的20%左右。因此，应尽量选择合理的上部结构、基础形式和构造方案，尽量减少材料的消耗，满足安全、合理、经济的要求。

4.2.3 基础的类型

基础的类型较多，从基础的材料特性及受力特点，可分为无筋扩展基础、扩展基础；按基础的构造形式划分，可分为条形基础、独立基础、筏形基础、箱形基础、桩基础等；按基础的埋置深度不同分为浅基础和深基础，当埋深小于5m的基础称为浅基础，埋深大于5m的基础称为深基础。

下面介绍几种常用基础的构造特点。

1) 无筋扩展基础

无筋扩展基础是指用烧结砖、灰土、混凝土、三合土等受压强度大，而受拉强度小的刚性材料做成，且不需配筋的墙下条形基础或柱下独立基础，也称为刚

性基础。由于这些刚性材料的特点,基础剖面尺寸必须满足刚性条件的要求,即对基础的出挑宽度 b 和高度 H 之比进行限制(图 4-4),以保证基础在此夹角范围内不因受弯和受剪而破坏,该夹角称为刚性角($\tan\alpha = b/H$)。如灰土基础、砖基础、毛石基础、混凝土基础等各材料的刚性基础大放脚应满足表 4-1 的要求。

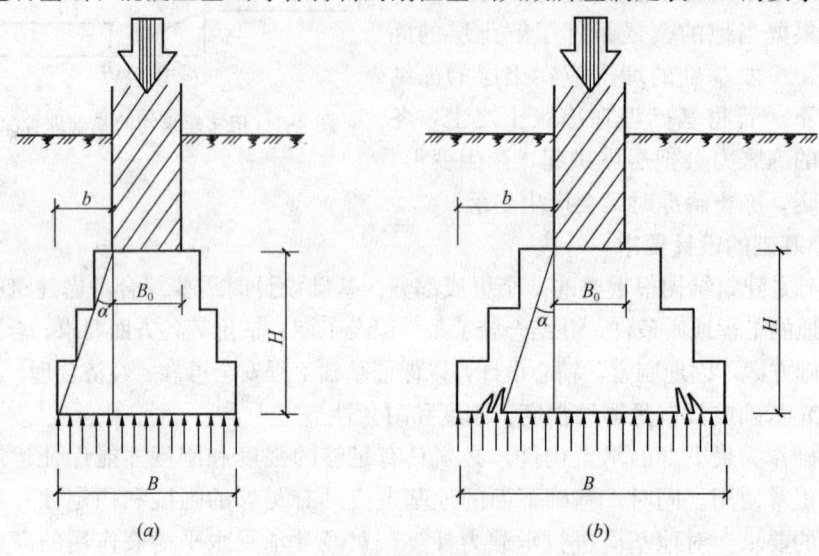

图 4-4 无筋扩展基础
(a) 基础受力在刚性角范围以内;(b) 基础宽度超过刚性角范围而破坏

无筋扩展基础的优点是施工技术简单,材料可就地取材,造价低廉,在地基条件许可的情况下,适用于多层民用建筑和轻型厂房。

无筋扩展基础台阶宽高比的允许值   表 4-1

基础名称	质量要求	台阶宽高比的容许值		
		$P_k \leqslant 100$	$100 < P_k \leqslant 200$	$200 < P_k \leqslant 300$
混凝土基础	C15 混凝土	1∶1.00	1∶1.00	1∶1.25
毛石混凝土基础	C15 混凝土	1∶1.00	1∶1.25	1∶1.50
砖基础	砖不低于 MU10,砂浆不低于 M5	1∶1.50	1∶1.50	1∶1.50
毛石基础	砂浆不低于 M5	1∶1.25	1∶1.50	—
灰土基础	体积比为 3∶7 或 2∶8 的灰土,其最小干密度: 粉土 1550kg/m³ 粉质黏土 1500kg/m³ 黏土 1450kg/m³	1∶1.25	1∶1.50	—
三合土基础	体积比为 1∶2∶4~1∶3∶6(石灰∶砂∶骨料) 每层约虚铺 220mm,夯实至 150mm	1∶1.50	1∶2.00	

注:1. P_k 为作用标准组合时的基础底面处的平均压力值(kPa);
2. 阶梯形毛石基础的每阶伸出宽度,不宜大于 200mm;
3. 当基础由不同材料叠合组成时,应对接触部分作抗压验算;
4. 混凝土基础单侧扩展范围内基础底面处的平均压力值超过 300kPa 时,尚应进行抗剪验算;对基底反力集中于立柱附近的岩石地基,应进行局部受压承载力验算。

2）扩展基础

将上部结构传来的荷载，通过向侧边扩展成一定底面积，使作用在基底的压应力等于或小于地基土的允许承载力，而基础内部的应力应同时满足材料本身的强度要求，这种起到压力扩散作用的基础称为扩展基础。扩展基础指柱下钢筋混凝土独立基础和墙下钢筋混凝土条形基础。这种基础不受刚性角限制，基础具有较大的抗拉、抗弯能力，普遍应用于单层、多层民用或工业建筑中。

扩展基础的做法需在基础底板下均匀浇筑一层素混凝土垫层，目的是保证基础钢筋和地基之间有足够的距离，以免钢筋锈蚀。垫层一般采用 C15 素混凝土，厚度 70～100mm，垫层两边应伸出底板各 100mm。

（1）条形基础

条形基础沿墙身设置形成连续的带形，也称带形基础。地基条件较好，基础埋置深度浅时，墙承载的建筑多采用条形基础，如图 4-5 所示为砖大放脚条形基础（该基础为无筋扩展基础），图 4-6 为钢筋混凝土条形基础。

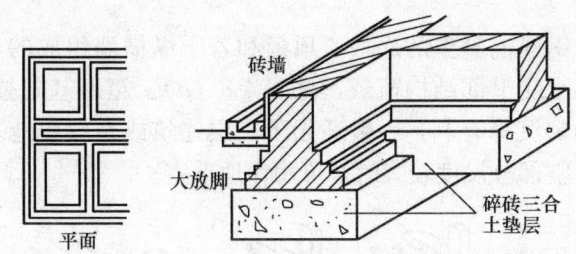

图 4-5　墙下砖大放脚条形基础

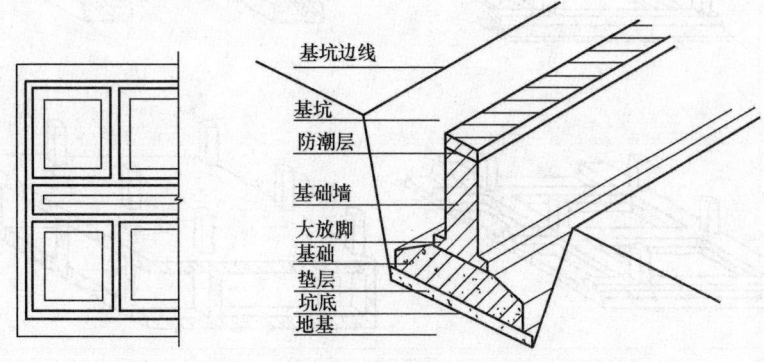

图 4-6　墙下钢筋混凝土条形基础

（2）独立基础

独立基础呈独立的矩形块状，形式有台阶形、锥形、杯形等。独立基础主要用于柱下。当建筑物上部采用骨架（框架结构、单层排架及门架结构）承重时，采用独立基础。当柱子采用预制构件时，则基础做成杯口形，柱子嵌固于杯口内，故称为杯形基础（图 4-7）。

3）连续基础

（1）柱下单向条形基础

当建筑物上部采用框排架结构承重时，采用柱下单向条形基础，见图 4-8（*a*）。

（2）井格基础

当框架结构处在地基条件较差的情况时，为了提高建筑物的整体性，避免各柱子之间产生不均匀沉降，常将柱下基础沿纵、横方向连接起来，做成"十"字交叉的井格基础，故又称十字带形基础，见图4-8（b）。

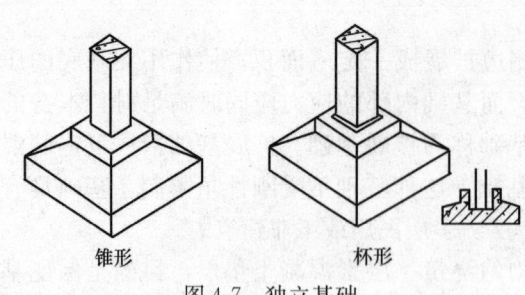

图4-7 独立基础

（3）筏形基础

当建筑物上部荷载较大，而建筑基底的承载能力又比较弱，这时采用带形基础或井格基础不能满足地基变形要求时，常将墙下或柱下基础连成一片，成为一个整板，这种基础称为筏形基础，见图4-8（c）。筏形基础有平板式和梁板式之分，这种基础适应于较弱地基，可一定程度减少不均匀沉降。

（4）箱形基础

箱形基础是由钢筋混凝土的底板、顶板和若干纵横墙组成的，形成空心箱体的整体结构，共同承受上部结构荷载，见图4-8（d）。箱形基础整体空间刚度大，对抵抗地基的不均匀沉降有利，一般适用于高层建筑或在软弱地基上建造的重型建筑。当基础的中空部分尺度较大时，可用作地下室。

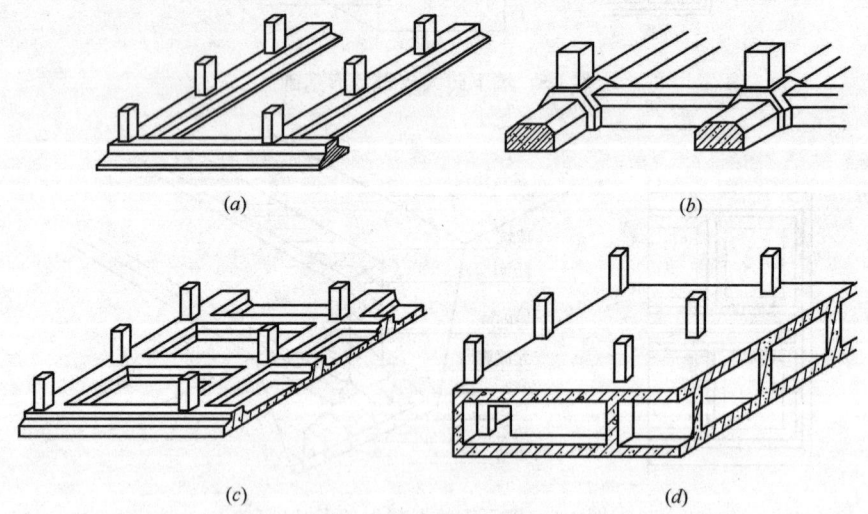

图4-8 连续基础

（a）柱下单向条形基础；（b）井格基础；（c）梁板式筏形基础；（d）箱形基础

4）桩基础

桩基础通常由桩和桩顶上承台两部分组成（图4-9），并通过承台将上部较大的荷载传至深层较为坚硬的地基中去，多用于高层建筑。桩基按受力情况分为端承桩和摩擦桩两种；按制作方法分，则可分为预制桩与现制桩两种。

4.2.4 地下室

一些多层与高层建筑往往设置地下室。设置地下室不仅可增加一些使用面积，

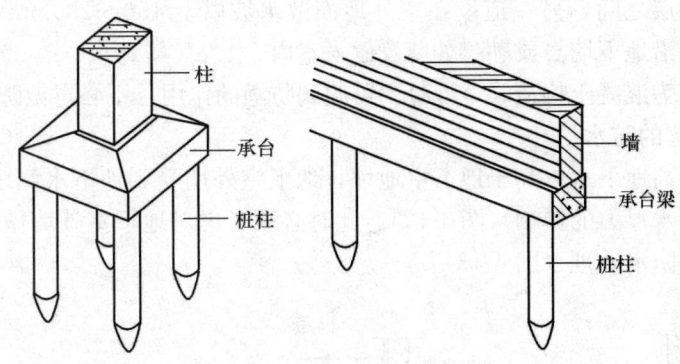

图 4-9 桩基的组成

也可满足人防和地下设备层的使用需要，对高层建筑，尚可提高建筑的整体抗倾覆能力。地下室要求有坚固的墙板与楼、地板并解决好防潮、防水、采光、照明、防火与通风等问题。

按使用性质分类，地下室可分为普通地下室与人防地下室。普通地下室一般用作高层建筑的地下停车库、设备用房。根据用途与结构需要可做成一层或二、三层地下室（图 4-10）。

按埋入地下深度分类，地下室可分为全地下室与半地下室。全地下室是指地下室地坪面低于室外地坪面高度超过该房间净高 1/2 者，半地下室是指地下室地坪面低于室外地坪面高度超过该房间净高 1/3，且不超过 1/2 者。半地下室可利用高出室外地面的侧墙开设窗口，解决室内的采光与通风问题。

防水、防潮是地下室设计中要解决的重要问题。忽视防水、防潮工作，会造成地潮或地下水侵蚀地下

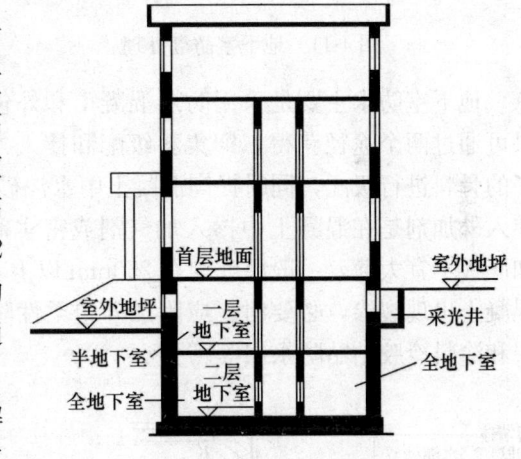

图 4-10 地下室示意

室，严重时致使地下室不能使用，甚至影响到建筑物的耐久性。确定防水、防潮方案，要以地下室的标准、结构形式、水文地质条件为依据。

1）地下室的防潮

当地下水的常年水位和最高水位都在地下室地坪标高以下时，地下水不能直接侵入室内，墙和地坪将受到土层中地潮的影响，地下室为砖砌体结构时，应做防潮处理，防止土层中的毛细管水和地面水下渗而造成的无压水对地下室造成侵蚀。

为防止潮气侵入室内，墙体必须采用水泥砂浆砌筑且灰缝饱满并设置防潮层，防潮层包括垂直防潮层和水平防潮层。在防潮层外侧一般回填 500mm 左右宽的低渗透性土（黏土、灰土等），并逐层夯实，以防地表水的影响（图 4-11）。

对于砌体结构，水平防潮层必须设两道。一道设在地下室地坪附近，一般设

在地坪的结构层之间，另一道设在室外地面散水坡以上 150～200mm 的位置，以防止地下潮气沿地下墙身或勒脚处墙身侵入室内。

当地下室为混凝土构造时，混凝土可起到防潮的作用，不必再做防潮处理。

2）地下室的防水

当设计最高地下水位高于地下室地坪，地下室外墙受到地下水侧压力的影响，地坪受到地下水浮力的影响（图 4-12），此时必须考虑对地下室外墙做垂直防水和对地坪做水平防水处理（图 4-13）。

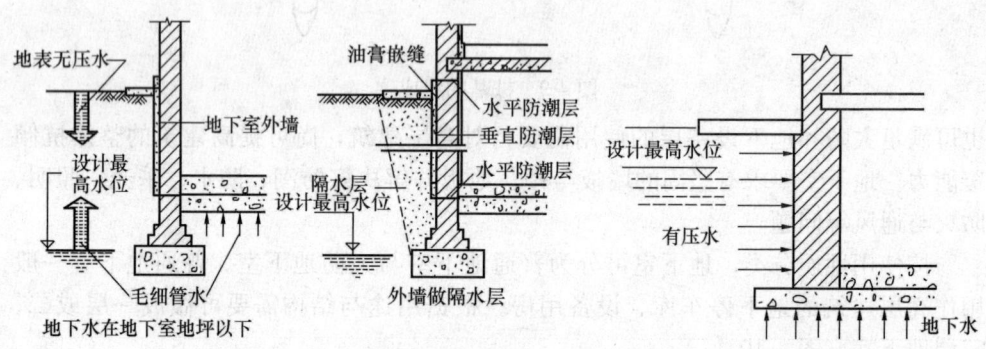

图 4-11　地下室防潮处理　　　　　　图 4-12　地下水侵袭示意

地下室防水主要是采用防水混凝土和外包式柔性防水。防水混凝土的防水效果可通过两个途径获得，即集料级配和掺入外加剂。集料级配主要是采用不同粒径的骨料进行级配，同时提高混凝土中水泥砂浆的含量，以提高混凝土的密实性，掺入外加剂是在混凝土中掺入加气剂或密实剂以提高抗渗性能。防水混凝土外墙和底板不宜太薄，一般厚度均在 250mm 以上，否则会影响抗渗效果。为防止防水混凝土出现裂渗，必要时，应附加外包柔性防水层。外包柔性防水层有卷材防水层和涂料冷胶粘贴防水层等。

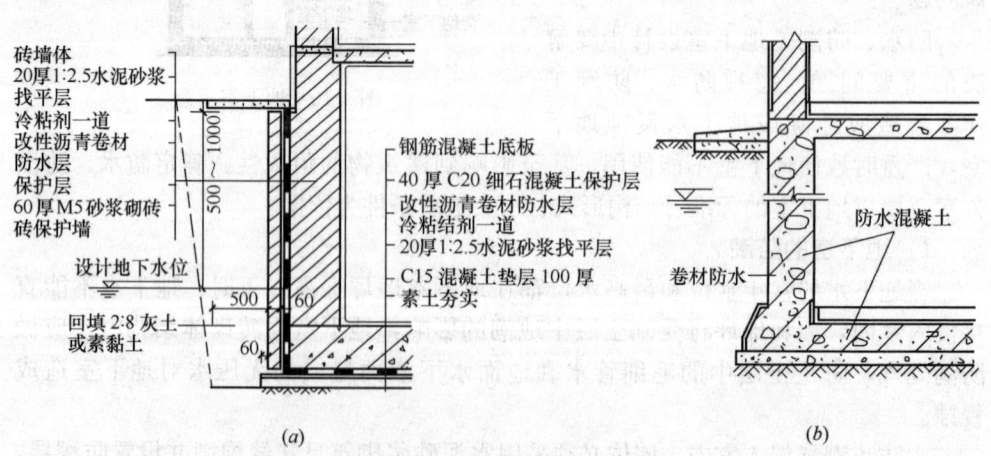

图 4-13　地下室防水处理
(a) 砌体结构地下室防水处理；(b) 混凝土结构地下室防水处理

4.3 墙体

4.3.1 墙体的作用

墙体是建筑物的重要组成构件，占建筑物总重量的30%～45%，造价比重大，在工程设计中，合理地选择墙体材料、结构方案及构造做法十分重要。

墙体在建筑中的作用主要有四个方面：

承重作用：既承受建筑物自重和人及设备等荷载，又承受风和地震荷载。

围护作用：抵御自然界风、雨、雪等的侵袭，防止太阳辐射和噪声的干扰等。

分隔作用：把建筑物分隔成若干个小空间。

环境作用：装修墙面，满足室内外装饰和使用功能要求。

4.3.2 墙体的类型

建筑物的墙体按其所在位置、材料组成、受力情况及施工方法不同进行分类：

1）按所在位置及方向分类

墙体按在平面中所处位置及方向不同分为外墙和内墙（或纵墙和横墙）。位于建筑物外界四周的墙称外墙，外墙是建筑物的外围护结构，起着挡风、阻雨、保温、隔热等围护室内房间不受侵袭的作用；位于建筑物内部的墙称内墙，起着分隔房间的作用。沿建筑物短轴方向布置的墙称横墙，横墙有内横墙和外横墙之分，外横墙一般又称山墙；沿建筑物长轴方向布置的墙称纵墙，纵墙有内纵墙和外纵墙之分。在一片墙上，窗与窗或门与窗之间的墙称为窗间墙，窗洞下部的墙为窗下墙。墙体名称如图4-14所示。

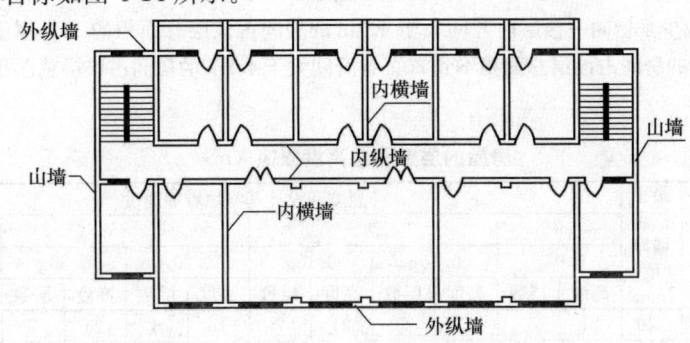

图4-14 墙体名称

2）按所用材料分类

（1）砖墙：用砖和砂浆砌筑的墙为砖墙，砖有普通黏土砖、黏土多孔砖、黏土空心砖、灰砂砖、矿渣砖等。

（2）石墙：用块石和砂浆砌筑的墙为石墙。

（3）土墙：用土坯和黏土砂浆砌筑的墙或模板内填充黏土夯实而成的墙为土墙。

（4）钢筋混凝土墙：用钢筋混凝土现浇或预制的墙为钢筋混凝土墙。

（5）其他墙：多种材料结合的组合墙、各种幕墙、用工业废料制作的砌块砌筑的砌块墙。

3) 按受力情况分类

墙体根据结构受力情况不同，可分为承重墙和非承重墙两种。直接承受上部楼板和屋顶所传来荷载的墙称为承重墙。不承受上部荷载的墙称为非承重墙。非承重墙包括自承重墙、隔墙、填充墙、幕墙。外部的填充墙和幕墙虽不承受上部楼板层和屋顶的荷载，却承受风荷载和地震荷载。

4.3.3 墙体的设计要求

墙体在不同的位置具有不同的功能要求，在设计时要满足下列要求：

1) 安全方面

（1）强度要求：强度是指墙体承受荷载的能力。影响墙体强度的因素很多，主要是所采用的材料强度等级及墙体截面尺寸。如砖墙强度与砖、砂浆强度等级有关，混凝土墙与混凝土的强度等级有关，同时根据受力情况确定墙体厚度。

（2）稳定性要求：墙体的稳定性与墙的长度、高度、厚度以及纵、横向墙体间的距离有关。解决好墙体的高厚比、长厚比是保证其稳定的重要措施。当墙身高度、长度确定后，通常可通过增加墙体厚度、增设墙垛、壁柱、构造柱、圈梁等办法增加墙体稳定性。

砌筑墙常由脆性材料构成，变形能力小，如果层数过多，重量就大，墙可能破碎和错位，甚至被压垮。特别是地震区，房屋的破坏程度随层数增多而加重，因而对砌筑房屋的高度、层数和高宽比有一定的限制，一般情况下，房屋的层数和总高度不应超过表4-2及表4-3的规定。

①横墙较少的多层砌体房屋，总高度应比表4-2的规定降低3m，层数相应减少一层；各层横墙很少的多层砌体房屋，还应再减少一层。

注：横墙较少是指同一楼层内开间大于4.2m的房间占该层总面积的40%以上；其中，开间不大于4.2m的房间占该层总面积不到20%且开间大于4.8m的房间占该层总面积的50%以上为横墙很少。

房屋的层数和总高度限值（m） 表4-2

房屋类别		最小抗震墙厚度（mm）	烈度和设计基本地震加速度									
			6		7				8			9	
			0.05g		0.10g		0.15g		0.20g		0.30g		0.40g	
			高度	层数	高度	层数	高度	层数	高度	层数	高度	层数	高度	层数
多层砌体房屋	普通砖	240	21	7	21	7	21	7	18	6	15	5	12	4
	多孔砖	240	21	7	21	7	18	6	18	6	15	5	9	3
	多孔砖	190	21	7	18	6	15	5	15	5	12	4	—	—
	小砌块	190	21	7	21	7	18	6	18	6	15	5	9	3
底部框架-抗震墙砌体房屋	普通砖多孔砖	240	22	7	22	7	19	6	16	5	—	—	—	—
	多孔砖	190	22	7	19	6	16	5	13	4	—	—	—	—
	小砌块	190	22	7	22	7	19	6	16	5	—	—	—	—

注：1. 房屋的总高度指室外地面到主要屋面板板顶或檐口的高度，半地下室从地下室室内地面算起，全地下室和嵌固条件好的半地下室应允许从室外地面算起；对带阁楼的坡屋面应算到山尖墙的1/2高度处；
2. 室内外高差大于0.6m时，房屋总高度应允许比表中的数据适当增加，但增加量应少于1.0m；
3. 乙类的多层砌体房屋仍按本地区设防烈度查表，其层数应减少一层且总高度应降低3m；不应采用底部框架-抗震墙砌体房屋；
4. 本表小砌块砌体房屋不包括配筋混凝土小型空心砌块砌体房屋。

②6、7度时,横墙较少的丙类多层砌体房屋,当按规定采取加强措施并满足抗震承载力要求时,其高度和层数应允许仍按表4-2的规定采用。

③采用蒸压灰砂砖和蒸压粉煤灰砖的砌体房屋,当砌体的抗剪强度仅达到普通黏土砖砌体的70%时,房屋的层数应比普通砖房减少一层,总高度应减少3m;当砌体的抗剪强度达到普通黏土砖砌体的取值时,房屋层数和总高度的要求同普通砖房屋。

④多层砌体承重房屋的层高,不应超过3.6m。底部框架-抗震墙砌体房屋的底部,层高不应超过4.5m;当底层采用约束砌体抗震墙时,底层的层高不应超过4.2m。

注:当使用功能确有需要时,采用约束砌体等加强措施的普通砖房屋,层高不应超过3.9m。

房屋最大高宽比　　　　　　　　　　表4-3

地震烈度	6	7	8	9
最大高宽比	2.5	2.5	2.0	1.5

注:1. 单面走廊房屋的总宽度不包括走廊宽度;
　　2. 建筑平面接近正方形时,其高宽比宜适当减小。

(3) 防火要求:墙体材料及墙身厚度都应符合防火规范中相应燃烧性能和耐火极限所规定的要求。

2) 功能方面

(1) 保温、隔热要求:作为围护结构的外墙,对热工的要求十分重要。北方寒冷地区要求围护结构具有较好的保温能力,以减少室内热损失,同时还应防止在围护结构内表面和保温材料内部出现凝聚水现象。对南方地区为防止夏季室内温度过热,除布置上考虑朝向、通风外,外墙须具有一定隔热性能。

(2) 隔声要求:隔声是控制噪声的重要措施,作为房间围护构件的墙体,必须具有足够隔声能力,以符合有关隔声标准的要求。

(3) 防水防潮要求:潮湿房间,如卫生间、厨房等的房间及地下室的墙应采取防水防潮措施。

3) 经济方面

墙体重量大、施工周期长,造价在民用建筑的总造价中占有相当比重。建筑工业化的关键之一是改革墙体,变手工操作为机械化施工,提高工效,降低劳动强度,并研制、开发轻质、高强的墙体材料,以减轻自重,降低成本。

4) 美观方面

墙体的美观效果对建筑物内外空间的影响较大,选择合理的饰面材料和构造做法非常重要。

4.3.4 墙体构造

墙体既是承重构件,又是围护构件,并与多种构件密切相关。为保证墙体的耐久性,满足其使用功能要求及墙体与其他构件的连接,应在相应的位置进行细部构造处理,主要包括:过梁、散水、排水沟、勒脚、门窗洞口、墙身加固等。

1) 门窗过梁

当墙体上开设门窗洞口时,为了承受洞口上部砌体所传来的各种荷载,并把这些荷载传给洞口两侧的墙体,常在门窗洞口上设置横梁,该梁称为过梁。过梁应与圈梁、悬挑雨篷、窗楣板或遮阳板等结合起来设计。

过梁有砖拱过梁、钢筋砖过梁和钢筋混凝土过梁。前两者已很少使用。

钢筋混凝土过梁,坚固耐用,施工简便,当门窗洞口较大或洞口上部有集中荷载时应用。钢筋混凝土过梁有现浇和预制两种,梁宽与墙厚相同,梁高及配筋由计算确定。为了施工方便,梁高应与砖皮数相适应,常见梁高为60、120、180、240mm。梁两端支承在墙上的长度每边不少于240mm。过梁断面形式有矩形和L形,矩形多用于内墙和混水墙,L形多用于外墙和清水墙,在寒冷地区,为了防止过梁内壁产生冷凝水,可采用L形过梁或组合式过梁,如图4-15。

2) 窗台

当室外雨水沿窗扇向下流淌时,为避免雨水聚积窗下侵入墙身和沿窗下槛向室内渗透污染室内,常在窗下靠室外一侧设置一泄水构件——窗台。

窗台应向外形成一定坡度,以利排水。窗台有悬挑窗台和不悬挑窗台两种,悬挑窗台常采用顶砌一皮砖或将一皮砖侧砌并悬挑60mm,也可预制混凝土窗台。窗台表面用1:3水泥砂浆抹面

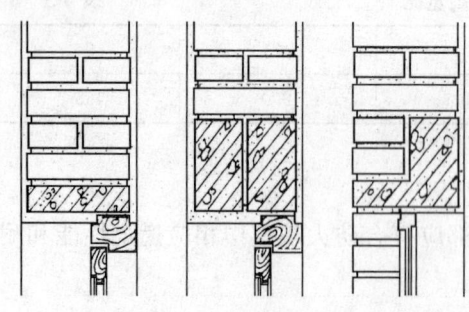

图 4-15 钢筋混凝土

做出坡度,挑砖下缘粉滴水线,雨水沿滴水槽下落。

由于悬挑窗台下部容易积灰,在风雨作用下很容易污染窗台下的墙面,影响建筑物的美观,因此,在设计中,大部分建筑物都设计为不悬挑窗台,利用雨水的冲刷洗去积灰。窗台形式见图4-16。

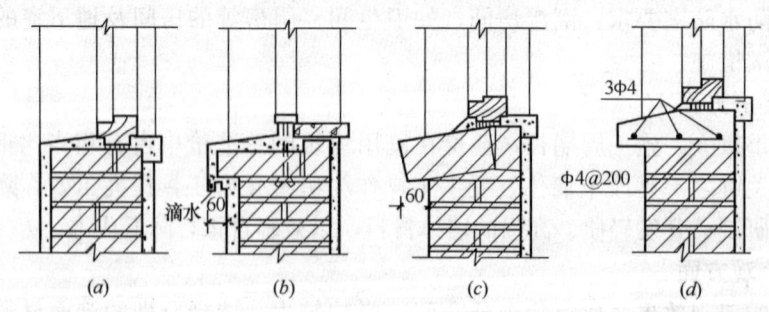

图 4-16 窗台形式
(a) 不悬挑窗台;(b) 粉滴水线窗台;(c) 侧砌砖窗台;(d) 预制混凝土窗台

3) 防潮层

墙体底部接近土层部分易受土层中水分的影响而受潮,从而影响墙身,如图4-17所示。为隔绝土中水分对墙身的影响,在靠近室内地面处设防潮层,有水平

防潮层和垂直防潮层两种。

（1）水平防潮层：水平防潮层是在建筑物内外墙体室内地面附近设水平方向的防潮层，以隔绝地下潮气等对墙身的影响。水平防潮位置如图4-18所示，比室内地面低60mm（位于刚性垫层厚度之间）或比室内地面高60mm（柔性垫层），以防地坪下回填土中水分的毛细作用的影响。构造做法：a.油毡防潮层，先用10~15厚1：3水泥砂浆找平，再铺一毡一油或平铺油毡一层（搭接长度≥70mm）。油毡防潮层具有一定的韧性、延伸性和良好的防潮性能，但整体性差，对抗震不利，不宜用于有抗震要

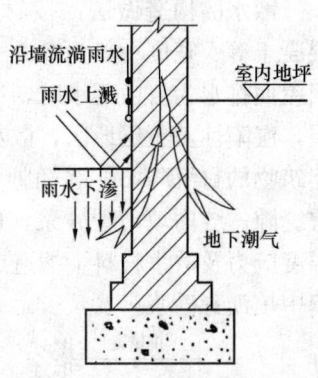

图4-17 墙身受潮示意

求的建筑中。b.砂浆防潮层是在需要设置防潮层的位置铺设防水砂浆层或用防水砂浆砌筑1~2皮砖。防水砂浆是在水泥砂浆中，加入水泥重量的3‰~5‰的防水剂配制而成，防潮层厚20~25mm。防水砂浆能克服油毡防潮层的缺点，故较适用于抗震地区和一般的砖砌体中。c.细石钢筋混凝土防潮层，是在60厚的细石混凝土中配3ϕ6~3ϕ8钢筋形成防潮带，或结合地圈梁的设置形成防潮层，这种防潮层抗裂性能好，且能与砌体结合为一体，故适用于整体刚度要求较高的建筑中。

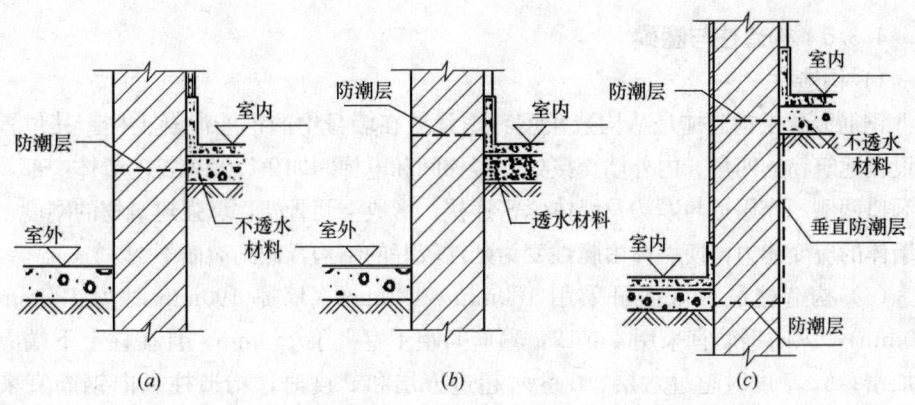

图4-18 墙身防潮层位置
(a) 地面垫层为密实材料；(b) 地面垫层为透水材料；(c) 室内地面有高差

（2）垂直防潮层

当室内地坪出现高差或室内地坪低于室外地面时，不仅要按地坪高差的不同在墙身设两道水平防潮层，而且，为避免室内地坪较高一侧土层或室外地面回填土中的水分侵入墙身，对有高差部分的垂直墙面在填土一侧沿墙设置垂直防潮层。做法是在两道水平防潮层之间的垂直墙面上，先用水泥砂浆抹灰，再涂冷底子油一道，刷热沥青两道或采用防水砂浆抹灰防潮处理。

4）散水

为便于将地面雨水排至远处，防止雨水对建筑物基础侵蚀，常在外墙四周将地面做成向外倾斜的坡面，这一坡面称为散水。为将雨水有组织地导向地下雨水井而在建筑物四周设置的沟称为明沟。

散水的构造做法：按材料有素土夯实、砖铺、块石、碎石、三合土、灰土、混凝土等。宽度一般为600~1000mm，厚度为60~80mm，坡度一般为3%~5%。当屋面排水为自由落水时，散水宽度至少应比屋面檐口宽出200mm，但在软弱土层、湿陷性黄土层地区，散水宽度一般应≥1000mm，且超出基底宽200mm。由于建筑物的自沉降，外墙勒脚与散水施工时间的差异，在勒脚与散水交接处，应留有缝隙，缝内填沥青砂浆，以防渗水，散水做法见图4-19。散水整体面层为防止温度应力及散水材料干缩造成的裂缝，在长度方向每隔6~12m做一道伸缩缝并在缝中填沥青砂浆。

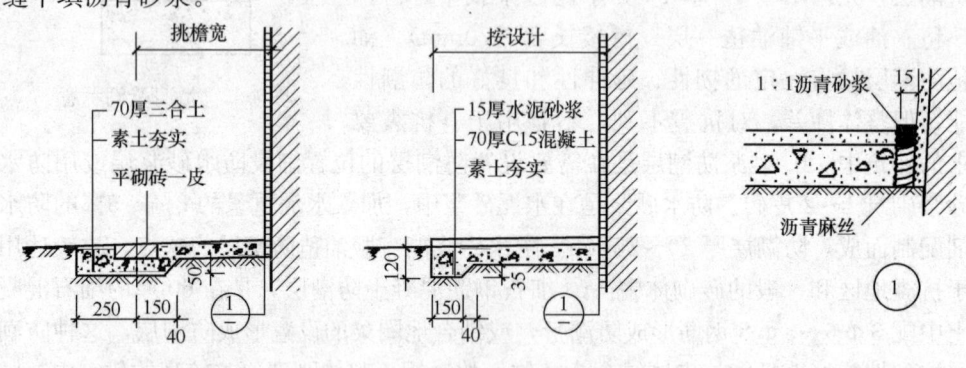

图4-19 散水构造做法

4.3.5 构造柱与圈梁

1）构造柱

钢筋混凝土构造柱是从构造角度考虑设置在墙身中的钢筋混凝土柱。其位置一般设在建筑物的四角、内外墙交接处、楼梯间和电梯间四角以及较长的墙体中部，较大洞口两侧。作用是与圈梁及墙体紧密连接，形成空间骨架，增强建筑物的刚度，提高墙体的应变能力，使墙体由脆性变为延性较好的结构，做到裂而不倒。

（1）构造柱最小截面可采用180mm×240mm（墙厚190mm时为180mm×190mm），纵向钢筋宜采用4Φ12，箍筋间距不宜大于250mm，且在柱上下端应适当加密；6、7度时超过六层、8度时超过五层和9度时，构造柱纵向钢筋宜采用4Φ14，箍筋间距不应大于200mm；房屋四角的构造柱应适当加大截面及配筋。

（2）构造柱与墙连接处应砌成马牙槎，沿墙高每隔500mm设2Φ6水平钢筋和Φ4分布短筋平面内点焊组成的拉结网片或Φ4点焊钢筋网片，每边伸入墙内不宜小于1m。6、7度时底部1/3楼层，8度时底部1/2楼层，9度时全部楼层，上述拉结钢筋网片应沿墙体水平通长设置，如图4-20所示。

（3）构造柱与圈梁连接处，构造柱的纵筋应在圈梁纵筋内侧穿过，保证构造柱纵筋上下贯通。

（4）构造柱可不单独设置基础，但应伸入室外地面下500mm，或与埋深小于500mm的基础圈梁相连。

（5）房屋高度和层数接近表4-2的限值时，纵、横墙内构造柱间距尚应符合下列要求：

① 横墙内的构造柱间距不宜大于层高的二倍；下部1/3楼层的构造柱间距适

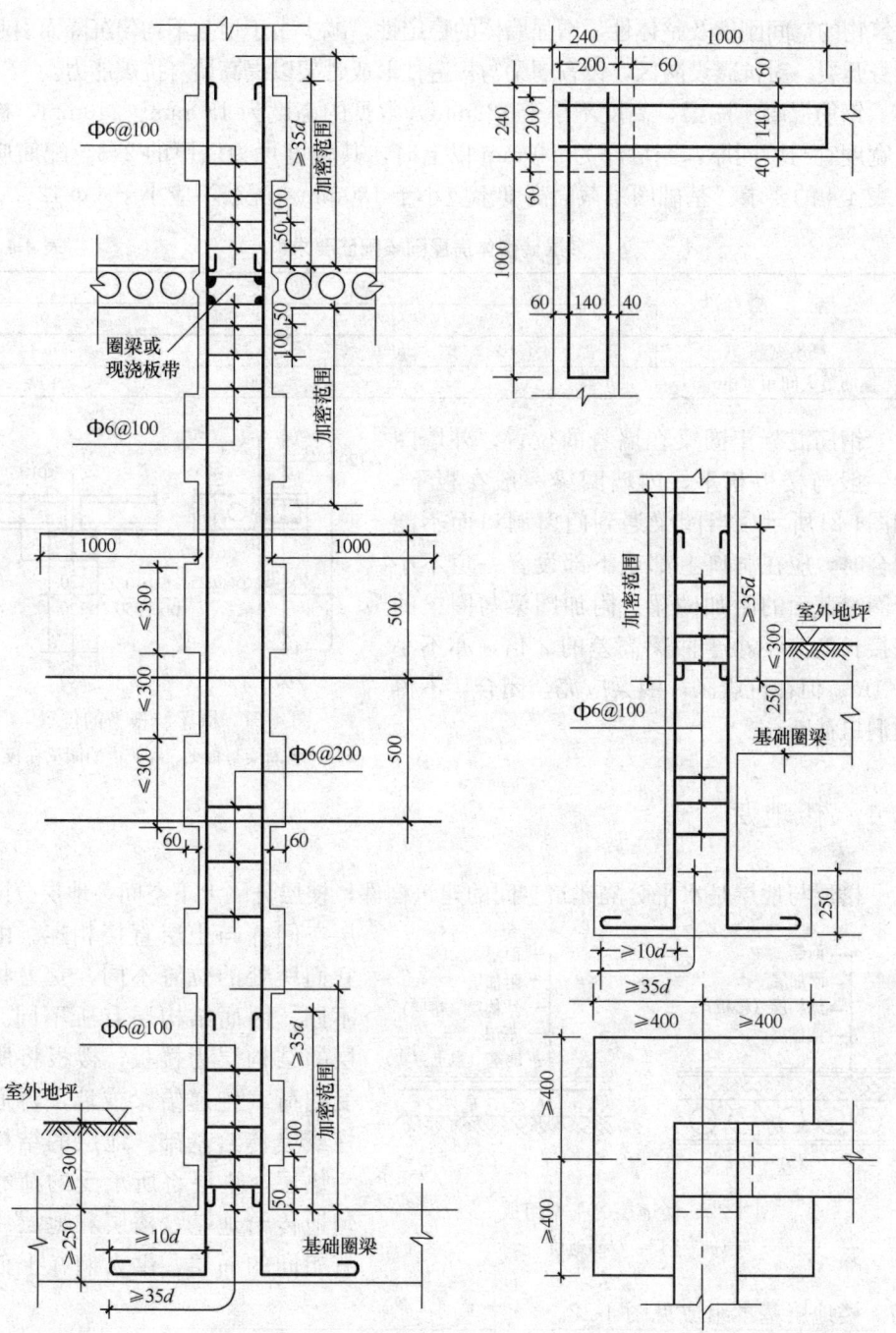

图 4-20 构造柱构造

当减小;② 当外纵墙开间大于 3.9m 时,应另设加强措施。内纵墙的构造柱间距不宜大于 4.2m。

(6) 构造柱施工时,必须先绑扎钢筋,再砌墙,后浇柱,墙留马牙槎,先退后进。每一马牙槎沿高度方向的尺寸不宜超过 300mm。

2) 圈梁

圈梁是沿外墙四周及部分内墙设置的连续闭合的梁。其作用是配合楼板可提高建筑物的空间刚度及整体性,增强墙体的稳定性,减少由于地基不均匀沉降而引起的墙身开裂。对抗震设防区,设置圈梁与构造柱形成骨架以提高墙身抗震能力。

钢筋混凝土圈梁,高度不小于120mm,常见的高度为180mm、240mm,构造上宽度宜与墙同厚,当墙厚为240mm以上时,其宽度可为墙厚的2/3。配筋应符合表4-4的要求。基础圈梁截面高度不应小于180mm,配筋不应小于4ф12。

多层砖砌体房屋圈梁配筋要求   表4-4

配 筋	烈 度		
	6、7	8	9
最小纵筋	4ф10	4ф12	4ф14
箍筋最大间距(mm)	250	200	150

钢筋混凝土圈梁在墙身的位置,外墙圈梁一般与楼板相平,内墙圈梁一般在板下,如图4-21所示。当圈梁遇到门窗洞口而不能闭合时,应在洞口上部或下部设置一道不小于圈梁截面的附加圈梁。附加圈梁与圈梁的搭接长度应不小于两梁高差的2倍,亦不小于1m。但在抗震区,圈梁应完全闭合,不得被洞口截断。

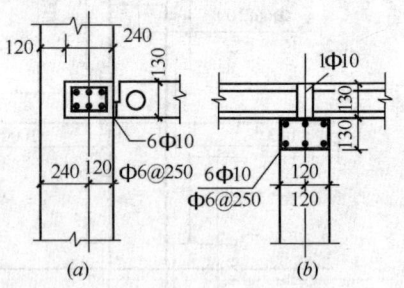

图4-21 圈梁与板平的位置
(a)外墙圈梁与板平;(b)内墙圈梁在板下

4.4 楼地层

楼层与地层是水平分隔建筑空间的建筑构件,楼层分隔上下空间,地层分隔底层空间并与土层直接相连。由于它们所处的位置不同,受力状况不同,因而结构层有所不同。楼层的结构层为楼板,楼板将所承受的荷载传递给梁或墙,再通过柱或墙传给基础。地层的结构层为垫层,垫层将所承受的荷载均匀地传给地基。楼层和地层一般有相同的面层,供人们在上面活动。楼地层基本组成见图4-22。

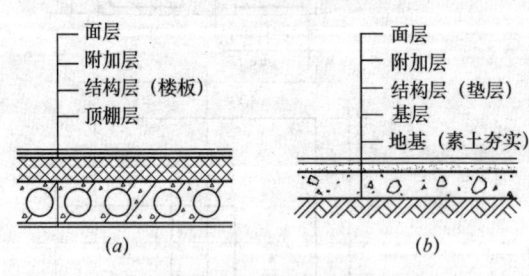

图4-22 楼地层的基本组成
(a)楼层;(b)地层

4.4.1 楼板层的基本组成及设计要求

1)楼板层的基本组成

楼板层通常由面层、结构层、顶棚三部分组成。

(1)面层:又称楼面或地面,其作用是保护楼板并传递荷载,对室内有重要的清洁及装饰作用。其做法和要求与地层的面层相同。

(2)结构层:是承重部分,一般包括梁和板。主要功能是承受楼板层上的全部荷载,并将这些荷载传递给墙或柱,同时还对墙身起水平支撑作用,加强房屋的整体刚度。

(3) 顶棚：又称天花，除美观要求外，常安装灯具。

(4) 附加层：可根据构造和使用要求设置结合层、找平层、防水层、保温隔热层、隔声层、管道敷设层等不同构造层次。

2) 楼板层的设计要求

为保证楼板的正常使用，楼板层必须符合以下设计要求：

(1) 必须具有足够的强度和刚度，以保证结构的安全性；

(2) 具有一定的隔声能力，避免楼层上下空间相互干扰；

(3) 必须具有一定的防火能力，保证人员生命及财产的安全；

(4) 必须有一定的热工要求，对有温、湿度要求的房间，在楼板层内设置保温材料；

(5) 对有水侵袭的楼板层，须具有防潮、防水能力，保证建筑物正常使用；

(6) 对某些特殊要求，须具备相应的防腐蚀、防静电、防油、防爆（不发火）等能力；

(7) 满足现代建筑的"智能化"要求，须合理安排各种设备管线的走向。

4.4.2 楼板层的类型

根据所采用的材料不同，楼板可分为木楼板、钢筋混凝土楼板及压型钢板组合楼板等多种形式（图4-23）。目前，木楼板除木材产地外已很少采用；钢筋混凝土楼板具有强度高、刚度好及良好的可塑性和防火性，且便于工业化生产和机械化施工等，是过去我国工业与民用建筑中常采用的楼板形式。

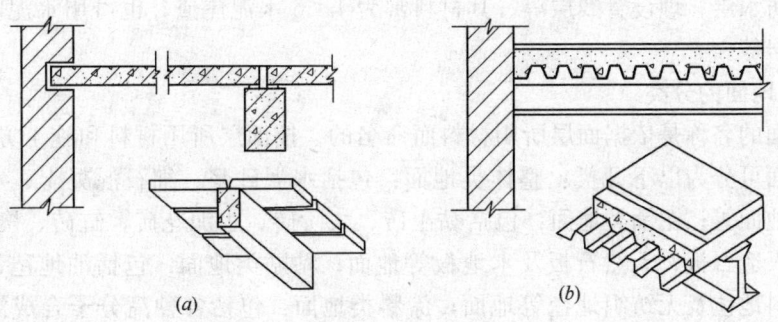

图4-23 楼板的类型
(a) 钢筋混凝土楼板；(b) 钢衬板楼板

1) 现浇整体式钢筋混凝土楼板

现浇整体式钢筋混凝土楼板，是在施工现场经过支模、绑扎钢筋、浇灌混凝土、养护、拆模等施工程序而形成的楼板。其优点是整体性好，可以适应各种不规则的建筑平面，预留管道孔洞较方便；缺点是湿作业量大，工序繁多，需要养护，施工工期较长，而且受气候条件影响较大。

2) 预制装配式钢筋混凝土楼板

预制装配式钢筋混凝土楼板，是把楼板分成若干构件，在预制加工厂或施工现场外预先制作，然后运到施工现场进行安装的钢筋混凝土楼板。这样可节省模板、缩短工期，但整体性较差，一些抗震要求较高的地区不宜采用。

4.4.3 地坪构造

地坪是指建筑物底层与土层接触的结构构件，它承受着地坪上的荷载，并均匀传给地基。

1）地坪的组成

地坪是由面层、垫层和基层所构成（图4-24）。

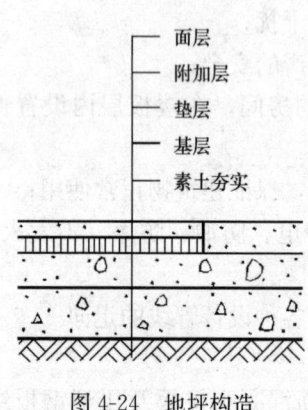

图4-24 地坪构造

面层：是人们日常生活直接接触的表面，与楼层的面层在构造和要求上一致，均属室内装修范畴，统称地面。

垫层：是地坪的结构层，起着承重和传力的作用。通常采用C15混凝土60~80mm厚，荷载大时可相应增加厚度或配筋。混凝土垫层应设分仓缝，缝宽一般为5~20mm；纵缝间距为3~6m，横缝间距为6~12m。

基层：多为垫层与地基之间的找平层或填充层，主要起加强地基、帮助结构层传递荷载的作用。基层可就地取材，如北方可用灰土或碎砖，南方多用碎砖石或三合土，均须夯实。

附加层：为了满足某些特殊使用功能要求而设置的一些层次，如结合层、保温层、防水层、埋设管线层等。其材料常为1：6水泥焦渣，也可用水泥陶粒、水泥珍珠岩等。

2）地面的分类

地面的名称是依据面层所用材料而命名的。按面层所用材料和施工方式不同，常见地面可分为以下几类：整体类地面：包括水泥砂浆、细石混凝土、水磨石及菱苦土地面等；镶铺类地面：包括黏土砖、大阶砖、水泥花砖、缸砖、陶瓷锦砖、地砖、人造石板、天然石板及木地板等地面；粘贴类地面：包括油地毡、橡胶地毡、塑料地毡及无纺织地毯等地面；涂料类地面：包括各种高分子合成涂料所形成的地面。

3）地面的设计要求

（1）具有足够的坚固性，且表面平整光洁，易清洁不起灰；

（2）面层的温度性能要好，导热系数小，冬季使用不感寒冷；

（3）面层应具有一定弹性，行走舒适，亦可减小噪声；

（4）满足某些特殊要求：防水、防火、耐燃、防腐蚀、防静电、防油、防爆等。

4）地面装修构造

（1）整体类地面

整体类地面由于地面主要采用的材料是密实的水泥砂浆或混凝土，地面的导热系数大，热惰性大，表面吸水性较差；因此遇到空气中湿度大的黄梅天，很容易出现表面结露现象。为了解决这个问题，采取以下几个构造措施，将会有所改善：在面层与结构层之间加一层保温层，如图4-25（a）、（b）所示；改换面层材料，如图4-25（c）所示；架空地面，如图4-25（d）所示。

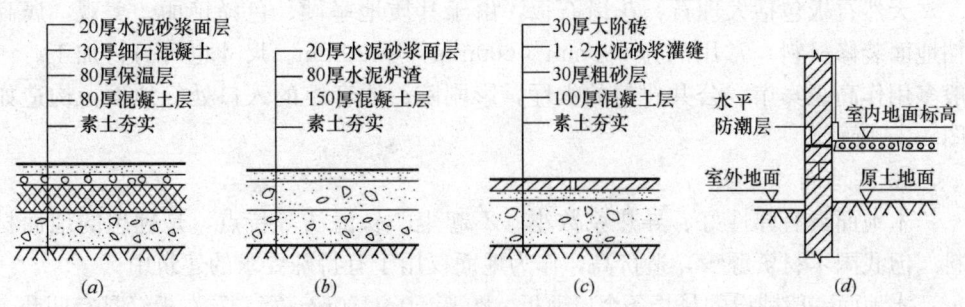

图4-25 改善地面返潮现象的构造措施
（a）设保温层；（b）设炉渣层；（c）大阶砖填砂；（d）架空地面

（2）镶铺类地面

又称为块料地面，是利用各种预制块材或板材镶铺在基层上的地面，常见有以下几种：

① 陶瓷砖地面

陶瓷地砖包括缸砖和马赛克。缸砖系陶土烧制而成，颜色红棕色。有方形、六角形、八角形等。可拼成多种图案。砖背图面有凹槽，便于与基层结合。方形尺寸一般为100mm×100mm、150mm×150mm，厚10～15mm。缸砖质地坚硬、耐磨、防水、耐腐蚀、易于清洁。适用于卫生间、实验室及有腐蚀的地面。铺贴方式为在结构层找平的基础上，用5～8mm厚1∶1水泥砂浆粘贴。砖块间有3mm左右的灰缝。

马赛克质地坚硬、经久耐用、色泽多样，具有耐磨、防水、耐腐蚀、易清洁等特点，适用于作卫生间、厨房、化验室及精密工作间地面。其构造作法如图4-26所示。

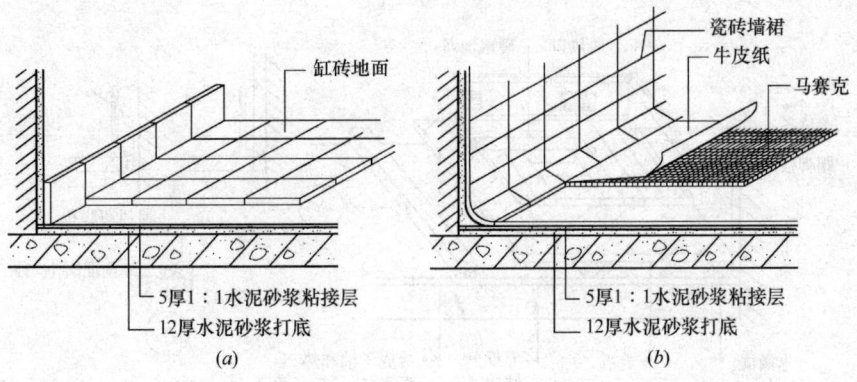

图4-26 缸砖、马赛克铺地
（a）缸砖地面；（b）马赛克地面

② 人造石板和天然石板地面

人造石板有水泥花砖、水磨石板和人造大理石板等，规格有200mm×200mm、300mm×300mm、500mm×500mm，厚20～50mm。

天然石板包括大理石、花岗石板，由于其质地坚硬、色泽艳丽、美观，属高档地面装修材料。常用的为600mm×600mm，厚20mm。尺寸也可另行加工。一般多用作高级宾馆、公共建筑的大厅，影剧院、体育馆的入口处等地面，构造如图4-27所示。

③ 木地面

木地面具有弹性好、导热系数小、不起尘、易清洁等特点，是理想的地面材料。但我国木材资源少，造价高，作为地面仅用于有特殊要求的建筑中。

木地面一般铺设的是长条企口地板，20厚50～150mm宽，左右板缝具有凹凸企口，用暗钉钉于基层木搁栅上，如图4-28所示。要求较高的房间如舞厅、会客室等可采用拼花地板，它是由长度只有200、250、300mm窄条硬木地板纵横穿插镶铺而成，故又名芦席纹地板，简称席纹地板。考究的席纹地板采用双层铺法，第一层为毛板，直接斜铺在搁栅上，上面再铺席纹地板，如图4-29所示。

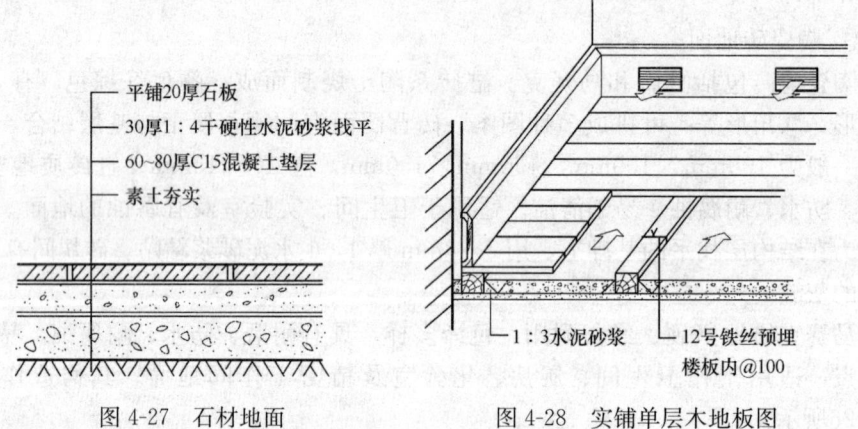

图4-27 石材地面　　　图4-28 实铺单层木地板图

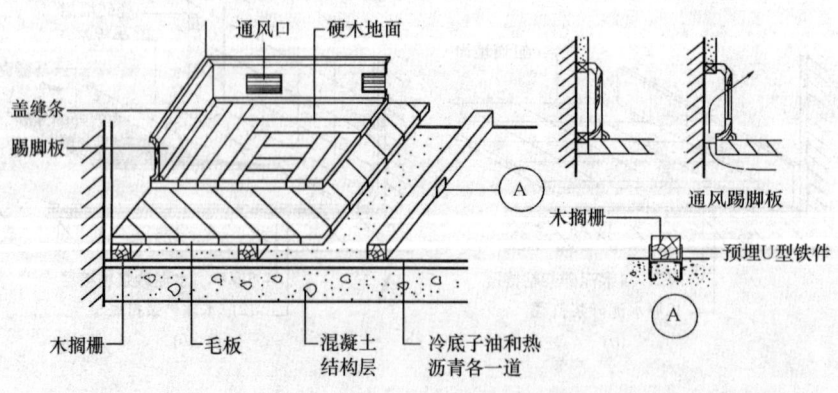

图4-29 实铺双层木地板

木地面的基层是木搁栅，有空铺和实铺两种。空铺多用于建筑底层楼板，耗木料较多，又不防火，除产木地区外现已少用。现以实铺木地面为主介绍。

实铺地面也可采用粘贴式做法，条形、席纹均可，如图 4-30 所示。将木板直接粘贴在结构层上的找平层上，如用沥青粘贴，其找平层宜采用沥青砂浆找平层，粘结材料一般有沥青胶、环氧树脂、乳胶等。粘贴地面具有防潮性能好、施工简便经济等优点，故应用较多。

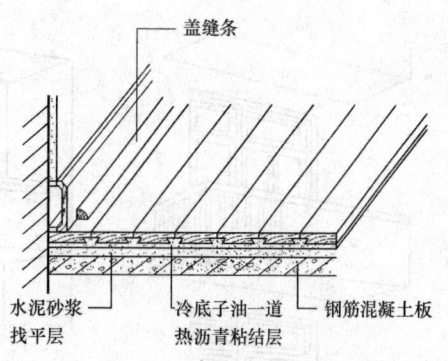

图 4-30 粘贴式木地板

在地面与墙面交接处，通常按地面作法进行处理，即作为地面的延伸部分，这部分称踢脚线，也有的称踢脚板。踢脚线的主要功能是保护墙面，可以防止墙面因受外界的碰撞而损坏，也可避免清洗地面时污损墙面。

踢脚线的高度一般为 100～150mm，材料基本与地面一致，构造亦按分层制作，通常比墙面抹灰突出 4～6mm。踢脚线构造如图 4-31 所示。

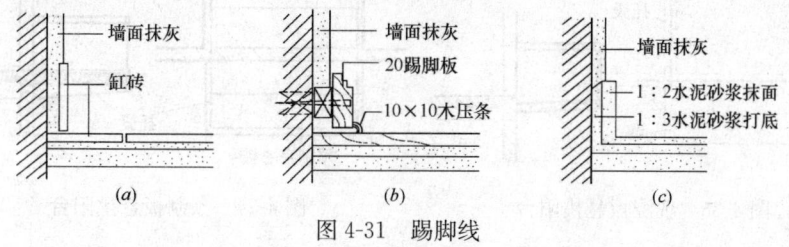

图 4-31 踢脚线
(a) 缸砖踢脚线；(b) 木踢脚线；(c) 水泥踢脚线

4.5 阳台与雨篷

4.5.1 阳台构造

阳台是楼房建筑中突出于外墙面或凹于外墙以内的平台。专供人们晾晒衣物、休息及其他活动之用。根据阳台凹凸于外墙的情况，有凸阳台、凹阳台、半凸阳台以及转角阳台等几种形式（图 4-32）。

1) 阳台的结构布置

阳台的结构形式及其布置应与建筑物的楼地板结构布置统一考虑，有现浇与预制之分。见图 4-33，图 4-34。

2) 阳台的细部构造

(1) 阳台栏杆、栏板形式应多样，风格应与整体建筑协调统一，见图 4-35。栏杆与扶手、阳台板的连接，以及栏杆与栏板的处理，见图 4-36、图 4-37。

(2) 阳台临空高度在 24m 以下时，栏杆高度不应低于 1.05m，临空高度在 24m 及 24m 以上（包括中高层住宅）时，栏杆高度不应低于 1.10m。栏杆高度应从楼地面至栏杆扶手顶面垂直高度计算，如底部有宽度大于或等于 0.22m，且高度低于或等于 0.45m 的可踏部位，应从可踏部位顶面起计算。

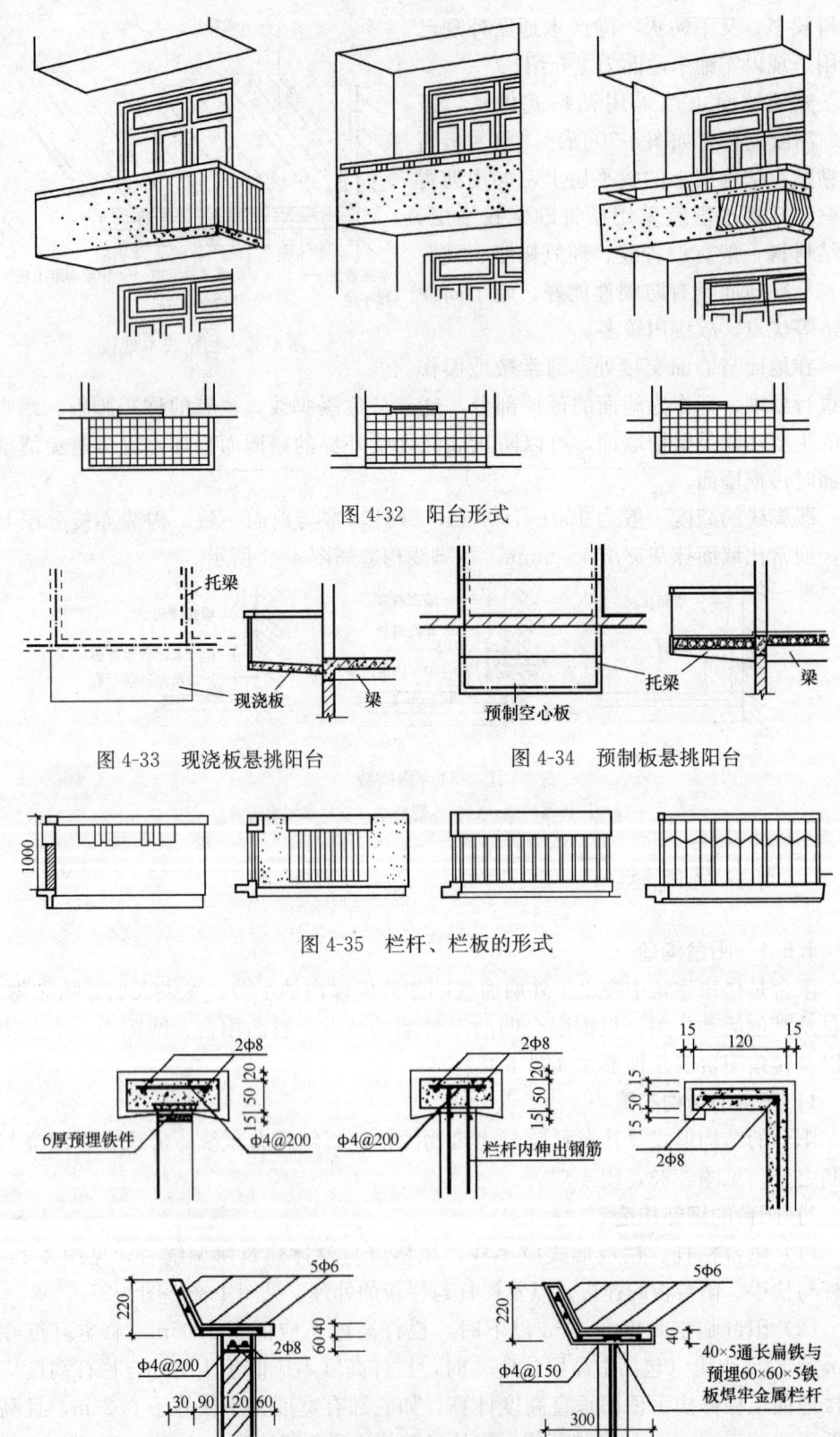

图 4-32 阳台形式

图 4-33 现浇板悬挑阳台 图 4-34 预制板悬挑阳台

图 4-35 栏杆、栏板的形式

图 4-36 栏杆压顶的做法

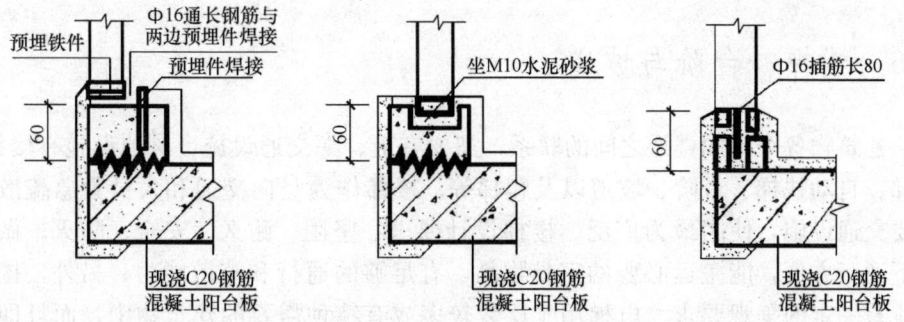

图 4-37　栏杆与阳台板的连接

（3）栏杆离楼面 0.10m 高度内不宜留空。

（4）住宅、托儿所、幼儿园、中小学及少年儿童专用活动场所的栏杆必须采用防止少年儿童攀登的构造，当采用垂直杆件做栏杆时，其杆件净距不应大于 0.11m。

（5）文化娱乐建筑、商业服务建筑、体育建筑、园林景观建筑等允许少年儿童进入活动的场所，当采用垂直杆件做栏杆时，其杆件净距也不应大于 0.11m。

3）阳台排水

由于阳台常外露，为防止雨水流入室内，设计时应将阳台标高低于室内地面 20～50mm，并在阳台一侧下方设置排水孔，见图 4-38，图 4-39。

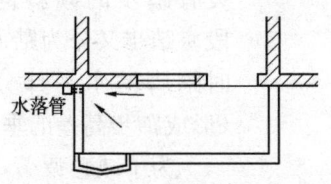

图 4-38　阳台的排水方式

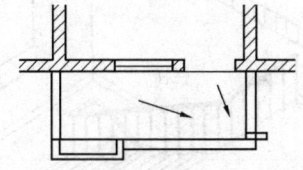

图 4-39　水舌排水构造

4.5.2　雨篷构造

雨篷是建筑物外门顶部悬挑的水平挡雨构件。多采用现浇钢筋混凝土悬臂板，有板式和梁板式之分，其悬臂长度一般为 1～1.5m。为防止雨篷产生倾覆，常将雨篷与入口处门过梁（或圈梁）浇筑在一起，如图 4-40，图 4-41 所示。

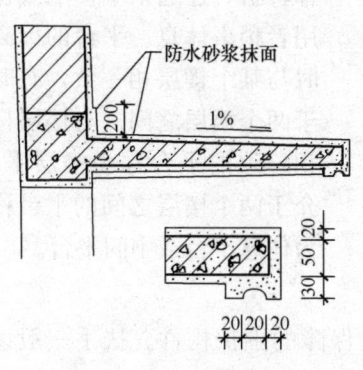

图 4-40　板式雨篷

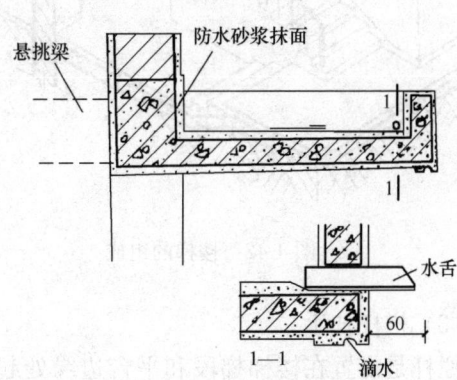

图 4-41　梁板式雨篷

4.6 楼梯、台阶与坡道

建筑物各个不同楼层之间的联系，需要有上、下交通设施，该项设施有楼梯、电梯、自动扶梯、台阶、坡道以及爬梯等。楼梯作为竖向交通和人员紧急疏散的主要交通设施，使用最为广泛。楼梯设计要求：坚固、耐久、安全、防火；做到上下通行方便，能搬运必要的家具物品，有足够的通行和疏散能力；另外，楼梯尚应有一定的美观要求。电梯用于层数较多或有特种需要的建筑物中，而且即使设有电梯或自动扶梯作为主要交通设施的建筑物，也必须同时设置楼梯，以便紧急疏散时使用。在建筑物入口处，因室内外地面的高差而设置的踏步段，称为台阶。为方便车辆、轮椅通行，应设坡道。坡道用于多层车库、医疗建筑或其他民用建筑中的无障碍交通设施。爬梯专用于检修等。

4.6.1 楼梯的组成、分类与形式

1) 楼梯的组成

楼梯主要由楼梯梯段、楼梯平台及栏杆扶手三部分组成（图4-42）。

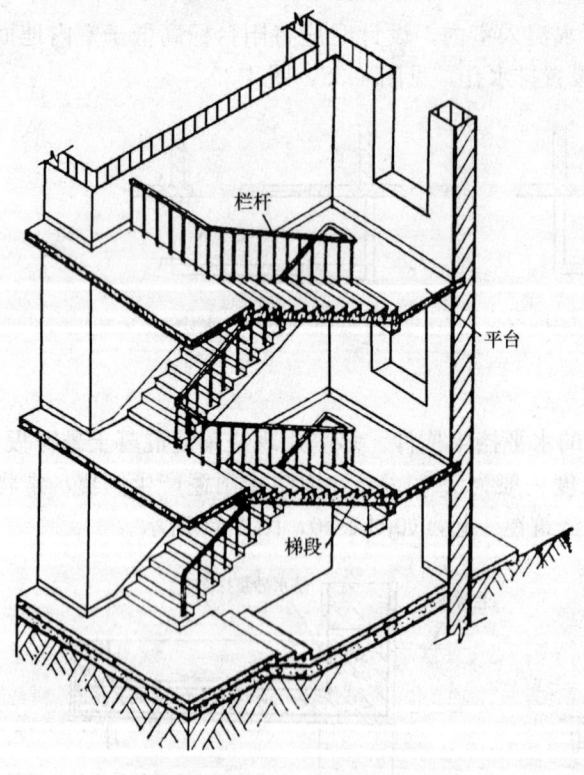

图4-42 楼梯的组成

（1）楼梯梯段

联系两个不同标高平台，设有踏步的倾斜构件称为梯段。踏步又分为踏面（供行走时踏脚的水平部分）和踢面（形成踏步高差的垂直部分）。

为了减轻疲劳，每个梯段的踏步不应超过18级，亦不应少于3级，因为个数太少不易被人们察觉，容易摔倒。

（2）梯段平台

楼梯平台是指连接两梯段之间的水平部分。平台用做楼梯转折、连通某个楼层或供使用者稍事休息。平台的标高有时与某个楼层相一致，有时介于两个楼层之间。与楼层标高相一致的平台称为楼层平台，介于两个楼层之间的平台称之为休息平台或中间平台。

（3）栏杆扶手

栏杆是设置在楼梯梯段和平台边缘处起安全保障的围护构件。扶手一般设于栏杆顶部，也可附设于墙上，称为靠墙扶手。

楼梯作为建筑空间竖向联系的主要构件，其位置应明显，起到提示引导人流

的作用,既要充分考虑其造型美观,人流通行顺畅,行走舒适,结构安全,防火可靠,又要满足施工和经济条件要求。因此,需要合理地选择楼梯的形式、坡度、材料、构造做法,精心处理好其细部构造。

2) 楼梯的形式(图 4-43)

(1) 直行单跑式。中间不设休息平台,只有一个楼梯段,所占梯段宽度较小,一般用于层高较小的建筑,而不适用于层高较大的建筑。

(2) 平行双跑式。应用最广泛的一种形式。相邻两个楼层是靠两个平行且方

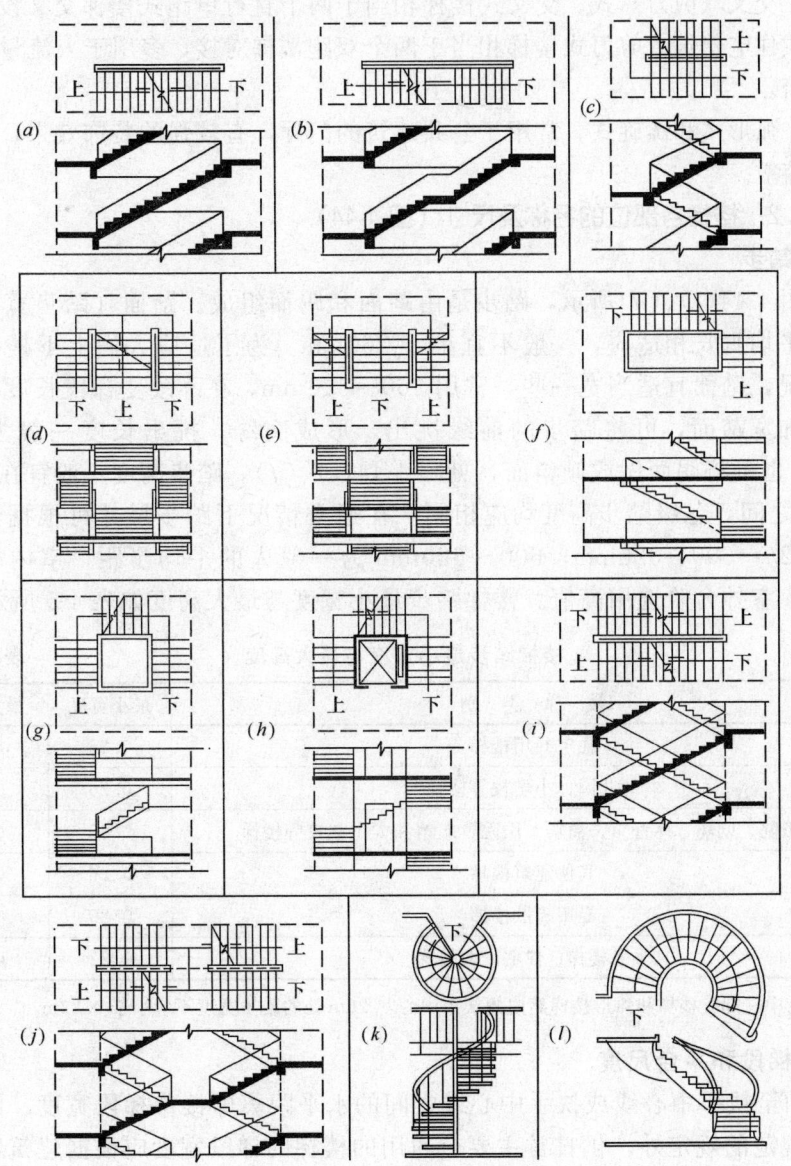

图 4-43 楼梯的形式

(a) 直行单跑楼梯;(b) 直行多跑楼梯;(c) 平行双跑楼梯;(d) 平行双分楼梯;
(e) 平行双合楼梯;(f) 折行双跑楼梯;(g) 折行三跑楼梯;(h) 设电梯折行
三跑楼梯;(i)、(j) 交叉跑剪刀楼梯;(k) 螺旋楼梯;(l) 弧形楼梯

向相反的梯段和一个休息平台来联系的，因第二跑梯段折回，所以楼梯间占用的房间进深较小，便于建筑平面组合。

（3）平行双分（平行双合）式。双分式由一个较宽的梯段上至休息平台，再分成两个较窄的梯段上至楼层。双合式是由两个较窄的梯段上至休息平台，再合成一个较宽的梯段上至楼层。多用于公共建筑。

（4）三跑式、四跑式。一般用于楼梯间接近于正方形的公共建筑，因这种形式的楼梯井较大，不适用于住宅及中小学校。

（5）交叉（剪刀）式。交叉式楼梯相当于两个直行单跑式楼梯交叉设置，多用于塔式住宅建筑。剪刀式楼梯相当于两个双跑楼梯对接，多用于人流量较大的公共建筑。

（6）弧形式和螺旋式。常用于公共建筑的门厅，有较强的装饰效果，但不利于人流疏散。

4.6.2 楼梯各部位的名称及尺寸（图4-44）

1）踏步

如图4-44(c)、(d)所示，踏步是由踏面和踢面组成。踏面（踏步宽度）与成人的平均脚长相适应，一般不宜小于260mm。为了适应人们上下楼时脚的活动情况，踏面宜适当宽一些，常用260~320mm。在不改变梯段长度的情况下，为加宽踏面，可将踏步的前缘挑出，形成突缘，挑出长度一般为20~30mm，也可将踢面做成倾斜面，见图4-44(e)、(f)。踏步高度一般宜在140~175mm之间，各级踏步高度均应相同。在通常情况下踏步尺寸可根据经验公式：$b+2h=600~620$mm，$600~620$mm为一般人的平均步距，室内楼梯选用低值，室外台阶选用高值。楼梯踏步最小宽度与最大高度如表4-5所示。

楼梯踏步最小宽度与最大高度　　　　　　　　表4-5

楼梯类别	最小宽度	最大高度
住宅共用楼梯	0.26	0.175
幼儿园、小学校等楼梯	0.26	0.15
电影院、剧场、体育馆、商场、医院、旅馆和大中学校等楼梯	0.28	0.16
其他建筑楼梯	0.26	0.17
专用疏散楼梯	0.25	0.18
服务楼梯、住宅套内楼梯	0.22	0.20

注：无中柱螺旋楼梯和弧形楼梯离内侧扶手中心0.25m处的踏步宽度不应小于0.22m。

2）梯段和平台尺度

墙面至扶手中心线或扶手中心线之间的水平距离即楼梯梯段宽度。除应符合防火规范的规定外，供日常主要交通用的楼梯的梯段宽度应根据建筑物使用特征，按每股人流为$0.55+(0~0.15)$m的人流股数确定，并不应少于两股人流。$0~0.15$m为人流在行进中人体的摆幅，公共建筑人流众多的场所应取上限值。

梯段的长度取决于梯段的踏步数及其踏面宽度。如果梯段踏步数为n步，

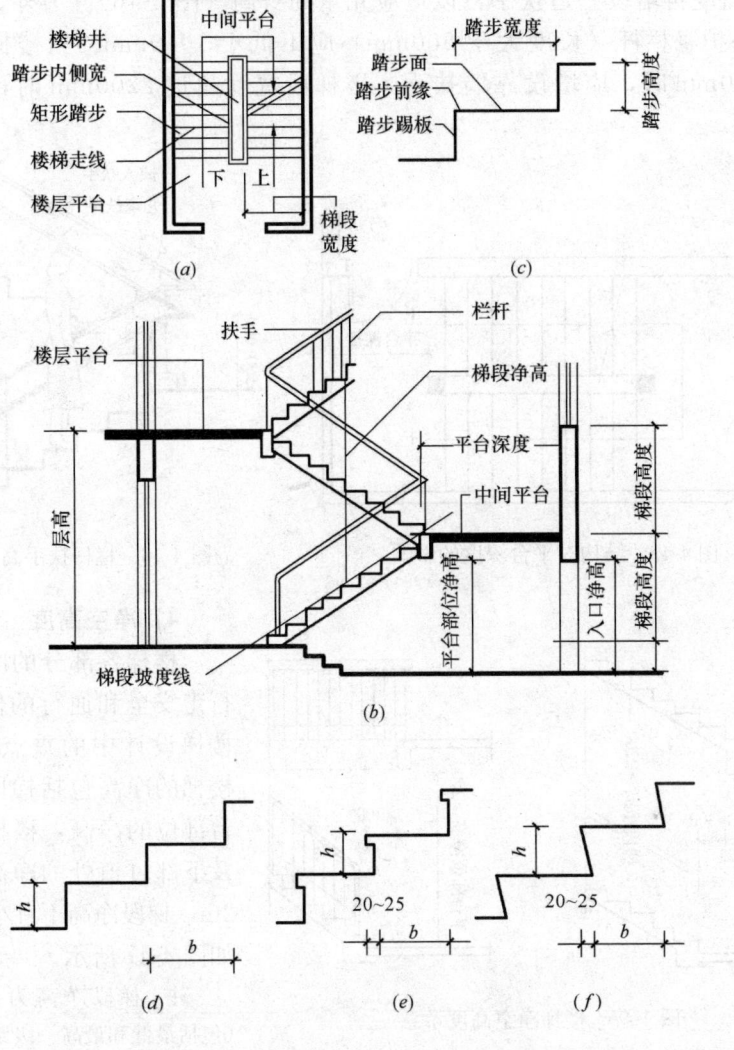

图 4-44　楼梯各部位名称及踏步形式
(a) 楼梯平面部位名称；(b) 楼梯剖部位名称；(c) 楼梯踏步部位名称；
(d) 一般楼梯踏步形式；(e) 带踏口楼梯踏步形式；(f) 斜踢面楼梯踏步形式

则该梯段的长度为 $b×(n-1)$，b 为踏面宽度。

平台的长度一般等同于楼梯间的开间尺寸，梯段改变方向时，扶手转向端处的平台最小宽度不应小于梯段宽度，并不得小于 1.20m。在下列情况下应适量加宽平台深度：

(1) 当有搬运大型物件需要时；
(2) 楼层平台通向多个出入口或有门向平台方向开启时；
(3) 有突出的结构构件影响到平台的实际深度时（图 4-45）。

3) 楼梯栏杆扶手高度

楼梯栏杆扶手的高度是指从踏步前缘至扶手上表面的垂直距离。一般室内楼梯栏杆扶手的高度不宜小于 900mm（通常取 900mm）。室外楼梯栏杆扶手高度（特别是消防楼梯）应不小于 1100mm。在幼儿建筑中，需要在 500~

600mm高度再增设一道扶手，以适应儿童的身高（图4-46）。另外，与楼梯有关的水平护身栏杆（长度大于500mm）应不低于1050mm。当楼梯段的宽度大于1650mm时，应增设靠墙扶手。楼梯段宽度超过2200mm时，还应增设中间扶手。

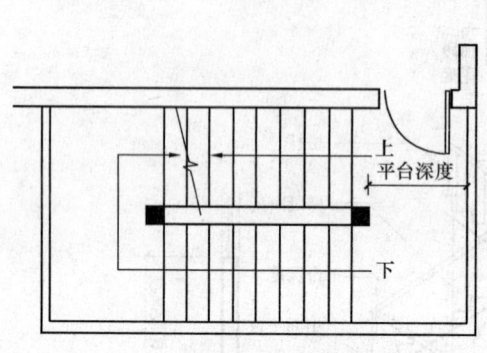

图4-45 结构对平台深度的影响

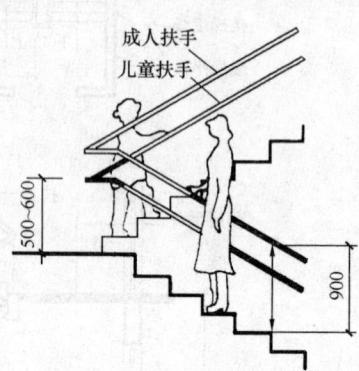

图4-46 栏杆扶手高度

4）净空高度

楼梯各部分的净高关系到行走安全和通行的便利，它是楼梯设计中的重点也是难点。楼梯的净高包括梯段部位和平台部位的净高，楼梯平台上部及下部过道处的净高不应小于2m，梯段净高不宜小于2.20m，如图4-47所示。

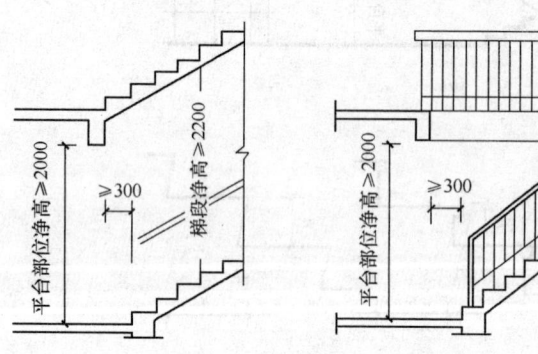

图4-47 楼梯净空高度示意

注：梯段净高为自踏步前缘（包括最低和最高一级踏步前缘线以外0.30m范围内）量至上方突出物下缘间的垂直高度。

当底层休息平台下做出入口时，为使平台下净高满足要求，可以采用以下几种处理方法：

（1）采用长短跑梯段。增加底层楼梯第一跑的踏步数量，使底层楼梯的两个梯段形成长短跑，以此抬高底层休息平台的标高（图4-48a）。当楼梯间进深不足以布置加长后的梯段时，可以将休息平台外挑。

（2）局部降低平台下地坪标高。充分利用室内外高差，将部分室外台阶移至室内。为防止雨水流入室内，应使室内最低点的标高高出室外地面标高不小于0.1m（图4-48b）。

（3）采用长短跑和降低平台下地坪标高相结合的方法。在实际工程中，经常将以上两种方法结合起来，统筹考虑解决楼梯平台下部通道的高度问题（图4-48c）。

（4）底层采用直跑楼梯。当底层层高较低（一般不大于3000mm）时可将底层楼梯由双跑改为直跑，二层以上恢复双跑。这样做可将平台下的高度问题较好地解决（图4-48d），但要注意踏步数量不应超过18步。

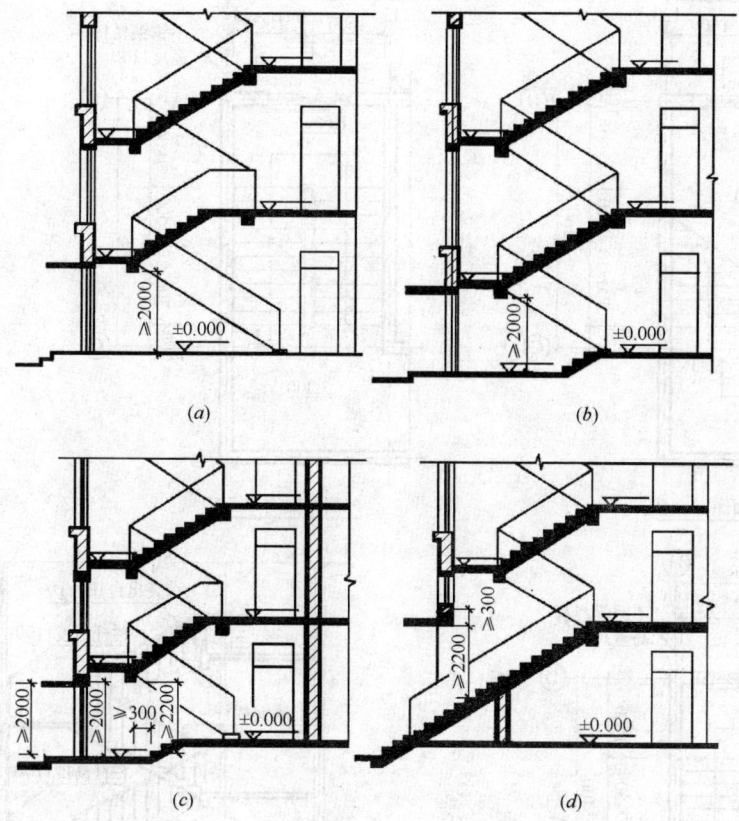

图 4-48 底层休息平台下做出入口的处理方式

5)楼梯井

楼梯的两梯段之间的距离,这个宽度称为梯井。公共建筑梯井水平净宽度不小于150mm,住宅、中小学则不应大于200mm,否则应采取安全措施。

6)楼梯设计实例

【例】 某三层办公楼,砌体结构,墙厚240mm,其楼梯间开间为3.6m,进深5.4m,层高为3.3m,试设计一个双跑楼梯。

【解】 按双跑等跑楼梯布置,踏步宽度为300mm,高度为150mm,3300÷2＝1650mm,1650÷150＝11个高,10个宽。楼梯井宽度选择160mm,则梯段宽(3600－120×2－160)÷2＝1600mm。休息平台净宽选择1800mm。验算其他满足要求,绘图见图4-49。

4.6.3 钢筋混凝土楼梯构造

楼梯的形式虽然很多,但基本组成不外乎梯段、平台和栏杆扶手三部分。钢筋混凝土楼梯常用现浇整体式。现浇钢筋混凝土楼梯的整体性能好,刚度大,有利于抗震,但模板耗费大,施工周期长。一般适用于抗震要求高、楼梯形式和尺寸变化多的建筑物。

现浇钢筋混凝土楼梯按楼段的结构形式不同,可分为板式楼梯和梁板式楼梯两种(图4-50)。

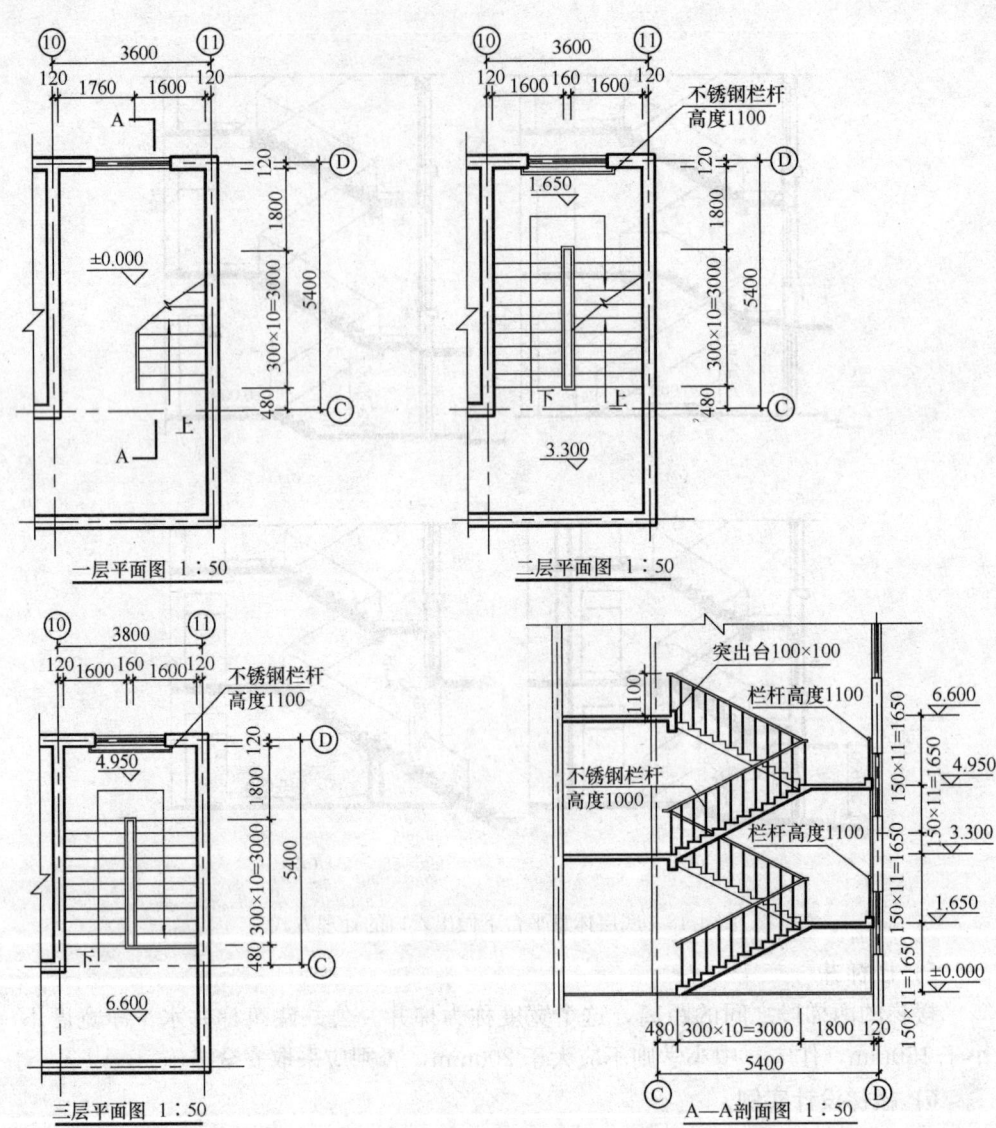

图 4-49 楼梯设计实例

1) 板式楼梯

板式楼梯通常由梯段板、平台梁和平台板组成。梯段板是一块带踏步的斜板，它承受着梯段的全部荷载，然后通过平台梁将荷载传给墙体或柱子，如图 4-51 (a)。必要时，也可取消梯段板一端或两端的平台梁，使平台板与梯段板连为一体，形成折线形的板，直接支承于墙或梁上（图 4-51b）。

2) 梁板式楼梯

梁板式楼梯段是由踏步板和梯段斜梁（简称梯梁）组成。梯段的荷载由踏步板传递给梯梁，梯梁再将荷载传给平台梁，最后，平台梁将荷载传给墙体或柱子。

梯梁通常设两根，分别布置在踏步板的两端。梯梁与踏步板在竖向的相对位置有两种：

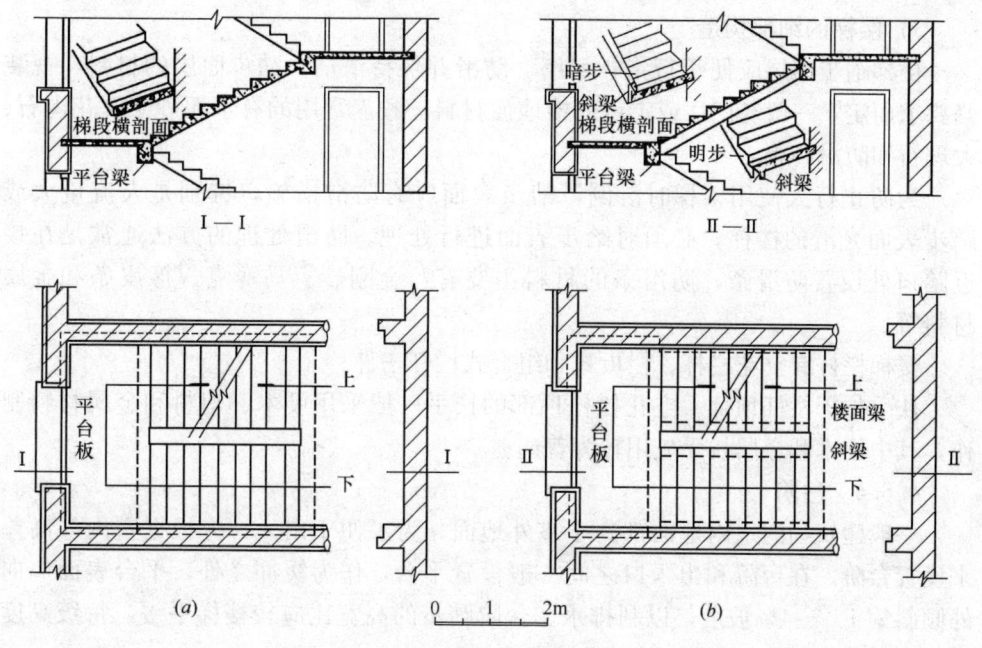

图 4-50 现浇钢筋混凝土楼梯的形式
(a) 板式；(b) 梁式

(1) 梯梁在踏步板之下，踏步外露，称为明步式，如图 4-52 (a) 所示。

(2) 梯梁在踏步板之上，形成反梁，踏步包在里面，称为暗步式如图 4-52 (b)。

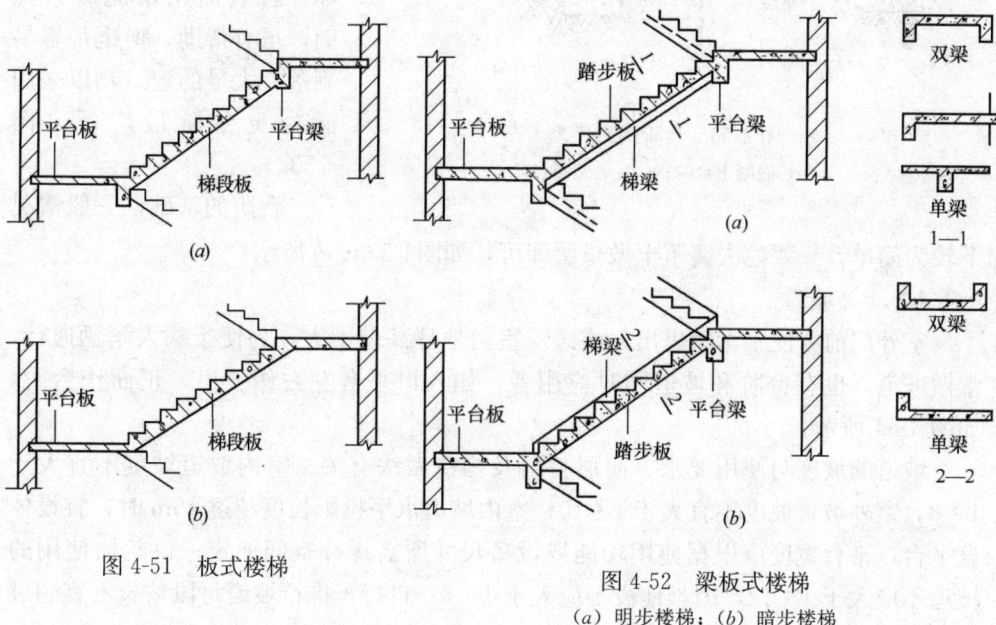

图 4-51 板式楼梯

图 4-52 梁板式楼梯
(a) 明步楼梯；(b) 暗步楼梯

当荷载或梯段跨度较大时，梁板式楼梯比板式楼梯的钢筋和混凝土用量少、自重轻，因此，采用梁板式楼梯比较经济。但同时也要注意到梁板式楼梯在支模、绑扎钢筋等施工操作方面较板式楼梯复杂。

3) 楼梯的细部构造

楼梯踏步面层应便于行走、耐磨、防滑并保持清洁。踏步面层的材料，视装修要求而定，一般与门厅或走道的楼地面材料一致，常用的有水泥砂浆、花岗石、大理石和防滑砖等。

为防止行人使用楼梯时滑倒，踏步表面应有防滑措施，特别是人流量大或踏步表面光滑的楼梯，必须对踏步表面进行处理。防滑处理的方法通常是在接近踏口处设置防滑条，防滑条的材料主要有：金刚砂、马赛克、橡皮条和金属材料等。

楼梯栏杆有空花栏杆、栏板式和组合式栏杆三种。

扶手位于栏杆顶部。空花栏杆顶部的扶手一般采用硬木、塑料和金属材料制作，其中硬木和金属扶手应用较为普遍。

4.6.4 台阶

一般建筑物的室内地面都高于室外地面。为了便于出入，应根据室内外高差来设置台阶。在台阶和出入口之间一般设置平台，作为缓冲之处，平台表面应向外倾斜约1％～4％坡度，以利排水。台阶踏步的高宽比应较楼梯平缓，每级高度一般为100～150mm，踏面宽度为300～400mm。

建筑物的台阶应采用具有抗冻性能好和表面结实耐磨的材料，如混凝土、天然石、缸砖等。普通砖的抗水性和抗冻性较差，用来砌筑台阶，整体性差，很易损坏。若表面用水泥砂浆抹面，虽有帮助，但也很容易剥落。大量的建筑物以采用混凝土台阶最广泛（图4-53a）。

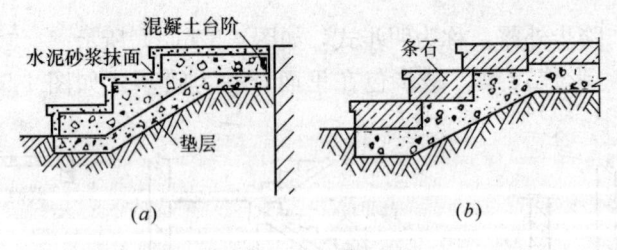

图 4-53 台阶构造类型
(a) 混凝土台阶；(b) 天然石台阶

台阶的基础，一般情况下较为简单，只要挖去腐殖土做垫层即可，如图4-53a、b所示。

4.6.5 坡道

室外门前为便于车辆进出，或医院室内地坪高差不大，为便于病人车辆通行，常做坡道，也有台阶和坡道同时应用者，如入口平台左右作坡道，正面作台阶，如图4-54所示。

坡道的坡度与使用要求、面层材料及构造做法有关。室内坡道坡度不宜大于1：8，室外坡道坡度不宜大于1：10；室内坡道水平投影长度超过15m时，宜设休息平台，平台宽度应根据使用功能或设备尺寸所需缓冲空间而定；供轮椅使用的坡道不应大于1：12，困难地段不应大于1：8；自行车推行坡道每段坡长不宜超过6m，坡度不宜大于1：5。

与台阶一样，坡道也应采用耐久、耐磨和抗冻性好的材料，其构造与台阶类似，多采用混凝土材料（图4-55a）。坡道对防滑要求较高或坡度较大时可设置防滑条或做成锯齿形（图4-55b）。

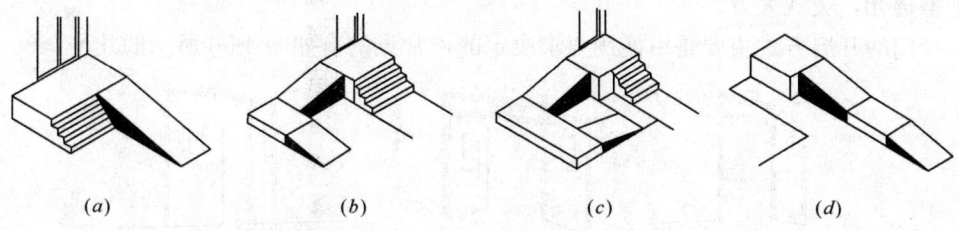

图 4-54 坡道的形式
(a)一字形坡道；(b) L 形坡道；(c) U 字形坡道；(d) 一字形多段式坡道

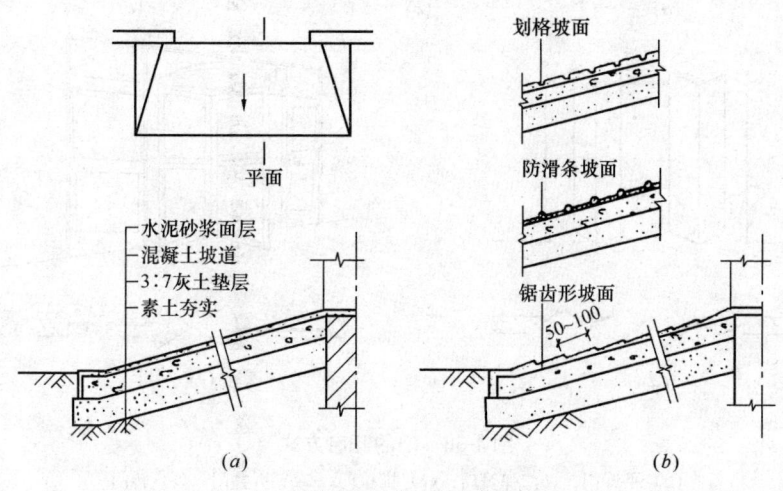

图 4-55 坡道构造
(a)混凝土坡道；(b) 混凝土防滑坡道

4.7 门与窗

4.7.1 门窗的作用和设计要求

门和窗是房屋建筑中的两个围护构件。门的主要功能是交通出入、分隔联系建筑空间，并兼有采光和通风作用。窗的主要功能是采光和通风。开门以沟通内外联系，开窗以沟通人与大自然的联系。它们在不同使用条件要求下，还有保温、隔热、隔声、防水、防火、防尘、防爆及防盗等功能。此外，门窗的大小、比例尺度、位置、数量、材料、造型、排列组合方式对建筑物的造型和装修效果影响很大。

在构造上，门窗应满足以下主要设计要求：①开启方便，关闭紧密；②功能合理，便于清洁与维修；③坚固耐用；④符合《建筑模数协调统一标准》GBJ 2—86 要求。

4.7.2 门窗的类型与开启方式

1) 门的类型与开启方式

门的类型：通常按材料分为木门、钢门、铝合金门、塑钢门和玻璃门。相比之下，木质门制作方便，造价低廉，亲切宜人；钢门尤其是彩钢门，强度高，表面质感细腻，美观大方；铝合金门尺寸精确，密闭性能良好，轻巧便宜；玻璃门平整透光，美观大方。

门的开启方式主要是由使用要求决定的，常见的有如图 4-56 所示的几种：

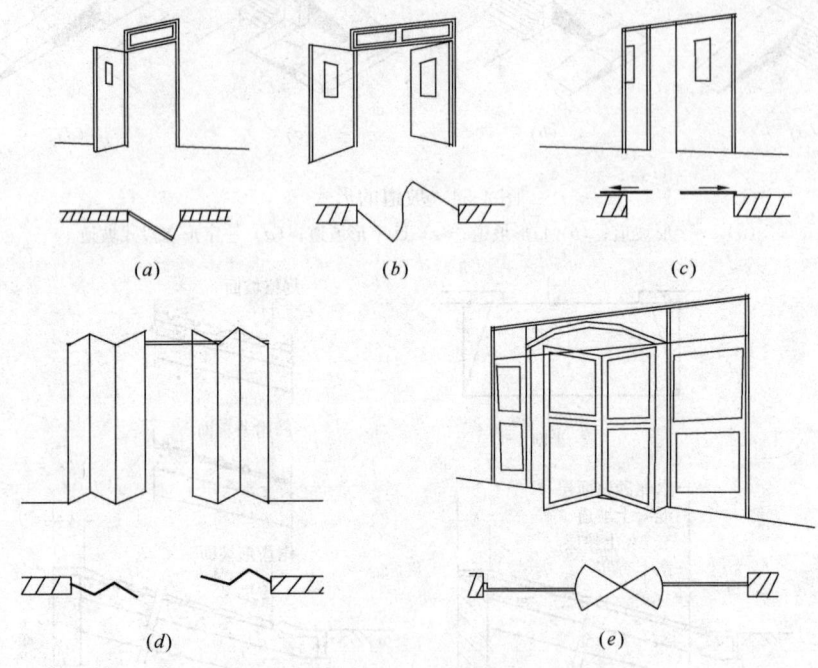

图 4-56 门的开启方式
(a) 平开门；(b) 弹簧门；(c) 推拉门；(d) 折叠门；(e) 转门

（1）平开门。特点是制作简便，开关灵活，构造简单，大量用于人行、车行之门，有单、双扇及内开、外开之分。

（2）弹簧门。门扇装设有弹簧铰链，能自动关闭，开关灵活，使用方便，使用于人流频繁或要求自动关闭的场所。弹簧门有单面、双面及地弹簧门之分。常用的弹簧铰链有单面弹簧、双面弹簧、地弹簧等数种。

（3）推拉门。特点是门扇在轨道上左右水平或上下滑行，开启不占室内空间，但构造复杂，五金零件数量多。居住类建筑中使用较广泛。

（4）转门。系 2 至 4 扇门组合在中部的垂直轴上，作水平旋转，其特点是对隔绝室内外气流有一定作用，但构造复杂，造价昂贵，多见于标准较高的、设有集中空调或采暖的公共建筑的外门。

（5）卷帘门。门扇是由一块块的连锁金属片条或木板组成，分页片式和空格式。帘板两端放在门两边的滑槽内，开启时由门洞上部的卷动辊轴将门扇页片卷起，可用电动或人力操作。当采用电动开关时，必须考虑停电时手动开关的备用措施。卷帘门开启时不占空间，适用于非频繁开启的高大洞口，但制作较复杂，造价较高，故多用作商业建筑外门和厂房大门。

2）窗的类型与开启方式

窗的材料类型与门相似。窗的开启方式主要取决于窗扇转动五金的位置及转动方式，通常有以下几种（图 4-57）：

（1）平开窗。铰链安装在窗扇一侧与窗框相连，向外或向内水平开启。有单

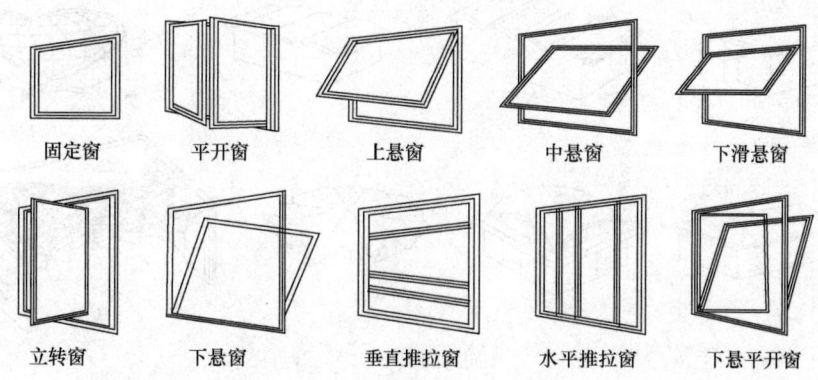

图 4-57 窗的开启方式

扇、双扇、多扇及向内开与向外开之分。平开窗构造简单，开启灵活，制作维修均方便。

（2）固定窗。无窗扇、不能开启的窗为固定窗。固定窗的玻璃直接嵌固在窗框上，可供采光和眺望之用，不能通风。固定窗构造简单，密闭性好，多与门亮子和开启窗配合使用。

（3）悬窗。根据铰链和转轴位置的不同，可分为上悬窗、中悬窗和下悬窗。

（4）立旋窗。窗扇沿垂直轴旋转，通风效果优良，但防雨和密闭性较差，且不易安装纱窗，故民用建筑使用不多。

（5）推拉窗。窗扇沿导轨或滑槽滑动，分水平推拉和垂直推拉两种，推拉窗开启时不占空间，窗扇受力状态好，适于安装大玻璃，通常用于金属及塑料窗。

（6）双层窗。双层窗通常用于有保温、隔声要求的建筑以及恒温室、冷库、隔音室中。采用双层玻璃窗可降低冬季的热损失。双层玻璃窗，由于窗扇和窗樘的构造不同通常可分为子母窗扇、内外开窗、大小扇双层内外开窗和中空玻璃窗。

4.8 屋顶

4.8.1 屋顶概述

1）屋顶的形式

屋顶主要是由屋面工程和支承结构所组成。屋顶的形式与房屋的使用功能、屋面材料、结构选型以及建筑造型等有关。常见的屋顶类型有平屋顶、坡屋顶，除此之外，还有球面、曲面、折面等形式的屋顶（图 4-58）。

2）屋面工程的基本要求与原则

屋面工程应符合下列基本要求：

（1）具有良好的排水功能和阻止水侵入建筑物内的作用；
（2）冬季保温减少建筑物的热损失和防止结露；
（3）夏季隔热降低建筑物对太阳辐射热的吸收；
（4）适应主体结构的受力变形和温差变形；
（5）承受风、雪荷载的作用不产生破坏；

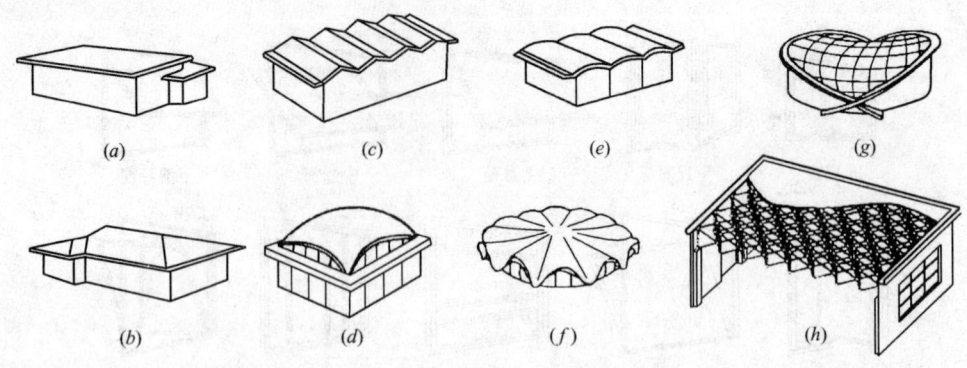

图 4-58 屋顶类型
(a) 平屋顶；(b) 坡屋顶；(c) 折板；(d) 壳体；
(e) 筒壳屋顶；(f) 抛物面壳屋顶；(g) 悬壳；(h) 网架

(6) 具有阻止火势蔓延的性能；

(7) 满足建筑外形美观和使用的要求。

屋面工程设计应遵照"保证功能、构造合理、防排结合、优选用材、美观耐用"的原则。屋顶工程施工应遵照"按图施工、材料检验、工序检查、过程控制、质量验收"的原则。

3) 屋面的坡度范围

屋面坡度是由多方面的因素决定的。屋面排水坡度应根据屋顶结构形式，屋面基层类别，防水构造形式，材料性能及当地气候等条件确定，并应符合表 4-6 的规定。其中屋面覆盖材料与屋面坡度的关系比较大。一般情况下，屋面防水材料的透水性越差，单块面积越大，搭接缝隙越小，它的屋面排水坡度亦越小。反之，屋面排水坡度就应大些。通常将屋面坡度＞10%的称为坡屋顶，坡度≤10%的称为平屋顶。

屋面的排水坡度　　　　表 4-6

屋面类别	屋面排水坡度(%)	屋面类别	屋面排水坡度(%)
卷材防水、刚性防水的平屋面	2～5	网架、悬索结构金属板	≥4
平瓦	20～50	压型钢板	5～35
波形瓦	10～50		
油毡瓦	≥20	种植土屋面	1～3

注：1. 平屋面采用结构找坡不应小于3%，采用材料找坡宜为2%；
2. 卷材屋面的坡度不宜大于25%，当坡度大于25%时应采取固定和防止滑落的措施；
3. 卷材防水屋面天沟、檐沟纵向坡度不应小于1%，沟底水落差不得超过200mm，天沟、檐沟排水不得流经变形缝和防火墙；
4. 平瓦必须铺置牢固，地震设防地区或坡度大于50%的屋面，应采取固定加强措施；
5. 架空隔热屋面坡度不宜大于5%，种植屋面坡度不宜大于3%。

4.8.2 屋面防水

屋面渗漏是当前房屋建筑中最为突出的质量问题之一，已引起用户的不满和社会关注。所以屋顶积水（积雪）以后，应很快地排除，以防渗漏。

屋面漏水到室内，不仅使用户无法正常使用室内空间，毁坏设备、设施和生活用品。而且浸泡墙体，使装修面层脱落，甚至破坏墙体结构，引起开裂、疏松甚至倒塌，危及人身安全。使电气线路受潮也有可能引起短路，发生火灾。屋面渗漏也会使墙体等构配件受潮发霉、生锈，产生异味，影响室内卫生环境。总之，屋面渗漏不仅仅是使用功能问题，也存在着危害人身安全和健康的隐患，必须作为一个重要的质量问题加以严格控制。

1）建筑屋面防水等级划分和设防要求

屋面防水设防应划分等级，这是多年来通过大量工程实践经验的总结。尤其是讲求经济效益。如一般建筑使用高档次的防水材料，就会大大提高房屋造价，造成不必要的浪费，而重要的建筑耐久年限较长，如果使用低档次的防水材料，则难以满足其使用功能要求，经常维修和更换，也会造成浪费。《屋面工程技术规范》GB 50345—2012 规定：

屋面防水工程应根据建筑物的类别、重要程度、使用功能要求确定防水等级，并应按相应等级进行防水设防；对防水有特殊要求的建筑屋面，应进行专项防水设计。屋面防水等级和设防要求应符合表 4-7 的规定。

屋面防水等级和设防要求　　　　　　　　　　表 4-7

防水等级	建筑类别	设防要求	防水做法
Ⅰ级	重要建筑和高层建筑	两道防水设防	卷材防水层和卷材防水层、卷材防水层和涂膜防水层、复合防水层
Ⅱ级	一般建筑	一道防水设防	卷材防水层、涂膜防水层、复合防水层

注：在Ⅰ级屋面防水做法中，防水层仅作单层卷材时，应符合有关单层防水卷材屋面技术的规定。

对防水有特殊要求的建筑一般是特别重要的民用建筑，如国家级博物馆、档案馆、剧场及纪念性建筑等，以及对防水有特殊要求的工业建筑；重要的建筑与高层建筑，如省、市级的博物馆、档案馆、剧场、宾馆等；一般的建筑，如住宅、办公楼、学校、一般厂房仓库等。

2）屋面防水层分类

屋面防水层包括卷材防水层、涂膜防水层和复合防水层。屋面防水层二道或二道以上组合时，可以用卷材与卷材防水层组合，也可以卷材与涂料防水组合，一道防水设防时，一般用卷材防水材料。

柔性防水屋面是指用柔性防水材料做防水层的屋面。由于柔性防水材料弹性好，耐候性强，防水效果好，可适应微小变形，经济适用，故在屋面防水设计中被广泛使用。涂料防水屋面又称涂膜防水屋面，主要是用于防水等级为Ⅰ级屋面多道防水设防中的一道防水层。

4.8.3 平屋顶概述

平屋顶是一种较常见的屋顶形式。由于其屋面较平坦，可用作各种活动场地。这种屋顶形式可使建筑外观简洁，其结构和构造较坡屋顶简单。

1）平屋顶组成

平屋顶主要由屋面层、结构层和顶棚层组成（图 4-59）。

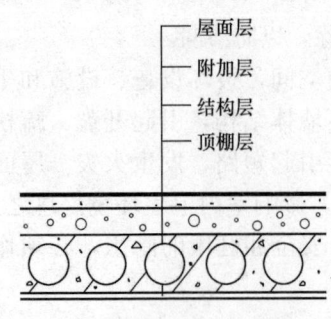

图 4-59 平屋顶基本组成

屋面层：主要是防水层。

结构层：承受屋顶荷载并将荷载传递给墙或柱。常用钢筋混凝土楼板。

顶棚层：作用与构造做法与楼板层的顶棚层相同。

附加层：根据不同情况而设置的保温层、隔热层、隔汽层、找平层、结合层等。

2) 平屋顶排水

(1) 排水找坡

要屋面排水通畅，首先是选择合适的屋面排水坡度。从排水角度考虑，排水坡度越大越好；但从结构、经济以及上人活动角度考虑，又要求坡度越小越好。一般常视屋面材料的防水性能和功能需要而定，上人屋面的坡度一般采用1%～2%，不上人屋面的坡度一般采用2%～3%。

平屋顶排水坡度的形成分为搁置找坡和垫置找坡两种方式。

①搁置找坡：又称结构找坡。是把支承屋面板的墙或梁做成一定的坡度，屋面板铺设在其上后就形成相应的坡度。这种作法的特点是省工省料、较为经济，适用于平面形状较简单的建筑物如图 4-60、图 4-61 所示。

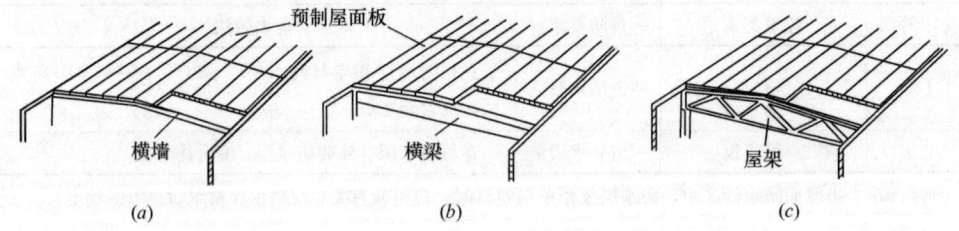

图 4-60 横墙、横梁搁置找坡
(a) 横墙搁置屋面板；(b) 横梁搁置屋面板；(c) 屋架搁置屋面板

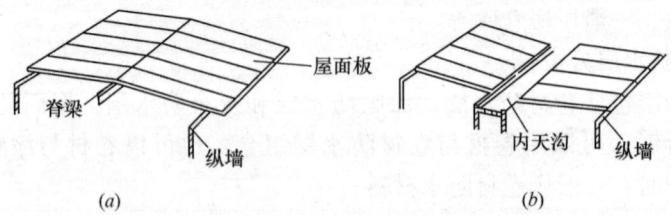

图 4-61 纵墙、纵梁搁置找坡
(a) 纵梁纵墙搁置屋面板；(b) 内外纵墙搁置屋面板

②垫置找坡：又称材料找坡。是在水平的屋面板上，采用价廉、质轻的材料铺垫成一定的坡度，上面再做防水层（图 4-62）。须设保温层的地区，也可利用保温材料来形成坡度。找坡材料多用炉渣等轻质材料加水泥或石灰形成。

(2) 排水方式

平屋顶的排水坡度较小，要把屋面上的雨雪水尽快地排出，就要组织好屋顶的排水系统，选择合理的排水方式。屋顶的排水方式分为无组织排水和有组织排水两种。

①无组织排水：又称自由落水。是使屋面的雨水由檐口自由滴落到室外地面。

这种作法构造简单、经济，一般适用于低层和雨水少的地区（图4-63）。

②有组织排水：是将屋面划分成若干个排水区，按一定的排水坡度把屋面雨水有组织地排到檐沟或雨水口，通过雨水管排泄到散水或明沟中（图4-64）。

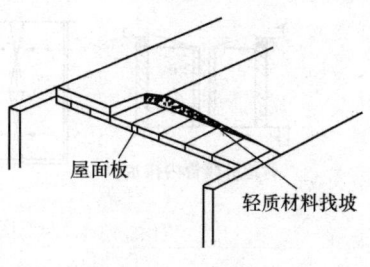

图4-62 垫置找坡

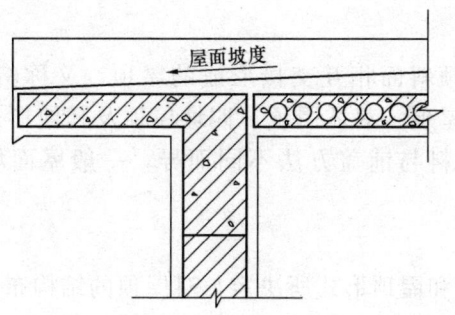

图4-63 无组织排水

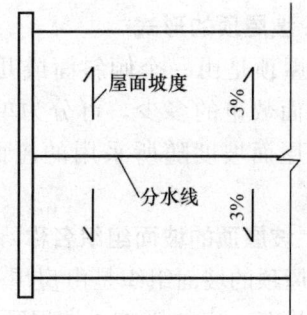

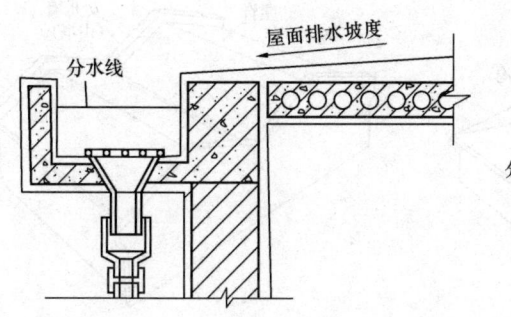

图4-64 有组织排水

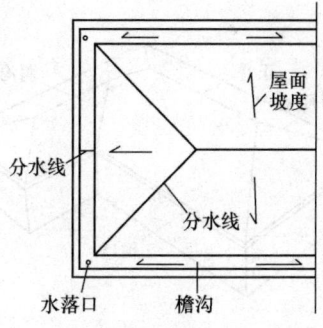

有组织排水可分为外排和内排两种。一般大量性民用建筑多采用外排水方式（图4-65）；某些大型公共建筑、高层建筑以及严寒地区为防止雨水管冰冻堵塞可采用内排水方式，如图4-66所示。

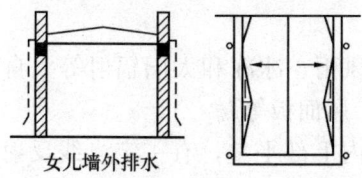
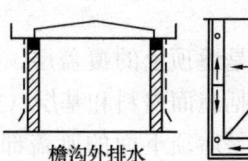
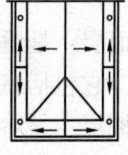

图4-65 有组织外排水

3) 平屋顶的类型

平屋顶依其使用功能可分为上人和不上人两种；按照其面层所用的材料可分

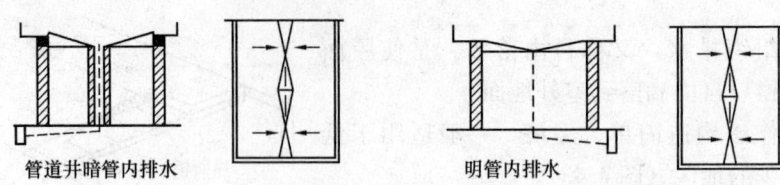

图 4-66 有组织内排水

为卷材防水屋面、涂料防水屋面等；根据室内使用要求可分为有保温隔热（隔汽）和无保温隔热（隔汽）屋顶。

4.8.4 坡屋顶概述

1）坡屋顶的形式

坡屋顶是由一个倾斜面或几个倾斜面相互交接形成的屋顶，又称斜屋顶。根据斜面数量的多少，可分为单坡屋顶、双坡屋顶、四坡屋顶及其他形式屋顶数种。屋面坡度随所采用的屋面材料与铺盖方法不同而异，一般屋面坡度大于 10%。

2）坡屋顶的坡面组织名称

坡屋顶的坡面组织是由房屋平面和屋顶形式所决定，对屋顶的结构布置和排水方式均有一定的影响。坡屋顶的倾斜面相互交接成线，其位置不同名称各异，如图 4-67 所示。

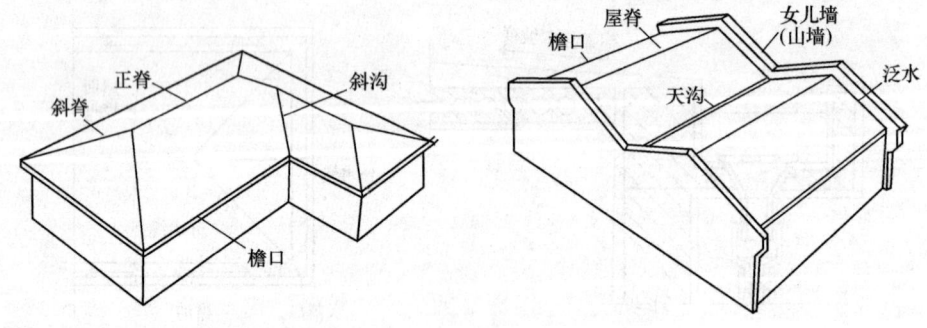

图 4-67 坡屋顶的坡面组织名称

3）坡屋顶的组成

坡屋顶主要由结构层、屋面和顶棚层组成（图 4-68）。

结构层：承受屋顶荷载并将荷载传递给墙或柱，一般有屋架或大梁、檩条、椽子等。

屋面层：是屋顶上的覆盖层，直接承受风雨、冰冻和太阳辐射等大自然气候的作用。它包括屋面盖料和基层（如挂瓦条、屋面板等）。

顶棚层：是屋顶下面的遮盖部分，使室内上部平整，有一定光线反射，起保温隔热和装饰作用。其构造做法与楼板层的顶棚层相同。

附加层：根据不同情况而设置的保温层、隔热层、隔汽层、找平层、结合层等。

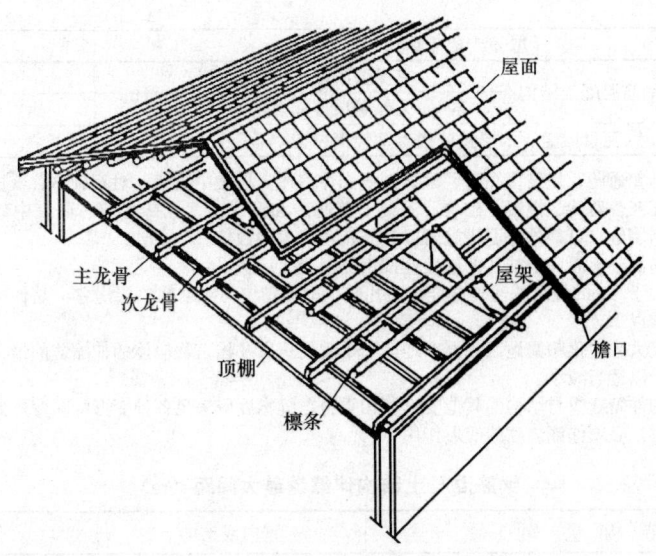

图 4-68 坡屋顶基本构造组成

4.9 变形缝

变形缝是保证房屋在温度变化、基础不均匀沉降或地震时有一定的自由伸缩，以防止墙体开裂、结构破坏而预先在建筑上留的竖直的缝。

变形缝包括伸缩缝、沉降缝和防震缝。

预留变形缝会增加相应的构造措施，也不经济，设置通长缝影响建筑美观，故在设计时，应尽量不设缝。可通过验算温度应力，加强配筋、改进施工工艺（如分段浇筑混凝土）；或适当加大基础面积；对于地震区，可通过简化平、立面形式、增加结构刚度这些措施来解决。换言之，即只有当采取上述措施仍不能防止结构变形的不得已情况下才设置变形缝。

4.9.1 伸缩缝的设置条件及要求

建筑物因受温度变化的影响而产生热胀冷缩，在结构内部产生温度应力，当建筑物长度超过一定限度、建筑平面变化较多或结构类型变化较大时，建筑物会因热胀冷缩变形而产生开裂。为预防这种情况发生，常常沿建筑物长度方向每隔一定距离或结构变化较大处预留缝隙，将建筑物断开。这种因温度变化而设置的缝隙就称为伸缩缝或温度缝。

建筑物设置伸缩缝的最大间距，应根据不同材料的结构而定。见表 4-8 与表 4-9。

砌体结构伸缩缝的最大间距（m） 表 4-8

屋盖或楼盖类别		间距
整体式或装配整体式钢筋混凝土结构	有保温层或隔热层的屋盖、楼盖	50
	无保温层或隔热层的屋盖	40
装配式无檩体系钢筋混凝土结构	有保温层或隔热层的屋盖、楼盖	60
	无保温层或隔热层的屋盖	50

续表

屋盖或楼盖类别		间距
装配式有檩体系钢筋混凝土结构	有保温层或隔热层的屋盖	75
	无保温层或隔热层的屋盖	60
瓦材屋盖、木屋盖或楼盖、轻钢屋盖		100

注：1. 对烧结普通砖、烧结多孔砖、配筋砌块砌体房屋，取表中数值；对石砌体、蒸压灰砂普通砖、蒸压粉煤灰普通砖、混凝土砌块、混凝土普通砖和混凝土多孔砖房屋，取表中数值乘以 0.8 的系数，当墙体有可靠外保温措施时，其间距可取表中数值。
2. 在钢筋混凝土屋面上挂瓦的屋盖应按钢筋混凝土屋盖采用。
3. 屋高大于 5m 的烧结普通砖、烧结多孔砖、配筋砌块砌体结构单层房屋，其伸缩缝间距可按表中数值乘以 1.3。
4. 温差较大且变化频繁地区和严寒地区不采暖的房屋及构筑物墙体的伸缩缝的最大间距，应按表中数值予以适当减小。
5. 墙体的伸缩缝应与结构的其他变形缝相重合，缝宽度应满足各种变形缝的变形要求；在进行立面处理时，必须保证缝隙的变形作用。

钢筋混凝土结构伸缩缝最大间距（m）　　　表 4-9

结构类别		室内或土中	露天
排架结构	装配式	100	70
框架结构	装配式	75	50
	现浇式	55	35
剪力墙结构	装配式	65	40
	现浇式	45	30
挡土墙、地下室墙壁等类结构	装配式	40	30
	现浇式	30	20

注：1. 装配整体式结构的伸缩缝间距，可根据结构的具体情况取表中装配式结构与现浇式结构之间的数值；
2. 框架-剪力墙结构或框架-核心筒结构房屋的伸缩缝间距，可根据结构的具体情况取表中框架结构与剪力墙结构之间的数值；
3. 当屋面无保温或隔热措施时，框架结构、剪力墙结构的伸缩缝间距宜按表中露天栏的数值取用；
4. 现浇挑檐、雨罩等外露结构的局部伸缩缝间距不宜大于 12m。

伸缩缝是将建筑基础以上的建筑构件全部打开，并在两个部分之间留出适当的缝隙，以保证伸缩缝两侧的建筑构件能在水平方向自由伸缩。缝宽 20~30mm。

墙体伸缩缝一般做成平缝、错口缝、企口缝等截面形式（图 4-69），主要视墙体材料、厚度及施工条件而定，但地震地区只能用平缝。

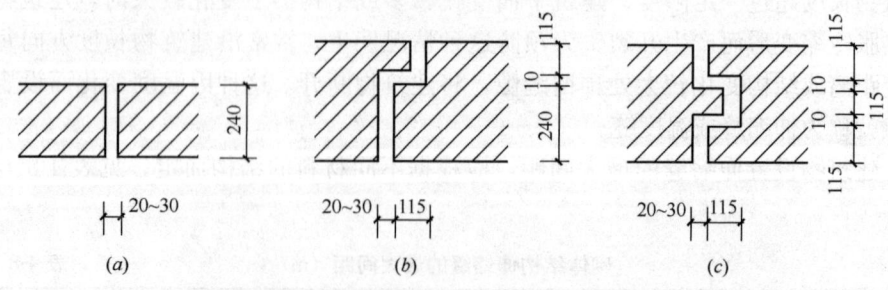

图 4-69 砖墙伸缩缝的截面形式
(a) 平缝；(b) 错口缝；(c) 企口缝

4.9.2 沉降缝的设置条件及要求

沉降缝是为了预防建筑物各部分由于不均匀沉降引起的破坏而设置的变形缝。沉降缝设置位置如图 4-70 所示。

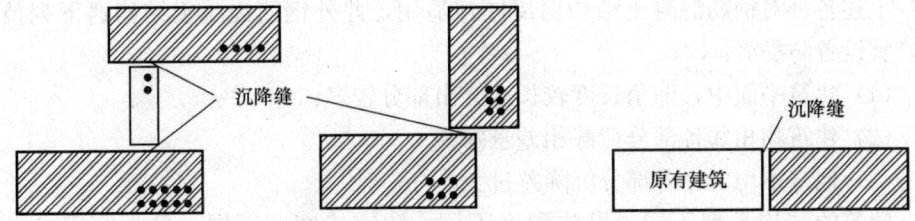

图 4-70 沉降缝设置部位示意

建筑物的下列部位，宜设置沉降缝：
(1) 建筑平面的转折部位；
(2) 高度差异或荷载差异处；
(3) 长高比过大的砌体承重结构或钢筋混凝土框架结构的适当部位；
(4) 地基土的压缩性有显著差异处；
(5) 建筑结构或基础类型不同处；
(6) 分期建造房屋的交界处。

沉降缝构造复杂，给建筑、结构设计和施工都带来一定的难度，因此，在工程设计时，应尽可能通过合理地选址、地基处理、建筑体型的优化、结构选型和计算方法的调整以及施工程序上的配合（如高层建筑与裙房之间采用后浇带的方法）避免或克服不均匀沉降，从而达到不设或尽量少设缝的目的，并应根据不同情况区别对待。

沉降缝是建筑物从基础到屋顶全部断开。同时沉降缝也应兼顾伸缩的作用，故在构造设计时应满足伸缩和沉降双重要求。

沉降缝应有足够的宽度，缝宽可按表 4-10 选用。

房屋沉降缝的宽度　　　　　　　　　　　表 4-10

房屋层数	沉降缝宽度（mm）
二～三	5～80
四～五	80～120
五层以上	不小于 120

沉降缝与伸缩缝最大的区别在于：伸缩缝只需保证建筑物在水平方向的自由伸缩变形，而沉降缝主要应满足建筑物各部分在垂直方向的自由沉降变形。

4.9.3 防震缝的设置条件及要求

防震缝是将体型复杂的房屋划分为体型简单、刚度均匀的独立单元，以便减少地震力对建筑的破坏。

多层砌体结构房屋有下列情况之一的宜设防震缝，缝两侧均应设置墙体，缝宽应根据烈度和房屋高度确定，可采用 70～100mm：

(1) 建筑立面高差在 6m 以上；
(2) 建筑有错层，且楼板高差大于层高的 1/4；
(3) 建筑物相邻各部分结构刚度、质量截然不同。

上述各种对钢筋混凝土结构房屋同样适用，此外钢筋混凝土结构遇下列情况时，宜设置防震缝：

(1) 建筑平面中，凹角长度较长或突出部分较多；
(2) 建筑物相邻各部分荷载相差悬殊；
(3) 地基不均匀，各部分沉降差过大。

建筑的结构类型不同、设防烈度不同，防震缝宽度不同，最小宽度参见表 4-11。

防震缝最小宽度　　　　　　　　　　　　　　表 4-11

结构类型	最小宽度
砌体结构多层房屋	70~100mm
单层砖柱厂房 (1) 轻型屋盖； (2) 钢筋混凝土屋盖厂房与贴建的建（构）筑物间宜设	可不设防震缝 50~70mm
单层钢筋混凝土厂房 (1) 在厂房纵横跨交接处，大柱网厂房或不设柱间支撑的厂房； (2) 其他情况	100~150mm 50~90mm
多层框架　$H \leqslant 15m$ 时	100mm
多层框架　$H > 15m$ 时，在 70mm 基础上 设防烈度 6 度每增 5m 增 设防烈度 7 度每增 4m 增 设防烈度 8 度每增 3m 增 设防烈度 9 度每增 2m 增	20mm 20mm 20mm 20mm

注：1. 本表数据来源于《建筑抗震设计规范》(GB 50011—2010)，编者综合而成。
2. 框架-抗震墙结构房屋的防震缝宽度不应小于表 4-11 中多层框架房屋规定数值的 70%，抗震墙结构房屋的防震缝宽度不应小于表 4-11 中多层框架房屋规定数值的 50%；且均不宜小于 100mm。

防震缝应沿房屋全高设置，基础可不设防震缝，但在防震缝处应加强上部结构和基础的连接。

防震缝应与伸缩缝、沉降缝统一布置，并满足防震缝的设计要求。一般情况下，防震缝基础可不分开，但在平面复杂的建筑中，或建筑相邻部分刚度差别很大时，也需将基础分开。按沉降缝要求的抗震缝也应将基础分开。

4.9.4　三种变形缝的关系

伸缩缝、沉降缝和防震缝在构造上有一定的区别，但也有一定的联系。三种变形缝之比较，见表 4-12。

三种变形缝比较　　　　　　　　　　　　　表 4-12

缝的类型	伸缩缝	沉降缝	防震缝
对应变形原因	因温度产生的变形	不均匀沉降	地震力
墙体缝的形式	平缝、错口缝、企口缝	平缝	平缝
缝的宽度（mm）	20～30	（见表 4-10）	（见表 4-11）
盖缝板的允许变形方向	水平方向自由变形	垂直方向自由变形	水平与垂直方向自由变形
基础是否断开	可不断开	必须断开	宜断开

复 习 思 考 题

1. 什么是基础的埋深？决定基础的埋置深度涉及哪些因素？
2. 简述基础的设计要求。
3. 地下室按埋入地下深度如何分类？
4. 简述钢筋混凝土构造柱的作用，构造与施工要求。
5. 简述钢筋混凝土圈梁的作用与构造要求。
6. 阳台栏杆、栏板有何构造要求？
7. 屋面工程应符合什么基本要求？
8. 屋面防水等级、设防要求与防水做法分别是什么？
9. 建筑物的什么部位宜设置沉降缝？
10. 建筑物的什么部位宜设置防震缝？

第 5 章 建筑结构形式

结构是指建筑物的承重骨架,是建筑物赖以支承的主要构件,即用以抵抗施加在建筑物上的荷载的建筑物的组成部分。

按建筑物本身使用性质和规模的不同,可分为单层、多层、大跨和高层建筑等。这些建筑中,单层及多层建筑的主要结构形式又可分为墙承重结构、框架承重结构。墙承重结构是指由墙体作为建筑物承重构件的结构形式,而框架结构则主要是由梁、柱作为承重构件的结构形式。

按结构构件所使用材料的不同,目前有木结构、混合结构、钢筋混凝土结构和钢结构之分。

大跨建筑常见的结构形式有拱结构、网架、薄壳、折板、悬索等空间结构形式。

5.1 概述

5.1.1 结构与建筑物的关系

建筑结构的发展与建筑材料和建筑技术的发展密切相关,而建筑结构形式的选用对建筑物的使用以及建筑形式又有着极大的影响。结构必须能够抵抗可能施加在建筑物上的任何荷载,达到安全状态,必须具有足够的强度,必须具有足够的刚度,必须具有稳定性,达到平衡状态。

一个好的建筑设计,必须要有一个适宜的结构形式才能实现。结构形式的好坏,关系到建筑物是否适用、经济、美观。一个好的结构形式的选择,不仅要考虑建筑的功能,结构上的安全合理,施工上的可能条件,也要考虑造价上的经济可行和艺术上的造型美观。本章只是对主要的建筑结构形式进行介绍。

5.1.2 建筑结构体系

1)混合结构体系

混合结构房屋一般是指楼盖和屋盖采用钢筋混凝土或钢、木结构,而墙、柱和基础采用砌体结构建造的房屋。大多用在住宅、办公楼、教学楼建筑中。因为砌体的抗压强度高而抗拉强度很低,所以住宅建筑最适合采用混合结构,一般在6层以下。混合结构不宜建造大空间的房屋。混合结构根据承重墙所在的位置,划分为纵墙承重和横墙承重两种方案。纵墙承重方案的特点是楼板支承于梁上,梁把荷载传递给纵墙,横墙的设置主要是为了满足房屋刚度和整体性的要求。其优点是房屋的开间大,使用灵活。横墙承重方案的主要特点是楼板直接支承在横墙上,横墙是主要承重墙。其优点是房屋的横向刚度大,整体性好,但平面使用灵活性差。

2）框架结构体系

框架结构是利用梁、柱组成的纵、横两个方案的框架形成的结构体系。它同时承受竖向荷载和水平荷载。其主要优点是建筑平面布置灵活，可形成较大的建筑空间，建筑立面处理也比较方便；主要缺点是侧向刚度较小，当层数较多时，会产生过大的侧移，易引起非结构性构件（如隔墙、装饰等）破坏，而影响使用。

框架结构梁、柱节点的连接构造直接影响结构安全、经济及施工的方便。因此，对梁、柱节点的混凝土强度等级，梁、柱纵向钢筋伸入节点内的长度，梁、柱节点区域的钢筋的间距等，都应符合规范的构造规定。如图 5-1 所示。钢筋混凝土框架结构是当前使用最广泛的结构形式。

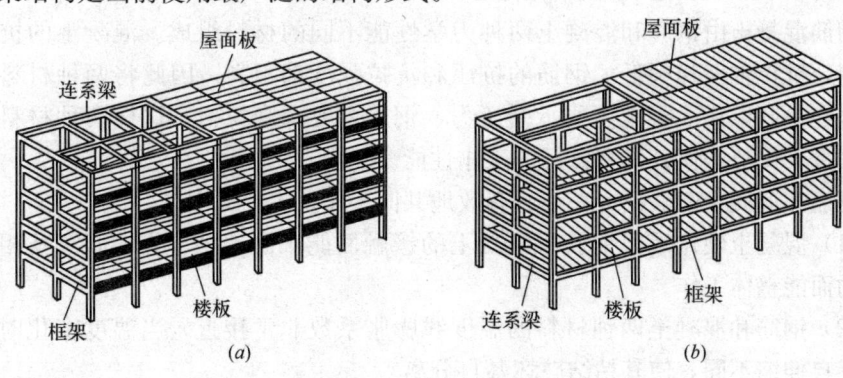

图 5-1 框架结构体系
(*a*) 横向框架体系；(*b*) 纵向框架体系

在非地震区，框架结构一般不超过 15 层。在地震区不设剪力墙的钢筋混凝土框架结构体系的建筑，一般不超过 10 层。框架体系是 6～10 层房屋的一种理想的结构形式。随着轻质材料的发展，即使层数较少，正被开始采用的轻板框架体系也可以取代砌体结构体系。

3）剪力墙结构体系（包括框-剪、全剪、筒体结构）

剪力墙体系是利用建筑物的墙体（内墙和外墙）做成剪力墙来抵抗水平力。剪力墙一般为钢筋混凝土墙，厚度不小于 140mm。剪力墙的间距一般为 3～8m，适用于小开间的住宅和旅馆等。因为剪力墙既承受垂直荷载，也承受水平荷载，对高层建筑主要荷载为水平荷载，墙体既受剪又受弯，所以称剪力墙。剪力墙结构的优点是侧向刚度大，水平荷载作用下侧移小；缺点是剪力墙的间距小，结构建筑平面布置不灵活，不适用于大空间的公共建筑，另外结构自重也较大。

5.1.3 建筑结构形式分类

根据建筑物主要承重构件材料的不同，建筑结构形式可以分为砌体结构、钢筋混凝土结构、钢结构等。

1）砌体结构

砌体结构的承重墙体主要是由砌块与砂浆砌筑而成的，是低、多层建筑物主要结构形式之一，其特点是可根据各地情况，因地制宜，就地取材，降低造价。当前黏土砖已禁止使用，被工业砌块代替，该结构形式也是砌体结构。

砌体结构的优点是成本低，施工方便，结构的耐久性、耐火性以及保温隔热性能都比较好，其缺点是自重大，强度低，房屋层数受限，抗震性能差。故多用在中小型房屋建筑中，此外，还广泛用于烟囱、水塔、重力式挡土墙中。

由于它有很好的经济指标和优点，故一般五层或五层以下的楼房，如住宅、宿舍、办公室、学校、医院等中小型工业与民用建筑都适宜采用砌体结构。

2）钢筋混凝土结构

钢筋混凝土结构是指建筑物的主要承重构件均采用钢筋混凝土制成。由于钢筋混凝土的骨料可以就地取材，耗钢量少，加之水泥原料丰富，造价亦较便宜，防火性能和耐久性能好。所以钢筋混凝土结构是应用较广的一种结构形式，也是我国目前多层、高层建筑所采用的主要结构形式。

钢筋混凝土由钢筋和混凝土两种力学性能不同的材料组成。混凝土的抗压强度较高，抗拉强度却很低，钢筋的抗压和抗拉强度都很高。因此将两种材料合理地组合在一起，让混凝土主要承受压力，钢筋主要承受拉力，这样两种材料可以各自发挥其优势，使其具有良好的工作性能。

钢筋和混凝土能够结合在一起有效地共同工作，主要原因是：

（1）混凝土硬化后，钢筋与混凝土的接触面能牢固地粘合在一起，互相间不致滑动而能整体工作。

（2）钢筋和混凝土两种材料的温度线膨胀系数非常接近，当温度变化时，不致因各自伸缩不同，使其粘结破坏各自分离。

（3）钢筋埋入混凝土中，钢筋周围有混凝土形成的保护层，能防止钢筋锈蚀，使钢筋和混凝土能长期可靠地共同工作。

所以，钢筋加强了混凝土，混凝土保护了钢筋。二者协调一致，共同组成了性能良好的复合材料。钢筋混凝土结构具有下列优点：

（1）耐久性。在钢筋混凝土结构中，混凝土的强度随时间增长而增长，同时钢筋受混凝土保护不易锈蚀，因此其耐久性很好。

（2）耐火性。混凝土导热性能不良，火灾时，钢筋因有混凝土包裹而不致很快升温到失去承载力的程度，因此它比钢结构、木结构的耐火性能好。

（3）整体性。钢筋混凝土结构尤其是现浇的钢筋混凝土结构，其整体性能很好，有利于抗震、抗爆。

（4）可模性。混凝土可根据设计需要浇筑成各种形状和尺寸的结构。

钢筋混凝土结构的缺点是自重大、费工、模板用料多、施工周期长，且施工还受气候条件的限制。此外钢筋混凝土结构隔热、隔音的性能较差，加固或拆修也较困难。

高强度混凝土材料和各种低合金高强度钢筋和钢丝的出现，以及结构设计理论水平的提高，钢筋混凝土结构的应用跨度和高度都在不断增加，使钢筋混凝土结构成为应用最为广泛的结构。

3）钢结构

钢结构则是指建筑物的主要承重构件采用钢材制作的结构。它具有强度高，构件重量轻，且平面布局灵活，抗震性能好，施工速度快等特点。由于钢材造价高，目前主要用于大跨度、大空间以及高层建筑中。随着钢铁工业的发展，今后钢结构在建筑上的应用将会逐步扩大。此外,目前由于轻型冷轧薄壁型材及压型钢板的发展,也使得轻钢结构在低层以及多层、高层建筑的围护结构中得以广泛应用。钢结构有如下优点:

(1) 强度高、自重小。

(2) 塑性、韧性好。

(3) 钢材材质均匀,质量稳定,各向同性,可靠性高。

(4) 适于机械化加工,工业化生产。

(5) 有利于环保,发展循环经济。采用钢结构可大大减少砂、石、灰的用量,减轻对不可再生资源的破坏。钢结构拆除后可回炉再生循环利用;有的还可以搬迁重复作用,可大大减少建筑垃圾。因此采用钢结构有利于保护环境,节约资源,被认为是环保产品。

钢结构的缺点是:

(1) 虽然钢材耐热性能好,但耐火性能差。需要有相应的隔热及防火措施。

(2) 钢材易锈蚀。锈蚀严重时会影响结构的使用寿命,必须采取良好的防锈措施。

5.2 剪力墙结构体系

5.2.1 剪力墙的概念

当房屋层数更多或高宽比更大时,骨架式框架结构的梁、柱截面将增大到不经济甚至不合理的地步。这时,采用高强度的结构材料,虽然能够减少构件尺寸和减轻房屋的重量,但反过来这样又会使房屋更加柔软,并且对于水平力作用的反应更为敏感。因为框架结构在水平荷载作用下表现出"抗侧力刚度小,水平位移大"的柔性特点,框架对水平荷载的动力反应特别敏感,故风荷载或地震作用作为高层房屋设计中的决定因素。因此,当房屋向更高层发展时,解决问题的正确途径,应该是对高层建筑从提高抗侧力刚度方面着手,而提高抗侧力刚度的有效措施,就是在房屋中设置一些墙片——剪力墙。

5.2.2 剪力墙结构体系

"剪力墙"作为抗侧力构件用于高层建筑上,其主要效能在于提高房屋的抗侧力刚度。随着房屋高度的不断增加,所需抗侧力的要求也逐渐增长,为了满足房屋在一定高度时对刚度的要求能够得以实现,就必须运用"剪力墙"这一手段,并创造出各式各样的新型结构体系。

当前,剪力墙结构体系主要有如下四大类:

(1) 框架-剪力墙结构

就是在框架体系的房屋中设置一些剪力墙来代替部分框架,如图5-2所示。在整个体系中,框架与剪力墙同时存在,剪力墙承担绝大

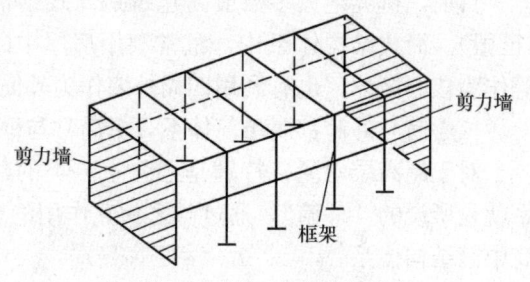

图 5-2 框架-剪力墙结构

部分的水平荷载，而框架则以负担竖向载荷为主，两者共同受力，合理分工，物尽其用。

框-剪结构由于是以框架体系为主体，以剪力墙为辅助补救框架结构之不足的一种组合体系，因此，这种结构体系属半刚性结构体系，这种结构适用于10～20层的房屋，最高不宜超过30层。

(2) 剪力墙结构

随着房屋层数和高度的进一步增加，水平载荷对房屋的影响更加厉害，如果仍然采用框架-剪力墙体系，则需要设置的剪力墙数将要大幅度增加，以至整个房屋中剩下的框架寥寥无几，为简化设计、施工起见，则宜采用全部剪力墙结构。

剪力墙结构是全部由剪力墙承重而不设框架的结构体系，剪力墙体系的墙体布置，实际上等于将砌体结构的砖墙换成现浇的钢筋混凝土墙。由于剪力墙结构体系全部由纵横墙体所组成，故房屋的刚度比框-剪体系更好，适用层数比框-剪更多。从经济上或使用上看，全剪力墙结构体系用于40层以下比较合适。

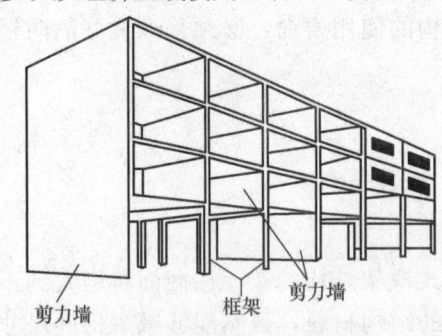

图 5-3 框支剪力墙结构

(3) 框支剪力墙结构

在旅馆或住宅等高层建筑中，往往底层作商店或停车场而需要大空间，这种情况下，常采用底层为框架的剪力墙结构，即所谓框支剪力墙结构体系，如图 5-3 所示。

这种结构体系由于以框架代替了若干片剪力墙，所以房屋的抗侧力刚度有所削弱，其刚度当然比全剪力墙体系差，不过又比框架-剪力墙体系要好，因为它毕竟还相当于全剪力墙体系的类型，就墙片本身来看，框支剪力墙的墙片相当于开大洞的剪力墙。

框支剪力墙结构对抗震要求较高的房屋，宜经过专门的试验研究后采用。

(4) 筒式结构

筒式结构是由框-剪结构与全剪结构的演变发展而来的，它将剪力墙集中到房屋的内部或外部形成封闭的筒体，筒体在水平载荷作用下好像一个竖向悬臂封闭箱，形象地说，好像一个碉堡。它的空间结构体系刚度极大，抗扭性能也好，又因为剪力墙的集中而不妨碍房屋的使用空间，使建筑平面设计重新获得良好的灵活性，所以适用于各种高层公共建筑和商业建筑。

目前，世界绝大多数最高建筑是筒式结构体系，如纽约的世界贸易中心大楼（已毁）。筒式结构体系中，常常利用房屋中的电梯井、楼梯间、管道井及服务间等作为核心筒体，也有利用四周外墙作为外筒体的。

核心筒与外筒都属单筒体系，单筒常与框架结合在一起，故也称"框筒"。

对于超高层房屋，特别是办公室一类的建筑，另一种体系已经形成，这种体系就是所说的"外筒"，通过与之相互作用的剪力墙式内核"内筒"组成，即所谓筒中筒结构体系。

筒中筒的出现，是对高度要求高，刚度要求大，内核与外筒之间要求有广阔的自由空间的房屋的一个合理解决办法。内核可作安置服务设施之用，结构上又有可以获得额外刚度的好处；外筒则可作为安装立面玻璃的框架之用。筒中筒结构体系适用于30层以上的超高层房屋，但经济高度以不超过80层为好。

各种筒式结构房屋的实体透视，如图5-4所示。

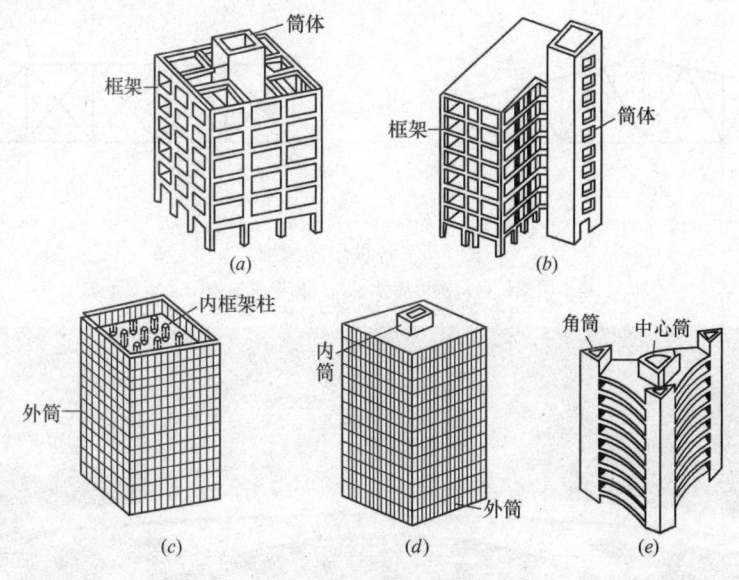

图5-4　各种筒式结构
(a) 框架内单筒结构；(b) 单筒外移式框架内单筒结构；(c) 框架外单筒结构；
(d) 筒中筒结构；(e) 组合筒结构

5.3　大跨度屋面建筑结构

大跨度结构不仅出现于工业厂房，而且也出现于各种公共建筑，如体育馆、展览馆、礼堂、机修库等。大跨度楼房结构包括门式刚架结构、薄腹梁结构、桁架结构、拱结构、薄壳结构、网架结构、悬索结构、薄膜结构和充气结构等，其中前4项属于平面结构体系，其余属于空间结构体系。下面仅对部分形式进行简要的说明。

5.3.1　桁架结构

桁架是由杆件组成的结构体系。在进行内力分析时，节点一般假定为铰节点，当荷载作用在节点上时，杆件只有轴向力，其材料的强度可得到充分发挥。桁架结构的优点是可利用截面较小的杆件组成截面较大的构件。单层厂房的屋架常选用桁架结构，如图5-5所示。

5.3.2　拱结构

拱的受力特点是一种有推力的结构，它的主要内力是轴向压力。由于拱式结构受力合理，在建筑和桥梁中被广泛应用。如图5-6所示我国有名的赵州桥就是拱结构形式。拱结构适用于体育馆、展览馆等建筑中。如图5-7所示，巴黎国家工业与技术展览中心，跨度206m，拱式结构，是当今世界有名的大跨度建筑。

拱是一种有推力的结构，拱脚必须能够可靠地传承水平推力。解决这个问题非常重要，通常可采用推力由拉杆承受或推力由两侧框架承受等措施。

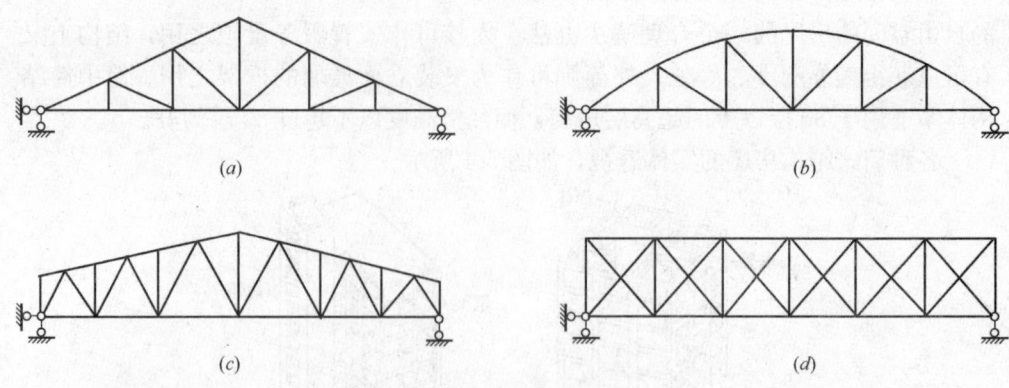

图 5-5 各种形式屋架
(a) 三角形屋架；(b) 拱形屋架；(c) 梯形屋架；(d) 矩形屋架

图 5-6 赵州桥

图 5-7 巴黎国家工业与技术展览中心

5.3.3 网架结构

网架是一种新兴的屋盖结构，它是由平面桁架发展起来的。把梁的中间受力不大的部分适当挖空就形成桁架，桁架的支承跨度比梁就可以增大几倍。但桁架毕竟还是单向受力的平面结构，如果利用几个平面桁架互相交叉结合起来就形成网架，如图 5-8 所示。所以，网架就是由复杂的杆件系统组成的超静定次数极高的空间结构。它具有各向受力性能，其支承跨度比桁架进一步增大，而材料消耗却比桁架减少。所以，网架结构是大、中跨度屋盖结构的一种理想的结构形式。

网架结构的各种杆件之间相互起支持作用，因此，它的整体性强，稳定性好，空间刚度大，是一种良好的抗震结构形式，尤其对大跨度建筑，其优越性更为显著。

网架结构具有如下优点：

(1) 网架是多向受力的空间结构，比单向受力的平面桁架适用跨度更大，一般可达到 30～60m，甚至 60m 以上。如图 5-9 所示。

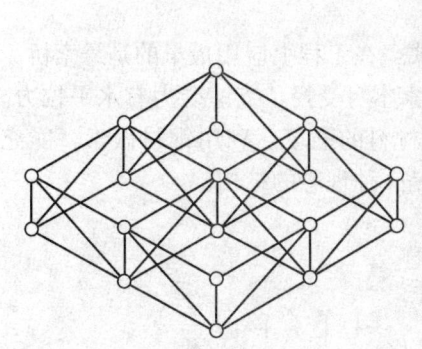
图 5-8 网架结构示意图

图 5-9 网架结构内景

(2) 由于网架的整体空间作用，杆件互相交持，刚度大，稳定性好，具有各向受力性能，应力分布均匀，用料方面可比桁架结构节省 30%。

(3) 网架是高次超静定结构。结构安全度特别大，倘若某一构件受压弯曲，也不会导致破坏。

(4) 网架屋盖的网格形式，为屋面铺设覆盖材料和无天花装饰或灯具布置等提供方便，使之衬托得更加壮丽、优美。

网架结构不仅适用于中小跨度的工业与民用建筑，而且尤其适用于大跨度的体育馆、展览馆、影剧院、大会堂等屋盖结构。它适用于多种建筑平面形状，如圆形、方形、多边形等，造型也很壮观，因此，应用逐渐广泛。

上海体育馆是网架结构工程，如图 5-10 所示。该馆位于上海市西南郊，包括比赛馆、练习馆、运动员宿舍、食堂及其他附属建筑。体育馆建筑面积为 3.1 万 m^2，可容纳 1.8 万名观众，固定看台有 1.6 万个座席，活动看台 2 千个座席。观众厅为圆形，屋盖直径为 110m，使用球节点三向钢网架结构，周边支承在 36 根柱子上。网架高度为 6m，网格尺寸为 6.11m，用钢量为 47kg/m^2（节点 4.6kg/m^2）。

图 5-10　上海体育馆透视图

屋面采用铝合金板、三防布、望板钢檩条体系。

5.3.4　悬索结构

悬索结构是大跨度屋盖的一种理想结构形式，在工程上应用最早的是悬索桥。

悬索结构的受力很简单，如图 5-11 所示。索本身受拉，支座受力有水平拉力。悬索是轴心受拉，轴心受力的构件能充分利用材料的强度。利用钢材做索，能充分发挥钢材受拉性能好的优点。所以钢悬索就是一种理想的结构。

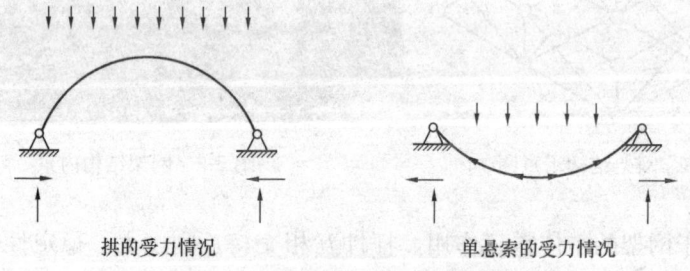

图 5-11　悬索与拱的受力比较

不过单索结构与拱结构一样，都是平面结构体系。如果我们利用单索互相交叉组成"索网"，就形成多向受力的空间结构——悬索结构。

(1) 主要承重构件就是索，索网仅受轴向拉力，既无弯矩，也无剪力，受力简单。更有利于钢材做"索"。

(2) 钢索材料采用高强度的钢绞线或钢丝绳，因而整个索网的结构自重小，强度大，能够跨越很大的跨度。

(3) 悬索与拱一样，应注意对支座水平反力的处理，采用合理的支座形式。索网的支座叫"边缘构件"。

(4) 边缘构件是索网的边框，无边框则索网不能成型。所以边缘构件是悬索结构的重要组成部分，而且是决定悬索结构形式的重要依据。图 5-12 为悬索屋盖的组成部分。

北京亚运会的奥林匹克体育中心的屋面就是悬索结构，如图 5-13 所示。

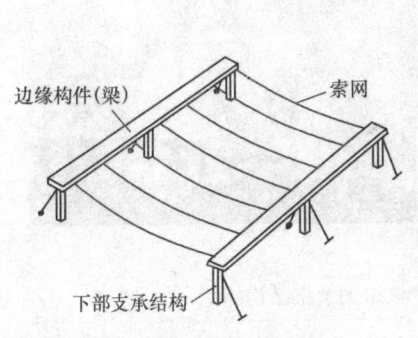

图 5-12　悬索屋盖的组成

图 5-13　北京亚运会的奥林匹克体育中心

5.3.5　壳体结构

壳体结构属于薄壁空间结构，它的厚度比其他尺寸（如跨度）小得多，所以称薄壁。它属于空间受力结构，主要承受曲面内的轴向压力，弯矩很小。它的受力比较合理，材料强度能得到充分利用。薄壳常用于大跨度的屋盖结构，如展览馆、俱乐部、飞机库等。薄壳结构多采用现浇钢筋混凝土，费模板、费工时。

如图 5-14 所示，北京天文馆顶盖为半球形圆顶，直径 25m，壳面厚 6cm，结构自重约 200kg/m²。北京火车站大厅，35m×35m 的双曲面扁壳屋盖，壳板为 8cm，宽敞明亮，是一成功的范例，如图 5-15 所示。

图 5-14　北京天文馆顶盖

图 5-15　北京火车站

5.4　典型建筑简介

（1）奥运"鸟巢"（国家体育场）与"水立方"（国家游泳中心）建筑

2008 年北京奥运会工程中有两个大跨度结构格外耀眼，一是目前世界上跨度最大的钢结构建筑—"鸟巢"（国家体育场），另一个是世界上首个基于"肥皂泡理论"建造的多面体钢架结构建筑—"水立方"（国家游泳中心）。这两个堪称"世界之最"的场馆建筑，无疑为世界留下崭新的"奥运建筑遗产"。

北京奥运会（第 29 届）主会场国家体育场"鸟巢"（见图 5-16）的设计方案是

图 5-16 国家体育场"鸟巢"效果图及钢结构施工

经全球设计竞赛产生的,由瑞士赫尔佐格和德梅隆设计事务所、ARUP 工程顾问公司及中国建筑设计研究院设计联合体共同设计的。该方案主体由一系列钢桁架围绕碗状座席区编制而成,空间结构新颖,建筑和结构浑然一体,独特、美观,具有很强的震撼力和视觉冲击力。它的立面与结构统一在一起,形成格栅一样的结构。格栅由 1.2m×1.2m 的银色钢梁组成,宛如金属树枝编织而成的巨大鸟巢。体育场表层架构之间的空间覆盖 ETFE(四氟乙烯)薄膜。坐落在北京奥林匹克公园内,建筑面积 25.8 万 m^2,采用钢结构。钢结构屋盖呈双曲面马鞍形,东西轴长 298m、南北轴长 333m,最高点 69m、最低点 40m,"鸟巢"能容纳观众 9.1 万人,其中包括 1.1 万个临时座席。2008 年北京奥运会开、闭幕式都在此举行,这里同时还承担奥运会田径和足球项目的比赛。"鸟巢"于 2003 年 12 月开工,混凝土主体看台工程于 2005 年 11 月 15 日封顶,钢结构主体工程于 2006 年 8 月 31 日完成合拢,在 2007 年 10 月全部"搭成"。

国家游泳中心(见图 5-17)是 2008 年奥运会比赛场馆之一,其创意来自于肥皂泡的结构,因其外观酷似一个蓝色方盒子而被称为"水立方"。它是世界上第一个尝试实现这一肥皂泡结构体系的建筑。

国家游泳中心墙体和屋盖钢结构工程采用国内外首创的新型多面体空间钢架结构,总构件数为 30513 个,共用钢 6700 t。"水立方"的建筑外维护采用新型的环保节能 ETFE(四氟乙烯)膜材料,由 3000 多个气枕组成,覆盖面积达到 10 万 m^2。

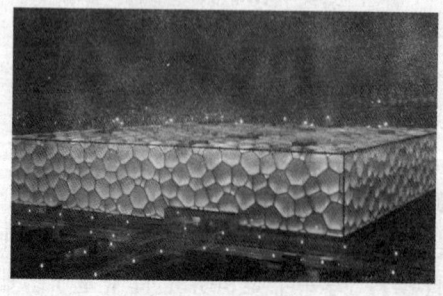 

图 5-17 "水立方"效果图及施工现场

(2) 几个超高层建筑简介

目前，据世界高楼协会排名，全球10座最高摩天大楼分别是：阿联酋迪拜塔、台北101大楼、上海环球金融中心、马来西亚国家石油公司双塔大楼、南京紫峰大厦、芝加哥西尔斯大厦、上海金茂大厦、香港国际金融中心大厦、广州中信广场大厦、深圳信兴广场大厦（地王大厦）。当今世界十大高楼当中，中国占7栋，但名次在不断变化中。

上海环球金融中心（Shanghai World Financial Center）位于上海市浦东新区世纪大道100号，楼高101层，492m，见图5-18。

台北101大楼（见图5-19）位于中国台北，2004年建成，共101层，楼高508m。它融合东方古典文化及台湾本土特色，造型宛若劲竹节节高升、柔韧有余，象征生生不息的中国传统建筑内涵。运用高科技材质及创意照明，以透明、清晰营造视觉穿透效果，与周闹环境和谐融合，为人们带来视觉上全新体验。

图5-18 上海环球金融中心

图5-19 台北101大楼

马来西亚石油公司双塔大厦，如图5-20所示，位于吉隆坡市中心美芝律，高88层，是当今世界闻名的超级建筑。巍峨壮观，气势宏伟，是马来西亚人的骄傲。它曾以491.5m的高度打破了西尔斯大厦保持了22年的世界纪录。此工程1993年12月27日动工，1996年2月13日封顶，1997年建成投入使用。登上双塔大厦，整个吉隆坡秀丽风光尽收眼底，夜间城内灯火辉煌，景色尤为壮美。

金茂大厦1998年建成于上海，如图5-21所示，具有中国传统特色的超高层建筑，它由美国SOM设计事务所主设计。大厦占地2.3万m^2，建筑面积28.95万m^2。高420.15m，地上88层，地下3层。主楼1～52层为办公用房，53～87层为五星级酒店，88层为观光层。大厦充分体现了中国的传统文化与现代高科技相融合的特点，既是中国古老塔式建筑的延伸与发展，也是海派建筑风格在浦东的体现。

图 5-20　马来西亚石油公司双塔大厦　　图 5-21　金茂大厦

5.5　结构抗震知识简介

地震,是人们通过感觉和仪器感受到的地面振动。它与风雨、雷电一样,是一种极为普遍的自然现象。强烈的地面振动,即强烈地震,会直接和间接造成破坏,成为灾害,凡由地震引起的灾害,统称为地震灾害。

地震的发震时刻、震中和震级,称为地震三要素。发震时刻就是地震发生的时刻。地震发生的地点叫做震中,常用经度和纬度来表示,当然也要标明该地的地名。

地球是一个略微有点扁的圆球,由地壳、地幔、地核三部分组成。地球上每天都要发生上万次地震,这些地震都发生在地壳和地幔中的特殊部位,我们把地球内部发生地震的地方叫做震源。震源在地面的投影叫震中。实际上震中是一个区域,即震中区。震源到地面的垂直距离叫震源深度。根据震源深度可分为浅源地震($h \leqslant 70km$)、中源地震($h = 70 \sim 100km$)和深源地震($h > 300km$)。

地震分为天然地震和人工地震两大类。

天然地震主要是构造地震。它是由于地下深处岩石破裂、错动把长期积累起来的能量急剧释放出来,以地震波的形式向四面八方传播出去,到地面引起的房摇地动。构造地震约占地震总数的 90% 以上。其次是由火山喷发引起的地震,称为火山地震,约占地震总数的 7%。此外,某些特殊情况下也会产生地震,如岩洞崩塌(陷落地震)、大陨石冲击地面(陨石冲击地震)等。人工地震是由人为活动引起的地震。如工业爆破、地下核爆炸造成的振动;在深井中进行高压注水以及大水库蓄水后增加了地壳的压力,有时也会诱发地震。一般所说的地震,多指天然地震,特别是构造地震,它对人类的危害最大。

(1) 地震作用

地震作用指地震时地面运动引起建筑结构的动态作用。地震作用分为水平地震作用和竖向地震作用。各类建筑结构应考虑各构件最不利方向的水平地震作用。9度设防烈度的大跨度结构、长悬臂结构、烟囱等高耸结构、9度设防烈度的高层建筑，应考虑竖向地震作用。

(2) 地震级

地震级是衡量一次地震所释放能量大小的尺度，一次地震，震级只有一个。地震的大小用震级 M 来表示。国际通用的是里氏地震级。小于 2 级的地震称为无感地震或微震，2～5 级地震，称为有感地震，5 级以上地震，称为破坏性地震，其中 7 级以上，称为强烈地震。一次地震只有一个震级。如一次 5 级地震释放的能量相当于二万吨 TNT 爆炸时所释放的能量。震级相差 1.0 级，能量相差 30 倍。

(3) 地震烈度

地震烈度是指地面及各种建筑物遭受一次地震破坏的强弱程度。相应这次地震，不同地区则有不同的抗震烈度；抗震设防烈度是按照国家规定的权限批准作为一个地区抗震设防依据的地震烈度。分为 1～12 度。一次地震对远近不同地点有不同的烈度。也就是说，对于某一个给定的地区来说，每次发生地震的震级是不定的；但是抗震设防烈度是国家规定好的，这个就目前来说是固定不变的。

地震烈度在建筑结构设计时分为基本烈度和设计烈度两种。基本烈度是指一地区在今后一定时期内，在一般场地条件下可能遭遇的最大地震烈度。设计烈度又称设防烈度，指建筑物抗震设计时实际采用的抗震烈度。一般情况下可采用基本烈度作为设防烈度；而做过抗震防灾规划的城市，可按批准的抗震设计区划进行抗震设防。设防烈度是地震区建筑物进行抗震设计的基本依据。

(4) 中国地震烈度区划图

地震烈度区划是根据国家抗震设防需要和当前的科学技术水平，按照长时期内各地可能遭受的地震危险程度对国土进行划分，以图件的形式展示地区间潜在地震危险性的差异。中国从 20 世纪 30 年代开始作地震区划工作。新中国建立以来，曾三次（1956 年、1977 年、1990 年）编制全国性的地震烈度区划图。现行的 1:400 万《中国地震烈度区划图》（1990 年）的编制采用当前国际上通用的地震危险性分析的综合概率法，并作了重要的改进。1992 年 5 月经国务院批准由国家地震局和建设部联合颁布使用。图上所标示的地震烈度值系指在 50 年期限内、一般场地土条件下、可能遭遇的地震事件中超越概率为 10% 所对应的烈度值（50 年期限内超越概率为 10% 的风险水平是国际上普遍采用的一般建筑物抗震设计标准）。因此这张图可以作为中小工程（不包括大型工程）和民用建筑的抗震设防依据、国家经济建设和国土利用规划的基础资料，同时也是制定减轻和防御地震灾害对策的依据。

(5) 抗震设计

抗震设计中，根据使用功能的重要性把建筑物分为甲、乙、丙、丁四个抗震设防类别。甲类建筑应属于重大建筑工程和地震时可能发生严重次生灾害的建筑，乙类建筑应属于地震时使用功能不能中断或需尽快恢复的建筑，丙类建筑应属于除甲、乙、丁类以外的一般建筑，丁类建筑应属于抗震次要建筑。

各抗震设防类别建筑的抗震设防标准，应符合下列要求：

甲类建筑，地震作用应高于本地区抗震设防烈度的要求，其值应按批准的地震安全性评价结果确定；抗震措施，当抗震设防烈度为6~8度时，应符合本地区抗震设防烈度提高一度的要求，当为9度时，应符合比9度抗震设防更高的要求。

乙类建筑，地震作用应符合本地区抗震设防烈度的要求，抗震措施，一般情况下，当抗震设防烈度为6~8度时，应符合本地区抗震设防烈度提高一度的要求，当为9度时，应符合比9度抗震设防更高的要求；地基基础的抗震措施，应符合有关规定。对较小的乙类建筑，当其结构改用抗震性能较好的结构类型时，应允许仍按本地区抗震设防烈度的要求采取抗震措施。

丙类建筑，地震作用和抗震措施均应符合本地区抗震设防烈度的要求。

丁类建筑，一般情况下，地震作用仍应符合本地区抗震设防烈度的要求；抗震措施应允许比本地区抗震设防烈度的要求适当降低，但抗震设防烈度为6度时不应降低。

当抗震设防烈度为6度时，除规范有具体规定外，对乙、丙、丁类建筑可不进行地震作用计算，但仍采取相应的抗震措施。

（6）抗震设防目标

抗震设防目标是指建筑结构遭遇不同水准的地震影响时，对结构、构件、使用功能、设备的损坏程度及人身安全的总要求。建筑设防目标要求建筑物在使用期间，对不同频率和强度的地震，应具有不同的抵抗能力，对一般较小的地震，发生的可能性大，故又称多遇地震，这时要求结构不受损坏，在技术上和经济上都可以做到；而对于罕遇的强烈地震，由于发生的可能性小，但地震作用大，在此强震作用下要保证结构完全不损坏，技术难度大，经济投入也大，是不合算的，这时若允许有所损坏，但不倒塌，则将是经济合理的。因此，中国的《建筑抗震设计规范》中根据这些原则将抗震目标与三种烈度相应，分为三个水准，具体描述为：

第一水准：当遭受低于本地区抗震设防烈度的多遇地震（或称小震）影响时，建筑物一般不受损坏或不需修理仍可继续使用。第二水准：当遭受本地区规定设防烈度的地震（或称中震）影响时，建筑物可能产生一定的损坏，经一般修理或不需修理仍可继续使用。第三水准：当遭受高于本地区规定设防烈度的预估的罕遇地震（或称大震）影响时，建筑可能产生重大破坏，但不致倒塌或发生危及生命的严重破坏。通常将其概括为："小震不坏，中震可修、大震不倒"。也就是说，6度设防的工程项目，假如地震烈度为5度以下（含5度），建筑物不坏；地震烈度为6度，建筑物可修；地震烈度为7度，建筑物不倒。

上面提到的小震、基本烈度、大震之间的大致关系为：小震比基本烈度低1.55度；大震比基本烈度高1度左右。

复 习 思 考 题

1. 砌体结构有何优缺点？适用范围如何？

2. 钢筋混凝土结构有何优缺点？
3. 钢结构有何优缺点？
4. 简述拱结构的特点，适用范围。
5. 简述网架结构的优点，适用范围。
6. 什么是地震烈度？什么是基本烈度？我国的抗震设防目标是什么？

第6章 建筑施工概述

建筑工程施工的基本任务是研究建筑工程施工技术和组织的一般规律、建筑工程施工工艺原理和土木工程施工新技术、新工艺的发展和应用。内容包括土方工程、基础工程、钢筋混凝土工程、流水施工基本原理、网络计划技术、施工组织设计等。本章仅对主要的建筑施工过程做简要介绍。

6.1 建筑物定位测量

建筑物的定位是根据设计所给定的条件，将建筑物四周外廓主轴线的交点（简称角桩），测设到地面上，作为测设建筑物桩位轴线的依据，这就是通常所说的建筑物定位测量。由于在桩基础施工时，所有的角桩均要因施工而被破坏无法保存，为了满足桩基础竣工后续工序恢复建筑物桩位轴线和测设建筑物开间轴线的需要，所以在建筑物定位测量时，不是直接测设建筑物外廓主轴线交点的角桩，而是在距建筑物四周外廓 5～10m，并平行建筑物处，首先测设一个建筑物定位矩形控制网，作为建筑物定位基础，然后测出桩位轴线在此定位矩形控制网上的交点桩，称之为轴线控制桩（或叫引桩）。

1) 编制桩位测量放线图及说明书

为便于桩基础施工测量，在熟悉资料的基础上，在作业前需编制桩位测量放线图及说明书。

（1）确定定位轴线。为便于施测放线，对于平面成矩形，外形整齐的建筑物一般以外廓墙体中心线作为建筑物定位主轴线，对于平面成弧形，外形不规则的复杂建筑物是以十字轴线和圆心轴线作为定位主轴线。以桩位轴线作为承台桩的定位轴线。

（2）根据桩位平面图所标定的尺寸，建立与建筑物定位主轴线相互平行的施工坐标系统，一般应以建筑物定位矩形控制网西南角的控制点作为坐标系的起算点，其坐标应假设成整数。

（3）为避免桩点测设时的混乱，应根据桩位平面布置图对所有桩点进行统一编号，桩点编号应由建筑物的西南角开始，从左到右，从下而上的顺序编号。

（4）根据设计资料计算建筑物定位矩形网、主轴线、桩位轴线和承台桩位测设数据，并把有关数据标注在桩位测量放线图上。

（5）根据设计所提供的水准点（或标高基点），拟定高程测量方案。

2) 建筑物的定位

根据设计所给定的定位条件不同，建筑物的定位主要有 5 种不同形式：一是根据原建筑物定位；二是根据道路中心线（或路沿）定位；三是根据城市建设规划红线定位；四是根据建筑物施工方格网定位；五是根据三角点或导线点定位。

在建筑物定位测量时，可根据设计所给的定位形式选用直角坐标法、内分法、极坐标法、角度或距离交会法、等腰三角形与勾股弦等测量方法。为确保建筑物的定位精度，对角度的测设均要按经纬仪的正倒镜位置测定，距离丈量必须按精密测量方法进行。

6.2 土方施工

土方工程的施工主要包括土方开挖、土方运输、土方回填和填土的压实等作业。

开挖前先进行测量定位、抄平放线，设置好控制点。

6.2.1 土方开挖

根据《危险性较大的分部分项工程安全管理办法》（建质〔2009〕87号），对深基坑的界定如下：开挖深度超过5m（含5m）的基坑（槽）的土方开挖、支护、降水工程；开挖深度虽未超过5m，但地质条件、周围环境和地下管线复杂，或影响毗邻建筑（构筑）物安全的基坑（槽）的土方开挖、支护、降水工程。

1) 开挖原则

基坑一般采用"开槽支撑、先撑后挖、分层开挖、严禁超挖"的开挖原则进行。

2) 浅基坑开挖

基坑开挖程序一般是：测量放线—分层开挖—排降水—修坡—整平—留足预留土层等。

开挖前，应根据工程结构形式、基坑深度、地质条件、周围环境、施工方法、施工工期和地面荷载等资料，确定基坑开挖方案和地下水控制施工方案。

基坑边缘堆置土方和建筑材料，或沿挖方边缘移动运输工具和机械，一般应距基坑上部边缘不少于2m，堆置高度不应超过1.5m。在垂直的坑壁边，此安全距离还应适当加大，软土地区不宜在基坑边堆置弃土。

基坑周围地面应进行防水、排水处理，严防雨水等地面水浸入基坑周边土体。

基坑开挖完成后，应及时清底、验槽，减少暴露时间，防止暴晒和雨水浸刷破坏地基土的原状结构。

3) 深基坑开挖

土方开挖顺序，必须与支护结构的设计工况严格一致。

深基坑工程的挖土方案，主要有放坡挖土、中心岛式（也称墩式）挖土、盆式挖土和逆作法挖土。前者无支护结构，后三种皆有支护结构。

放坡开挖是最经济的挖土方案。当基坑开挖深度不大、周围环境允许，经验算能确保土坡的稳定性时，可采用放坡开挖。

中心岛（墩）式挖土，宜用于大型基坑，支护结构的支撑形式为角撑、环梁式或边桁（框）架式，中间具有较大空间情况下。此时可利用中间的土墩作为支点搭设栈桥。挖土机可利用栈桥下到基坑挖土，运土的汽车亦可利用栈桥进入基坑运土。优点：可以加快挖土和运土的速度。缺点：由于首先挖去基坑四周的土，支护结构受荷时间长,在软黏土中时间效应显著,有可能增大支护结构的变形量,对于支护结构受力不利。

盆式挖土是先开挖基坑中间部分的土,周围四边留土坡,土坡最后挖除。优点:周边的土坡对围护墙有支撑作用,有利于减少围护墙的变形。缺点:大量的土方不能直接外运,需集中提升后装车外运。

当基坑较深,地下水位较高,开挖土体大多位于地下水位以下时,应采取合理的人工降水措施,降水时应经常注意观察附近已有建筑物或构筑物、道路、管线,有无下沉和变形。

开挖时应对平面控制桩、水准点、基坑平面位置、水平标高、边坡坡度等经常进行检查。

6.2.2 基坑验槽及局部不良地基的处理方法

1) 验槽时必须具备的资料

(1) 详勘阶段的岩土工程勘察报告;

(2) 附有基础平面和结构总说明的施工图阶段的结构图;

(3) 其他必须提供的文件或记录。

2) 验槽程序

(1) 在施工单位自检合格的基础上进行。施工单位确认自检合格后提出验收申请。

(2) 由总监理工程师或建设单位项目负责人组织建设、监理、勘察、设计及施工单位的项目负责人、技术质量负责人,共同按设计要求和有关规定进行。

3) 验槽的主要内容

不同建筑物对地基的要求不同,基础形式不同,验槽的内容也不同,验槽主要有以下几点:

(1) 根据设计图纸检查基槽的开挖平面位置、尺寸、槽底深度是否与设计图纸相符,开挖深度是否符合设计要求。

(2) 仔细观察槽壁、槽底土质类型、均匀程度和有关异常土质是否存在,核对基坑土质及地下水情况是否与勘察报告相符。

(3) 检查基槽之中是否有旧建筑物基础、古井、古墓、洞穴、地下掩埋物及地下人防工程等。

(4) 检查基槽边坡外缘与附近建筑物的距离,基坑开挖对建筑物稳定是否有影响。

(5) 天然地基验槽应检查核实分析钎探资料,对存在的异常点位进行复核检查。桩基应检测桩的质量合格。

4) 验槽方法

地基验槽通常采用观察法。对于基底以下的土层不可见部位,通常采用钎探法。

(1) 观察法

观察槽壁、槽底的土质情况,验证基槽开挖深度,初步验证基槽底部土质是否与勘察报告相符,观察槽底土质结构是否被人为地破坏。验槽时应重点观察柱基、墙角、承重墙下或其他受力较大部位；基槽边坡是否稳定。

(2) 钎探法

钎探是用锤将钢钎打入坑底以下的土层内一定深度，根据锤击次数和入土难易程度来判断土的软硬情况及有无古井、古墓、洞穴、地下掩埋物等。钎探后的孔要用砂灌实。

(3) 轻型动力触探

遇到下列情况之一时，应在基底进行轻型动力触探：

①持力层明显不均匀。

②浅部有软弱下卧层。

③有浅埋的坑穴、古墓、古井等，直接观察难以发现时。

④勘察报告或设计文件规定应进行轻型动力触探时。

6.2.3 土方回填

1) 土料要求与含水量控制

填方土料应符合设计要求，保证填方的强度和稳定性。一般不能选用淤泥、淤泥质土、膨胀土、有机质大于8%的土、含水溶性硫酸盐大于5%的土、含水量不符合压实要求的黏性土。填方土应尽量采用同类土。土料含水量一般以手握成团、落地开花为适宜。在气候干燥时，须采取加速挖土、运土、平土和碾压过程，以减少土的水分散失。当填料为碎石类土（充填物为砂土）时，碾压前应充分洒水湿透，以提高压实效果。

2) 基底处理

清除基底上的垃圾、草皮、树根、杂物，排除坑穴中积水、淤泥和种植土，将基底充分夯实和碾压密实。

应采取措施防止地表滞水流入填方区，浸泡地基，造成基土下陷。

当填土场地地面陡于1/5时，应先将斜坡挖成阶梯形，阶高不大于1m，台阶高宽比为1∶2，然后分层填土，以利结合和防止滑动。

3) 土方填筑与压实

填方的边坡坡度应根据填方高度、土的种类和其重要性确定。对使用时间较长的临时性填方边坡坡度，当填方高度小于10m时，可采用1∶1.5；超过10m，可作成折线形，上部采用1∶1.5，下部采用1∶1.75。

填土应从场地最低处开始，由下而上整个宽度分层铺填。每层虚铺厚度应根据夯实机械确定，一般情况下每层虚铺厚度及压实遍数见表6-1。

填土施工分层厚度及压实遍数　　　　表6-1

压实机具	平碾	振动压实机	柴油打夯机	人工打夯
分层厚度（mm）	250~300	250~350	200~250	<200
每层压实遍数（次）	6~8	3~4	3~4	3~4

填方应在相对两侧或周围同时进行回填和夯实。

填土应尽量采用同类土填筑，填方的密实度要求和质量指标通常以压实系数 λ_c 表示。压实系数为土的控制（实际）干土密度 ρ_d 与最大干土密度 ρ_{dmax} 的比值。

最大干土密度 ρ_{dmax} 是当最优含水量时,通过标准的击实方法确定的。某种土体的干密度与含水量关系如图 6-1 所示。填土应控制土的压实系数 λ_C 满足设计要求。

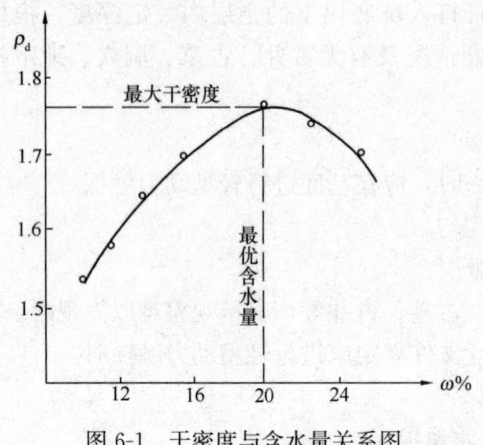

图 6-1 干密度与含水量关系图

6.3 基础工程

一般工业与民用建筑物多采用天然浅基础,它造价低,施工简便。如果天然浅土层软弱,可采用机械压实、深层搅拌、堆载预压、砂桩挤密、化学加固等方法进行人工加固,形成人工地基浅基础。建筑物上部载荷很大的工业建筑或对变形和稳定有严格要求的一些特殊建筑或高层建筑,无法采用浅基础时,经过技术经济比较后采用深基础。

深基础是指桩基础、墩基础、深井基础、沉箱基础和地下连续墙等,其中桩基础应用最广。深基础不但可用深部较好的土层来承受上部荷载,还可以用深基础周壁的摩擦阻力来共同承受上部载荷,因而其承载力高、变形小、稳定性好,但其施工技术复杂、造价高、工期长。本书仅简单介绍桩基础工程。

桩基础是一种常用的深基形式,它由桩和桩顶的承台组成。

按桩的受力情况,桩分为摩擦桩和端承桩两类,如图 6-2 所示。前者桩上的荷载由桩侧摩擦力和桩端阻力共同承受;后者桩上的荷载主要由桩端阻力承受。

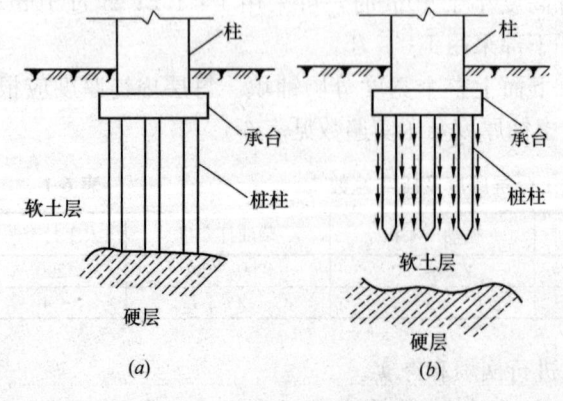

图 6-2 端承桩与摩擦桩
(a) 端承桩;(b) 摩擦桩

按桩的施工方法,桩分为预制桩和灌注桩两类。预制桩是在工厂或施工现场制成的各种材料和形式的桩(如木桩、钢筋混凝土方桩、预应力钢筋混凝土管桩、钢管或型钢的钢桩等),而后用沉桩设备将桩打入、压入、旋入或振入(有时还兼用高压水冲)土中。

钢筋混凝土预制桩能承受较大的荷载、坚固耐久、施工速度快，但对周围环境影响较大，是我国广泛应用的桩型之一。常用的为钢筋混凝土方形实心断面桩和圆形实心断面桩。除此之外，预应力混凝土桩也正在推广应用。钢筋混凝土方桩的截面尺寸，边长多为250～550mm。单根桩或多节桩的单根长度，应根据桩架高度、制作场地、运输和装卸能力而定。多节桩如用电焊法点焊接桩时，节点的竖向位置尚应避开土层中的硬夹层。桩的接头不宜超过两个。如在工厂制作，长度不宜超过12m；如在现场预制，长度不宜超过30m。

钢筋混凝土圆柱体空心管桩，是以离心法在工厂生产预制桩，通常都施加预应力，直径为400mm和600mm，壁厚100mm，每节长8～10m，用法兰连接。下节桩底端可设桩尖，亦可以是开口的。

灌注桩是在施工现场的桩位上用机械或人工成孔，然后在孔内灌注混凝土或钢筋混凝土而成。根据成孔方法不同分为钻孔、挖孔、冲孔灌注桩以及沉管灌注桩和爆破桩。在成孔内灌注砂、石灰等，则称为砂桩、石灰桩等。

灌注桩能适应地层的变化，无须接桩，施工时无振动、无挤土和噪声小，宜在建筑物密集地区使用。但其操作要求严格，施工后需一定养护期，且不能立即承受荷载。

6.4 砌体工程

砌筑工程是指普通黏土砖、硅酸盐类砖、石块和各种砌块的施工。

砖石建筑在我国有悠久的历史，目前在建筑工程中仍占有一定的比重。其优点是：生产方面取材方便、制造简单、成本低廉；功能方面有一定的保温、隔热、隔声、防火、防冻效果；受力方面有一定的承载能力；施工方面操作简单，不需大型设备。当然也存在一些缺点：以手工操作为主、施工速度慢、劳动强度大、生产效率低、自重大，尤其是大量使用黏土砖占用大量农田。鉴于此种情况，我国各地对砖墙材料不断进行改革，我国已明令禁止使用黏土实心砖。

利用工业废料而制作的砌块，如粉煤灰硅酸盐砌块、普通混凝土空心砌块、煤矸石硅酸盐空心砌块等越来越普及。新工艺材料如加气混凝土砌块、蒸压灰砂砖，它们在尺寸、强度各方面可以完全代替烧制黏土砖。研发新型墙体材料以及改善砌体施工工艺是砌筑工程改革的重点。

砌筑工程是一个综合的施工过程，它包括砂浆制备、材料运输、脚手架搭设和墙体砌筑等。

6.4.1 材料准备工作

砖砌体墙由砖和砂浆两种材料组成。

(1) 砖

砖的种类很多，按组成材料分有灰砂砖、页岩砖、煤矸石砖、水泥砖及各种工业废料砖，如粉煤灰砖、炉渣砖等；按生产形状分有实心砖、多孔砖、空心砖等。

黏土砖有普通黏土砖和烧结多孔砖，是以黏土为主要原料，经成型、干燥、焙烧而成。根据生产方法的不同，有青砖和红砖之分。而免烧黏土砖是采用山地黏土，配以适量的水泥、化学添加剂等，经半干压制成型后养护而成。

砖的强度以强度等级分为 MU30、MU25、MU20、MU15、MU10 共五级。

砌筑烧结普通砖、烧结多孔砖、蒸压灰砂砖、蒸压粉煤灰砖砌体时，砖应提前 1～2d 适度湿润，严禁采用干砖或处于吸水饱和状态的砖砌筑，块体湿润程度宜符合下列规定：

①烧结类块体的相对含水率 60%～70%；

②混凝土多孔砖及混凝土实心砖不需浇水湿润，但在气候干燥炎热的情况下，宜在砌筑前对其喷水湿润。其他非烧结类块体的相对含水率 40%～50%。

(2) 砂浆

砂浆是砌体的粘结材料。它将砖块胶结成为整体，并将砖块之间的空隙填平、密实，便于使上层砖块所承受的荷载逐层均匀地传至下层砖块，保证砌体的强度。

砌筑墙体的砂浆常用的有水泥砂浆、石灰砂浆和混合砂浆三种。砂浆种类选择及其等级的确定，应根据设计要求。

水泥砂浆属水硬性材料，强度高，较适合于砌筑潮湿环境下的砌体。

石灰砂浆属气硬性材料，强度不高，多用于砌筑次要的民用建筑中地面以上的墙体，不宜用于潮湿环境的砌体及基础，因为石灰属气硬性胶凝材料，在潮湿环境中，石灰膏不但难以结硬，而且会出现溶解流散现象。混合砂浆由水泥、石灰膏、砂加水拌和而成，这种砂浆强度较高，和易性和保水性较好，常用于砌筑地面以上的砌体。

制备混合砂浆和石灰砂浆用的石灰膏，应经筛网过滤并在化灰池中熟化 7d 以上，严禁使用脱水硬化的石灰膏。

水泥砂浆及预拌砌筑砂浆强度分 7 级：M5、M7.5、M10、M15、M20、M25、M30。水泥混合砂浆分 4 级：M5、M7.5、M10、M15。

砂浆的拌制一般用砂浆搅拌机，要求拌和均匀。为改善砂浆的保水性可掺入黏土、电石膏、粉煤灰等塑化剂。

现场拌制的砂浆应随拌随用，拌制的砂浆应在 3h 内使用完毕；当施工期间最高气温超过 30℃时，应在 2h 内使用完毕。预拌砂浆及蒸压加气混凝土砌块专用砂浆的使用时间应按照厂方提供的说明书确定。

砌筑砂浆应进行配合比设计。当砌筑砂浆的组成材料有变更时，其配合比应重新确定。砌筑砂浆的稠度宜按表 6-2 的规定采用。

砌筑砂浆的稠度　　　　　　　　　　　表 6-2

砌 体 种 类	砂 浆 稠 度（mm）
烧结普通砖砌体、蒸压粉煤灰砖砌体	70～90
混凝土实心砖、混凝土多孔砖砌体 普通混凝土小型空心砌块砌体、蒸压灰砂砖砌体	50～70
烧结多孔砖、空心砖砌体 轻骨料小型空心砌块砌体、蒸压加气混凝土砌块砌体	60～80
石砌体	30～50

注：1. 采用薄灰砌筑法砌筑蒸压加气混凝土砌块砌体时，加气混凝土粘结砂浆的加水量按照其产品说明书控制；
　　2. 当砌筑其他块体时，其砌筑砂浆的稠度可根据块体吸水特性及气候条件确定。

6.4.2 脚手架与材料运输

（1）脚手架

砌筑用脚手架是砌筑过程中堆放材料和工人进行操作的临时性设施。按其搭设位置分为外脚手架和里脚手架两大类；按其所用材料分为木脚手架、竹脚手架与金属脚手架；按其构造形式分为多立杆式、框式、桥式、吊式、挂式、升降式以及用于楼层之间操作的工具式脚手架等。对脚手架的基本要求是：其宽度应满足工人操作、材料堆置和运输的需要，坚固稳定，装拆简便，能多次周转使用。脚手架的宽度一般为1.2～1.5m，砌筑用脚手架的步架高一般为1.2～1.4m，外脚手架考虑到砌筑、装饰两用，其步架高一般为1.6～1.8m。

（2）材料运输

砌筑工程中不仅要运输大量的砖（或砌块）、砂浆，而且还要运输脚手架、脚手板和各种预制构件。不仅有垂直运输，而且有地面和楼面的水平运输。其中垂直运输是决定砌筑工程施工速度的重要因素。

常用的垂直运输机有塔式起重机、井架及龙门架。塔式起重机生产效率高，并可兼作水平运输，在可能条件下宜优先选用。井架也是砌筑工程垂直运输常用设备之一。

6.4.3 砖墙的组砌方式

砖墙的组砌方式是指砖块在砌体中的排列方式。以标准砖为例，砖墙可根据砖块尺寸和数量采用不同的排列，与砂浆形成的灰缝，组合成各种不同的墙体。

标准砖的规格为53mm×115mm×240mm（厚×宽×长），以灰缝为10mm进行组合时，从尺寸上它以砖厚加灰缝、砖宽加灰缝后与砖长之间成1∶2∶4为其基本特征。如图6-3所示。即（4个砖厚＋3个灰缝）＝（2个砖宽＋1个灰缝）＝1砖长。用标准砖砌筑墙体，常见的墙体厚度名称见表6-3。

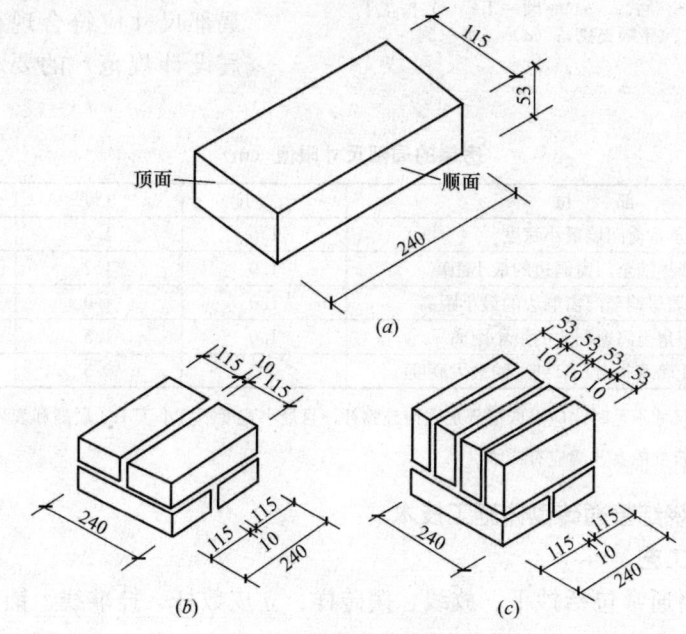

图6-3 标准砖的尺寸关系
（a）标准砖；（b）砖的组合；（c）砖的组合

墙体在砌筑时,以这些尺寸为基础,并以115+10=125mm为模数进行。而这一模数在使用过程中往往与我国现行的《建筑统一模数制》中的扩大模数3M不协调,在使用中应注意,当墙段长度超过1m时,可不再考虑砖模数。

门窗洞口位置和墙段尺寸应满足结构需要的最小尺寸,为了避免应力集中在小墙段上导致墙体的破坏,转角处的墙段和承重窗间墙应满足表6-4的要求。

墙 厚 名 称　　　　　　　　　　　　　　　　表6-3

墙厚名称	习惯称呼	实际尺寸(mm)	墙厚名称	习惯称呼	实际尺寸(mm)
半砖墙	12墙	115	一砖半墙	37墙	365
3/4砖墙	18墙	178	两砖墙	49墙	490
一砖墙	24墙	240	两砖半墙	62墙	615

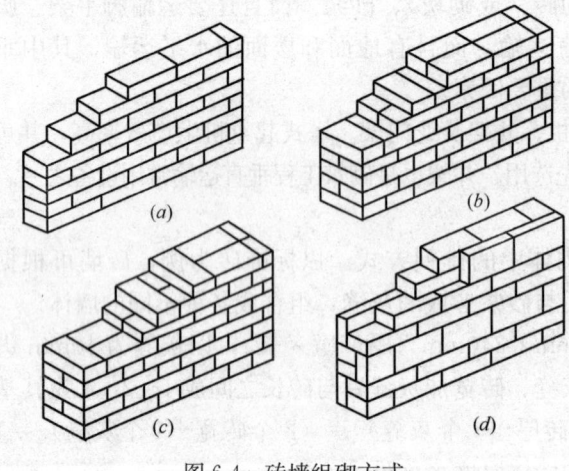

图6-4 砖墙组砌方式
(a) 全顺式;(b) 一顺一丁;(c) 梅花丁
(丁顺夹砌);(d) 二平一侧

砖墙组砌时要求砂浆饱满,横平竖直,并应注意错缝搭接,使上下每皮砖的垂直缝交错,保证砖墙的整体性。如果垂直缝在一条线上,即形成通缝,在荷载作用下,会使墙体的稳定性和强度降低。实体墙常用的组砌方式有全顺式、一顺一丁式、十字式(每皮顶顺相间式)及3/4砖墙(两平一侧式)等,如图6-4所示。

在抗震设防地区,砖墙的局部尺寸应符合现行《建筑抗震设计规范》的要求,具体尺寸见表6-4。

房屋的局部尺寸限值(m)　　　　　　　　　　表6-4

部 位	6、7度	8度	9度
承重窗间墙最小宽度	1.0	1.2	1.5
承重外墙尽端至门窗洞边的最小距离	1.0	1.2	1.5
非承重外墙尽端至门窗洞边的最小距离	1.0	1.0	1.0
内墙阳角至门窗洞边的最小距离	1.0	1.5	2.0
无锚固女儿墙(非出入口处)的最大高度	0.5	0.5	0.0

注:1. 局部尺寸不足时,应采取局部加强措施弥补,且最小宽度不宜小于1/4层高和表列数据的80%;
　　2. 出入口处的女儿墙应有锚固。

6.4.4 烧结普通砖砌体施工技术

1)砌砖工艺

砌筑砖墙通常包括抄平、放线、摆砖样、立皮数杆、挂准线、铺灰、砌砖等工序。如是清水墙,则还要进行勾缝。

砌筑方法有"三一"砌筑法、挤浆法(铺浆法)、刮浆法和满口灰法四种。通常宜采用"三一"砌筑法，即一铲灰、一块砖、一揉压的砌筑方法。当采用铺浆法砌筑时，铺浆长度不得超过750mm，施工期间气温超过30℃时，铺浆长度不得超过500mm。

设置皮数杆：在砖砌体转角处、交接处应设置皮数杆，皮数杆上标明砖皮数、灰缝厚度以及竖向构造的变化部位。皮数杆间距不应大于15m，在相对两皮数杆上砖上边线处拉水准线。

砖墙砌筑形式：根据砖墙厚度不同，可采用全顺、两平一侧、全丁、一顺一丁、梅花丁或三顺一丁等砌筑形式。

砖厚承重墙的每层墙的最上一皮砖，砖墙阶台水平面上及挑出层，应整砖丁砌。砖墙挑出层每次挑出宽度应不大于60mm。

2) 砌筑要求

砌砖工程质量的基本要求是：横平竖直、砂浆饱满、灰缝均匀、上下错缝、内外搭砌、接茬牢固。

砖墙灰缝宽度宜为10mm，且不应小于8mm，也不应大于12mm。砖墙的水平灰缝砂浆饱满度不得小于80%；垂直灰缝宜采用挤浆或加浆方法，不得出现透明缝、瞎缝和假缝。

在砖墙上留置临时施工洞口，其侧边离交接处墙面不应小于500mm，洞口净宽不应超过1m。临时施工洞口应做好补砌。

施工脚手眼补砌时，灰缝应填满砂浆，不得用干砖填塞。

砖墙的转角处和交接处应同时砌筑，严禁无可靠措施的内外墙分砌施工。对不能同时砌筑而又必须留置的临时间断处应砌成斜槎，斜槎水平投影长度不应小于高度的2/3。如图6-5所示。

非抗震设防及抗震设防烈度为6度、7度地区的临时间断处，当不能留斜槎时，除转角处外，可留直槎，但直槎必须做成凸槎，且应加设拉结钢筋，拉结钢筋的数量为每120mm墙厚放置1φ6拉结钢筋（120mm厚墙应放置2φ6拉结钢筋）；间距沿墙高不应超过500mm；且竖向间距偏差不应超过100mm；埋入长度从留槎处算起每边均不应小于500mm，对抗震设防烈度6度、7度的地区，不应小于1000mm；末端应有90°弯钩。如图6-6所示。

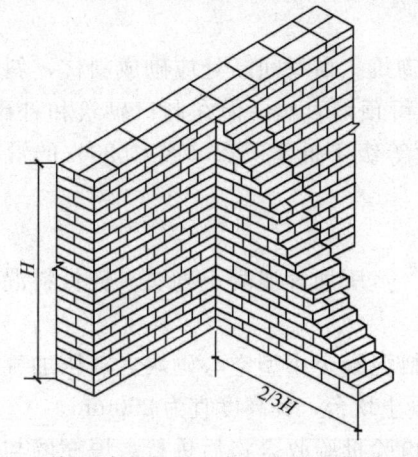 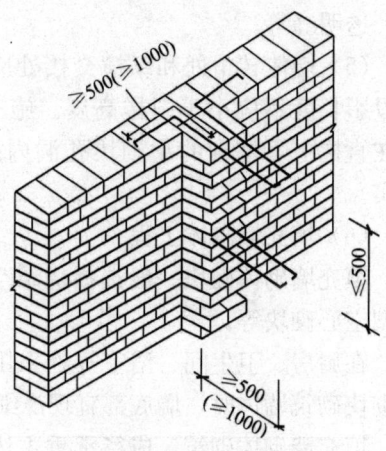

图6-5 斜槎水平投影长度不应小于高度的2/3　　图6-6 直槎处拉结钢筋示意图

设有钢筋混凝土构造柱的抗震多层砖房,应先绑扎钢筋,然后砌砖墙,最后浇筑混凝土,做法参见 4.3.6。该层构造柱混凝土浇筑完以后,才能进行上一层施工。

砖墙工作段的分段位置,宜设在变形缝、构造柱或门窗洞口处;相邻工作段的砌筑高差不得超过一个楼层高度,也不宜大于 4m。

正常施工条件下,砖砌体、小砌块砌体每日砌筑高度宜控制在 1.5m 或一步脚手架高度内;石砌体不宜超过 1.2m。

砖墙砌筑高度当可能遇到大风时,其允许自由高度不得超过规范规定。否则,必须采取临时支撑等有效措施。

3) 不得在下列墙体或部位设置脚手眼:

(1) 120mm 厚墙、清水墙、料石墙、独立柱和附墙柱;

(2) 过梁上与过梁呈 60°角的三角形范围及过梁净跨度 1/2 的高度范围内;

(3) 宽度小于 1m 的窗间墙;

(4) 门窗洞口两侧石砌体 300mm,其他砌体 200mm 范围内;转角处石砌体 600mm,其他砌体 450mm 范围内;

(5) 梁或梁垫下及其左右 500mm 范围内;

(6) 设计不允许设置脚手眼的部位;

(7) 轻质墙体;

(8) 夹心复合墙外叶墙。

6.4.5 混凝土小型空心砌块砌体工程

(1) 混凝土小型空心砌块分普通混凝土小型空心砌块和轻集料混凝土小型空心砌块两种。

(2) 普通混凝土小砌块施工前一般不宜浇水;当天气干燥炎热时,可提前洒水湿润小砌块。轻集料混凝土小砌块施工前可洒水湿润,但不宜过多。

(3) 小砌块施工时,必须与砖砌体施工一样设立皮数杆,拉水准线。

(4) 小砌块施工应对孔错缝搭砌,灰缝应横平竖直,宽度宜为 8~12mm。砌体水平灰缝和竖向灰缝的砂浆饱满度,按净面积计算不得低于 90%,不得出现瞎缝、透明缝等。

(5) 墙体转角处和纵横交接处应同时砌筑。临时间断处应砌成斜槎,斜槎水平投影长度不应小于斜槎高度。施工洞口可预留直槎,但在洞口砌筑和补砌时,应在直槎上下搭砌的小砌块孔洞内用强度等级不低于 C20(或 Cb20)的混凝土灌实。

(6) 填充墙砌体工程

填充墙砌体砌块一般选择烧结空心砖、蒸压加气混凝土砌块、轻骨料混凝土小型空心砌块等。

在厨房、卫生间、浴室等处采用轻骨料混凝土小型空心砌块、蒸压加气混凝土砌块砌筑墙体时,墙底部宜现浇细石混凝土坎台,其高度宜为 200mm。

填充墙砌体砌筑,应待承重主体结构检验批验收合格后进行。填充墙与承重主体结构间的空(缝)隙部位施工,应在填充墙砌筑 14d 后进行。

其他施工要求参见《砌体结构工程施工质量验收规范》GB 50203—2011。

6.5 钢筋混凝土工程

钢筋混凝土工程分为装配式钢筋混凝土工程和现浇钢筋混凝土工程。装配式钢筋混凝土工程的施工工艺是在构件预制厂或施工现场预先制作好结构构件，再在施工现场将其安装到设计位置。现浇钢筋混凝土工程则是在建筑物的设计位置现场制作结构构件的一种施工方法，由钢筋工程、模板工程及混凝土工程三部分组成，特点是结构整体性好、抗震性能好、节约钢材、不需大型起重机械。但是模板消耗量多、现场运输量大、劳动强度高、施工易受气候条件影响。

6.5.1 钢筋工程

在钢筋混凝土结构中起着关键性的作用。由于在混凝土浇筑后，其质量难于检查，因此钢筋工程属于隐蔽工程，需要在施工过程中进行严格的质量控制，并建立必要的检查和验收制度。

钢筋进场时，应按国家现行相关标准的规定抽取试件作力学性能和重量偏差检验，检验结果必须符合有关标准的规定。合格后方准使用。

检查数量：按进场的批次和产品的抽样检验方案确定。

检验方法：检查产品合格证、出厂检验报告和进场复验报告。

1) 钢筋加工

（1）钢筋加工包括调直、除锈、下料切断、接长、弯曲成型等。

（2）钢筋宜采用无延伸功能的机械设备进行调直，也可采用冷拉方法调直。当采用冷拉方法调直时，HPB300 光圆钢筋的冷拉率不宜大于 4%；HRB335、HRB400、HRB500、HRBF335、HRBF400、HRBF500 及 RRB400 带肋钢筋的冷拉率不宜大于 1%。钢筋调直过程中不应损伤带肋钢筋的横肋。调直后的钢筋应平直，不应有局部弯折。

（3）钢筋除锈：一是在钢筋冷拉或调直过程中除锈；二是可采用机械除锈机除锈、喷砂除锈、酸洗除锈和手工除锈等。

（4）钢筋下料切断可采用钢筋切断机或手动液压切断器进行。钢筋的切断口不得有马蹄形或起弯等现象。

（5）钢筋弯曲成型可采用钢筋弯曲机、四头弯筋机及手工弯曲工具等进行。

2) 钢筋配料

钢筋配料是根据构件配筋图，先绘出各种形状和规格的单根钢筋简图并加以编号，然后分别计算钢筋下料长度、根数及重量，填写钢筋配料单，作为申请、备料、加工的依据。为使钢筋满足设计要求的形状和尺寸，需要对钢筋进行弯折，而弯折后钢筋各段的长度总和并不等于其在直线状态下的长度，所以要对钢筋剪切下料长度加以计算。各种钢筋下料长度计算如下：

直钢筋下料长度＝构件长度－保护层厚度＋弯钩增加长度

弯起钢筋下料长度＝直段长度＋斜段长度－弯曲调整值＋弯钩增加长度

箍筋下料长度＝箍筋周长＋箍筋调整值

如果上述钢筋需要搭接，还要增加钢筋搭接长度。

3) 钢筋代换

钢筋代换原则：按等强度代换或等面积代换。当构件配筋受强度控制时，按钢筋代换前后强度相等的原则进行代换；当构件按最小配筋率配筋时，或同钢号钢筋之间的代换，按钢筋代换前后面积相等的原则进行代换。当构件受裂缝宽度或挠度控制时，代换前后应进行裂缝宽度和挠度验算。

4) 钢筋连接

（1）钢筋的连接方法

焊接、机械连接和绑扎连接三种。

（2）钢筋的焊接

常用的焊接方法有：闪光对焊、电弧焊（包括帮条焊、搭接焊、熔槽焊、坡口焊、预埋件角焊和塞孔焊等）、电渣压力焊、气压焊、埋弧压力焊和电阻点焊等。直接承受动力荷载的结构构件中，纵向钢筋不宜采用焊接接头。

（3）钢筋机械连接

有钢筋套筒挤压连接、钢筋锥螺纹套筒连接和钢筋直螺纹套筒连接（包括钢筋镦粗直螺纹套筒连接、钢筋剥肋滚压直螺纹套筒连接）等三种方法。

钢筋机械连接通常适用的钢筋级别为 HRB335、HRB400、RRB400；钢筋最小直径宜为 16mm。

（4）钢筋绑扎连接（或搭接）

钢筋搭接长度应符合规范要求。

当受拉钢筋直径大于 25mm、受压钢筋直径大于 28mm 时，不宜采用绑扎搭接接头。

轴心受拉及小偏心受拉杆件（如桁架和拱架的拉杆等）的纵向受力钢筋和直接承受动力荷载结构中的纵向受力钢筋均不得采用绑扎搭接接头。

（5）钢筋接头位置

钢筋的接头宜设置在受力较小处。同一纵向受力钢筋不宜设置二个或二个以上的接头。接头末端至钢筋弯起点的距离不应小于钢筋公称直径的 10 倍。构件同一截面内钢筋接头数应符合设计和施工规范要求。

5) 钢筋安装

（1）准备工作

现场弹线，并剔凿、清理接头处表面混凝土浮浆、松动石子、混凝土块等，整理接头处插筋。

核对需绑扎钢筋的规格、直径、形状、尺寸和数量等是否与料单、料牌和图纸相符。

准备绑扎用的铁丝和绑扎工具等。

（2）柱钢筋绑扎

柱钢筋的绑扎应在柱模板安装前进行。

框架梁、牛腿及柱帽等钢筋，应放在柱子纵向钢筋的内侧。

柱中的竖向钢筋搭接时，角部钢筋的弯钩应与模板呈 45°（多边形柱为模板内角的平分角，圆柱形应与模板切线垂直），中间钢筋的弯钩应与模板呈90°。

箍筋的接头（弯钩叠合处）应交错布置在四角纵向钢筋上；箍筋转角与纵向钢筋交叉点均应扎牢（钢筋平直部分与纵向钢筋交叉点可间隔扎牢）、绑扎箍筋时绑扣相互间成八字形。

(3) 梁、板钢筋绑扎

当梁的高度较小时，梁的钢筋架空在梁模板顶上绑扎，然后再落位；当梁的高度较大（≥1.0m）时，梁的钢筋宜在梁底模上绑扎，其两侧或一侧模板后安装。板的钢筋在模板安装后绑扎。

梁纵向受力钢筋采取双层排列时，两排钢筋之间应垫以≥25mm 的短钢筋，以保证其设计距离。钢筋的接头（弯钩叠合处）应交错布置在两根架立钢筋上，其余同柱。

板的钢筋网绑扎，四周两行钢筋交叉点应每点扎牢，中间部分交叉点可相隔交错扎牢，但必须保证受力钢筋不移位。双向主筋的钢筋网，则须将全部钢筋相交点扎牢。采用双层钢筋网时，在上层钢筋网下面应设置钢筋撑脚，以保证钢筋位置正确。绑扎时应注意相邻绑扎点的铁丝要成八字形，以免网片歪斜变形。

板上部的负筋要防止被踩下，特别是雨篷、挑檐、阳台等悬臂板，要严格控制负筋位置，以免拆模后断裂。

板、次梁与主梁交叉处，板的钢筋在上，次梁的钢筋居中，主梁的钢筋在下；当有圈梁或垫梁时，主梁的钢筋在上。

框架节点处钢筋穿插十分稠密时，应特别注意梁顶面主筋间的净距要有30mm，以利浇筑混凝土。

梁板钢筋绑扎时，应防止水电管线位置影响钢筋位置。

6) 钢筋隐蔽工程验收

在浇筑混凝土之前，应进行钢筋隐蔽工程验收，其内容包括：

(1) 纵向受力钢筋的品种、规格、数量、位置等；

(2) 钢筋的连接方式、接头位置、接头数量、接头面积百分率等；

(3) 箍筋、横向钢筋的品种、规格、数量、间距等；

(4) 预埋件的规格、数量、位置等。

6.5.2 混凝土工程

1) 混凝土工程施工过程

(1) 混凝土制备

应保证其硬化后能达到设计要求的强度等级；应满足施工上对和易性和匀质性的要求；应符合合理使用材料和节约水泥的原则。有时，还应使混凝土满足耐腐蚀、防水、抗冻、快硬和缓凝等特殊要求。为此，在配制混凝土时，必须了解混凝土的主要性能；重视原材料的选择和使用；严格控制施工配料；正确确定搅拌机的工作参数。

(2) 运输

在运输过程中应保持混凝土的均匀性，避免产生分层离析、泌水、砂浆流失、流动性减小等现象。为此要求选用的运输工具要不吸水、不漏浆；运输道路平坦、车辆行驶平稳以防颠簸造成混凝土离析；垂直运输的自由落差不大于 2m；溜槽运输的坡度不大于 30°，混凝土移动速度不宜大于 1m/s。当前常用水平运输机具主要是混凝土搅拌运输车，垂直运输机具主要是混凝土泵车。尽量减少混凝土的运输时间和转运次数，确保混凝土在初凝前运至现场并浇筑完毕。

(3) 浇筑

浇筑混凝土总的要求是能保持结构或构件的形状、位置和尺寸的准确性，并能使混凝土达到良好的密实性，要内实外光，表面平整，钢筋与预埋件的位置符合设计要求，新旧混凝土结合良好。

① 混凝土浇筑前应根据施工方案认真交底，并做好浇筑前的各项准备工作，尤其应对模板、支撑、钢筋、预埋件等认真细致检查，合格并做好相关隐蔽验收后，才可浇筑混凝土。

② 浇筑中混凝土不能有离析现象。

③ 浇筑混凝土应连续进行。当必须间歇时，其间歇时间宜尽量缩短，并应在前层混凝土初凝之前，将次层混凝土浇筑完毕，否则应留置施工缝。

④ 混凝土振捣应采用插入式振动棒、平板振动器或附着振动器，必要时可采用人工辅助振捣。

⑤ 振动棒振捣混凝土应符合下列规定：

A) 应按分层浇筑厚度分别进行振捣，振动棒的前端应插入前一层混凝土中，插入深度不应小于 50mm；

B) 振动棒应垂直于混凝土表面并快插慢拔均匀振捣；当混凝土表面无明显塌陷、有水泥浆出现、不再冒气泡时，可结束该部位振捣；

C) 振动棒与模板的距离不应大于振动棒作用半径的 0.5 倍；振捣插点间距不应大于振动棒的作用半径的 1.4 倍。

⑥ 在混凝土浇筑过程中，应经常观察模板、支架、钢筋、预埋件和预留孔洞的情况，当发现有变形、移位时，应及时采取措施进行处理。

⑦ 梁和板宜同时浇筑混凝土，有主次梁的楼板宜顺着次梁方向浇筑，单向板宜沿着板的长边方向浇筑；拱和高度大于 1m 时的梁等结构，可单独浇筑混凝土。

(4) 养护

混凝土成型后，为保证水泥水化作用能正常进行，应及时进行养护。目的是为混凝土硬化创造必需的温度、湿度条件，使混凝土达到设计要求的强度。

温度的高低对混凝土强度增长有很大影响，在合适的湿度条件下，温度越高水泥水化作用就越迅速、完全，强度就越大；但是温度也不能过高，过高则会使水泥颗粒表面迅速水化，结成外壳，阻止内部继续水化。反之，当温度低于 −3℃ 时，则混凝土中的水会结冰，混凝土的强度增长非常缓慢。

湿度的大小，对混凝土强度增长也有很大影响。合适的湿度，使混凝土在凝结硬化期间已形成凝胶体的水泥颗粒能充分水化并逐步转化为稳定的结晶，促进混凝土强度的增长。如果温度较高，混凝土凝胶体中的水泥颗粒尚未充分水化时缺水，就会在混凝土表面出现片状或粉状剥落（即剥皮、起砂现象）的脱水现象。如果在新浇混凝土尚未达到充分强度时，湿度过低，混凝土中的水分过早蒸发，就会产生很大收缩变形，出现干缩裂纹，从而影响混凝土的整体性和耐久性。

混凝土的养护方法可以分为保湿养护和保温养护。

混凝土浇筑后应及时进行保湿养护，保湿养护可采用洒水、覆盖、喷涂养护剂等方式。选择养护方式应考虑现场条件、环境温湿度、构件特点、技术要求、施工操作等因素。

对已浇筑完毕的混凝土，"应在混凝土终凝前（通常为混凝土浇筑完毕后8～12h内）"开始进行自然养护。混凝土的养护时间应符合下列规定：

① 采用硅酸盐水泥、普通硅酸盐水泥或矿渣硅酸盐水泥配制的混凝土，不应少于7d；采用其他品种水泥时，养护时间应根据水泥性能确定；
② 采用缓凝型外加剂、大掺量矿物掺合料配制的混凝土，不应少于14d；
③ 抗渗混凝土、强度等级C60及以上的混凝土，不应少于14d；
④ 后浇带混凝土的养护时间不应少于14d；
⑤ 地下室底层墙、柱和上部结构首层墙、柱宜适当增加养护时间；
⑥ 基础大体积混凝土养护时间应根据施工方案确定。

(5) 质量检查

对水泥品种及标号、砂石的质量及含泥量、混凝土的配合比、配料称量、搅拌时间、坍落度、运输、振捣、养护过程等环节进行检查。并做混凝土试块进行标准状况下养护后，送检验机构进行强度试验。

2) 混凝土施工施工缝与后浇带的质量控制

施工缝和后浇带的留设位置应在混凝土浇筑之前确定。施工缝和后浇带宜留设在结构受剪力较小且便于施工的位置。受力复杂的结构构件或有防水抗渗要求的结构构件，施工缝留设位置应经设计单位认可。

(1) 水平施工缝的留设位置应符合下列规定：

① 柱、墙施工缝可留设在基础、楼层结构顶面，柱施工缝与结构上表面的距离宜为0～100mm，墙施工缝与结构上表面的距离宜为0～300mm；
② 柱、墙施工缝也可留设在楼层结构底面，施工缝与结构下表面的距离宜为0～50mm；当板下有梁托时，可留设在梁托下0～20mm；
③ 高度较大的柱、墙、梁以及厚度较大的基础可根据施工需要在其中部留设水平施工缝；必要时，可对配筋进行调整，并应征得设计单位认可；
④ 特殊结构部位留设水平施工缝应征得设计单位同意。

(2) 垂直施工缝和后浇带的留设位置应符合下列规定：

① 有主次梁的楼板施工缝应留设在次梁跨度中间的1/3范围内；
② 单向板施工缝应留设在平行于板短边的任何位置；
③ 楼梯梯段施工缝宜设置在梯段板跨度端部的1/3范围内；
④ 墙的施工缝宜设置在门洞口过梁跨中1/3范围内，也可留设在纵横交接处；
⑤ 后浇带留设位置应符合设计要求；
⑥ 特殊结构部位留设垂直施工缝应征得设计单位同意。

(3) 施工缝与后浇带的质量控制措施：

施工缝或后浇带处浇筑混凝土应符合下列规定：

① 结合面应采用粗糙面，结合面应清除浮浆、疏松石子、软弱混凝土层，并应清理干净；

② 结合面处应采用洒水方法进行充分湿润，并不得有积水；

③ 施工缝处已浇筑混凝土的强度不应小于1.2MPa；

④ 柱、墙水平施工缝水泥砂浆接浆层厚度不应大于30mm，接浆层水泥砂浆应与混凝土浆液同成分；

⑤ 后浇带混凝土强度等级及性能应符合设计要求；当设计无要求时，后浇带强度等级宜比两侧混凝土提高一级，并宜采用减少收缩的技术措施进行浇筑。

6.5.3 模板工程

模板工程是混凝土浇筑成型用的模板及其支架的设计、安装、拆除等一系列技术工作的总称。模板在现浇混凝土结构施工中使用量大、面广，每$1m^3$混凝土工程模板用量高达$4\sim5m^2$，其工程费用占现浇混凝土结构造价的30%～35%，劳动用量占40%～50%。模板工程在混凝土工程中占有举足轻重的地位，对施工质量、安全和工程成本有着重要的影响。

模板系统由模板和支撑两部分组成。模板是指与混凝土直接接触，使新浇筑混凝土成型，并使硬化后的混凝土具有设计所要求的形状和尺寸。支撑是保证模板形状、尺寸及其空间位置的支撑体系，它既要保证模板形状、尺寸和空间位置正确，又要承受模板传来的全部荷载。

1) 模板的分类

（1）按材料分类

模板按所用的材料不同，分为木模板、胶合板模板、竹胶板模板、钢模板、钢框木胶模板、塑料模板、玻璃钢模板、铝合金模板等。

① 木模板

木模板的树种可按各地区实际情况选用，一般多为松木和杉木。由于木模板木材消耗量大，重复使用率低，为了节约木材，在现浇混凝土结构施工中应尽量少用或不用木模板。优点是较适用于外形复杂或异形混凝土构件及冬期施工的混凝土工程；缺点是制作量大，木材资源浪费大等。

② 胶合板模板

胶合板模板是由木材为基本材料压制而成，表面经酚醛薄膜处理，或经过塑料浸渍饰面或高密度塑料涂层处理的建筑用胶合板。优点是自重轻、板幅大、板面平整、施工安装方便简单，模板的承载力、刚度较好，能多次重复使用；模板的耐磨性强，防水性好；是一种较理想的模板材料，目前应用较多，但它需要消耗较多的木材资源。

③ 竹胶板模板

竹胶板模板以竹篾纵横交错编织热压而成。其纵横向的力学性能差异很小，强度、刚度和硬度比木材高；收缩率、膨胀率、吸水率比木材低，耐水性能好，受潮后不会变形；不仅富有弹性，而且耐磨、耐冲击，使用寿命长、能多次使用；

重量较轻，可加工成大面模板；原材料丰富，价格较低，是一种理想的模板材料，应用越来越多，但施工安装不如胶合板模板方便。

④组合钢模板

组合钢模板一般做成定型模板，用连接构件拼装成各种形状和尺寸，适用于多种结构形式，在现浇混凝土结构施工中应用广泛。优点是轻便灵活、拆装方便、通用性强、周转率高等；缺点是接缝多且严密性差，导致混凝土成型后外观质量差。在使用过程中应注意保管和维护，防止生锈以延长使用寿命。

（2）按结构类型分类

各种现浇混凝土结构构件，由于其形状、尺寸、构造不同，模板的构造及组装方法也不同。模板按结构的类型不同，分为基础模板、柱模板、梁模板、楼板模板、墙模板、壳模板、烟囱模板、桥梁墩台模板等。

2）模板工程设计的主要原则

（1）实用性：模板要保证构件形状尺寸和相互位置的正确，且构造简单，支拆方便、表面平整、接缝严密不漏浆等。

（2）安全性：要具有足够的强度、刚度和稳定性，保证施工中不变形、不破坏、不倒塌，能可靠的承受新浇筑混凝土的自重和侧压力，以及施工过程中所产生的其他荷载。

（3）经济性：在确保工程质量、安全和工期的前提下，尽量减少一次性投入，增加模板周转，减少支拆用工，实现文明施工。选用要因地制宜，就地取材，技术先进。

3）模板工程安装要点

（1）对现浇多层、高层混凝土结构，上、下楼层模板支架的立杆应对准，模板开支架钢管等应分散堆放。

（2）模板安装应保证混凝土结构构件各部分形状、尺寸和相对位置准确，并应防止漏浆。

（3）模板与混凝土接触面应清理干净并涂刷脱模剂，脱模剂不得污染钢筋和混凝土接槎处。

（4）模板安装完成后，应将模板内杂物清除干净。

（5）固定在模板上的预埋件、预留孔和预留洞均不得遗漏，且应安装牢固、位置准确。

（6）对跨度不小于4m的梁、板，其模板起拱高度宜为梁、板跨度的1/1000～3/1000。

4）模板的拆除

（1）模板拆除时，拆模的顺序和方法应按模板的设计规定进行。当设计无规定时，可采取先支的后拆，后支的先拆，先拆非承重模板，后拆承重模板的顺序，自上而下拆除。

（2）当混凝土强度达到设计要求时，方可拆除底模及支架；当设计无具体要求时，同条件养护试件的混凝土抗压强度应符合表6-5的规定。

（3）当混凝土强度能保证其表面及棱角不受损伤时，方可拆除侧模。

底模拆除时的混凝土强度要求 表 6-5

构件类型	构件跨度（m）	达到设计的混凝土立方体抗压强度标准值的百分率（%）
板	≤2	≥50
板	>2，≤8	≥75
板	>8	≥100
梁、拱、壳	≤8	≥75
梁、拱、壳	>8	≥100
悬臂构件	—	≥100

(4) 在已浇筑的混凝土强度未达到 $1.2N/mm^2$ 以前，不得在其上踩踏或安装模板及支架等。

6.6 施工管理概述

6.6.1 土木工程的特点

土木工程的任务主要是设计和建造。

1) 土木工程产品的特点

(1) 土木工程产品地点固定。

(2) 土木工程产品的多样性。

(3) 土木工程产品形体庞大。

(4) 土木工程产品涉及的工程技术复杂。

(5) 土木工程产品作为商品具有先交易后生产的特点。

2) 土木工程建设的特点

(1) 工程建设周期长。

(2) 工程建设施工的单件性。

(3) 土木工程产品生产的流动性。

(4) 土木工程产品受环境和自然条件的影响大。

(5) 土木工程产品生产的复杂性。

3) 土木工程管理的特点

(1) 管理的针对性。

(2) 管理的系统性和综合性。

(3) 管理的一次性。

6.6.2 建筑工程施工依据与顺序

1) 施工依据

建筑施工的目的是通过施工手段，建成能满足各种不同使用功能的建筑物。因此，施工依据就必须包括以下内容：

(1) 施工图

施工图是"工程上的语言"，是组织施工的主要依据。"按图施工"是施工人员必须遵守的一条准则。

(2) 施工验收规范、质量检验评定标准、施工技术操作规程

施工验收规范是国家根据建筑技术政策、施工技术水平、建筑材料的发展、新施工工艺的出现等情况，统一制定的建筑施工法规。这些法规规定了对建筑施工中分部分项工程施工关键技术要求和质量标准，作为衡量建筑施工技术水平和工程质量的基本依据。

质量检验评定标准是建筑施工企业贯彻施工验收规范、评定工程质量等级标准的依据。

施工技术操作规程是规定要达到规范和标准要求所必须遵循的具体操作方法。规程中对建筑安装工程的施工技术、质量标准、材料要求、操作方法、设备工具的使用、施工安全技术以及冬季施工技术等作了详细的规定。

(3) 施工组织设计

建筑施工企业根据施工任务和建筑对象，针对建筑物的性质、规模、特点和要求，结合工期的长短、工人的数量、参与施工的机械装备、材料供应情况、构件生产方式、运输条件等各种技术经济条件，从经济和技术统一的全局出发，从许多可能的方案中选定最合理的方案，对施工的各项活动做出全面的部署，编制出规划和指导施工全过程、企业管理的重要的技术经济文件，这就是施工组织设计。

(4) 定额与施工图预算（或称设计预算）

定额主要包括预算定额、劳动定额和单价手册等。

2) 建筑施工顺序

建筑工程施工顺序就是根据建筑工程结构特点、生产流程、施工方法以及建筑施工的特有规律，而对施工各主要环节做出的先后次序和配合衔接的安排。施工顺序应达到工程质量好、施工安全、工期短、经济效益高的目标。

建筑工程施工顺序一般如图 6-7 所示。建筑物开工与竣工的先后顺序应满足工艺流程和配套投产的要求。一般工业与民用建筑的施工顺序通常应遵守下列原则：

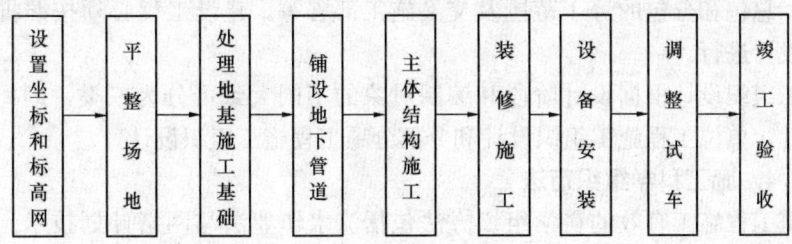

图 6-7 建筑工程施工顺序

(1) 先地下，后地上

即先进行地下管网和基础施工，然后再进行地面以上工程的施工，以免土方挖了再填，填了再挖。这样才不会影响材料堆放和现场运输，也不会给安全留下隐患。尤其是在雨季施工时可避免因雨水流入基槽、基坑，造成基础沉陷等事故。

(2) 先土建，后安装

先施工土建工程，后进行安装工程的施工。当然，为了避免事后在建筑物上开槽凿洞，在土建施工中，安装必须紧密配合，做好预留槽、洞和预埋件，以确保结构安全。

(3) 先主体，后装修

在土建施工中，一般是先主体结构后围护结构，最后进行装修。多层建筑室外采用上下立体交叉作业时，应保证已完工程和后建工程不受损坏，同时还应在有可靠遮挡的条件下进行。

(4) 先屋面防水，后室内抹灰

即先施工屋面防水，后进行室内抹灰工程的施工。抹灰应先顶棚、后立墙、再地坪，最后踢脚线，上层地面完工后方可做下层顶棚。

(5) 管道、沟渠等应先下游，后上游

以便于排出沟内积水和有利于沟底找坡。

6.6.3 建筑工程施工组织设计简介

一个建设项目的施工，可以有不同的施工顺序；每一个施工过程可以采用不同的施工方案；每一种构件可以采用不同的生产方式；每一种运输工作可以采用不同的方式和工具；现场施工机械、各种堆物、临时设施和水电线路等可以有不同的布置方案；开工前的一系列施工准备工作可以用不同的方法进行。不同的施工方案，其效果是不一样的。这是施工人员开始施工之前必须解决的问题。

施工组织设计是工程施工的组织方案，是指导施工准备和组织施工的全面性技术经济文件，是指导现场施工的法规。

施工组织设计应当包括下列主要内容：

(1) 工程任务情况。

(2) 施工总方案、主要施工方法、工程施工进度计划、主要单位工程综合进度计划和施工力量、机具及部署。

(3) 施工组织技术措施，包括工程质量、安全防护以及环境污染防护等各种措施。

(4) 施工总平面布置图。

(5) 总包和分包的分工范围及交叉施工部署等。建设工程必须按照批准的施工组织设计进行。

施工组织设计根据设计阶段和编制对象的不同大致可分为三类，即：施工组织总设计、单位工程施工组织设计和分部分项工程施工组织设计。

6.6.4 施工科学组织方法

建筑工程施工有效的科学组织方法包括流水作业法与网络计划技术。可参考有关施工或管理书籍。

复 习 思 考 题

1. 土方开挖原则是什么？
2. 什么是深基坑？深基坑开挖的类型有哪些？
3. 验槽程序是什么？
4. 验槽的主要内容是什么？
5. 验槽方法有哪些？
6. 砌筑工程包括什么施工内容？

7. 砖砌体的砌砖工艺与砌筑要求是什么?
8. 钢筋隐蔽工程验收的内容是什么?
9. 钢筋代换原则有哪些?
10. 简述混凝土的养护方法分类,养护时间有何要求?
11. 混凝土垂直施工缝与后浇带的留设位置有何规定?
12. 某跨度 6m,设计强度为 C30 的钢筋混凝土梁,其同条件养护试件(150mm 立方体)抗压强度如下表,可拆除该梁底模的最早时间是_____d。

时间(d)	7	9	11	13
试件强度(MPa)	16.5	20.8	23.1	25

13. 某现浇钢筋混凝土楼盖,主梁跨度为 8.4m,次梁跨度为 4.5m,次梁轴线间距为 4.2m,施工缝宜留置在(　　　　)的位置。

　　A. 距主梁轴线 1m,且平行于主梁轴线
　　B. 距主梁轴线 1.8m,且平行于主梁轴线
　　C. 距主梁轴线 2m,且平行于主梁轴线
　　D. 距次梁轴线 2m,且平行于次梁轴线
　　E. 距次梁轴线 1.8m,且平行于次梁轴线

第7章 道路工程

7.1 概述

道路就是供各种无轨车辆和行人通行的基础设施。按其所在位置、交通性质及其使用特点，道路可分为公路、城市道路、厂矿道路及乡村道路等。公路是连接城市、农村、厂矿基地和林区的道路；城市道路是城市内道路；厂矿道路是厂矿区内道路。它们在技术方面有很多相同之处。《中华人民共和国道路交通安全法》中对道路的定义是：道路是指公路、城市道路和虽然在单位管辖范围但允许社会机动车通行的地方，包括广场、公共停车场等用于公众通行的场所。

公路工程一般由路基、路面、桥梁、隧道工程和交通工程设施等几大部分组成。

道路，是随着人类的产生而产生的。道路从最初的马车行道到后来的公路、高级公路、高速公路，是人类进步、社会发展、科学进步的产物。

城市道路应按道路在道路网中的地位、交通功能以及对沿线的服务功能等，分为快速路、主干路、次干路和支路四个等级，并应符合下列规定：

(1) 快速路应为中央分隔、全部控制出入、控制出入口间距及形式，应实现交通连续通行，单向设置不应少于两条车道，并应设置配套的交通安全与管理设施。快速路两侧不应设置吸引大量车流、人流的公共建筑物的出入口。

(2) 主干路应连接城市各主要分区，应以交通功能为主。主干路两侧不宜设置吸引大量车流、人流的公共建筑物的出入口。

(3) 次干路应与主干路结合组成干路网，应以集散交通的功能为主，兼有服务功能。次干路两侧可设置公共建筑物的出入口，但相邻出入口的间距不宜小于80m，且该出入口位置应在临近交叉口的功能区之外。

(4) 支路宜与次干路和居住区、工业区、交通设施等内部道路相连接，应以解决局部地区交通，以服务功能为主。支路两侧公共建筑物的出入口位置宜布置在临近交叉口的功能区之外。

道路交通量达到饱和时的道路设计年限为：快速路、主干路为20年，次干路应为15年，支路宜为10~15年。

公路运输的特点：

(1) 机动灵活，适应性强。由于公路运输网一般比铁路、水路网的密度要大十几倍，分布面也广，因此公路运输车辆可以"无处不到、无时不有"。公路运输在时间方面的机动性也比较大，车辆可随时调度、装运，各环节之间的衔接时间较短。

(2) 可实现"门到门"直达运输。汽车可离开路网深入到工厂企业、农村田间、城市居民住宅等地，实现"门到门"直达运输。这是其他运输方式无法与公路运输比拟的特点之一。

(3) 在中、短途运输中，运送速度较快。公路运输中途不需要倒运、转乘就可以直接将客货运达目的地。

(4) 原始投资少，资金周转快。公路运输与铁、水、航运输方式相比，所需固定设施简单，车辆购置费用一般也比较低，因此投资兴办容易，投资回收期短。

(5) 运量较小，运输成本较高。汽车运输量比火车、轮船少得多，所耗燃料多而且价格贵。

(6) 运行持续性较差。我国1998年公路平均运距，客运为55km，货运为57km，铁路客运为395km，货运为764km。

(7) 安全性较低，污染环境较大。汽车车祸屡见不鲜，而汽车造成的环境污染也越来越严重。

7.2 道路工程构造

7.2.1 道路的组成

道路是设置在大地表面供各种车辆行驶的一种带状构筑物。主要由线形和结构两部分组成。

(1) 线形组成。道路线形是指道路中线的空间几何形状和尺寸，这一空间线形投影到平、纵、横三个方向而分别绘制成反映其形状、位置和尺寸的图形，就是道路的平面图、纵断面图和横断面图，如图7-1所示。

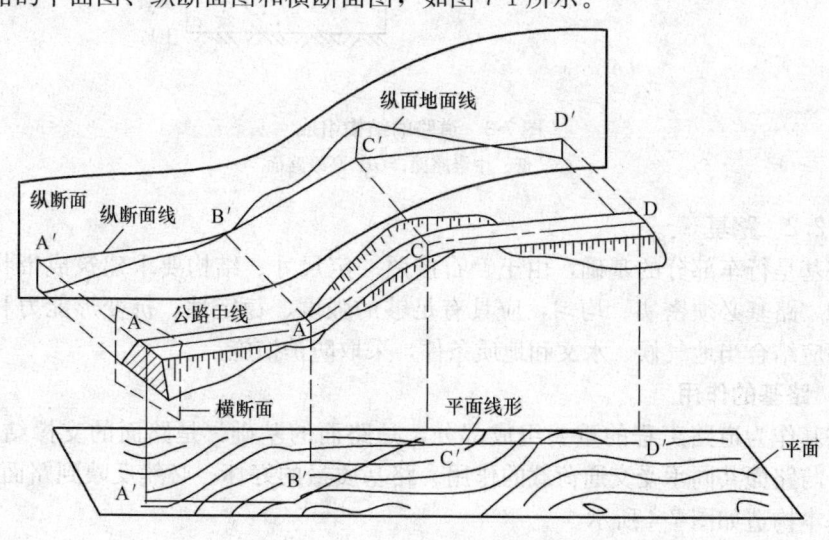

图 7-1 道路的平面、纵断面、横断面

城市道路横断面可分为单幅路、两幅路、三幅路、四幅路及特殊形式的断面图。城市道路横断面宜由机动车道、非机动车道、人行道、分车带、绿化带等组成，特殊断面还可包括应急车道、路肩和排水沟等。如图7-2(a)、(b)所示为公

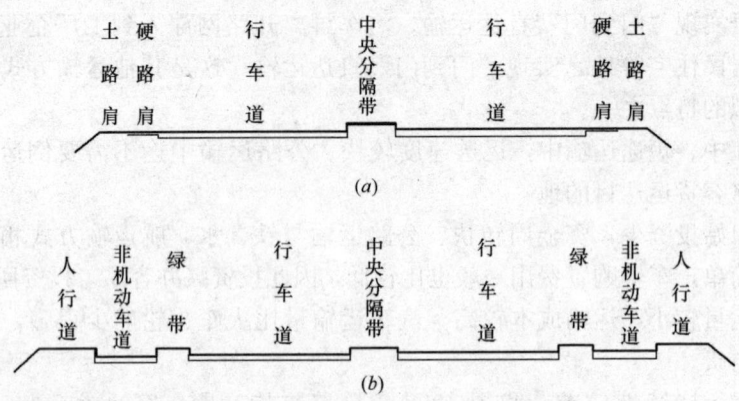

图 7-2 公路与城市道路横断面示意图
(a) 公路标准横断面示意图；(b) 城市道路横断面示意图

路与城市道路横断面示意图。

（2）结构组成。道路工程结构组成一般分为路基、垫层、基层和面层四个部分，如图 7-3（a）所示。高级道路的结构由路基、垫层、底基层、基层、联结层和面层六部分组成，如图 7-3（b）所示。

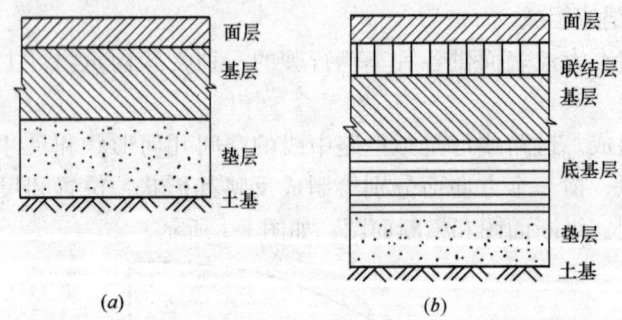

图 7-3 道路的结构组成
(a) 低、中级路面；(b) 高级路面

7.2.2 路基

路基是行车部分的基础，由土、石按照一定尺寸、结构要求建筑成带状土工构筑物。路基必须密实、均匀，应具有足够的强度、稳定性、抗变形能力和耐久性，并应结合当地气候、水文和地质条件，采取防护措施。

1) 路基的作用

路基作为道路工程的重要组成部分，是路面的基础，是路面的支撑结构物。同时，与路面共同承受交通荷载的作用。路基质量的好坏，必然反映到路面上来。路基基本构造如图 7-4 所示。

路面损坏往往与路基排水不畅、压实度不够、温度低等因素有关。

高于原地面的填方路基称为路堤，低于原地面的挖方路基称为路堑。路面底面以下 80cm 范围内的路基部分称为路床。

2) 路基的基本要求

路基是道路的基本结构物，它一方面要保证车辆行驶的通畅与安全，另一方

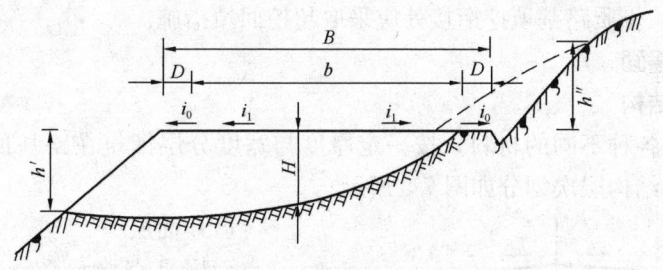

图 7-4 路基基本构造图
H—路基填挖高度；b—路面宽度；B—路基宽度；D—路肩宽度；
i_1—路面横坡；i_0—路肩横坡；h'—坡脚填高；h''—坡顶挖深

面要支持路面承受行车荷载的要求，因此应满足以下要求：

(1) 路基结构物的整体必须具备足够的稳定性。在各种不利因素和荷载的作用下，不会产生破坏而导致交通阻塞和行车事故，这是保证行车的首要条件。

(2) 路基必须具有足够的强度、刚度和水温稳定性。水温稳定性是指强度和刚度在自然因素的影响下的变化幅度。路基具有足够的强度、刚度和水温稳定性，就可以减轻路面的负担，从而减薄路面的厚度，改善路面使用状况。

3) 路基形式

路基横断面形式主要有路堤、路堑、半填半挖、零填路基 4 种类型。

(1) 路堤——填方路基

①填土路基。填土路基宜选用级配较好的粗粒土作填料。用不同填料填筑路基时，应分层填筑，每一水平层均应采用同类填料。

②填石路基。填石路基是指用不易风化的开山石料填筑的路堤。易风化岩石及软质岩石用作填料时，边坡设计应按土质路堤进行。

③砌石路基。砌石路基是指用不易风化的开山石料外砌、内填而成的路堤。砌石顶宽采用 0.8m，基底面以 1:5 向内倾斜，砌石高度为 2~15m。砌石路基应每隔 15~20m 设伸缩缝一道。当基础地质条件变化时，应分段砌筑，并设沉降缝。当地基为整体岩石时，可将地基做成台阶形。

④护肩路基。坚硬岩石地段陡山坡上的半填半挖路基，当填方不大，但边坡伸出较远不易修筑时，可修筑护肩。护肩应采用当地不易风化片石砌筑，高度一般不超过 2m，其内外坡均直立，基底面以 1:5 坡度向内倾斜。

⑤护脚路基。当山坡上的填方路基有沿斜坡下滑的倾向或为加固、收回填方坡脚时，可采用护脚路基。护脚由干砌片石砌筑，断面为梯形，顶宽不小于 1m，内外侧坡坡度可采用 1:0.5~1:0.75，其高度不宜超过 5m。

(2) 路堑——挖方路基

挖方路基分为土质挖方路基和石质挖方路基。

(3) 半填半挖路基

在地面自然横坡度陡于 1:5 的斜坡上修筑路堤时，路堤基底应挖台阶，台阶宽度不得小于 1m，台阶底应有 2%~4% 向内倾斜的坡度。分期修建和改建公路加宽时，新旧路基填方边坡的衔接处，应开挖台阶。高速公路、一级公路，台阶宽度一般为2m。土质路基填挖衔接处应采取超挖回填措施。

7.2.3 路面

1) 路面结构

路面是由各种不同的材料，按一定厚度与宽度分层铺筑在路基顶面上的层状构造物。路面结构层次划分如图7-5所示。

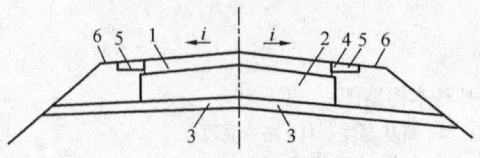

图7-5 路面结构层次划分示意图
i—路拱横坡度；1—面层；2—基层；3—垫层；4—路缘石；5—加固路肩；6—土路肩

（1）面层

面层是直接承受行车荷载作用、大气降水和温度变化影响的路面结构层次，应具有足够的结构强度、良好的温度稳定性，且耐磨、抗滑、平整和不透水。沥青路面面层可由一层或数层组成，表面层应根据使用要求设置抗滑耐磨、密实稳定的沥青层；中间层、下面层应根据公路等级、沥青层厚度、气候条件等选择适当的沥青结构。

（2）基层

基层是设置在面层之下，并与面层一起将车轮荷载的反复作用传递到底基层、垫层、土基层等起主要承重作用的层次。基层材料必须具有足够的强度、水稳性、扩散荷载的性能。在沥青路面基层下铺筑的次要承重层称为底基层。基层、底基层视公路等级或交通量的需要可设置一层或两层。当基层、底基层较厚需分两层施工时，可分别称为基层、下基层，或上底基层、下底基层。

（3）垫层

在路基土质较差、水温状况不好时，宜在基层（或底基层）之下设置垫层，起排水、隔水、防冻、防污或扩散荷载应力等作用。

面层、基层和垫层是路面结构的基本层次，为了保证车轮荷载的向下扩散和传递，较下一层应比其上一层的每边宽出0.25cm。

此外对于耐磨性差的面层，为延长其使用年限、改善行车条件，常在其上面用砾石或石屑等材料铺成2～3cm厚的磨耗层。为保证路面的平整度，有时在磨耗层上再用砂土材料铺成厚度不超过1cm的保护层。

2) 坡度与路面排水

路拱指路面的横向断面做成中央高于两侧（直线路段）具有一定坡度的拱起形状，其作用是利于排水。路拱的基本形式有抛物线、屋顶线、折线或直线。道路横坡应根据路面宽度、路面类型、纵坡及气候条件确定，宜采用1.0%～2.0%。快速路及降雨量大的地区宜采用1.5%～2.0%。严寒积雪地区、透水路面宜采用1.0%～1.5%。保护性路肩横坡可比路面横坡加大1.0。路肩横坡一般应比路面横坡加大1.0%。

各级公路，应根据当地降水与路面的具体情况设置必要的排水设施，及时将降水排出路面，保证行车安全。高速公路、一级公路的路面排水，一般由路肩排水与中央分隔带排水组成；二级及二级以下公路的路面排水，一般由路拱坡度、路肩横坡和边沟排水组成。

3) 路面等级

路面等级按面层材料的组成、结构强度、路面所能承担的交通任务和使用的品质划分为高级路面、次高级路面、中级路面和低级路面等四个等级。

4) 路面类型

(1) 路面基层的类型。按照现行规范，基层（包括底基层）可分为无机结合料稳定类和粒料类。无机结合料稳定类有：水泥稳定土、石灰稳定土、石灰工业废渣稳定土及综合稳定土；粒料类分级配型和嵌锁型，前者有级配碎石（砾石），后者有填隙碎石等。

①水泥稳定土基层。在粉碎的或原来松散的土中，掺入足量的水泥和水，经拌合得到的混合料在压实养生后，当其抗压强度符合规定要求时，称为水泥稳定土。可适用于各种交通类别的基层和底基层，但水泥不应用作高级沥青路面的基层，只能作底基层。在高速公路和一级公路的水泥混凝土面板下，水泥土也不应用作基层。

②石灰稳定土基层。在粉碎或原来松散的土中掺入足量的石灰和水，经拌合、压实及养护得到的混合料，当其抗压强度符合规定要求时，称为石灰稳定土。适用于各级公路路面的底基层，可作二级和二级以下的公路的基层，但不应用作高级路面的基层。

③石灰工业废渣稳定土基层。一定数量的石灰和粉煤灰或石灰和煤渣与其他集料相配合，加入适量的水，经拌和、压实及养生后得到的混合料，当其抗压强度符合规定要求时，称为石灰工业废渣稳定土，简称石灰工业废渣。适用于各级公路的基层与底层，但其中的二灰土不应用作高级沥青路面及高速公路和一级公路上水泥混凝土路面的基层。

④级配碎（砾）石基层。由各种大小不同粒径碎（砾）石组成的混合料，当其颗粒组成符合技术规范的密实级配的要求时，称其为级配碎（砾）石。级配碎石可用于各级公路的基层和底基层，可用作较薄沥青面层与半刚性基层之间的中间层。级配砾石可用于二级和二级以下公路的基层及各级公路的底基层。

⑤填隙碎石基层。用单一尺寸的粗碎石作主骨料，形成嵌锁作用，用石屑填满碎石间的空隙，增加密实度和稳定性，这种结构称为填隙碎石。可用于各级公路的底基层和二级以下公路的基层。

(2) 路面面层类型。根据路面的力学特性，可把路面分为沥青路面、水泥混凝土路面和其他类型路面。

①沥青路面。沥青路面是指在柔性基层、半刚性基层上，铺筑一定厚度的沥青混合料面层的路面结构。沥青面层分为沥青混合料、乳化沥青碎石、沥青贯入式、沥青表面处治等四种类型。

沥青混合料可分为沥青混凝土混合料、沥青碎石混合料和热拌热铺沥青混合料。高速公路、一级公路沥青面层均应采用沥青混凝土。沥青混凝土混合料是由适当比例的粗、集料及填料组成的符合规定级配的矿料，与沥青拌和而制成的符合技术标准的沥青混合料，简称沥青混凝土，用其铺筑的路面称为沥青混凝土路面。沥青碎石路面是由几种不同粒径大小的级配矿料，掺有少量矿粉或不加矿粉，用沥青作结合料,按一定比例配合,均匀拌和,经压实成型的路面。热拌热铺沥青混合料路面是指沥青与矿料在热态下拌和、热态下铺筑施工成型的沥青路面。热拌热铺沥青混合料适用于各种等级公路的沥青面层。高速公路、一级公路沥青面层均应采用沥青混凝土混合料铺筑,沥青碎石混合料仅适用于过渡层及整平层。其他等级公路的沥青面层的上面层,宜采用沥青混凝土混合料铺筑。

当沥青碎石混合料采用乳化沥青作结合料即为乳化沥青碎石混合料时,乳化沥青碎石混合料适用于三级及三级以下公路的沥青面层、二级公路的罩面层施工以及各级公路在路面的联结层或整平层。乳化沥青碎石混合料路面的沥青面层宜采用双层式,单层式只宜在少雨干燥地区或半刚性基层上使用。

沥青贯入式路面是在初步压实的碎石(或轧制砾石)上,分层浇洒沥青、撒布嵌缝料,经压实而成的路面结构,厚度通常为4~8cm;当采用乳化沥青时称为乳化沥青贯入式路面,其厚度为4~5cm。沥青贯入式路面适用于二级及二级以下公路,也可作为沥青混凝土路面的联结层。

沥青表面处治是用沥青和集料按层铺法或拌和方法裹覆矿料,铺筑成厚度一般不大于3cm的一种薄层路面面层。适用于三级及三级以下公路、城市道路支路、县镇道路、各级公路施工便道以及在旧沥青面层上加铺罩面层或磨耗层。

②水泥混凝土路面。水泥混凝土路面指以水泥混凝土面板和基(垫)层组成的路面,亦称刚性路面。

③其他类型路面。主要是指在柔性基层上用有一定塑性的细粒土稳定各种集料的中低级路面。

路面还可以按其面层材料分类,如水泥混凝土路面、黑色路面(指沥青与控料构成的各种路面)、砂石路面、稳定土与工业废渣路面以及新材料路面。这种分类用于路面施工和养护工作以及定额管理等方面。表7-1列出了各级路面所具有的面层类型及其所适用的公路等级。

各级路面所具有的面层类型及其所适用的公路等级 表7-1

公路等级	采用的路面等级	面层类型
高速,一、二级公路	高级路面	沥青混凝土
		水泥混凝土
二、三级路面	次高级路面	沥青贯入式
		沥青碎石
		沥青表面处治
四级公路	中级路面	碎、砾石(泥结或级配)
		半整齐石块
		其他粒料
四级公路	低级路面	粒料加固土
		其他当地材料加固或改善土

7.2.4 道路主要公用设施

按道路的性质和道路使用者的各种需要，在道路上需设置相应的公用设施。道路公用设施的种类很多，包括交通安全及管理设施和服务设施等。道路公用设施是保证行车安全、方便人民生活和保护环境的重要措施。

1) 停车场

社会公用停车场主要指设置在商业大街、步行街（区）、大型公共建筑（如影剧院、文化宫等），以及乡镇出入口、农贸市场附近，供各种社会车辆停放服务的静态交通设施。

停车场宜设在其主要服务对象的同侧，以便使客流上下、货物集散时不穿越主要道路，减少对动态交通的干扰。

大、中型停车场出入口不得少于两个，特大型停车场出入口不得少于三个，并应设置专用人行出入口，且两个机动车出入口之间的净距不小于15m。停车场的出口与入口宜分开设置，单向行驶的出（入）口宽度不得小于5m，双向行驶的出（入）口宽度不得小于7m。小型停车场只有一个出入口时，出（入）口宽度不得小于9m。

停车场出入口应有良好的可视条件，视距三角形范围内的障碍物应清除，以便能及时看清前面交通道路上的往来行人和车辆；同时，在道路与通道交汇处设置醒目的交通警告标志。机动车出入口的位置（距离道路交叉口宜大于80m）距离人行过街天桥、地道、桥梁或隧道等引道口应大于50m；距离学校、医院、公交车站等人流集中得地点应大于30m。

停车场内的交通线路必须明确，除注意组织单向行驶，尽可能避免出场车辆左转弯外，尚需借画线标志或用不同色彩漆绘来区分、指示通道与停车场地。

为了保证车辆在停放区内停入时不致发生自重分力引起滑溜，导致交通事故，因而要求停放场的最大纵坡与通道平行方向为1%，与通道垂直方向为3%，出入通道的最大纵坡为7%，一般以小于等于2%为宜。停放场及通道的最小纵坡以满足雨雪水及时排除及施工可能高程误差水平为原则，一般取0.4%～0.5%。

2) 公共交通站点

城市公共交通站点分为终点站、枢纽站和中间停靠站。车站应结合常规公交规划、沿线交通需求及城市轨道交通等其他交通站点设置。城区停靠站间距宜为400～800m，郊区停靠站间距应根据具体情况确定。

车站可为直接式和港湾式，城市主、次干路和交通量较大的支路上的车站，宜采用港湾式。道路交叉口附近的车站宜安排在交叉口出口道一侧，距交叉口出口缘石转弯半径终点宜为80～150m。站台长度最短应按同时停靠两辆车布置，最长不应超过同时停靠4辆车的长度，否则应分开设置。站台高度宜采用0.15～0.20m，站台宽度不宜小于2m；当条件受很时，站台宽度不得小于1.5m。

3) 道路照明

道路照明是道路建设的重要内容，影响着道路安全和行驶流畅与舒适。道路照明应采用安全可靠、技术先进、经济合理、节能环保、维修方便的设施。机动车交通道路照明应以路面平均亮度（或路面平均照度）、路面亮度均匀度和纵向均匀度（或路面照度均匀度）、眩光限制、环境比和诱导性为评价指标。人行道路照明应以路面平均照度、路面最小照度和垂直照度为评价指标。曲线路段、平面交叉、立体交叉、铁路道口、广场、停车场、桥梁、坡道等特殊地点应比平直路段连续照明的亮度（照度）高、眩光限制严、诱导性好。

道路照明应根据所在地区的地理位置和季节变化合理确定开关灯时间，并应根据天空亮度变化进行必要修正。宜采用光控和时控相结合的智能控制方式，有条件时宜采用集中遥控系统。照明光源应选择高光效、长寿命、节能及环保的产品。

光源的选择应符合下列规定：快速路、主干路、次干路和支路应采用高压钠灯；居住区机动车和行人混合交通道路宜采用高压钠灯或小功率金属卤化物灯；市中心、商业中心等对颜色识别要求较高的机动车交通道路可采用金属卤化物灯；商业区步行街、居住区人行道路、机动车交通道路两侧人行道可采用小功率金属卤化物灯、细管径荧光灯或紧凑型荧光灯。道路照明不应采用自镇流高压汞灯和白炽灯。

4）人行天桥和人行地道

修建人行立交桥是人车分离、保护过街行人和车流畅通的最安全措施。

人行天桥宜建在交通量大，行人或自行车需要横过行车带的地段或交叉口上。

人行地道作为城市公用设施，在使用和美观上较好，但是工程和维修费用较高，因此要综合考虑是否修建人行地道。

5）道路交通管理设施

道路交通管理设施通常包括交通标志、标线和交通信号灯等，广义概念还包括护栏、统一交通规则的其他显示设施。

（1）交通标志

交通标志分为主标志和辅助标志两大类。主标志按其功能可分为警告、禁令、批示及指路标志四种。辅助标志系附设在主标志下面，对主标志起补充说明的标志，它不得单独使用。

交通标志应设置在驾驶人员和行人易于看到，并能准确判断的醒目位置。一般安设在车辆行进方向道路的右侧或分隔带上，通常距人行道路缘石（或路肩）0.3~0.5m处。其高度应保证标志牌下缘至地面高度有1.8~2.5m。

（2）交通标线

交通标线主要是路面标线，系以文字、图形、画线等在路面上添绘，以表示车行道中心线，机动车、非机动车分隔线，各类导向线以及人行横道、车道渐变段、停车线等。此外，还有少数立面标记。如设置在立交桥洞侧墙或安全岛等壁面上的标记。

（3）交通信号灯

普通交通信号灯按红、黄、绿，或绿、黄、红自上而下，或自左向右排列。竖向排列常用于路幅较窄的旧城路口。横向排列则可用于路幅较宽的城镇道路。信号灯设在进口端右侧人行道边。

7.3 道路工程施工技术

7.3.1 路基施工

路基施工包括路基土、石方施工，路基整修，路基排水及防护施工等。

路基土方作业的工作内容，由开挖、运输、填土、压实和整修五个环节构成。然而，随着路基填挖高（深）度、地形和运距的不同，这五个环节在整个工程所占的比重及相互关系不尽相同。

1) 一般路堤的填筑

为保证路堤的强度和稳定性，在填筑路堤时，要处理好基底，选择良好的填料。保证必需的压实度及正确选择填筑方案。

(1) 基底的处理。路基基底是指土石填料与原地面的接触部分。为使两者紧密结合以保证填筑后的路堤不至于产生沿基底的滑动和过大变形，填筑路堤前，应根据基底的土质、水文、坡度、植被和填土高度采取一定措施对基底进行处理。

①当基底为松土或耕地时，应先将原地面认真压实后再填筑。当路线经过水田、洼地和池塘时，应根据积水和淤泥层等具体情况采取排水疏干、清淤换土、抛石挤淤、晾晒或掺灰等处理措施，经碾压密实后再填路堤。受地下水影响的低填方路段，还应考虑在边沟下设置渗沟等降、排地下水措施。当基底土质湿软而深厚时，应按软土地基处理。

②基底土密实稳定，且地面横坡缓于 1∶10。填方高大于 0.5m 时，基底可不处理；路堤填方高低于 0.5m 的地段，应清除原地表杂草。横坡为 1∶10～1∶5 时，应清除地表草皮杂物再填筑；横坡陡于 1∶5 时，消除草皮杂物后还应将坡面挖成不小于 1m 的台阶，台阶向内倾斜坡度为 2%～4%，如图 7-6 所示。

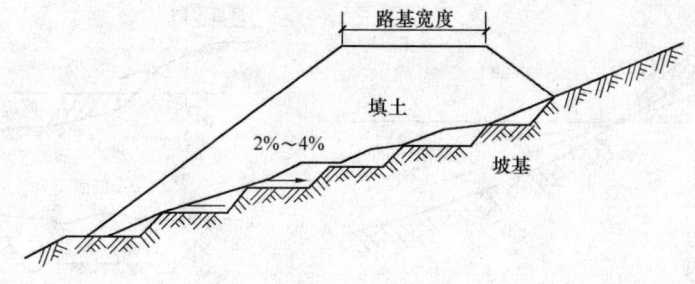

图 7-6 坡面路基的处理

(2) 填料的选择。路堤通常是利用沿线就近土石作为填筑材料。选择填料时应尽可能选择当地强度高、稳定性好并利于施工的土石作路堤填料。一般情况下，碎石、卵石、砾石、粗砂等具有良好透水性，且强度高、稳定性好，因此可优先采用。砂质粉土、粉质黏土等经压实后也具有足够的强度，故也可采用。粉性土水稳定性差，不宜作路堤填料。重黏土、黏性土、捣碎后的植物土等由于透水性差，作路堤填料时应慎重选用。

(3) 填筑方法。路堤的填筑方法有水平分层填筑法、纵向分层填筑法、竖向填筑法和混合填筑法四种。

①水平分层填筑。水平分层填筑是一种将不同性质的土有规则地分层填筑和压实的填筑方法，该法易于达到规定的压实度，易于保证质量，是填筑路堤的基本方法。水平分层填筑方法，如图7-7所示。

路堤分层填筑时，不同土质的填筑方式如图7-8所示。

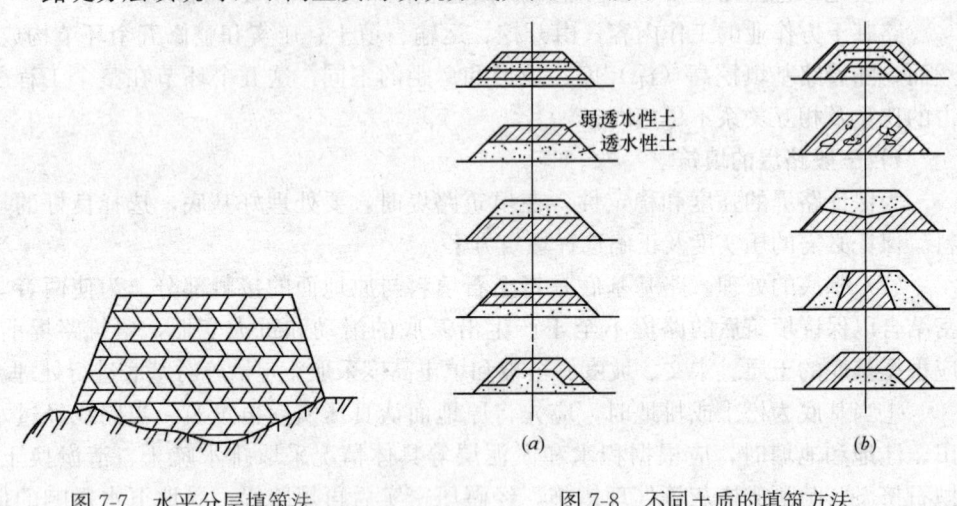

图7-7 水平分层填筑法

图7-8 不同土质的填筑方法
(a) 正确；(b) 错误

此外，对于高填方路堤的填筑，应按技术规范的有关规定进行。

②纵向分层填筑法。宜于用推土机从路堑取料填筑距离较短的路堤，依纵坡方向分层，逐层向上填筑碾压密实。原地面纵坡陡于12%的地段常采用此法。纵向分层填筑法如图7-9所示。

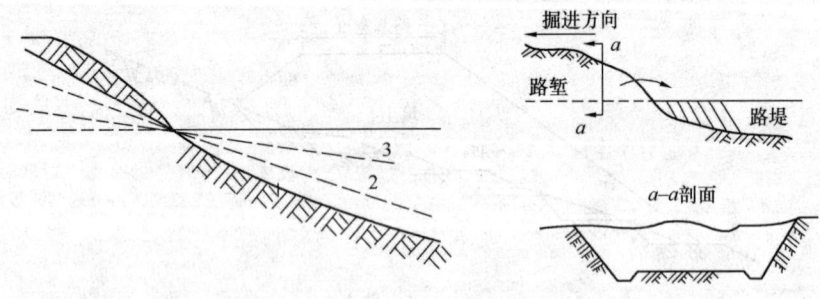

图7-9 纵向分层填筑法

③竖向填筑法。当地面纵坡大于12%的深谷陡坡地段，可采用竖向填筑法施工。从路堤的一端或两端的某一高度把土倾倒到路堤底部，并逐渐沿纵向向前填筑，如图7-10所示。竖向填筑因填土过厚不易压实。施工时需采取下列措施：选用高效能压实机械；采用沉陷量较小的砂性土或附近开挖路堑的废石方，并一次填足路堤全宽；在底部进行拨土夯实。

④混合填筑法。如因地形限制或堤身较高时，不宜按前述三种方法自始至终进行填筑时，可采用混合填筑法，如图7-11所示。即路堤下层用竖向填筑，而上

层用水平分层填筑，使路堤上部经分层压实获得需要的压实度。在施工中，沿线的土质经常在变化，为避免将不同性质的土任意混填而造成路基病害，应确定正确的填筑方法。

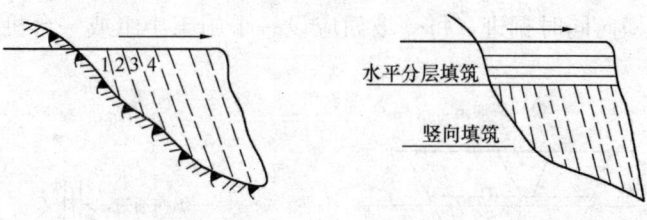

图 7-10　竖向填筑方法　　　图 7-11　混合填筑法

2）路堑的开挖

土质路堑的开挖方法有横挖法、纵挖法和混合法几种。

（1）横挖法。对路堑整个横断面的宽度和深度，从一端或两端逐渐向前开挖的方法称为横挖法。该法适宜于短而深的路堑。

用人力按横挖法开挖路堑时，可在不同高度分几个台阶开挖，其深度视工作与安全而定。一般宜为 1.5～2.0m。

（2）纵挖法。纵挖法有分层纵挖法、通道纵挖法和分段纵挖法三种。

分层纵挖法是沿路堑全宽以深度不大的纵向分层挖掘前进，如图 7-12（a）所示。该法适用于较长的路堑开挖。

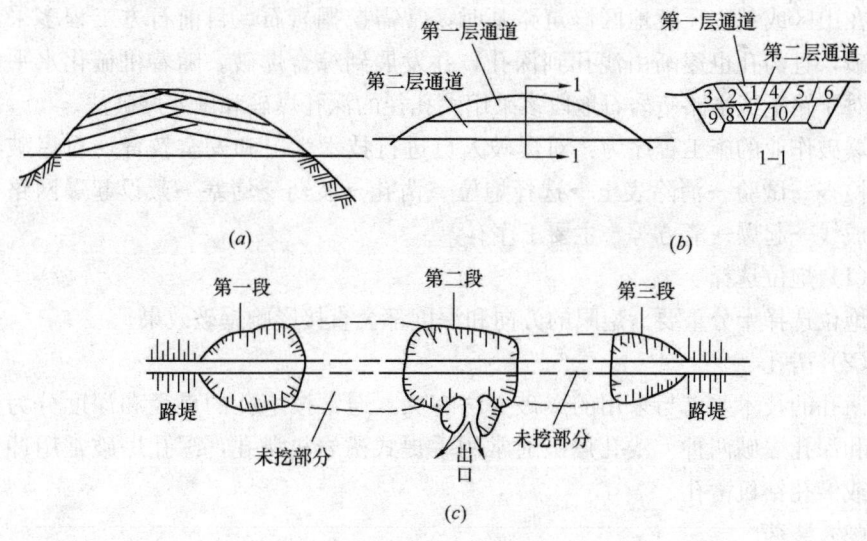

图 7-12　纵向挖掘法
(a) 分层纵挖法；(b) 通道纵挖法；(c) 分段纵挖法

通道纵挖法是沿路堑纵向挖一通道，继而将通道向两侧拓宽以扩大工作面，并利用该通道作为运土路线及场内排水的出路，如图 7-12（b）所示。该法适合于路堑较长、较深、两端地面纵坡较小的路堑开挖。

分段纵挖法是沿路堑纵向选择一个或几个适宜处，将较薄一侧路堑横向挖穿，使路堑分成两段或数段，各段再进行纵向开挖的方法，如图 7-12（c）所示。该法适用于路堑过长，弃土运距过长的傍山路堑，其一侧堑壁不厚的路堑开挖。

土质路堑纵向挖掘，多采用机械化施工。

（3）混合法。混合法是先沿路堑纵向开挖通道，然后沿横向开挖横向通道，再双通道沿纵横向同时掘进，每一坡面应设一个施工小组或一台机械作业，如图7-13所示。

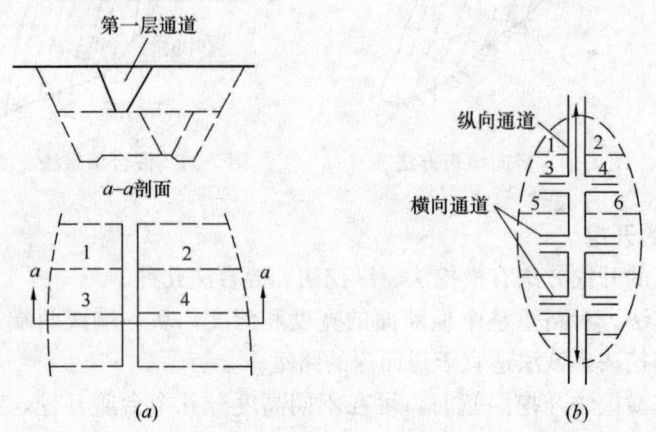

图 7-13　混合挖掘法
（a）横面和平面；（b）平面纵、横通道示意图

3）路基石方施工

在山区或某些丘陵地区修筑路基时，常需挖掘岩石。目前石方工程多采用钻孔爆破，且药孔也逐渐由浅孔到深孔，并发展到综合爆破。随着机械化水平的提高，对于路堑或半路堑岩石地段多采用大孔径的深孔爆破和微差爆破法。

爆破作业的施工程序为：对爆破人员进行技术学习和安全教育→对爆破器材进行检查→试验→消除表土→选择炮位→凿孔→装药→堵塞→敷设起爆网路→设置警戒线→起爆→清方等。主要工序有：

（1）炮位选择

炮位选择十分重要。炮眼的方向和深度都会直接影响爆破效果。

（2）凿孔

凿孔的技术要求与采用的爆破方法有关。通常按炮孔的直径和深度分为浅孔爆破和深孔爆破两种。浅孔爆破通常用手提式凿岩机凿孔，深孔爆破常用冲击式钻机或潜孔钻机凿孔。

（3）装药

装药的方式根据爆破方法和施工要求的不同而异，通常有以下几种：

①集中药包。炸药完全装在炮孔的底部，爆炸后对于工作面较高的岩石崩落效果较好，但不能保证岩石均匀破碎。

②分散药包。炸药沿孔深的高度分散安装，爆炸后可以使岩石均匀地破碎。适用于高作业面的开挖段。

③药壶药包。将炮孔底部打成葫芦形，集中埋置炸药，以提高爆破效果。适用于结构均匀致密的硬土、次坚石、坚石和量大而集中的石方施工。

④坑道药包。药包安装在竖井或平硐底部的特制的储药室内，装药量大，属于大型爆破的装药方式。适用于土石方大量集中、地势险要或工期紧迫的路段，以及一些特殊的爆破工程。

(4) 药孔的堵塞

中小型爆破的药孔，一般可用干砂、滑石粉、黏土和碎石等堵塞，并用木棒等将堵塞物捣实，切忌用铁棒。

(5) 起爆

可用火花起爆、电力起爆、导爆线（又称传爆线）起爆和塑料导爆管起爆。中小型爆破可用雷管、引火剂或导火索等从炮孔的外部引入炮孔的药室使炸药爆炸。导爆线起爆爆速快（6800～7200m/s），主要用于深孔爆破和药室爆破，使几个药室能同时起爆，可以提高爆破效果。塑料导爆管起爆具有抗杂电、操作简单、使用安全可靠、成本较低等优点，有逐渐取代导火索和导爆线起爆的趋势。

(6) 清方

当石方爆破后，必须按爆破次数分次清理。在选择清方机械时应考虑以下技术经济条件：

①工期所要求的生产能力；

②工程单价；

③爆破岩石的块度和岩堆的大小；

④机械设备进入工地的运输条件；

⑤爆破时机械撤离和重新进入工作面是否方便。

就经济性来说，运距在30～40m以内，采用推土机较好；40～60m用装载机自铲运较好；100m以上用挖掘机配合自卸汽车较好。

4) 压实施工工艺

(1) 压实的作用

未经压实的路基，在自然因素和行车荷载的作用下，必然要产生较大的变形与破坏。为使路基具有足够的强度与稳定性，必须予以压实，因此路基的压实是路基施工中极其重要的环节，亦是提高路基强度与稳定性的根本措施。即通过压实，可大大增加土基强度，使土基的塑性变形明显减少，使土的透水性降低，毛细水上升高度下降，隔温性能加强。对于填石路堤，压实可增强路堤的稳定性，减少路堤的不均匀沉降。

(2) 影响压实效果因素

在现场施工碾压细粒土路基时，影响土质路基压实效果的主要因素有土的类别、含水量、压实功能和碾压层厚度等。

①土的类别。在路堤填筑前，应对来源不同、性质不同的填方材料进行复查和取样试验。通过土的标准击实试验，可以得到击实曲线，不同的土类会得到不同的击实曲线。

②土的含水量。从击实曲线中可以得到指导施工的两个最重要的指标：最大干密度和最佳含水量。施工经验表明：在最佳含水量的情况下压实效果最好，在最佳含水量的情况下压实的土水稳性最好。

③压实功能。同一类土,其最佳含水量随压实功能的加大而减小,而最大干密度则随压实功能的加大而增大。但是,若土的含水量过大,增大压实功能就会出现"弹簧"现象。压实功能过大还会破坏土体结构。

④在相同土质和相同压实功能的条件下,压实效果随压实厚度的递增而减弱。试验表明:表层压实效果最佳,越到下面压实效果逐渐减小。

(3) 施工基本要求与压实标准

压实施工应首先确定压实度,正确选定压实度,这关系到土基受力状态、路基路面设计要求、施工条件,必须兼顾需要与可能,讲求经济与实效。

路床范围内的土层,承受着强烈的行车荷载反复作用,路基下层主要承受本身重量。因此,路床范围的压实度要求较高,见表7-2所列。

土质路基压实度标准　　　　表7-2

填挖类型		路床顶面以下深度(m)	压实度(%)		
			高速、一级	二级	三、四级
路堤	上路床	0~0.30	≥96	≥95	≥94
	下路床	0.30~0.80	≥96	≥95	≥94
	上路堤	0.80~1.50	≥94	≥94	≥93
	下路堤	>1.50	≥93	≥92	≥90
零填及挖方路基		0~0.30	≥96	≥95	≥94
		0.30~0.80	≥96	≥95	

7.3.2 路面基层施工

路面施工包括备料、路床施工、路面基层施工、路面面层施工、路容整修等。路面基层的类型可分为砾料类基层与稳定土类基层。

1) 砾料类基层施工

(1) 级配碎(砾)石基层施工

级配碎(砾)石料基层是将粒径不同的石料和砂(或石屑)组成良好级配的混合料,经碾压形成密实的基层结构。其施工方法有路拌法和厂拌法两种。级配碎(砾)石料基层的施工关键是保证级配拌和均匀,含水量适宜,摊铺均匀,压实度达到规定的要求。

级配碎石路拌法施工的工艺流程如图7-14所示。

级配碎(砾)石厂拌法:级配碎石混合料可以在中心站采用强制式拌和机、卧式双轴桨叶式拌和机、普通水泥混凝土拌和机等进行集中拌和,然后运输至现场进行摊铺、整形和碾压。

(2) 填隙碎石基层施工

用单一尺寸的粗碎石作骨料,形成嵌锁作用,用石屑填满石间的孔隙,以增加密实度和稳定性,这种结构称为填隙碎石。按照施工方法的不同,填隙碎石基层可分为干压碎石和水结碎石。工艺流程如图7-15所示。

2) 稳定土类基层施工

(1) 水泥稳定土基层施工

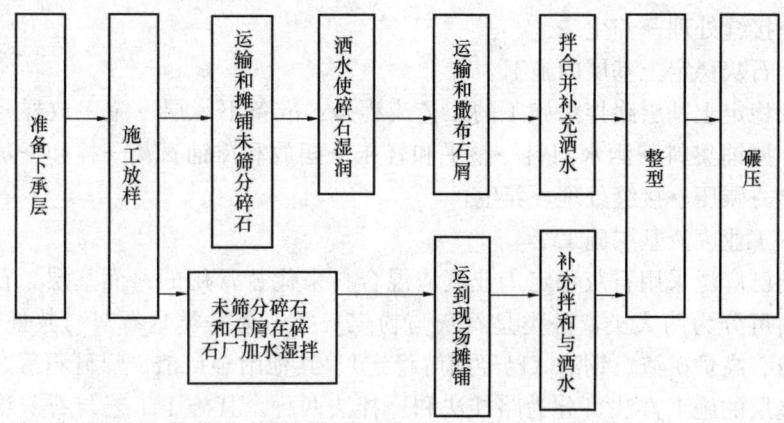

图 7-14 级配碎石路拌法施工工艺流程

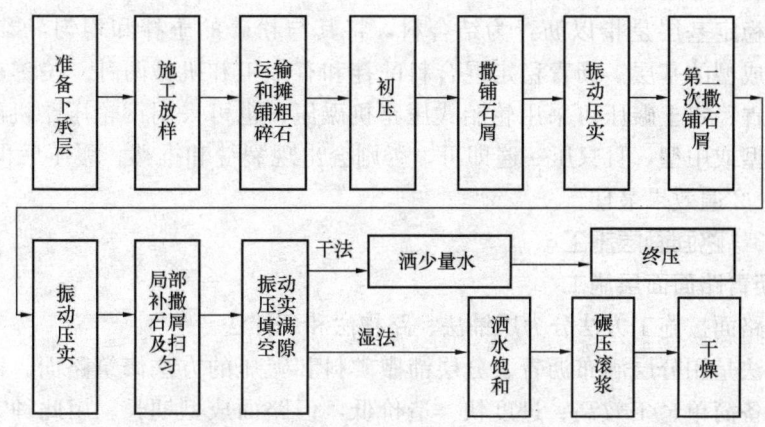

图 7-15 填隙碎石施工工艺流程

水泥稳定土基层施工方法有路拌法和厂拌法。

对于二级或二级以下的一般公路，水泥稳定土可以采用路拌法施工。其施工工艺流程：准备下承层→施工放样→粉碎土或运送、摊铺集料→洒水闷料→整平和轻压→摆放和摊铺水泥→拌和（干拌）→加水并湿拌→整型→碾压→接缝处理→养生。

高速公路和一级公路的稳定土基层，应采用集中厂拌法施工。

中心站集中厂拌法施工与路拌法施工的主要区别在：

第一，水泥稳定土混合料在中心站用强制式拌和机、双转轴桨叶式拌和机等厂拌设备进行集中拌和。厂拌设备一般由供料系统（包括各种料斗）、拌和系统、控制系统（包括各种计量器和操纵系统）、输送系统和成品储存系统五大部分组成。

第二，混合料用摊铺机进行摊铺。其特点是：配料精度高，混合料拌和质量好，缩短了延迟时间，摊铺的厚度均匀，平整度好。

不足之处是厂拌设备安装在固定地点作业，且装置多，整机庞大，占地面积较大。

厂拌法施工的工艺流程：准备下承层→施工放样→拌和与运输→摊铺→整型

→碾压→接缝处理→养生。

(2) 石灰稳定土基层的施工

石灰稳定土基层路拌法施工的工艺流程是：准备下承层→施工放样→粉碎土或运送、摊铺集料→洒水闷料→整平和轻压→摆放和摊铺石灰→拌和→加水并湿拌→整型→碾压→接缝处理→养生。

(3) 工业废渣基层施工

目前已广泛采用石灰稳定工业废渣混合料来代替常用的路面基层。石灰工业废渣材料可分为两大类，一类是石灰与粉煤灰类，另一类是石灰与其他废渣类，包括煤渣、高炉矿渣、钢渣（已经崩解稳定）、其他冶金矿渣、煤矸石等。石灰工业废渣基层的施工方法可分为路拌法和厂拌法两种，其施工工艺与石灰稳定土基层的施工基本相同。

(4) 沥青稳定土基层施工

沥青稳定基层是指以沥青为结合料，将其与粉碎的土拌和均匀，摊铺平整，碾压密实成型的基层。沥青稳定混合料的拌和有人工和机械两种。关键在拌和与碾压。沥青稳定土碾压可采用轮胎式压路机碾压，也可采用钢轮压路机碾压，但应选用轻型或中型，且只压一遍即可，否则会出现裂缝和推移。碾压后再过2~3天复压1~2遍效果最佳。

7.3.3 路面面层施工

1) 沥青路面面层施工

沥青路面按施工方法分为层铺法、路拌法和厂拌法。

层铺法是用分层洒布沥青、分层铺撒矿料和碾压的方法修筑路面。该法施工工艺和设备简单、工效高、进度快、造价低，但路面成型期长。用此种方法修筑的沥青路面有层铺式沥青表面处治和沥青贯入式两种。

路拌法即在施工现场以不同的方式（人工的或机械的）将冷料热油或冷油冷料拌和、摊铺和压实的办法。通过拌和，沥青分布比层铺法均匀，可以缩短路面成型期。但该法要求沥青稠度较低，故混合料强度较低。路拌法较有利于就地取材，乳化沥青碎石混合料和拌和式沥青表面处治即按此法施工。

厂拌法即集中设置拌和基地，采用专门设备，将具有规定级配的矿料和沥青加热拌和，然后将混合料运至工地热铺热压或冷铺冷压的方法，当碾压终了温度降至常温即可开放交通。此法需用黏稠的沥青和精选的矿料。因此，混合料质量高，路面使用寿命长，但一次性投资的建筑费用也较高。采用厂拌法施工的沥青路面有沥青混凝土和厂拌沥青碎石路面。

(1) 热拌沥青混合料路面施工。热拌沥青混合料路面的施工过程应包括四个方面：混合料的拌制、运输、摊铺和压实成型。

①沥青混合料拌制。沥青混合料必须在拌和厂采用拌和机械拌制，拌和机械设备的选型应根据工程量和工期综合考虑，而且拌和设备的生产能力应与摊铺能力相匹配。最好高于摊铺能力5%左右。拌和机可以是固定式的或移动式的。

②运输。热拌沥青混合料采用自卸汽车运输到摊铺地点。运送路途中，为减少热量散失、防止雨淋或污染环境，应在混合料上覆盖篷布。混合料运送到摊铺

地点的温度应符合相应规定。为防止沥青同车厢的粘结，车厢底板上应涂薄层掺水柴油（油∶水为1∶3）。运送到工地时，已经成团块、温度不符合要求或遭受雨淋的沥青混合料，应予废弃。

③摊铺。铺筑沥青混合料前，应检查确认下层的质量。当下层质量不符合要求，或未按规定洒布透层、粘层、铺筑下封层时，不得铺筑沥青面层。热拌沥青混合料应使用摊铺机作业。摊铺前，根据施工需要调整和选择摊铺机的结构参数及运行参数。

④压实及成型。沥青混合料的分层厚度不得大于10cm。应选择合理的压路机组合方式及碾压步骤，以求达到最佳效果。压实应按初压、复压、终压（包括成型）三个阶段进行。初压应在混合料摊铺后较高温度条件下进行。不得产生推移、开裂，压路机应从外侧向路中心碾压，应采用轻型钢筒式压路机或关闭振动装置的振动压路机碾压2遍。复压应紧接在初压后进行，宜采用重型轮胎式压路机，也可采用振动压路机或钢筒式压路机碾压，遍数应经试压确定，不宜少于4~6遍。终压应紧接在复压后进行，终压后选用双轮钢筒式压路机或关闭振动的振动压路机碾压，不宜少于2遍，并要求压后无轮迹。压路机应以慢而均匀的速度碾压。

（2）乳化沥青碎石混合料路面施工。沥青碎石路面的施工方法和施工要求基本上与沥青混凝土路面相同。乳化沥青碎石混合料宜采用拌和厂机械拌和。在条件限制时也可以现场用人工拌制。其施工顺序类同热沥青的施工。

乳化沥青碎石混合料的碾压可与热拌沥青混合料相同，但应注意：

①混合料摊铺后，初压可采用6t左右的轻型压路机压1、2遍，使混合料初步稳定，再用轮胎式压路机或轻型钢筒式压路机压1、2遍。初压应匀速进退，不得在碾压路段紧急制动或快速启动。

②当乳化沥青开始破乳，混合料由褐色变成黑色时，用12~15t压路机或10~12t钢筒式压路机复压2、3遍后立即停止，待晾晒一段时间，水分蒸发后再补充复压密实为止。

③碾压时，发现局部混合料有松散或开裂时，应立即挖除，补换新料，整平后继续碾压密实。

④上封层应在压实成型、路面水分蒸发后方可加铺。

（3）沥青贯入式路面施工。根据沥青材料贯入深度的不同，贯入式路面可分为深贯入式（6~8cm）和浅贯入式（4~5cm）两种。其施工程序如下：

①放样和安装路缘石。

②清扫基层。

③厚度为4~5cm的浅贯式应浇洒透层或粘层沥青。

④撒铺主层矿料，其规格和用量符合规定，并检查其撒铺厚度。

⑤主层矿料摊铺后，先用6~8t压路机进行慢速初压，至无明显推移为止。然后再用10~20t压路机碾压，直至主层矿料嵌挤紧密、无明显轮迹而又有一定孔隙，使沥青能贯入为止。

⑥浇洒第一次沥青。

⑦趁热撒铺第一次嵌缝料，撒铺应均匀，扫匀后应立即用10~12t压路机碾压

（约碾压4～6遍），随压随扫，使其均匀嵌入。

⑧之后施工程序为浇洒第二层沥青，撒铺第二层嵌缝料，然后碾压，再浇洒第三层沥青，铺封面料，最后碾压。最后碾压采用6～8t压路机，碾压2～4遍，即可开放交通。

（4）沥青表面处治施工。沥青表面处治最常用的施工方法是层铺法。按其浇洒沥青及撒铺矿料次数多少可分为单层式、双层式及三层式三种。单层式厚度为1.0～1.5cm，双层式厚度为1.5～2.5cm，三层式厚度为2.5～3.0cm。层铺法沥青表面处治的施工工序及要求如下：

①清理基层。在表面处置层施工前，应将路面基层清扫干净，使基层的矿料大部分外露并保持干燥。对有坑槽、不平整的路段应先修补和整平。

②洒布沥青。在浇洒透层沥青后4～8h，或已做透层（或封层）并开放交通的基层清扫后，即可浇洒第一次沥青。沥青要洒布均匀，不应有空白或积聚现象。

③铺撒矿料。洒布沥青后应趁热迅速铺撒矿料，按规定用量一次撒足并要铺撒均匀。

④碾压。铺撒一层矿料后随即用6～8t双轮压路机或轮胎压路机及时碾压。碾压应从一侧路缘压向路中心，然后再从另一边开始压向路中。碾压时，每次轮迹重叠约30cm，碾压约3、4遍。压路机行驶速度开始不宜超过2km/h，以后可适当提高。双层式或三层式沥青表面处治的第二、三层施工即重复第②～④工序。

⑤初期养护。碾压结束后即可开放交通，但应禁止车辆快速行驶（不超过20km/h），要控制车辆行驶的路线，使路面全幅度都获得均匀碾压，加速处置层反油稳定成型。对局部泛油、松散、麻面等现象，应及时修整处理。

2）水泥混凝土路面施工

（1）水泥混凝土路面小型机具施工。水泥混凝土路面的小型机具施工是指由机器拌和，人工摊铺，辅助配备一些小型机具（如插入式振捣器、平板振动器、振动梁、真空吸水设备、切缝机等）进行混凝土路面施工的方式，其施工工艺流程如图7-16所示。

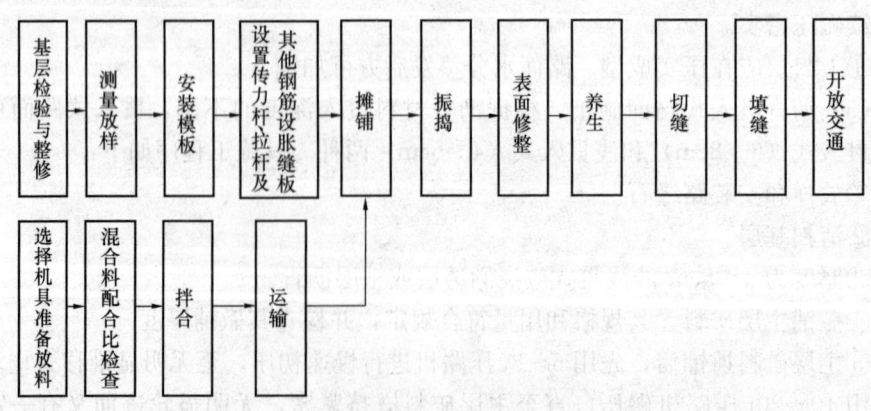

图7-16 水泥混凝土路面小型机具施工工艺

（2）水泥混凝土路面轨道摊铺机施工。高等级公路水泥混凝土路面的技术标准（如平整度）要求高，工程数量大，要保证施工进度和工程质量，应尽可能采用机械化施工。

轨道式摊铺机铺筑混凝土板，就是机械施工的一种方法，它利用主导机械（摊铺机、拌和机）和配套机械（运输车辆、振捣器等）的有效组合，完成铺筑混凝土板的全过程。其工艺流程及设备组合如图 7-17 所示。

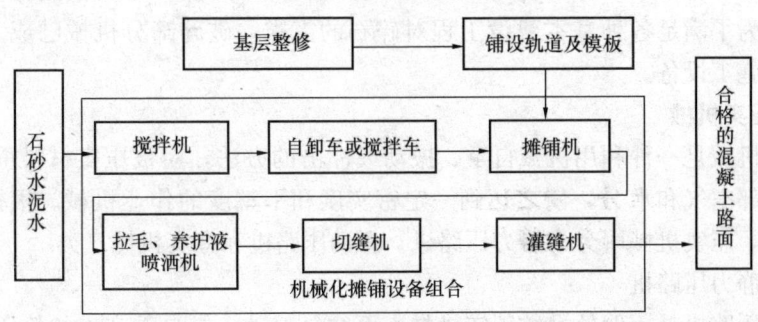

图 7-17　水泥混凝土路面轨道式摊铺机施工工艺

(3) 水泥混凝土路面滑模式摊铺机施工。滑模式摊铺机是机械化施工中自动化程度很高的一种方法，如图 7-18 所示。它具有现代化的自控高速生产能力，与轨道式摊铺机械施工不同，滑模式摊铺机不需要人工设置模板，其模板就安装在机器上。机器在运转中将摊铺路面的各道工序：铺料、振捣、挤压、熨平、设传力杆等一气呵成，机器经过之后，即形成一条规则成型的水泥混凝土路面，可达到较高的路面平整度要求，特别是整段路的宏观平整度更是其他施工方式所无法达到的。

图 7-18　滑模式摊铺机

7.4　筑路机械

随着我国公路建设的发展及对高速公路的质量要求，公路施工的机械化程度迅速提高。筑路机械已成为道路工程施工的主要手段。常用的筑路机械包括土石方施工机械、压实机械和路面施工机械。

1）土石方施工机械

道路工程施工中常用的土石方施工机械有推土机、铲运机、平地机、装载机、挖掘机和破碎筛分机械。其中推土机、铲运机、装载机和挖掘机在其他工程中亦为常见。不作介绍。

(1) 平地机

平地机是在前后轮轴之间装一平地板，可按各种坡度要求平整地面和摊铺物料的铲土运输机械，更换工作装置后还可以进行多种作业。其工作装置有推土铲和松土器，可进行地面平整、挖沟、刮土、推土、松土、除雪等多种作业。

平地机是由拖拉机作牵引动力的机械，分机械操纵式和液压操纵式两种，根据车轮数目，又有四轮与六轮两种，如图 7-19（a）所示。

(2) 破碎筛分机械

破碎筛分机械是一种可将开采得到的岩石破碎，并按一定规格进行筛分的机械设备。为了满足各种基本建设工程对碎石的需求，破碎筛分机械已成为一种不可缺少的施工设备。

2) 压实机械

压实机械是一种利用机械自重、振动或冲击的方法，对被压实材料重复加载，排除其内部空气和水分，使之达到一定密实度和平整度的作业机械。根据工作原理的不同，压实机械可分为静力压路机、振动压路机和夯实机械三类。

(1) 静力压路机

静力压路机是用碾轮沿被压实材料表面往复滚动，靠自重产生的静压力作用，使被压物产生永久变形达到压实的目的。静力压路机又分为光轮压路机和轮胎压路机。

①光轮压路机。光轮压路机又称钢轮压路机，用来压实路基路面，有时也被用来碾压密实土方，是公路和城市道路施工必备的施工机械。根据光轮压路机的整机质量，可分为轻型（6~8t）、中型（8~10t，10~12t）、重型（12t以上）。轻型压路机大多为二轮二轴式，适用于城市道路、简易公路路面压实和临时场地压实及公路养护工作等；中型压路机有二轮二轴式和三轮二轴式两种，如图 7-19（b）所示，前者大多用来压实、压平各种路面，后者大多用于压实路基、地基以及初压铺砌层。重型压路机大多为三轮二轴式，主要用于最终压实路基和其他基础层。

② 轮胎压路机。轮胎压路机用于压实工程设施基础，压平砾石、碎石、沥青混凝土路面，是市政、公路和水利等工程不可缺少的压实机械，如图 7-19（c）所示。轮胎压路机具有可增减配重与改变轮胎充气压力的性能。轮胎对被压实材料既有一定的静负荷，又有一定的缓冲作用，故压实砂质土壤和黏性土壤都能取得良好的效果，压实时不破坏原有的黏度，使各层间有良好的结合性能。在压实碎石路面时，不会破坏碎石的棱角。由于前轮能够摆动，故压实较均匀，不会出现假象压实。

(2) 振动压路机

振动压路机是在静力压路机的碾轮上安装激振机构，工作时，碾轮沿被压实材料表面做往复滚动，又以一定的频率、振幅对被压实材料振动，使被压层间同时受到碾轮的静压力和振动力的综合作用，提高压实效果，如图 7-19（d）所示。振动压路机适用于公路工程的土方碾压，垫层、基层、底基层的各种材料碾压，在沥青混凝土路面施工时，初压和终压适宜静压，在复压时可以使用振动碾压。振动压路机以其行走形式不同分为拖式（单轴单轮）、手扶式（单轴两轮、两轴两轮）、自行式（两轴两轮常规式、两轴组合式、两轴综合式）三种类型。羊足碾是振动压路机，如图 7-19（e）所示。

新型压路机有轮胎驱动光轮式振动压路机和轮胎驱动凸块式振动压路机，适用于各种土质的碾压，压实厚度可达 150cm；还有适宜边坡、路肩、堤岸、水渠、人行道、管道沟槽等狭窄地段施工的手扶振动压路机；适用黏土坝坝面板压实的平斜面两用振动压路机等。

(3) 夯实机械

夯实机械是一种冲击式机械，适用于对黏性土壤和非黏性土壤进行夯实作业，夯实厚度可达到1~1.5m。在筑路施工中，可用在桥背涵侧路基夯实、路面坑槽的振实以及路面养护维修的夯实、平整。

根据夯实冲击能量大小，分为轻型（0.8~1kN·m）、中型（1~10kN·m）和重型（10~50kN·m）三种。按结构和工作原理分为自由落锤式夯实机、振动平板夯实机（图7-19f）、振动冲击夯实机、爆炸式夯实机和蛙式夯实机。

图7-19　土石方施工机械
(a) 平地机；(b) 三轮二轴式光轮压路机；(c) 轮胎压路机；(d) 振动压路机；
(e) 羊足碾；(f) 振动平板夯实机

3) 路面施工机械

(1) 摊铺机

①沥青混凝土摊铺机。沥青混凝土摊铺机是用于铺筑沥青混凝土路面的专用设备，如图7-20所示。

沥青混凝土摊铺机与沥青混凝土搅拌设备、自卸汽车配套施工，适用于公路、城市道路、机场等铺筑作业。

沥青混凝土摊铺机分自行式与拖式两类。自行式又分为履带式与轮胎式两种。履带式摊铺机的最大优点是对路基的不平度敏感性差，因而摊铺工作稳定性好，又因其接地压力低，具有较大的牵引力，所以很少出现打滑现象，多用于新建公路及大规模的城市道路施工。

轮胎式沥青混凝土摊铺机的最大优点是机动性好，适用经常转移工地或较大距离的运行。但在摊铺宽度较大、厚度超厚时，轮胎易出现打滑现象，轮胎式摊铺机多用于城市道路施工。

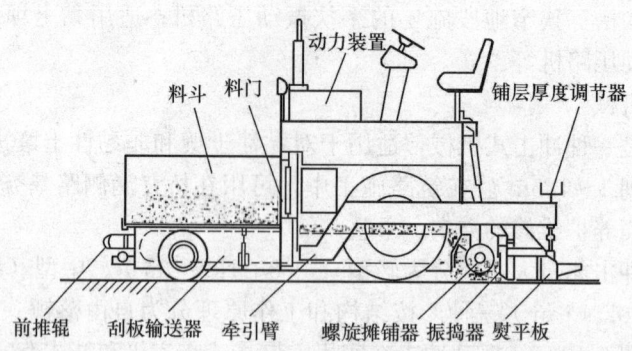

图 7-20 轮胎式沥青混凝土摊铺机

目前，大量用于公路建筑施工的沥青混凝土摊铺机多为进口设备。其共同特点是微机控制、精度高、速度快。

② 水泥混凝土摊铺机。水泥混凝土摊铺机是完成水泥混凝土路面铺筑的专用机械。除发动机外，主要由布料机、捣实机、平整机、表面修光机组成。

水泥混凝土摊铺机因其移动形式不同分为轨道式摊铺机和滑模式摊铺机两种。

水泥混凝土摊铺机适用于水泥混凝土路面（公路、机场跑道、大面积地坪等）的混凝土摊铺。

(2) 沥青洒布机

沥青洒布机是一种黑色路面机械，沥青贯入式路面在碎石层摊铺、碾压密实、平整均匀后，在表面清扫干净、保持干燥的基层上用沥青洒布机喷洒第一遍沥青；在趁热洒布嵌缝料均匀覆盖后，再由沥青洒布机喷洒第二遍沥青，直至喷洒罩面沥青形成路面，如图 7-21 所示。沥青洒布机被用来运输与洒布各类液态沥青。

图 7-21 沥青洒布机

沥青洒布机按运行方式可分为自行式和拖式两种。自行式是将整套沥青洒布设施装在汽车底盘上，沥青油箱容量大，适用于大型路面工程和距离沥青供应基地较远的野外筑路工程。拖式又分手压式和机压式，手压式是手压油泵，机压式是单缸柴油机驱动油泵。拖式沥青洒布机构造简单，适用于路面维修。

复 习 思 考 题

1. 什么是道路？其线形组成和结构组成分别是什么？
2. 什么是路基？路基的作用是什么？基本要求有哪些？
3. 什么是路面？路面结构层次划分有哪些？
4. 路面基层有什么类型？
5. 路面面层有什么类型？
6. 道路公用设施有何类型？
7. 路堤的填筑方法有什么类型？
8. 土质路堑的开挖方法有什么类型？
9. 影响土质路基压实效果的主要因素有什么？
10. 路面施工有什么基本工序？
11. 沥青路面按施工方法分有什么类型？
12. 热拌沥青混合料路面的施工过程应包括哪几个方面？
13. 光轮压路机有什么类型，每一个类型的作用分别是什么？
14. 沥青混凝土摊铺机履带式与轮胎式各有何优缺点？

第8章 桥梁工程

8.1 概述

桥梁是跨越河流、峡谷、海域或其他障碍的大型空间构筑物，具有体形庞大、类型多样和地点固定等特征。建桥最主要的目的，就是为了解决跨水或者越谷的交通，以便于运输工具或行人在桥上畅通无阻。

1) 我国桥梁的特点

(1) 地域性。我国土地辽阔，南北之间和东西之间的桥梁，受所在自然地理和人文社会的影响，因地制宜，形成了各自相对独立的风格和特色。如北方的桥梁多为宽坦雄伟的石拱桥，以便于船只从桥下通过；西北和西南地区，多采用藤条、竹索、圆木等山区材料，建造绳索吊桥或伸臂式木梁桥。从桥梁的风格上看，北方的桥如同北方的人，显得粗犷朴实；南方的桥也同南方的人，显得灵巧轻盈。

(2) 多种多样性。桥梁根据其建筑材料和构造形式的不同可分为：木桥、石桥、砖桥、竹桥、盐桥、冰桥、藤桥、铁桥、苇桥、石柱桥、石墩桥、漫水桥、伸臂式桥、廊桥、风雨桥、竹板桥、石板桥、开合式桥、溜索桥、三边形拱桥、尖拱桥、圆拱桥、连拱桥、实腹拱桥等。

(3) 多功能性。桥梁既要考虑到因地制宜、一切从实用出发，又要考虑使桥梁尽量起到多功能的作用。如江南的拱桥多为两头平坦，中间高拱隆起，使之既产生造型上的弧线美，又利于行舟。而南方地区常见的廊式桥，则更充分反映了一桥多用的特点。它不仅为过往行人提供了躲避风雨日照、便于歇息的场所，而且还增加了桥梁的自重，以免洪水把桥冲掉，并起到保护木梁、铁索不受风雨腐蚀的作用。

(4) 群众公益性。桥梁自产生始，便以属于民众共有的社会性出现。

2) 桥梁工程

桥梁工程指桥梁勘测、设计、施工、养护和鉴定等的工作过程，以及研究这一过程的科学和工程技术。它是土木工程的一个分支。

桥梁工程内容包括：

(1) 桥梁设计。选择桥址，决定桥梁孔径，考虑通航和线路要求以确定桥面高程，考虑基底不受冲刷或冻胀以确定基础埋置深度，设计导流建筑物等。

(2) 桥式方案设计。根据设计任务书编制各种可能采用的桥式方案，进行技术经济比较，提出推荐方案，供建设单位进行决策。

(3) 桥梁结构设计。为选定的桥式进行结构分析，决定桥梁上部结构和下部结构的尺寸，绘制设计图。

(4) 桥梁施工。按现场和施工单位的具体条件，选择施工方法，进行施工组织设计，按设计建造桥梁。

(5) 桥梁鉴定。确定既有桥梁所能安全承受的活荷载和抗洪能力。

(6) 桥梁试验。测定实桥或模型在荷载下的应变、位移及振动等行为与计算或预期效果进行对比，为桥梁设计及其科学技术的发展积累资料。

(7) 桥梁养护。延长桥梁寿命，保证使用安全。

8.2 桥梁工程构造

8.2.1 桥梁组成与分类

桥梁由能够满足其功能要求的各种不同结构物组成。桥梁有许多类型，不同类型的桥梁，其组成有所不同，但其基本组成大体一致。

1) 桥梁的基本组成部分

桥梁是供铁路、道路、渠道、管线、行人等跨越河流、山谷或其他交通线路等各种障碍物时所使用的承载结构物。桥梁通常可划分为上部结构和下部结构，如图 8-1 所示。

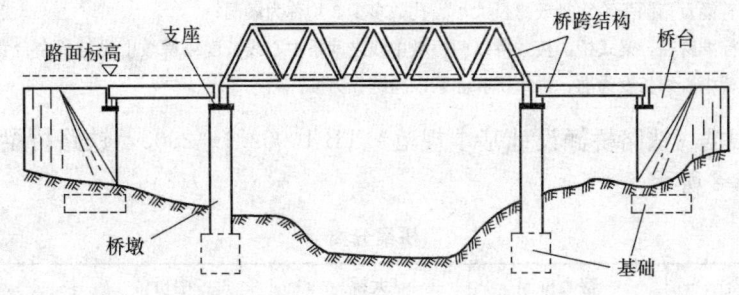

图 8-1 桥梁的基本组成

(1) 上部结构（也称桥跨结构）

上部结构是指桥梁结构中直接承受车辆和其他荷载，并跨越各种障碍物的结构部分。一般包括桥面构造（行车道、人行道、栏杆等）、桥梁跨越部分的承载结构和桥梁支座。

(2) 下部结构

下部结构是指桥梁结构中设置在地基上用以支承桥跨结构，将其荷载传递至地基的结构部分。一般包括桥墩、桥台及墩台基础。

① 桥墩。桥墩是多跨桥梁中处于相邻桥跨之间并支承上部结构的构造物。

② 桥台。桥台是位于桥梁两端与路基相连并支承上部结构的构造物。

③ 墩台基础。墩台基础是桥梁墩台底部与地基相接触的结构部分。

2) 桥梁的分类

按照不同的标准，桥梁可以分为不同的种类，主要包括以下几种分类：

(1) 根据桥梁主跨结构所用材料，桥梁可划分为木桥、圬工桥（包括砖、石、混凝土桥）、钢筋混凝土桥、预应力混凝土桥和钢桥。

(2) 根据桥梁所跨越的障碍物,桥梁可划分跨河桥、跨海峡桥、立交桥(包括跨线桥)、高架桥等。

(3) 根据桥梁的用途,可将其划分为公路桥、铁路桥、公铁两用桥、人行桥、运水桥、农桥以及管道桥等。

(4) 依据《公路桥涵设计通用规范》JTG D60—2004,桥梁涵洞按跨径总长 L 和单孔跨径 L_K 的不同,分类如表 8-1 所示。

桥梁涵洞分类　　　　表 8-1

桥涵分类	多孔跨径总长 L (m)	单孔跨径 L_K (m)
特大桥	$L>1000$	$L_K>150$
大桥	$100 \leqslant L \leqslant 1000$	$40 \leqslant L_K \leqslant 150$
中桥	$30 < L < 100$	$20 \leqslant L_K < 40$
小桥	$8 \leqslant L \leqslant 130$	$5 \leqslant L_K < 20$
涵洞	—	$L_K < 5$

注:(1) 单孔跨径系指标准跨径;
(2) 梁式桥、板式桥的多孔跨径总长为多孔标准跨径的总长;拱式桥为两岸桥台内起拱线间的距离;其他形式桥梁与桥面系行车道长度。
(3) 管涵及箱涵不论管径或跨径大小、孔数多少,均称为涵洞;
(4) 标准跨径:梁式桥、板式桥以两桥墩中线之间桥中心线长度或桥墩中线与桥台台背前缘线之间桥中心线长度为准;拱式桥和涵洞以净跨径为准。

(5) 根据《铁路桥涵设计基本规范》TB 10002.1—2005,铁路桥梁按其长度分类如表 8-2 所示。

桥梁分类　　　　表 8-2

桥梁分类	特大桥	大桥	中桥	小桥
长度 L (m)	$L>500$	$100 < L \leqslant 500$	$20 < L \leqslant 100$	$L \leqslant 20$

注:桥长——梁桥系指桥台档碴前墙之间的长度;拱桥系指上侧墙与桥台侧墙间伸缩缝外墙之间的长度;钢架桥系指刚架顺跨度方向外侧间的长度。

(6) 根据桥面在桥跨结构中的位置,桥梁可分为上承式、中承式和下承式桥。

(7) 根据桥梁的结构形式,可划分为梁式桥、拱式桥、刚架桥、悬索桥和组合式桥。

8.2.2 桥面构造

桥面的一般构造如图 8-2 所示。

1) 桥面铺装及排水、防水系统

(1) 桥面铺装

桥面铺装即行车道铺装,亦称桥面保护层。桥面铺装的形式有:

① 水泥混凝土或沥青混凝土铺装。装配式钢筋混凝土、预应力混凝土桥通常采用水泥混凝土或沥青混凝土铺装,其厚度为 60~80mm,强度不低于行车道板混凝土的强度等级。桥上的沥青混凝土铺装可以做成单层式的(50~80mm)或双层式的(底层 40~50mm,面层 30~40mm)。

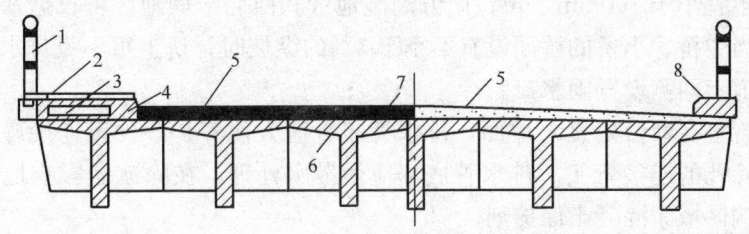

图 8-2 桥面一般构造
1—栏杆；2—人行道铺装；3—人行道；4—缘石；5—行车道铺装；
6—防水层；7—三角垫层；8—安全带

② 防水混凝土铺装。在需要防水的桥梁上，当不设防水层时，可在桥面板上以厚 80~100mm 且带有横坡的防水混凝土作铺装层，其强度不低于行车道板混凝土强度等级，其上一般可不另设面层而直接承受车轮荷载。但为了延长桥面铺装层的使用年限，宜在上面铺筑厚 20mm 的沥青表面做磨耗层。为使铺装层具有足够的强度和良好的整体性（亦能起联系各主梁共同受力的作用），一般宜在混凝土中铺设直径为 4~6mm 的钢筋网。

（2）桥面纵横坡

桥梁及其引道的平、纵、横技术指标应与路线总体布设相协调，各项技术指标应符合线路布设的要求。桥上纵坡机动车道不宜大于 4.0%，非机动车道不宜大于 2.5%；桥头引道机动车道纵坡不宜大于 5%。高架桥桥面应设不小于 0.3% 的纵坡。

桥面的横坡，一般采用 1.5%~3%。通常是在桥面板顶面铺设混凝土三角垫层来构成，如图 8-3(a) 所示；对于板梁或就地浇筑的肋梁桥，为了节省铺装材料，并减轻重力，可将横坡直接设在墩台顶部而做成倾斜的桥面板，如图 8-3(b) 所示，此时不需要设置混凝土三角垫层。在比较宽的桥梁中，用三

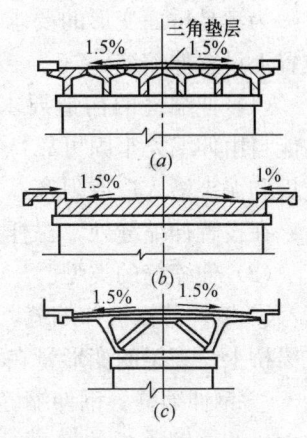

图 8-3 桥面板顶面垫层构成

角垫层设置横坡将使混凝土用量与恒载重量增加过多，在此情况下可直接将行车道板做成双向倾斜的横坡，如图 8-3(c) 所示，但这样会使主梁的构造和施工稍趋复杂。

（3）桥面排水和防水设施

① 桥面排水。在桥梁设计时要有一个完整的排水系统，在桥面上除设置纵横坡排水外，常常需要设置一定数量的泄水管。桥面排水设施应适应桥梁结构的变形，细部构造布置应保证桥梁结构的任何部分不受排水设施及泄漏水流的侵蚀；应在行车道较低处设排水口，并可通过排水管将桥面水泄入地面排水系统中。

排水管道应采用坚固的、抗腐蚀性能良好的材料制成，管道直径不宜小于 150mm。排水管道的间距可根据桥梁汇水面积和桥面纵坡大小确定，纵坡大于 2% 的桥面设置排水管的截面积不宜小于 60mm²/m²；纵坡小于 1% 的桥面设置排水管

的截面积不宜小于100mm²/m²；南方潮湿地区和西北干燥地区可根据暴雨强度适当调整。当中桥、小桥的桥面设有不小于3%的纵坡时，桥上可不设排水口，但应在桥头引道上两侧设置雨水口。

排水管宜在墩台处接入地面，排水管布置应方便养护，少设连接弯头，且宜采用有清除孔的连接弯头。排水管底部应做散水处理，在除冰盐影响地区应在墩台受水影响区域涂混凝土保护剂。

高架桥桥面应设置横坡及不小于0.3%的纵坡；当纵断面为凹形竖曲线时，宜在凹形竖曲线最低点及其前后3～5m处分别设置排水口。当条件受到限制，桥面为平坡时，应沿主梁纵向设置排水管，排水管纵坡不应小于3%。

② 防水层。桥面铺装应设置防水层。桥面防水层设置在桥面铺装层下面，它将透过铺装层渗下来的雨水汇集到排水设施（泄水管）排出。沥青混凝土铺装底面在水泥混凝土整平层之上应设置柔性防水卷材或涂料，防水层应具有耐热、冷柔、防渗、耐腐、粘结、抗碾压等性能。材料性能技术要求和设计应符合相关标准的规定。水泥混凝土铺装可在底层采用不影响水泥混凝土铺装受力性能的防水涂料。

2）伸缩缝

为满足桥面变形的要求，通常在两梁端之间、梁端与桥台之间或桥梁的铰接位置上设置伸缩缝。

（1）伸缩缝的构造要求。要求伸缩缝在平行、垂直于桥梁轴线的两个方向，均能自由伸缩，牢固可靠，车辆行驶过时应平顺、无突跳与噪声；要能防止雨水、垃圾和泥土渗入造成阻塞；安装、检查、养护、消除污物都要简易方便。

在设置伸缩缝处，栏杆与桥面铺装都要断开。

（2）伸缩缝的类型。

① 镀锌薄钢板伸缩缝。这是一种简易的伸缩缝，目前在中小跨径的装配式简支梁桥上，当梁的变形量在20～40mm以内时常选用。

② 钢伸缩缝。钢伸缩缝由钢材制作，它能直接承受车辆荷载，并根据伸缩量的大小调整钢盖板的厚度，钢伸缩缝也宜于在斜桥上使用。它的构造比较复杂，只有在温差较大的地区或跨径较大的桥梁上才采用。当跨径很大时，一方面要加厚钢板，另一方面需要采用更完善的梳形钢板伸缩缝。

③ 橡胶伸缩缝。它是以橡胶带作为跨缝材料。这种伸缩缝的构造简单，使用方便，效果好。在变形量较大的大跨度桥上，可以采用橡胶和钢板组合的伸缩缝。

3）人行道、栏杆、灯柱

桥梁上的人行道宽度由行人交通量决定，可选用0.75m、1m，大于1m按0.5m倍数递增。行人稀少地区可不设人行道，为保障行车安全改用安全带。

① 安全带。不设人行道的桥上，两边应设宽度不小于0.25m，高为0.25～0.35m的护轮安全带。安全带可以做成预制件或与桥面铺装层一起现浇。

② 人行道。人行道一般高出行车道0.25～0.35m，在跨径较小的装配式板桥中，可专设人行道板梁或其下用加高墩台梁来抬高人行道板梁，使它高出行车道的桥面。在跨径较大的装配式板桥中，专设人行道板梁不经济，此时常制作一些

人行道块件搁于板上。

人行道顶面一般均铺设 20mm 厚的水泥砂浆或沥青混凝土作为面层，并做成倾向桥面 1% 的排水横坡。此外，人行道在桥面断缝处也必须做伸缩缝。

③ 栏杆、灯柱。栏杆是桥上的安全防护设备，要求坚固；栏杆又是桥梁的表面建筑，要求有一个优美的艺术造型。栏杆的高度一般为 0.8～1.2m，标准设计为 1.0m；栏杆间距一般为 1.6～2.7m，标准设计为 2.5m。

在城市桥梁以及在城郊行人和车辆较多的公路桥上，都要设置照明设备。照明灯柱可以设在栏杆扶手位置上，在较宽的人行道上也可设在靠近缘石处；照明用灯一般高出车道 5m 左右。

8.2.3 桥梁承载结构

桥梁的承重结构因其结构形式而异。

1) 梁式桥

梁式桥是指结构在垂直荷载作用下，其支座仅产生垂直反力，而无水平推力的桥梁。梁式桥的特点是其桥跨的承载结构由梁组成。梁式桥可分为简支梁式桥、连续梁式桥、悬臂梁桥。

(1) 简支梁式桥。是梁式桥中应用最早，使用最广泛的桥形之一。它受力明确、设计计算较容易，且构造简单，施工方便。简支梁桥是静定结构，其各跨独立受力，如图 8-4 所示。桥梁工程中广泛采用的简支梁桥有三种类型：

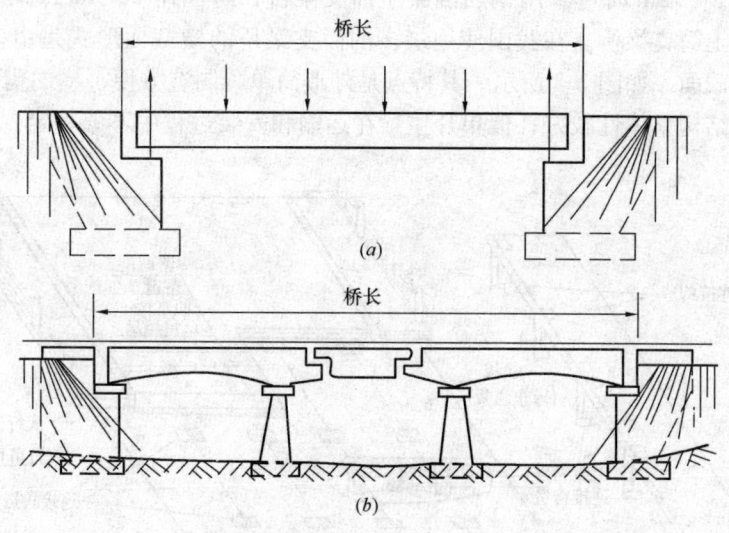

图 8-4 梁式桥示意图
(a) 简支梁桥；(b) 悬臂梁桥

① 简支板桥。按施工方式的不同分为整体式简支板桥和装配式简支板桥；按桥梁跨越河流和障碍的方式可分为正交简支板桥和斜交简支板桥。

整体式正交简支板桥的板厚通常取跨径的 1/20～1/15，但不宜小于 100mm。纵向受力主筋需通过计算确定，且需布置不少于纵向主筋 15% 的横向分布筋。当车轮荷载作用在板桥两侧边缘的某一侧时，在板边缘的 1/6 板宽内主筋配置通常增加15%,同时应考虑布置适量边缘构造钢筋。整体式板不需设置弯起钢筋,但通常还是将部分主筋在1/4~1/6跨径处按30°或45°弯起。但通过支点不弯起的钢筋,每米板宽内不少于3根,并不少于主筋面积的1/4。

装配式板桥是目前采用最广泛的板桥形式之一。按其横截面形式主要可分为实心板和空心板。根据交通部颁布的装配式板桥标准,通常每块预制板宽为1.0m,实心板的跨径范围为1.5~8.0m,其板厚为0.16~0.32m,主要采用钢筋混凝土材料;钢筋混凝土空心板的跨径范围为6~13m,板厚0.4~0.8m;而预应力混凝土空心板的跨径范围为8~16m,板厚0.4~0.7m。

装配式板桥一般通过各种横向联结方式将预制板块连接成整体,以便共同承受各种荷载的作用。常用的联络形式有两种企口混凝土铰联结和钢板联结。企口混凝土铰联结有圆板形、菱形和漏斗形三种。铰缝内用C25~C30以上的细骨料填实。钢板联结一般采用预制板顶面沿纵向两侧边缘每隔0.8~1.5m预埋一块钢板,连接时将钢盖板与相邻预制板顶面对应的预埋钢板焊接在一起。通常在跨中部分钢板联结布置的较密,而两端支点部分较稀疏。

简支板桥主要用于小跨度桥梁。跨径在4~8m时,采用钢筋混凝土实心板桥;跨径在6~13m时,采用钢筋混凝土空心倾斜预制板桥;跨径在8~16m时,采用预应力混凝土空心预制板桥。

② 肋梁式简支梁桥(简称简支梁桥)。简支梁桥主要用于中等跨度的桥梁。中小跨径在8~12m时,采用钢筋混凝土简支梁桥;跨径在20~50m时,多采用预应力混凝土简支梁桥。在我国使用最多的简支梁桥的横截面形式是由多片T形梁组成的横截面,如图8-5所示。其特点是外形简单,制造方便,横向借助横隔梁的联结,使结构整体性较好;但单片主梁在运输和安装过程中不够稳定。

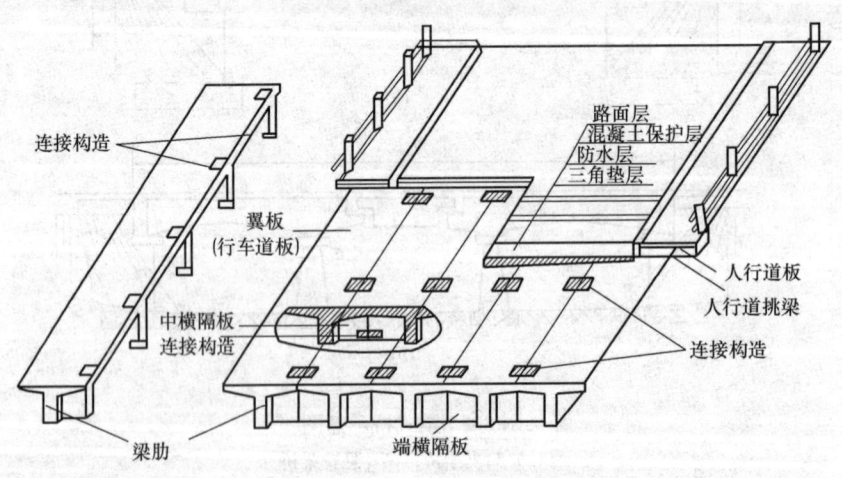

图8-5 装配式T型梁构造

③ 箱形简支梁桥。箱形简支梁桥主要用于预应力混凝土梁桥。尤其适用于桥面较宽的预应力混凝土桥梁结构和跨度较大的斜交桥和弯桥。

(2) 连续梁式桥和悬臂梁式桥。连续梁桥相当于多跨简支梁桥在中间支座处相连接贯通,形成一个整体的、连续的、多跨的梁结构,如图8-6所示。连续梁桥

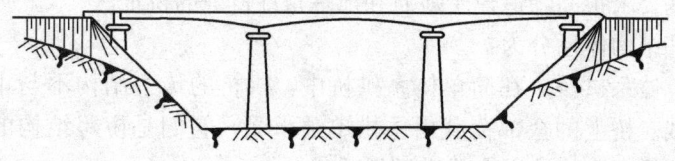

图 8-6 连续梁桥

是大跨度桥梁广泛采用的结构体系之一，一般采用预应力混凝土结构。

预应力混凝土连续梁按其截面变化可分为等截面连续梁和变截面连续梁；按其各跨的跨长可分为等跨连续梁和不等跨连续梁；按其截面形式可分为板式截面连续梁、肋梁式截面连续梁和箱形截面连续梁。

悬臂梁桥相当于简支架桥的梁体越过其支点向一端或两端延长所形成的梁式桥结构，如图 8-4(b) 所示。其结构特点是悬臂跨与挂孔跨交替布置，通常为奇数跨布置。

T形刚架桥是由桥跨梁体与桥墩（台）刚接形成的具有悬臂受力特点的无支座T形梁式桥结构。通常全桥由两个或多个T形刚架通过铰或挂梁相连所组成。

2) 拱式桥

拱式桥的特点是其桥跨的承载结构以拱圈或拱肋为主。拱桥有上承式如图 8-7(a)、(b) 所示；下承式如图 8-7(c) 所示；中承式如图 8-7(d) 所示。

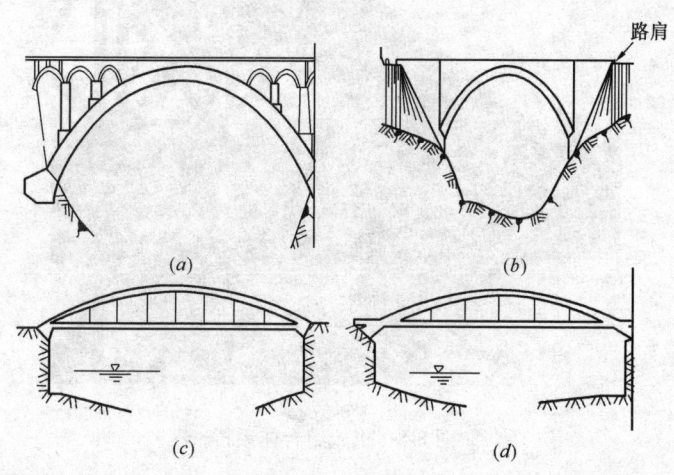

图 8-7 拱式桥
(a) 上承空腹式；(b) 上承实腹式；(c) 下承式；(d) 中承式

上承式拱式桥是路面在桥拱的上面；中承式拱式桥是路面在桥拱中间穿过；下承式拱式桥是路面在拱桥的下面。

拱式桥在竖向荷载作用下，两拱脚处不仅产生竖向反力，还产生水平推力。

水平推力的作用使拱中的弯矩和剪力大大降低。设计合理的拱主要承受拱轴压力，拱截面内弯矩和剪力均较小，因此可充分利用石料或混凝土等抗压能力强而抗拉能力差的圬工材料。由此可见，拱式桥是钢筋混凝土桥和圬工桥最合理的结构形式之一。拱式桥是推力结构，其墩台基础必须承受强大的拱脚推力。因此拱式桥对地基要求很高，适建于地质和地基条件良好的桥址。

拱桥按其结构体系分为：

（1）简单体系拱桥。在简单体系拱桥中，拱桥的传力结构不与主拱形成整体共同承受荷载。桥上的全部荷载由主拱单独承受，它们是桥跨结构的主要承重构件。拱的水平推力直接由墩台或基础承受。

拱上建筑按其采用的构造方式，可分为实腹式和空腹式两种。实腹式拱上建筑由拱腔填料、侧墙、护拱和桥面系等部分组成，一般适用于小跨径拱桥。空腹式拱上建筑最大的特点在于具有腹孔和腹孔墩。腹孔有拱式腹孔、梁（板）式孔两种形式。腹孔跨径不宜过大，一般不大于主拱跨径的1/15~1/8，同时腹孔的构造应统一。

实腹式拱桥的伸缩缝通常设在两拱脚的上方，并需在横桥方向贯通全宽及侧墙的全高。目前多将伸缩缝做成直线形，以便构造简单，施工方便。

对于空腹式拱桥，当采用拱式腹孔时，一般将紧靠墩台的第一个腹拱做成三铰拱，并在墩台侧拱铰上方的侧墙内设置伸缩缝，其余拱铰上方可设变形缝。

（2）组合体系拱桥。组合体系拱桥一般由拱和梁、桁架或刚架等两种以上的基本结构体系组合而成，拱桥的传力结构与主拱按不同的构造方式形成整体结构，以共同承受荷载，如图8-8所示。

图8-8 拱式组合体系桥

根据构造方式及受力特点，组合体系拱桥可分为桁架拱桥、刚架拱桥、桁式组合拱桥和拱式组合体系桥四大类。

① 桁架拱桥又称拱形桁架桥，是由拱和桁架两种结构体系组合而成。

② 刚架拱桥也是一种有推力的拱桥。其主结构由拱肋构成主拱，拱上建筑取斜腿刚构的形式，并联结成整体，故名刚架拱桥。刚架拱桥的外形与桁架拱桥相似，但构造比桁架拱桥简单，整个桥跨没有竖杆，只有少量的斜杆（跨径小于30m时，可不设斜杆）。刚架拱桥的上部结构由刚架拱片、横向联结系和桥面系等部分组成。

桁架拱桥和刚架拱桥均属于整体型上承式拱桥。

③ 桁式组合拱桥是由两端的悬臂桁架梁和中段的桁架拱组成的拱梁组合体系，

也是一种有推力结构。主孔桁架一般采用斜杆式，可分为三角形式、斜压杆式和斜拉杆式三种，其中斜拉杆式是大跨径预应力混凝土桁式组合拱桥常用的形式。

桁式组合拱桥主跨是由两端的悬臂桁架、中段的桁架拱片、横向联结系和桥面系等部分组成，主孔下弦杆的曲线一般采用二次抛物线形，矢跨比一般在 1/6~1/9。当边孔采用桁式拱时，应根据主跨与边跨水平推力接近的原则来确定矢跨比。桁式组合拱上下弦杆一般采用闭合的箱形截面，较为刚劲，所以拱片间距不宜过小，对于双车道桥梁，一般采用两片桁式拱片。

④ 拱式组合体系桥是将拱肋和系杆组合起来，共同承受荷载，可充分发挥各构件的材料强度。拱式组合体系桥可做成有推力和无推力两种形式，也可以做成上承式、中承式或下承式三种形式。一般无推力中、下承式的拱式组合体系桥使用较多，无推力的拱式组合体系桥常称为系杆拱桥，一般由拱肋、吊杆（或立柱）、系杆、横向联结系和桥面系等组成，根据拱肋和系杆（梁）相对刚度的大小，可划分为柔性系杆刚性拱、刚性系杆柔性拱和刚性系杆刚性拱三种体系。目前出现的大跨径系杆拱桥大多采用钢筋混凝土或钢管混凝土结构，除单跨外，更多的是三跨飞燕式，如图 8-8 所示。

3） 刚架桥

刚架桥是由梁式桥跨结构与墩台（支柱、板墙）整体相连而形成的结构体系，如图 8-9 所示。按照其静力结构体系可分为单跨或多跨的刚架桥；也可分为铰支承刚架桥和固端支承刚架桥。

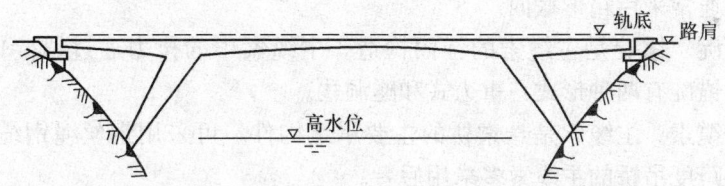

图 8-9 刚架桥

刚架桥的支柱做成直柱式称门形刚架桥，做成斜柱式称斜腿刚架桥。刚架桥可以全部采用钢筋混凝土或预应力混凝土建造，也可以采用预应力混凝土的主梁和钢筋混凝土的支柱。

刚架桥的主梁截面形式与梁式桥相同。主梁在纵向的变化可采用等截面、变宽截面和变高截面等。有时为了适应内力的变化和施工方便，主梁可分段采用几种不同的截面形式。

刚架桥的支柱有薄壁式和柱式。柱式又分单柱式和多柱式。支柱的横截面可以采用实体矩形、工字形或箱形等。刚架桥支柱与主梁相连接处称为节点。对于板式刚架桥，可在节点内缘加梗肋，并适当配筋，对于采用肋梁式主梁的刚架桥，其端节点可以采取多种方式加梗肋，常用的加梗肋方法有仅桥面桩加梗肋，仅梁肋加梗肋，两者均加梗肋。必要时在主梁底缘可加设底板，使节点附近的主梁变为箱形截面。

支柱可采用与主梁相同的方法处理。

4) 悬索桥

悬索桥又称吊桥，是最简单的一种索结构。其特点是桥梁的主要承载结构由桥塔和悬挂在塔上的高强度柔性缆索及吊索、加劲梁和锚碇结构组成。现代悬索桥一般由桥塔、主缆索、锚碇、吊索、加劲梁及索鞍等主要部分组成，如图 8-10 所示。

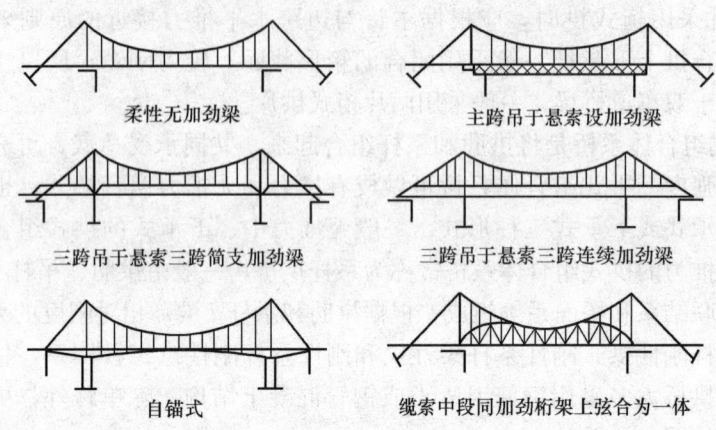

图 8-10 悬索桥示意图

(1) 桥塔。桥塔是悬索桥最重要的构件。桥塔的高度主要由桥面标高和主缆索的垂跨比 f/L 确定，通常垂跨比 f/L 为 $1/9 \sim 1/12$。大跨度悬索桥的桥塔主要采用钢结构和钢筋混凝土结构。其结构形式可分为桁架式、刚架式和混合式三种。刚架式桥塔通常采用箱形截面。

(2) 锚碇。锚碇是主缆索的锚固构造。主缆索中的拉力通过锚碇传至基础。通常采用的锚碇有两种形式：重力式和隧洞式。

(3) 主缆索。主缆索是悬索桥的主要承重构件，可采用钢丝绳钢缆或平行丝束钢缆，大跨度吊桥的主缆索多采用后者。

(4) 吊索。吊索也称吊杆，是将加劲梁等恒载和桥面活载传递到主缆索的主要构件。吊索可布置成垂直形式的直吊索或倾斜形式的斜吊索，其上端通过索夹与主缆索相连，下端与加劲梁连接。吊索与主缆索联结有两种方式：骑挂式和销接式。吊索与加劲梁联结也有两种方式：锚固式和销接固定式。

(5) 加劲梁。加劲梁是承受风载和其他横向水平力的主要构件。大跨度悬索桥的加劲梁均为钢结构，通常采用桁架梁和箱形梁。预应力混凝土加劲梁仅适用于跨径 500m 以下的悬索桥，大多采用箱形梁。

(6) 索鞍。索鞍是支承主缆的重要构件。索鞍可分为塔顶索鞍和锚固索鞍。塔顶索鞍设置在桥塔顶部，将主缆索荷载传至塔上；锚固索鞍（亦称散索鞍），设置在锚碇的支架处，把主缆索的钢丝绳束在水平及竖直方向分散开来，并将其引入各自的锚固位置。

5) 组合式桥

组合式桥是由几个不同的基本类型结构所组成的桥。各种各样的组合式桥根据其所组合的基本类型不同，其受力特点也不同，往往是所组合的基本类型结构的受力特点的综合表现。常见的这类桥型有梁与拱组合式桥，如系杆拱、桁架拱及多跨拱梁结构等；悬索结构与梁式结构的组合式桥，如斜拉桥等。

斜拉桥是典型的悬索结构和梁式结构组合的，由主梁、拉索及索塔组成的组合结构体系，如图 8-11 所示。这里仅就混凝土斜拉桥介绍其构造特点。

① 拉索。拉索是斜拉桥的主要承重构件，多采用抗拉强度高、疲劳性能好和弹性受力范围大的优质钢材制成。一般拉索的造价约占全桥的 25%～30%。目前采用较多的有平行钢丝束、钢绞线束和封闭式钢索，在某些桥上还有采用高强钢筋和型钢。平行钢丝束目前使用非拉索在桥纵向的布置有许多方式，一般有如下几种：辐射式、竖琴式、扇式、星式。拉索在桥面横向布置通常有两种基本形式，即双面索和单面索。双面索一般设置在桥面两侧，可布置为垂直索面或相向倾斜索面。单面索一般设置在桥梁纵轴线上，通常作为桥面分车带。

② 主梁。混凝土斜拉桥常用的主梁结构形式有连续梁、悬臂梁、悬臂和连续刚构等。

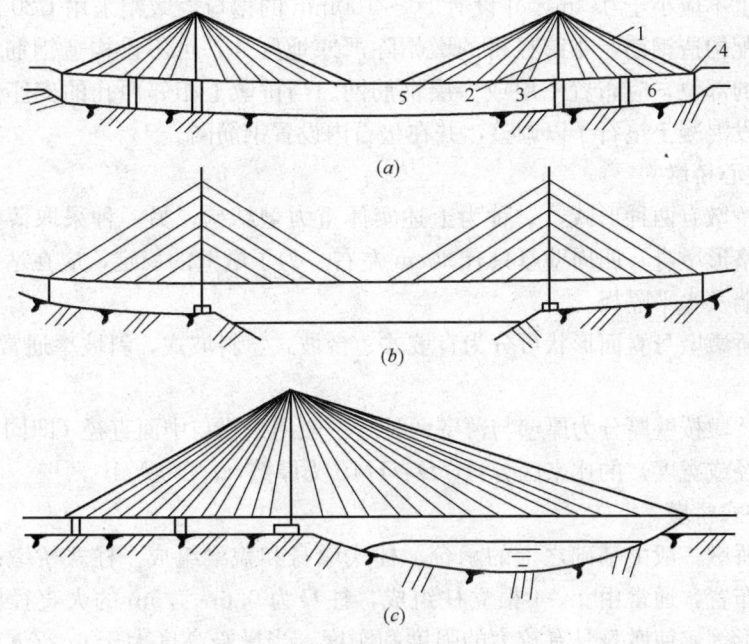

图 8-11 斜拉桥示意图
(a) 连续梁辐射式缆索；(b) 悬臂梁竖琴式缆索；(c) 悬臂和连续刚结构梁扇式缆索
1—缆索；2—塔柱；3—桥墩；4—桥台；5—主梁；6—辅助墩

③ 索塔。索塔主要承受轴力，有些索塔也承受较大的弯矩。通常索塔可采用钢筋混凝土、预应力混凝土或钢材建造。其结构有多种类型，主要根据拉索的布置要求、桥面宽度以及主梁跨度等因素选用。常用的索塔形式沿桥纵向布置有单柱形、A 形和倒 Y 形，沿桥横向布置有单柱形、双柱形、门式、斜腿门式、倒 V 形、倒 Y 形、A 形等。索塔横截面根据设计要求可采用实心截面，当截面尺寸较大时采用工形或箱形截面，对于大跨度斜拉桥采用箱形截面更为合理。索塔的高度通常与桥梁主跨有关，主梁的最大跨度与索塔高度的比一般为 3.1～6.3，平均为 5.0 左右。

8.2.4 桥梁支座

桥梁支座是桥跨结构的支承部分,它将桥跨结构的支承反力传递给墩台,并保证桥跨结构在荷载作用下满足变形要求。

支座按其允许变形的可能性分为固定支座、单向活动支座;按其材料分为钢支座、聚四氟乙烯支座、橡胶支座、铅支座等。

虽然支座也是桥梁的一个重要组成部分,但它在整个桥梁工程的造价中所占比例很小。

8.2.5 桥墩

1) 实体桥墩

实体桥墩是指桥墩是由一个实体结构组成的。按其截面尺寸、桥墩重量的不同可分为实体重力式桥墩和实体薄壁桥墩(墙式桥墩)。

实体桥墩由墩帽、墩身和基础组成。大跨径的墩帽厚度一般不小于0.4m,中小跨梁桥也不应小于0.3m,并设有50～100mm的檐口。墩帽采用C20以上的混凝土,加配构造钢筋,小跨径桥的墩帽除严寒地区外,可不设构造钢筋,在墩帽放置支座的部位,应布置一层或多层钢筋网。当桥墩上相邻两孔的支座高度不同时,需加设混凝土垫石予以调整,并在垫石内设置钢筋网。

2) 空心桥墩

空心桥墩有两种形式,一种为上述实体重力型结构,另一种采取薄壁钢筋混凝土的空格形墩身,四周壁厚只有30cm左右。为了墩壁的稳定,应在适当间距设置竖直隔墙及水平隔板。

空心桥墩墩身立面形状可分为直坡式、台坡式、斜坡式,斜坡率通常为50:1～43:1。

空心桥墩按壁厚分为厚壁与薄壁两种,一般用壁厚与中面直径(即同一截面的中心线直径或宽度)的比来区分:$t/D \geq 1/10$ 为厚壁,$t/D < 1/10$ 薄壁。

3) 柱式桥墩

柱式桥墩一般由基础之上的承台、柱式墩身和盖梁组成。柱式桥墩的墩身沿桥面横向布置,通常由1～4根立柱组成,柱身为0.6～1.5m的大直径圆柱或方形、六角形等,使墩身具有较大的强度和刚度。当墩身高度大于6～7m时,可设横系梁加强柱身横向联系。

盖梁横截面形状一般为矩形或T形(或倒T形),底面形状有直线形和曲线形两种。

4) 柔性墩

柔性墩是桥墩轻型化的途径之一,它是在多跨桥的两端设置刚性较大的桥台,中墩均为柔性墩。同时,全桥除在一个中墩上设置活动支座外,其余墩台均采用固定支座。

典型的柔性墩为柔性排架桩墩,是由成排的预制钢筋混凝土沉入桩或钻孔灌注桩顶端连接钢筋混凝土盖梁组成。多用在墩台高度5.0～7.0m,跨径一般不宜超过13m的中、小型桥梁上。

柔性排架桩墩分单排架和双排架墩。单排架墩一般适用于高度不超过4.0～

5.0m。桩墩高度大于 5.0m 时，为避免行车时可能发生的纵向晃动，宜设置双排架墩；当受桩上荷载或支座布置等条件限制不能采用单排架墩时，也可采用双排架墩。盖梁与梁的接触面垫 1cm 的油毛毡。为使全桥形成框架体系，可用锚栓将上、下部构造连接起来，锚栓的直径 25～28mm，预埋在盖梁内。两孔的接缝处用水泥砂浆填实，最好设置桥面连续装置。桥台背墙与梁端接缝亦填以水泥砂浆，不设伸缩缝。

5) 框架墩

框架墩采用压挠和挠曲构件，组成平面框架代替墩身，支承上部结构，必要时可做成双层或更多层的框架支承上部结构。这类空心墩为轻型结构，是以钢筋混凝土或预应力混凝土构件组成。

除以上所述类型外，尚有弹性墩、拼装式桥墩、预应力桥墩等。

8.2.6 桥台

按照桥台的形式，可分为以下几种：

1) 重力式桥台

重力式桥台主要靠自重来平衡台后的土压力，桥台本身多数由石砌、片石混凝土或混凝土等圬工材料建造，并用就地浇筑的方法施工。重力式桥台依据桥梁跨径、桥台高度及地形条件的不同有多种形式，常用的类型有 U 形桥台、埋置式桥台、八字式和一字式桥台，如图 8-12 所示。埋置式桥台将台身埋置于台前溜坡内，不需要另设翼墙，仅由台帽两端耳墙与路堤衔接。

2) 轻型桥台

轻型桥台一般由钢筋混凝土材料建造，其特点是用这种结构的抗弯能力来减少圬工体积而使桥台轻型化。常用的轻型桥台有薄壁轻型桥台和支撑梁轻型桥台。轻型桥台适用于小跨径桥梁，桥跨孔数与轻型桥墩配合使用时不宜超过 3 个，单孔跨径不大于 13m，多孔全长不宜大于 20m。为了保持桥台的稳定，除构造物牢固地埋入土中外，还必须保证铰接处有可靠的支撑，故锚固上部块件之栓钉孔、上部构造与台背间及上部构造各块件间的连接缝，均需用与上部构造同标号的小石子混凝土填实。

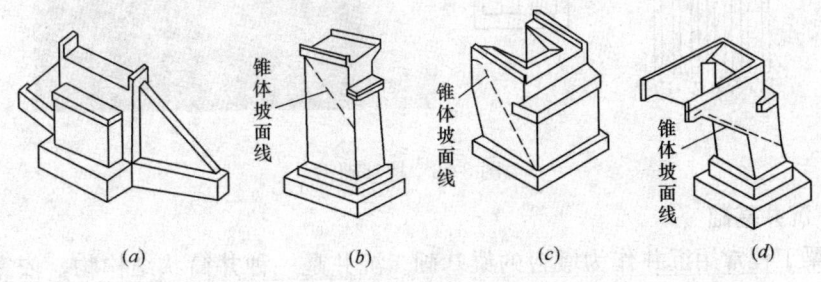

图 8-12 桥台形式示意图
(a) 八字形翼墙式；(b) 埋置式；(c) U 形式；(d) 耳墙式

3) 框架式桥台

框架式桥台是一种在横桥向呈框架式结构的柱基础轻型桥台，它所承受的土压力较小，适用于地基承载力较低、台身较高、跨径较大的梁桥。其构造形式有柱式、肋墙式、半重力式和双排架式、板式等。

框架式桥台均采用埋置式，台前设置溜坡。为满足桥台与路堤的连接，在台帽上部设置耳墙，必要时在台帽前方两侧设置挡板，以防溜坡土进入支座部位。

4）组合式桥台

为使桥台轻型化，桥台本身主要承受桥跨结构传来的竖向力和水平力，而台后的土压力由其他结构来承受，形成组合式的桥台。常见的有锚定板式、过梁式、框架式以及桥台与挡土墙的组合等形式。

8.2.7 墩台基础

1）扩大基础

这是桥涵墩台常用的基础形式。它属于直接基础，是将基础底板设在直接承载地基上，来自上部结构的荷载通过基础底板直接传递给承载地基。其平面常为矩形，平面尺寸一般较墩台底面要大一些。基础较厚时，可在纵横两个剖面上都砌筑成台阶形。

2）柱与管柱基础

当地基浅层地质较差，持力土层埋藏较深，需要采用深基础才能满足结构物对地基强度、变形和稳定性要求时，可用桩基础，如图 8-13 所示。桩基础依其施工工艺不同分为沉入桩及钻孔灌注桩。当水文地质条件较复杂，特别是深水岩面不平，无覆盖层或覆盖层很厚时，采用管柱基础比较合适。管柱基础的结构可采用单根或多根形式，它主要由承台、多柱式柱身和嵌岩柱基三部分组成。

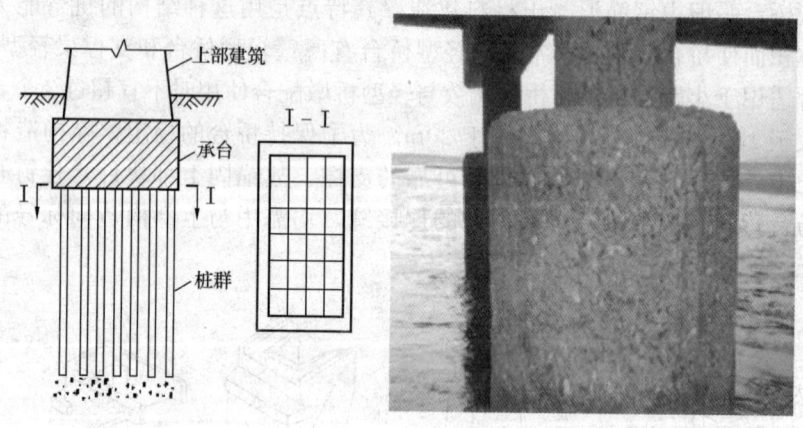

图 8-13 桩基础

3）沉井基础

桥梁工程常用沉井作为墩台的梁基础。沉井是一种井筒状结构物，依靠自身重量克服井壁摩擦阻力下沉至设计标高而形成基础。通常用混凝土或钢筋混凝土制成。它既是基础，又是施工时的挡土和挡水围堰结构物。

沉井形式各异，但在构造上均主要由井壁、刃脚、隔墙、井孔、凹槽、封底、填心和盖板等组成。此外，还有地下连续墙基础、组合式基础等。

8.3 桥梁工程施工技术

8.3.1 桥梁下部结构施工

1) 桥梁墩台施工

桥梁墩台按其施工方法分为整体式墩台和装配式墩台两大类,相应的施工方法也分为两大类:一是整体式墩台的现场就地浇筑与砌筑;二是装配式墩台的拼装预制类施工。

(1) 整体式墩台施工

① 石砌墩台。在石料丰富的地区,采用石砌墩台可以节省大量的水泥,而且经久、耐用。石砌墩台应采用石质均匀、不易风化、无裂缝的石料,其强度不得低于设计要求。石料精凿加工。水泥、砂、水等材料均应符合施工规范和设计要求。

墩台砌筑前应按设计图放出大样,按大样图用挤浆法分段砌筑。砌筑时还应计算砌筑层数,选好石料,严格控制平面位置和高度。

砌石时所采用的施工脚手架应环绕墩台搭设,主要用以堆放材料。轻型脚手架有适用于6m以下墩台的固定式轻型脚手架、适用于25m以下墩台的简易活动脚手架;较高的墩台可用悬吊脚手架。

② 混凝土墩台。混凝土墩台的施工与混凝土构件施工方法相似,它对混凝土结构模板的要求也与其他钢筋混凝土构件模板的要求相同。根据施工经验,当墩台高度小于30m时采用固定模板施工;当高度大于或等于30m时常用滑动模板施工。

(2) 装配式墩台施工

装配式墩台适用于山谷架桥、跨越平缓无漂流物的河沟、河滩等的桥梁,特别是在工地干扰多、施工场地狭窄、缺水与砂石供应困难地区,其效果更为显著。装配式墩台有砌块式、柱式、管节式和环圈式墩台等。

① 砌块式墩台施工。砌块式墩台的施工大体上与石砌墩台相同,只是预制砌块的形式因墩台形状不同而有很多变化。

② 柱式墩施工。装配式柱式墩系将桥墩分解成若干轻型部件,在工厂、工地集中预制,再运送到现场装配,其形式有双柱式、排架式、板凳式和刚架式等。施工工序为预制构件、安装连接与混凝土填缝养护等。其中拼装接头是关键工序,既要牢固、安全,又要结构简单,便于施工。常用的拼装接头有泵插式接头、钢筋锚固接头、焊接接头、扣环式接头、法兰接头等几种。

2) 墩台基础施工

(1) 明挖扩大基础施工

扩大基础的施工方法通常是采用明挖的方式进行的。其施工的主要内容包括基础的定位放样、基坑开挖、基坑排水、基底处理以及砌筑(浇筑)基础结构物等。

① 基础的定位放样。在基础开挖前,先进行基础的定位放样工作,以便正确

地将设计图上的基础位置准确地设置到桥址上。

② 陆地基坑开挖。一般基底尺寸应比设计平面尺寸各边增宽0.5～1m，可采用垂直开挖、放坡开挖、支撑加固或其他加固的开挖方法。

③ 水中基础开挖。最常用的施工方法是围堰法。常用的围堰形式有土围堰、木（竹）笼围堰、钢板桩围堰、套箱围堰等。

④ 基坑排水。常用的排水方法有集水坑排水法，井点排水法等。

⑤ 基底检验与处理。

⑥ 基础圬工浇（砌）筑。通常可分为无水砌筑、排水砌筑及水下灌注三种情况。

(2) 桩与管柱基础施工

沉入桩常用的施工方法有锤击沉桩、射水沉桩、振动沉桩、静力压桩、水中沉桩等。管柱基础施工是在水面上进行，按施工时是否需设置防水围堪而技术难度有所不同。

① 锤击沉桩。锤击沉桩一般适用于中密砂类土、黏性土。

② 射水沉桩。射水沉桩施工方法的选择应视土质情况而异，在砂夹卵石层或坚硬土层中，一般以射水为主，锤击或振动为辅；在亚黏土或黏土中，为避免降低承载力，一般以锤击或振动为主，以射水为辅，并应适当控制射水时间和水量。

③ 振动沉桩。振动沉桩适用于砂质土、硬塑及软塑的黏性土和中密或较松散的碎、卵石类土。对于软塑类黏土及饱和砂质土，当基桩入土深度小于15m时，可采用振动沉桩机。除此情况外，宜采用射水配合沉桩。

④ 静力压桩。静力压桩适用于高压缩性黏土或砂性较轻的亚黏土层。

⑤ 水中沉桩。在河流水浅时，一般可搭设施工便桥、便道、土岛和各种类型脚手架组成的工作平台，其上安置桩架并进行水中沉桩作业。在较宽阔的河中，可将桩安设在组合的浮体上或固定在平台上，亦可使用专用打桩船。

3) 沉井基础施工

沉井基础施工的主要内容包括沉井制造、下沉、基底清理、封底、填充及灌注顶盖板等。沉井下沉分为一次下沉或分节下沉。当沉井深度不大时，采用一次下沉可简化施工程序，缩短工期。而分节制作、分节下沉是通常的做法，每节制作高度的选定，应保证其稳定性，并有适当的重量使其顺利下沉。

下沉沉井的基本施工方法是不排水而在水中挖土。但土量不大、地下水量不多时可采用排水法下沉。

不排水下沉的基本要求是：

① 应根据土质确定挖土深度，最深不允许低于刃脚标高2m。

② 一般砂类土尤其是粉砂土不宜以降低井内水位的办法作为减少浮力、促使下沉的手段。在砂质土中，应保持井内水位高于井外1～2m，防止向井内涌砂引起沉井歪斜，增加挖泥工作量。

土方量大的沉井，宜用机械挖土，常用的机械有抓斗和水力冲土。当沉井基底土面全部挖至设计标高、检查符合要求后，可灌注封底混凝土。

8.3.2 桥梁上部结构施工

桥梁上部结构的施工主要是指其承载结构的施工。

1）桥梁承载结构的施工方法

桥梁承载结构的施工方法多种多样，常用的有：

(1) 支架现浇法

支架现浇法是指在桥跨间设置支架，在支架上安装模板、绑扎钢筋、现场浇筑桥体混凝土，达到强度后拆除模板，如图 8-14 所示。

就地浇筑施工无需预制场地，而且不需要大型起吊、运输设备。梁体的主筋可不中断，桥梁整体性好。它的缺点主要是工期长，施工质量不容易控制；对预应力混凝土梁由于混凝土的收缩、徐变引起的应力损失比较大；施工中的支架、模板耗用量大，施工费用高；搭设支架影响排洪、通航，施工期间可能受到洪水和漂流物的威胁。

(2) 预制安装法

预制安装法是指在预制工厂或在运输方便的桥址附近设置预制场进行梁的预制工作，然后采用一定的架设方法进行安装。预制安装法施工一般是指钢筋混凝土或预应力混凝土简支梁的预制安装。预制安装的方法很多，根据实际情况可采用自行式吊车安装、跨墩龙门架安装、架桥机安装、扒杆安装、浮吊安装等。各需不同的安装设备，可根据施工的实际情况合理选择，如图 8-15 所示。

图 8-14 支架现浇法桥梁施工　　图 8-15 预制安装法桥梁施工

预制安装施工的主要特点：

① 由于是工厂生产制作，构件质量好，有利于确保构件的质量和尺寸精度，并尽可能多地采用机械化施工。

② 上下部结构可以平行作业，因而可缩短现场工期。

③ 能有效利用劳动力，并由此而降低了工程造价。

④ 由于施工速度快，可适用于紧急施工工程。

⑤ 将构件预制后由于要存放一段时间，因此在安装时已有一定龄期，可减少混凝土收缩、徐变引起的变形。

(3) 悬臂施工法

悬臂施工法是大跨径连续梁桥常用的施工方法，属于一种自架设方式。悬臂施工法是从桥臂开始，两侧对称进行现浇梁段或将预制节段对称进行拼装。前者称悬臂浇筑施工，后者为悬臂拼装施工，如图8-16所示。

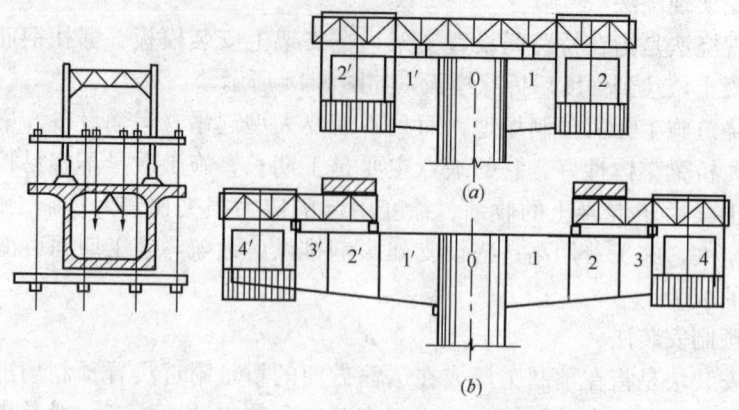

图 8-16　挂篮的两种施工方法
(a) 悬臂浇筑施工；(b) 悬臂拼装施工

悬臂浇筑法是利用挂篮在桥墩两侧对称浇筑箱梁节段，待已浇节段混凝土强度达到要求的张拉强度后进行预应力张拉，然后移动挂篮进行下一节段施工，直至全桥合龙，如图8-17所示。

图 8-17　挂篮

悬臂拼装指在预制场预制梁节段，然后进行逐节对称拼装。拼装方法主要有扒杆吊装法、缆索吊装法、提升法等。

悬臂施工的主要特点：

① 悬臂施工宜在营运状态的结构受力与施工阶段的受力状态比较近的桥梁中选用，如预应力混凝土T形刚构桥、变截面连续梁桥和斜拉桥等。

② 非墩梁固接的预应力混凝土梁桥，采用悬臂施工时应采取措施使墩、梁临时固结。

③ 采用悬臂施工的机具设备种类较多，可根据实际情况选用。

④ 悬臂浇筑施工简便，结构整体性好，施工中可不断调整位置，常在跨径大于100m的桥梁上选用；悬臂拼装法施工速度快，桥梁上下部结构可平行作业，但施工精度要求比较高，可在跨径100m以下的大桥中选用。

⑤ 悬臂施工法可不用或少用支架，施工不影响通航或桥下交通。

(4) 转体施工法

转体施工是将桥梁构件先在桥位处岸边（或路边及适当位置）进行预制。待混凝土达到设计强度后旋转构件就位的施工方法，如图8-18所示。转体施工其静力组合不变，它的支座位置就是施工时的旋转支承和旋转轴。桥梁完工后，按设计要求改变支承情况。

转体施工的主要特点：

① 可以利用地形，方便预制构件。

② 施工期间不断航，不影响桥下交通。并可在跨越通车线路上进行桥梁施工。

③ 施工设备少，装置简单，容易制作并便于掌握。

④ 节省木材，节省施工用料。采用转体施工与缆索无支架施工比较，可节省木材 80%，节省施工用钢 60%。

⑤ 减少高空作业。施工工序简单，施工迅速。当主要结构先期合拢后，给以后施工带来方便。

图 8-18 转体施工法

⑥ 转体施工适合于单跨和三跨桥梁，可在深水、峡谷中建桥采用。同时也适应在平原区以及用于城市跨线桥。

⑦ 大跨径桥梁采用转体施工将会取得良好的技术经济效益，转体重量轻型化，多种工艺综合利用，是大跨及特大跨桥施工有力的竞争方案。

（5）顶推施工法

顶推施工是在沿桥纵轴方向的台后设置预制场地，分节段预制，并用纵向预应力筋将预制节段与施工完成的梁体连成整体，然后通过水平千斤顶施力，将梁体向前顶推出预制场地。之后继续在预制场进行下一节段梁的预制，循环操作直至施工完成，如图 8-19 所示。

顶推法施工的特点：

① 顶推法可以使用简单的设备建造长大桥梁，施工费用低，施工平稳无噪声。可在水深、山谷和高桥墩上采用，也可在曲率相同的弯桥和坡桥上使用。

② 主梁分段预制，连续作业，结构整体性好；由于不需要大型起重设备，所以施工节段的长度一般可取用 10～20m。

③ 桥梁节段固定在一个场地预制，便于施工管理，改善施工条件，避免高空作业。同时，模板、设备可多次周转使用，在正常情况下，节段的预制周期为 7～10d。

④ 顶推施工时，用钢量较高。

⑤ 顶推法宜在等截面梁上使用，当桥梁跨径过大时，选用等截面梁会造成材料用量的不经济，也增加施工难度，因此以中等跨径的桥梁为宜，桥梁的总长也以 500～600m 为宜。

（6）移动模架逐孔施工法

逐孔施工是中等跨径预应力混凝土连续梁中的一种施工方法，它使用一套设备从桥梁的一端逐孔施工，直到对岸，如图 8-20 所示。

采用移动模架逐孔施工的主要特点：

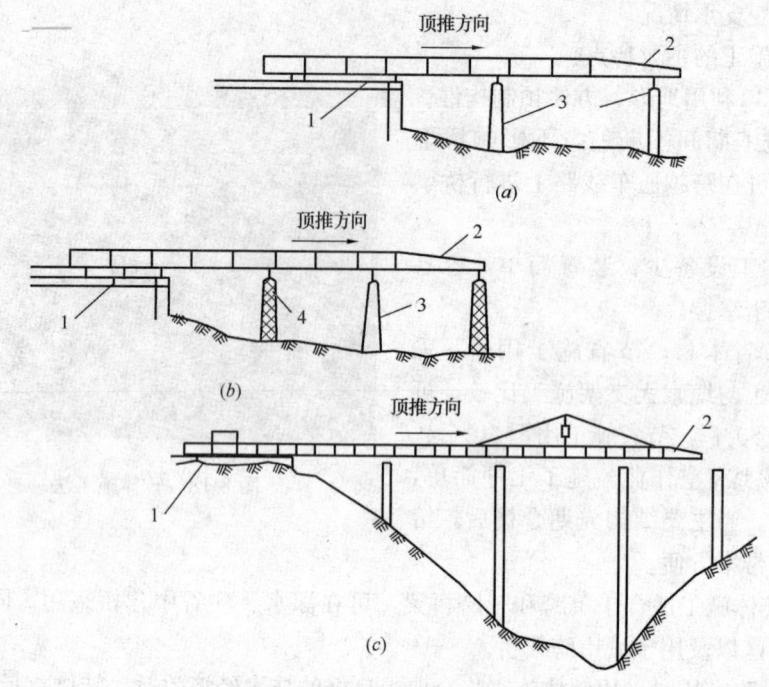

图 8-19 顶推法施工及辅助设施
(a) 短跨情况；(b)、(c) 长跨情况
1—制造台座；2—导梁；3—桥墩；4—临时支座

图 8-20 移动模架逐孔施工

① 移动模架法不能设置地面支架，不影响通航和桥下交通，施工安全、可靠。

② 有良好的施工环境，保证施工质量，一套模架可多次周转使用，具有在预制场生产的优点。

③ 机械化、自动化程度高，节省劳力，降低劳动强度，上下部结构可以平行作业，缩短工期。

④ 通常每一施工梁段的长度取用一孔梁长，接头位置一般可选在桥梁受力较小的部位。

⑤ 移动模架设备投资大，施工准备和操作都较复杂。

⑥ 移动模架逐孔施工宜在桥梁跨径小于 50m 的多跨长桥上使用。

(7) 横移法施工

横移施工是在拟待安置结构的位置旁预制该结构物，并横向移运该结构物，将它安在规定的位置上，如图 8-21 所示。

横移施工多采用卷扬机、液压装置并配以千斤顶进行。由于混凝土桥具有较大的自重，横移法施工常在钢桥上使用。

横向位移施工多用于正常通车线路上的桥梁工程的换梁。为了尽量减少交通的中断时间，可在原桥位旁预制并横移施工。

横移施工也可与其他施工方法配合使用。

图 8-21　横移法施工

(8) 提升与浮运施工

这是一种采用竖向运动施工就位的方法。提升施工是在未来安置结构物以下的地面上预制该结构并把它提升就位。浮运施工是将桥梁在岸上预制，通过大型浮船移运至桥位，利用船的上下起落安装就位的方法，如图 8-22 所示。

采用提升和浮运的方法常选取整体结构，重达数千吨，使用该法的要求是：

① 在该结构下面需要有一个适宜的地面。

② 被提升结构下的地面要有一定的承载力。

③ 拥有一台支承在一定基础上的提升设备。

④ 该结构应该是平衡的，至少在提升操作期间是平衡的。

⑤ 采用浮运法要有一系列的大型浮运设备。

2) 梁式桥施工

(1) 简支梁（板）桥

通常采用支架现浇法和预制安装法。后者主要用于预应力混凝土梁（板）桥

图 8-22 提升与浮运施工
(a) 浮运提升；(b) 液压同步提升

施工。

(2) 等截面连续梁（板）桥

在中小跨径中这种桥梁应用较多。其施工方法包括：

① 逐孔现浇法。又分为在支架上逐孔现浇法和移动模架逐孔现浇法两种。与一般现浇法不同处仅在于只需在一孔（或两孔间）设置支架。

② 先简支后连续法。这种施工与简支架预制安装施工相似。

③ 顶推法。

(3) 预应力混凝土变截面连续梁桥

变截面连续梁桥主要用于大中跨径连续梁桥。常用施工方法有支架现浇法及悬臂施工法，前者适用于旱地且跨径不太大的桥梁。

(4) 预应力混凝土连续刚构桥

预应力混凝土连续刚构桥通常用在较大跨径的梁式桥梁上，一般采用悬臂浇筑法施工。

(5) 钢梁桥

钢梁桥包括简支或连续体系的钢板梁和钢梁桥。钢梁桥一般为工厂加工，现场架设施工。钢梁桥架设方法很多，主要有整孔吊装法、支架拼装法、缆索吊拼装法、转体法、顶推法、拖拉法和悬臂拼装法。拖拉法与悬臂法使用较多。

拖拉法是将钢梁在路堤、支架或已拼好的钢梁上拼装，并在其下设置上滑道，在拼装台顶台和墩台顶面设置下滑道，通过滑车组或绞车等将钢梁拖至预定桥孔就位。

悬臂拼装法是将钢梁杆件在桥跨中依次悬臂拼装至前方墩（台）合拢。

3) 拱式桥施工

(1) 石拱桥主拱圈施工

对于石拱桥这种砌桥结构，一般采用拱架法施工。拱架形式有满堂式、撑架式等。

(2) 系杆拱桥施工

系杆拱桥属于无外部推力体系，拱圈所产生的推力由系杆承担，而系杆所受拉力是随着拱圈和桥道梁的形成而逐渐形成的，所以其施工工艺较为复杂，如图 8-23 所示。

对钢筋混凝土系杆拱桥，最简便的施工方法是支架法。当采用钢筋混凝土吊环和系杆时，通常在拱肋混凝土强度达到要求后，先在桥跨上加临时荷载，使吊杆和系杆中的钢筋产生张力后再浇筑混凝土，最后在卸去临时荷载后使吊杆、系杆内产生一定预应力，避免混凝土

图 8-23　系杆拱桥

裂缝。必要时，系杆拱桥也可采用预制拼装，以加快施工进度。

(3) 整体型上承式拱桥施工

整体型上承式拱桥包括：桁架拱桥、刚架拱桥。对普通中小跨径桁架拱桥可采用支架安装、无支架吊装、转体和悬臂安装等。对于大跨径桁式组合拱桥，通常采用悬臂安装施工。

(4) 普通型钢筋混凝土拱桥施工

普通型钢筋混凝土拱桥指除桁架拱桥、刚架拱桥、系杆拱桥以外的所有拱桥。普通型拱桥的共同特点是以主拱圈为主要承重结构，并且有外部水平推力。

① 有支架施工。普通型拱桥不论其形式如何，在有条件的地方以及采用其他施工方法受限的地方都可以用在拱架上浇筑、拼装的方法施工主拱圈。拱架形式可以是堂满式、撑架式，也可以是斜拉式、拱式等。其中对拱式拱架又分为外置式拱架和埋置式拱架。后者又称为劲性骨架。劲性骨架法是特大跨径拱桥的主要施工方法。

② 无支架施工。除上述有支架施工外，更为广泛采用的是无支架缆索吊装法。缆索吊装法是通过设置吊运天线来完成预制拱段（构件）的纵向与竖向运输，从而完成拱圈拼装。其拼装施工的关键在于吊运系统（包括铺底、塔架、天线）的可靠性以及吊装与扣挂的安全以及工段位置确定。缆索吊装也是有支架施工中外置式钢拱架、埋置式拱架（劲性骨架）以及钢管混凝土拱中钢管拱的架设手段。

③ 转体施工法。根据两岸地形情况，有时也采用转体施工方法。转体施工的成败在于转动系统的可靠性和转动过程中悬扣系统、拱圈等的受力、稳定是否在安全范围内。

④ 悬臂施工法。钢筋混凝土拱的悬臂施工主要有两种方法。一是塔架斜拉扣挂方式，即在拱桥墩台处设立临时塔架，用斜拉索系吊已通过挂篮浇成的拱圈段。这样，浇一段就系吊一段，直至合拢。二是桁架式，即借用专用挂篮，结合使用斜吊钢筋将拱圈、拱上立柱和预应力混凝土桥面板齐头并进，边浇筑拱圈边构成桁架，直至合拢。采用前者施工时，需特别注意斜拉索力、拱圈受力、标高的变化；采用后者施工时，鉴于其属于自架设施工方式，除需注意施工中结构的受力、稳定外，特别要加强施工标高的控制。

4）悬索桥施工

悬索桥施工包括锚碇施工、索塔施工、主缆（吊杆）施工和加劲梁施工几个主要部分。

锚碇分重力式锚和隧道锚两种。锚碇（特别是重力式锚）一般均系大体积混凝土结构，施工按常规的方法进行。

混凝土索塔通常采用滑模、爬模、翻模并配以塔吊或泵送浇筑，钢索塔一般为吊装施工。

主缆架设主要有空中纺丝法（AS法）和预制平行索股法（PPWS法）两种。AS法是指以卷在卷筒上的单根通长钢丝为原料，采用移动纺丝轮在空中来回架设钢丝（纺丝）形成索股，进而形成主缆。PPWS法是指对主缆中的索股（索股中钢丝根数按设计规定有多有少）进行工厂预制，然后逐根架设索股。

加劲梁的架设方法因加劲梁的构造形式不同而异。对桁架式加劲梁可采用单根杆件、桁架片或桁架段（节段）架设法；对箱形加劲梁或混凝土箱（板）加劲梁（对小跨悬索桥）则采用节段预制吊装法。加劲梁架设顺序有两种，即从主塔开始向两侧推进，或从中跨跨中和边跨桥墩（台）同时开始向主塔推进。

5）斜拉桥

斜拉桥施工包括墩塔施工、主梁施工、斜拉索制作与安装三大部分。

斜拉桥主梁施工一般可采用支架法、顶推法、转体法、悬臂浇筑和悬臂拼装（自架设）方法来进行。在实际工作中，对混凝土斜拉桥则以悬臂浇筑法居多，而对组合梁斜拉桥和钢斜拉桥则多采用悬臂拼装法。

悬臂浇筑法是在塔柱两侧用挂篮对称逐段浇筑主梁混凝土直至合拢。目前使用较多的是前支点挂篮。前支点挂篮是将挂篮后端锚固在已浇梁段上，并将待浇段的斜拉索铺在挂篮前端，由斜拉桥已浇梁段来共同承担待浇节段的混凝土重力，相当于将传统挂篮中的悬臂受力变为简支受力。不足之处是在浇筑一个节段混凝土过程中要分阶段调索，工艺复杂。

悬臂拼装法是利用适宜的起吊设备从塔柱两侧逐节对称拼装梁体直至合拢。与悬臂浇筑一样，施工中对非塔、梁、墩固结的斜拉桥也要做临时固结处理。

复习思考题

1. 桥梁的基本组成是什么？
2. 根据桥梁的结构形式，可划分为什么类型？
3. 桥梁伸缩缝有什么类型？各适用于什么条件？
4. 现代悬索桥一般由哪几部分组成？
5. 桥梁基础的沉入桩常用的施工方法有哪些？各适用于什么土体？
6. 桥梁悬臂施工法的主要特点是什么？
7. 转体施工的主要特点是什么？
8. 顶推法施工的特点是什么？
9. 采用移动模架逐孔施工的主要特点是什么？
10. 普通型钢筋混凝土拱桥施工方法有哪些？

第 9 章 隧道工程

9.1 概述

隧道是埋置于底层中的工程建筑物，是人类利用地下空间的一种形式。1970年国际经济合作与发展组织召开的隧道会议综合了各种因素，对隧道所下的定义为："以某种用途、在地面下用任何方法按规定形式和尺寸修筑的断面积大于 $2m^2$ 的洞。"

目前隧道除仍用于铁路、公路交通、水力发电和灌溉等水工隧洞外，也用于上下水道、输电线路等大型管路的通道，另外还将过去理解为地下通路的隧道概念，扩大到地下空间的利用方面，包括诸如地下发电变电所、地下汽车停车场、大型地下车站、地下街道等适用于隧道工程技术的建筑物。

隧道的种类繁多，从不同的角度来区分，就有不同的分类方法。从隧道所处的地质条件来分，可以分为土质隧道和石质隧道；从埋置的深度来分，可以分为浅埋隧道和深埋隧道；从隧道所在的位置来分，可以分为山岭隧道、水底隧道和城市隧道。按照隧道的用途来划分，可以分为以下几种。

1) 交通隧道

它是隧道中为数最多的一种，其作用是提供运输的地下通道。按交通隧道的用途可以分为铁路隧道（图 9-1）、公路隧道（图 9-2）、水底隧道、地下隧道、航运隧道和人行隧道。

图 9-1 乌鞘岭特长铁路隧道

图 9-2 秦岭终南山公路隧道

隧道长度是指进出口洞门端墙墙面之间的距离，以端墙面或斜切式洞门的斜切面与设计内轨顶面的交线同线路中线的交点计算。双线隧道按下行线长度计算；位于车站上的隧道以正线长度计算；设有缓冲结构的隧道长度应从缓冲结构的起点计算。

依据《铁路隧道设计规范》TB 10003—2005，按其长度可分为 4 类，如表 9-1

所示。

铁路隧道分类　　　　　　　　　　表 9-1

类别	特长隧道	长隧道	中长隧道	短隧道
长度（m）	$L>10000$	$3000<L\leqslant10000$	$500<L\leqslant3000$	$L\leqslant500$

依据《公路隧道设计规范》JTGD 70—2004，按其长度可分为 4 类，如表 9-2 所示。

公路隧道长度分类　　　　　　　　　表 9-2

类别	特长隧道	长隧道	中隧道	短隧道
长度（m）	$L>3000$	$1000<L\leqslant3000$	$500<L\leqslant1000$	$L\leqslant500$

依据《建筑设计防火规范》GB 50016—2006，城市交通隧道，单孔和双孔隧道应按其封闭段长度及交通情况分为一、二、三、四类，如表 9-3 所示。

城市交通隧道分类　　　　　　　　　表 9-3

用途	隧道封闭段长度 L（m）			
	一类	二类	三类	四类
可通行危险化学品等机动车	$L>1500$	$500<L\leqslant1500$	$L\leqslant500$	—
仅限通行非危险化学品等机动车	$L>3000$	$1500<L\leqslant3000$	$500<L\leqslant1500$	$L\leqslant500$
仅限人行或通行非机动车	—	—	$L>1500$	$L\leqslant1500$

2）水工隧洞

根据《水工隧洞设计规范》SL 279—2002，水工隧洞是以输水为目的，在岩、土体中通过开挖形成的隧洞，不包括埋管和回填管。水工隧洞可按不同原则分类，按用途可分为发电隧洞、灌溉隧洞、供水隧洞、导流隧洞、排水隧洞、泄洪隧洞、航运隧洞、排沙隧洞；多用途隧洞按隧洞过水流态可分为有压隧洞和无压隧洞，在同一条隧洞中允许有不同流态，如上游为有压隧洞，下游为无压隧洞；按对围岩加固方式可分为不衬砌隧洞、喷锚衬砌隧洞、混凝土或钢筋混凝土衬砌隧洞；按流速大小可分为低流速隧洞和高流速隧洞等。

3）市政隧道

市政隧道是城市中为安置各种不同市政设施而修建的地下孔道。按市政隧道的用途分为：给水隧道、污水隧道、管道隧道、线路隧道、人防隧道。

4）矿山隧道

在矿山开采中，常设一些隧道（也称为巷道），从山体以外通向矿床。一般可分为：运输巷道，多用于临时支撑，仅供工作人员进行开采工作的需要；给水巷道，送入清洁水为采掘机械使用，并将废水及积水通过泵抽排出；通风巷道，利用通风机把污浊空气抽出去，并把新鲜空气补进来。

9.2 隧道工程构造

隧道可分为主体建筑物和附属建筑物。前者是为了保持隧道的稳定,保证隧道正常使用而修建的,由洞身结构及洞门组成。后者指保证隧道正常使用所需的各种辅助设施,例如铁路隧道供过往行人及维修人员避让列车而设的避车洞,长大隧道中为加强洞内外空气更换而设的机械通风设施以及必要的消防、报警装置等。

9.2.1 衬砌构造

衬砌构造以公路隧道为例。隧道衬砌的内轮廓线所包围的空间称为隧道净空。隧道净空包括公路的建筑限界,如图9-3所示。建筑限界是指隧道衬砌等任何建筑物不得侵入的一种限界。公路隧道的建筑限界包括车道、路肩、路缘带、人行道等的宽度,以及车道、人行道的净高。公路隧道的横断面净空,除了包括建筑限界之外,还包括通过管道、照明、防灾、监控、运行管理等附属设备所需要的空间,以及富余量和施工允许误差等,如图9-4所示。同理,铁路限界(railway clearances)是为了确保机车车辆在铁路线路上运行的安全,防止机车车辆撞击邻近线路的建筑物和设备,而对机车车辆和接近线路的建筑物、设备所规定的不允许超越的轮廓尺寸线。铁路隧道建筑限界与列车设计时速、轨道类型等因素相关。

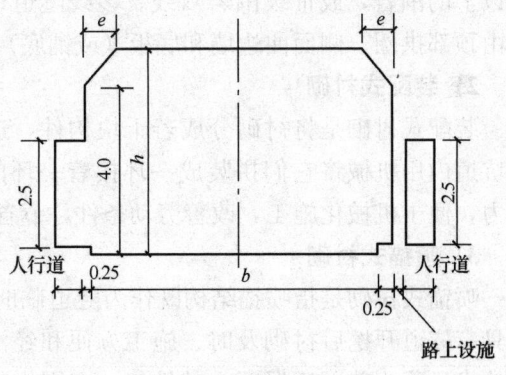

图9-3 公路建筑限界

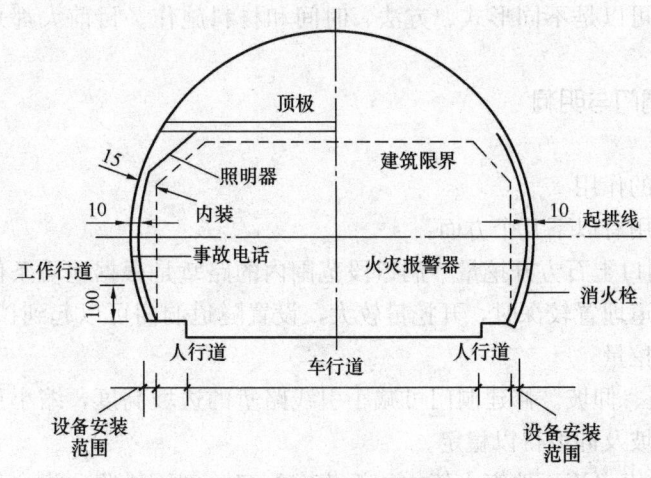

图9-4 公路隧道横断面净空

开挖后的隧道，为了保持围岩的稳定性，一般需要进行支护和衬砌。支护的主要方式有：锚杆、钢架、钢筋网、喷射混凝土及其他组合。衬砌的主要方式有：整体式混凝土衬砌、拼装式衬砌、喷射混凝土衬砌和复合式衬砌等。

1) 整体式混凝土衬砌

整体式衬砌按照工程类型、不同围岩类别采用不同的衬砌厚度，其形式有直墙式和曲墙式两种，而曲墙式又分为有仰拱和无仰拱两种。

(1) 直墙式衬砌

这种类型的衬砌适用于地质条件比较好，以垂直围岩压力为主而水平围岩压力较小的情况。主要适用于Ⅰ～Ⅲ级围岩，直墙式衬砌由上部拱圈、两侧竖直边墙和下部铺底三部分组合而成。

(2) 曲墙式衬砌

曲墙式衬砌适用于地质较差，有较大水平围岩压力的情况。主要适用于Ⅳ级及以上的围岩，或Ⅲ级围岩双线。多线隧道也采用曲墙有仰拱的衬砌。曲墙式衬砌由顶部拱圈、侧面曲边墙和底板（或铺底）组成。

2) 装配式衬砌

装配式衬砌是将衬砌分成若干块构件，这些构件在现场或工厂预制，然后运到坑道内用机械将它们拼装成一环接着一环的衬砌。其特点是：拼装成环后立即受力，便于机械化施工，改善劳动条件，节省劳力。

3) 喷锚式衬砌

喷锚式衬砌是指喷锚结构既作为隧道临时支护，又作为隧道永久结构的形式。它具有隧道开挖后衬砌及时、施工方便和经济的显著特点，特别是纤维喷射混凝土技术显著改善了喷混凝土的性能，在围岩整体性较好的军事工程、各类用途的使用期较短及重要性较低的隧道中广泛应用。

4) 复合式衬砌

复合式衬砌是指把衬砌分成两层或两层以上，可以是同一种形式、方法和材料施作的，也可以是不同形式、方法、时间和材料施作。目前大都采用内外两层衬砌。

9.2.2 洞门与明洞

1) 洞门

(1) 洞门的作用

洞门的作用有以下几个方面：

① 减少洞口土石方开挖量。洞口段范围内的路堑是根据地质条件以一定坡率开挖的，当隧道埋置较深时，开挖量较大，设置隧道洞门可以起到挡土墙的作用，减少土石方开挖量。

② 稳定边、仰坡。修建洞门可减小引线路堑的边坡高度，缩小正面仰坡的坡面长度，使边坡及仰坡得以稳定。

③ 引离地表水流。地表水流往往汇集在洞口，如不排除，将会侵害线路，妨碍行车安全。修建洞门可以把水流引入侧沟排水，确保运营安全。

④ 装饰洞门。洞口是隧道唯一外露部分，是隧道的正面外观。

(2) 洞门的形式

由于隧道洞口所处的地形、地质条件不同，洞门形式也有所不同，主要有如下几种：

① 环框式洞口

当洞口石质坚硬稳定（Ⅰ～Ⅱ级围岩），且地形陡峻无排水要求时，可仅修建环框式洞口（图9-5），以起到加固洞口和减少洞口雨后滴水的作用。

② 端墙式（一字式）洞门

端墙式（一字式）洞门是最常见的洞门，如图9-6所示。它适用于地形开阔、地质较稳定（Ⅱ～Ⅲ级围岩）的地区，由端墙和洞门顶排水沟组成。端墙的作用是抵抗山体纵向推力及支持洞口正面上的仰坡，保持其稳定。

图9-5 环框式洞门

图9-6 端墙式洞门

③ 翼墙式（八字式）洞门

当洞口地质较差（Ⅳ级及以上围岩），山体纵向推力较大时，可以在端墙式洞门的单侧或双侧设置翼墙，如图9-7所示。翼墙在正面起到抵抗山体纵向推力，增加洞门的抗滑及抗倾覆能力的作用。两侧面保护路堑边坡，起挡土墙作用。

④ 柱式洞门

当地形较陡，仰坡有下滑的可能性，又受地形或地质条件限制，不能设置翼墙时，可在端墙中补设置2个或4个断面较大的柱墩，以增加端墙的稳定性，如图9-8所示。柱式洞门比较美观，适用于城市附近、风景区或长大隧道的洞口。

图9-7 翼墙式洞门

图9-8 柱式洞门

⑤ 台阶式洞门

当洞门位于傍山侧坡地区，洞门一侧边坡较高时，为了提高靠山侧仰坡起坡点，减少仰坡高度，将端墙顶部改为逐级升高的台阶形式，以适应地形的特点，减少洞门圬工及仰坡开挖数量，也能起到一定的美化作用，如图9-9所示。

⑥ 斜交式洞门

当隧道洞口线路与地面等高线斜交时，为了缩短隧道长度，减少挖方数量，可采用平行于等高线与线路呈斜交的洞口（洞门与线路中线的交角不应小于45°）。一般斜交式洞门与衬砌斜口段应整体灌注。由于斜交式洞门及衬砌斜口段的受力复杂，施工也不方便，所以只有在十分必要时才采用它。

⑦ 喇叭口式洞门

高速铁路隧道，为了减缓高速列车的空气动力学效应，对单线隧道，一般设喇叭口洞口缓冲段，同时兼作隧道洞口，如图9-10所示。

图9-9 台阶式洞门

图9-10 喇叭口式洞门

综上所述，洞门的形式较多，选择洞门形式应根据洞口的地形、地质条件、隧道长度和所处的位置等确定，特别要注意洞口施工后地形的特点。

2) 明洞

明洞是隧道的一种变化形式，它用明挖法修筑。所谓明挖是指把掩体挖开，在露天修筑衬砌，然后回填土石。这样修筑的构筑物，外形几乎与隧道无异，有拱圈、边墙和底板，净空与隧道相同，和地表相连处也设有洞门、排水设施等。

明洞的结构类型常因地形、地质和危害程度的不同，有多种形式，采用最多的是拱式明洞和棚式明洞两种。

这里仅介绍拱式明洞。

拱式明洞由拱圈、边墙和仰拱（或铺设）组成，它的内轮廓与隧道相一致，但结构截面的厚度要比隧道大一些，可分为如下几种。

① 路堑式对称型

它适用于路堑边坡处于对称或接近对称，边坡岩层基本稳定，仅防止边坡有少量坍塌、落石，或用于隧道洞口岩层破裂，覆盖层较薄而难以用暗挖法修建隧道时，如图9-11所示。

此种明洞承受堆成荷载，拱、墙均为等截面，边墙为直墙式。

② 路堑式偏压型

这种明洞适用于两侧边坡高差较大的不对称路堑。它承受不对称荷载，拱圈为等截面，边墙为直墙式，外侧边墙厚度大于内侧边墙的厚度，如图9-12所示。

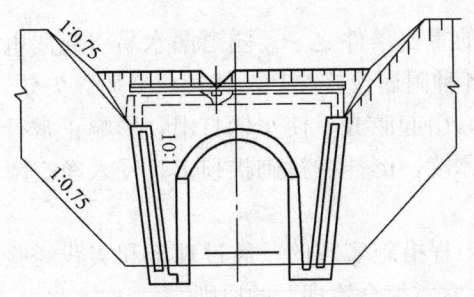
图 9-11 路堑式对称型拱形明洞

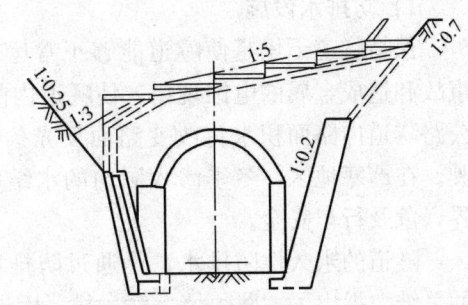
图 9-12 路堑式偏压型拱形明洞

③ 半路堑式偏压型

它适用于地形倾斜，低侧处路堑外侧有宽敞的地面供回填土石，以增加明洞抵抗侧向压力的能力。此种明洞承受偏压荷载，拱圈等厚，内侧边墙为等厚直墙式，外侧边墙为不等厚斜墙式，如图 9-13 所示。

④ 半路堑式单压型

它适用于傍山隧道洞口或傍山线路上的半路堑地段。因外侧地形狭小，地面陡峻，无法回填土石以平衡内侧压力。此种明洞荷载不对称，承受偏侧压力，拱圈等截面（有时也可能采用变截面），内侧边墙为等厚直墙，外侧边墙为设有耳墙的不等厚斜墙，如图 9-14 所示。

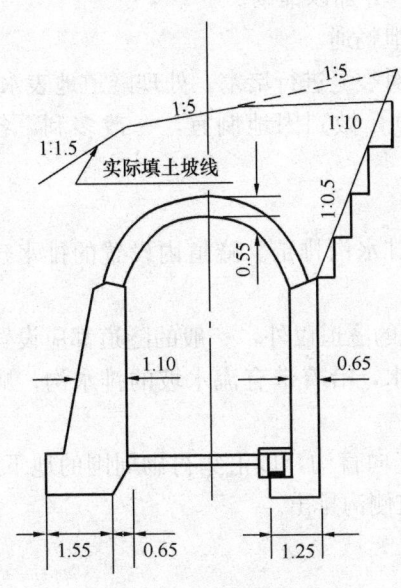
图 9-13 半路堑式偏压型
拱形明洞（单位：mm）

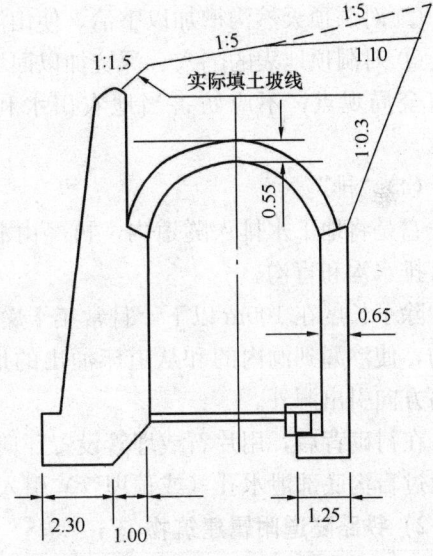
图 9-14 半路堑式单压型拱形
明洞（单位：mm）

9.2.3 附属建筑物

为了使隧道正常使用，保证列车安全运营，除主体建筑物外，还要修筑一些附属建筑物。其中包括防排水设施、电力及通信信号的安放设施及运营通风设施等。

1) 防排水设施

保持隧道干燥是使隧道能够正常运营的重要条件之一。隧道漏水易引起漏电事故和造成金属的电蚀现象，使隧道内的各种附属设施腐烂、锈蚀、变质、失效。公路隧道内路面积水将改变路面反光条件，引起眩光，使车辆打滑，影响正常行驶。在严寒地区，冬季渗入洞内的水结成冰凌，倒挂在衬砌拱顶上，侵入净空限界，危及行车安全。

隧道的永久性防排水，是通过防排水工程措施实现的。经过理论和实践经验的总结，提出了"防、堵、截、排，因地制宜，综合治理"的原则。

(1) "防"。

它是指衬砌防水，即防止地下水从衬砌背后渗入隧道内。其办法是充分利用混凝土结构的自防水能力，并在衬砌与支护之间设置防水层。

(2) "堵"

向支护背后压注水泥砂浆，用以充填支护与围岩之间的空隙，以堵住地下水的通路，并使支护与围岩形成整体，改善支护受力条件。采用压浆分段堵水，使地下水几种在一处或几处后再引入隧道内排出，此法可收到良好的防水效果。

(3) "截"

它是指截断地表水和地下水流入隧道的通路。为了防止地表水渗入地层内，主要采取以下措施：

① 在洞口仰坡外缘 5m 以外，设置天沟，并加以铺砌。

② 对洞顶天然沟槽加以整治，使山洪宣泄畅通。

③ 对洞顶地表的陷穴、深坑加以回填，对裂缝进行堵塞。处理隧道地表水时，要有全局观点，不应妨害当地农田水利规划，做到因地制宜，一改多利，各方满意。

(4) "排"

它是将地下水排入隧道内，再经由洞内排水沟排走。隧道内设置的排水建筑物有排水沟和盲沟。

除了长度在 100m 以下，且常年干燥无水的隧道以外，一般的隧道都应设置排水沟，使渗漏到洞内的和从道床涌出的地下水，沿着带有流水坡的排水沟，顺着线路方向引出洞外。

在衬砌背后，用片石或埋管设置环向或竖向盲沟，以汇集衬砌周围的地下水，并通过盲沟底部泄水孔（或预埋管）引入隧道侧沟排出。

2) 铁路隧道附属建筑物

(1) 避车洞

当列车通过隧道时，为了保证洞内行人、维修人员及维修设备（小车、料具）的安全，在隧道两侧边墙上交错均匀修建的人员躲避及放置车辆、料具的洞室叫避车洞。

避车洞根据其断面尺寸的大小分为大避车洞及小避车洞两种。

① 大避车洞

在碎石道床的隧道内，每侧相隔 300m 布置一个避车洞，在整体道床的隧道内,因人员行车待避较方便,且线路维修工作量较小,为此每侧相隔 420m 布置一个大避车洞。

② 小避车洞

无论在碎石道床或整体道床的隧道内,每侧边墙上应在大避车洞之间间隔 60m(双线隧道按 30m)布置一个小避车洞。

(2) 电力及通信设施

穿越铁路隧道的各种电缆,如照明、通信、信号及电力等电缆,必须有一定的保护措施,即设置电缆槽来防止潮湿、腐烂以及人为的破坏。

隧道内如需设置信号继电器箱时,则应在电缆槽同侧设置信号继电器箱洞,其宽度为 2m,深度为 2m,中心宽度为 2.2m。

3) 公路隧道附属建筑物

(1) 公路隧道的附属建筑物包括内装、顶棚、路面。

(2) 公路隧道的其他附属设施包括通风设施、照明设施、安全设施、应急设施以及公用设施。

9.3 隧道工程施工技术

9.3.1 隧道工程施工特点

1) 隧道工程施工特点

当人工建筑处于地表下,结构沿长度方向的尺寸大于宽度和高度并具有联通 A、B 两点的功能,同时截面积大于 $2m^2$ 时称之为隧道,如图 9-15 所示。

隧道分为主体建筑物和附属建筑物两部分。主体建筑物是为了保持隧道的稳定和正常使用而修建的,由洞身支护结构及洞门组成,在隧道洞口附近容易坍塌或有落石危险时则需加筑明洞。附属建筑物是保证隧道正常使用所需的各

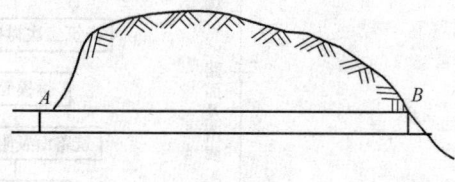

图 9-15 隧道

种辅助措施,如铁路隧道中的避车洞、通风、消防、报警等设施。

隧道是铁路、道路、水渠、各类管道等遇到岩、土、水体障碍时开凿的穿过山体或水底的内部通道,是"生命线"工程。主要有以下施工特点:

(1) 隐蔽性大,未知因素多。

(2) 作业空间有限,工作面狭窄,施工工序干扰大。

(3) 施工过程作业的循环性强,施工严格地按照一定顺序循环作业,如开挖就必须按照"钻孔→装药→爆破→通风→出渣"的顺序循环。

(4) 施工作业的综合性强,在同一工作环境下进行多工序作业,如掘进、支护、衬砌等。

(5) 施工进程中的地质力学状态和围岩的物理力学性质也是变化的,因此施工是动态的。

(6) 施工作业条件差。

（7）作业风险性大。

2）隧道主体施工程序图

隧道主体工程施工主要程序如图9-16所示。

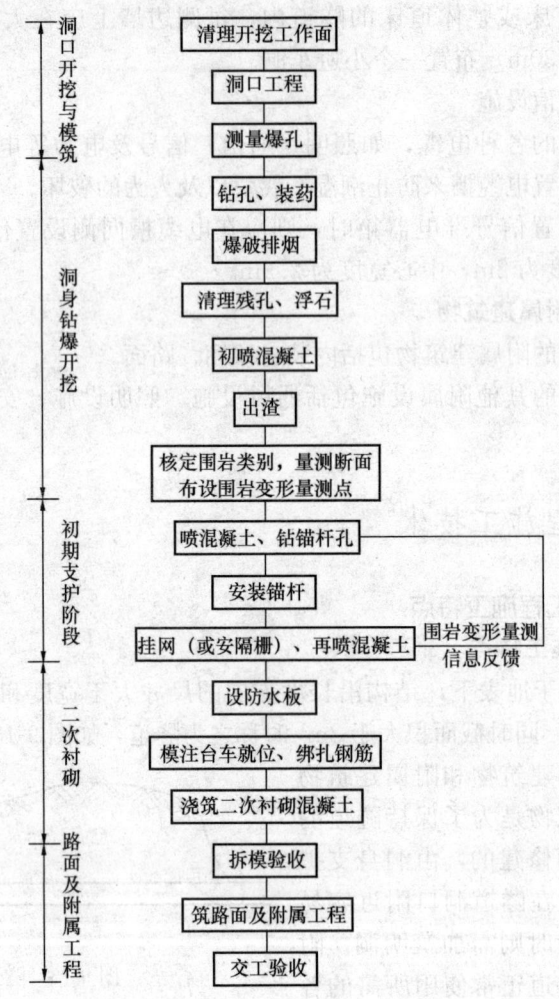

图9-16 隧道施工程序图

9.3.2 隧道工程施工方法

隧道施工是修建隧道及地下洞室的施工方法、施工技术和施工管理的总称。隧道施工方法的选择主要依据工程地质条件、水文地质条件、埋深大小、隧道断面形状及尺寸、长度、衬砌类型、隧道的使用功能、施工技术条件和施工技术水平及工期要求等因素综合考虑确定。根据隧道穿越地层的不同情况和目前隧道施工方法的发展，隧道施工方法可以按以下方式分类，如图9-17所示。

1）钻爆法

（1）钻爆法（又称矿山法）的优缺点

①比较灵活，可以很快地开始开挖施工。

②可以开挖各种形状、尺寸、大小的地下洞室。

③既可采用比较简单便宜的施工设备，也可采用先进、高效的施工设备。

④可以适应坚硬完整的围岩,也可以适应较为软弱破碎的围岩。但是钻爆法也有一定的局限性或缺点。由于采用炸药爆破,造成有害气体,对通风要求较高。

一般开挖隧洞,独头推进长度不能超过2km,再长,通风问题就更困难了,不能及时散烟,就会影响工期。钻爆法由于采用爆炸,在城市人口密集地区不能采用,因为震动可能影响附近的建筑或居民生活。因此,一般短洞、地下大洞室、不是圆形的隧洞、地质条件变化大的地方都常用钻爆法;长洞,又没有条件布置施工支洞、施工斜井的,或者地质条件很差,特别软弱的地方,不利于钻爆法。

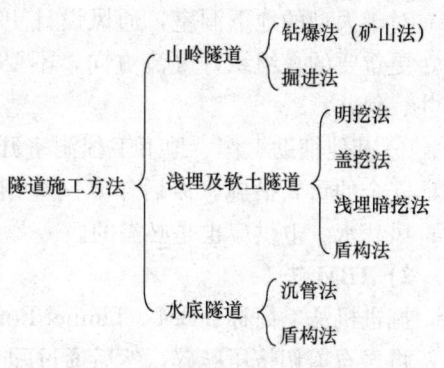

图 9-17　隧道施工方法分类

(2) 钻爆法施工的基本工序与要求

钻爆法的基本工序为：钻孔、装药、放炮、散烟、清撬、出渣、支护、衬砌,其辅助工作还有测量、放线、通风、排水以及必要的监测、记录工作和后勤支持工作。以上各工序中,钻孔、出渣是开挖过程中耗时最多的主要工序;支护是保证施工安全、顺利、快速进行的重要手段。开挖工作的机械化和先进与否,主要体现在这三个工序中。衬砌是开挖后的另一施工程序,一般是指混凝土衬砌、钢筋衬砌,也包括其他材料的承重式衬砌、装饰性或防水性衬砌等。

① 钻孔。钻孔的方法较多,最简单的是手风钻,比较灵活,但操作起来劳动强度很大。目前一般用得较多的是气腿风钻,即用压缩空气支承与加力,比较灵活,且劳动强度大大减轻。

除风钻外,还有潜孔钻、钻车、钻机。钻车是现在常用的比较先进的机具,多半是液压电动轮式移动,小型的只有一把钻,大型的可以有三把钻,称为多臂台车。回转钻机有时在开挖工程中采用,孔径50mm～200mm,甚至更大。

② 装药与放炮。隧洞开挖时,掏槽孔装药最多,周边孔装药较少,中间塌落孔在两者之间。有的掏槽孔药卷直径大些,连续装药;周边孔药卷直径小些,间隔装药。

为了提高爆破效果,减少爆破对周围建筑及围岩的破坏,一个断面上有的采用毫秒延迟雷管分段起爆。

③ 清撬。这一工序十分重要,是爆破后将已完全松动,但尚未掉落下来的石块撬下来。用人工举着长钢钎去撬,劳动强度大,也有危险。用液压锤去敲打,或者正反向挖土机的挖斗去抓、去刮,在远距离操作,比较安全。

④ 出渣。出渣设备有两大类,一类是装卸设备,另一类是运输设备。常用的装卸设备有侧卸式轮式装载机和蟹爪式扒料机或气动式翻斗装料机。常用的运输设备有自卸卡车和小斗车等有轨运输。

⑤ 通风。地下工程的主要通风方式有两种:一种是压入式,即新鲜空气从洞外鼓风机一直送到工作面附近;另一种是吸出式,用抽风机将混浊空气由洞内排

向洞外。前者风管为柔性的管壁，一般是加强的塑料布之类；后者则需要刚性的排气管，一般由薄钢板卷制而成，我国大多数工地均采用压入式。

对于大型的地下洞室，通风设计更为复杂，不仅要计算通风量，选择通风设备，更重要的是组织好气流方向，不要产生死角、回流区，一般要布置一些通风竖井、斜井。

⑥ 其他辅助工作。地下工程洞室开挖过程中还有许多辅助工作。喷锚支护是保证安全的重要措施，以后作专门介绍。排水、照明、机修都是必要的，缺一不可；风、水、电供应也是必需的。

2) TBM 法

掘进机法，简称 TBM（Tunnel Boring Machine）法，是用特制的大型切削设备，将岩石剪切挤压破碎，然后通过配套的运输设备将碎石运出。

掘进机有不同的类型，代表类型有：全断面掘进机，其刀具直径基本上就是开挖直径；独臂钻，即在履带车上装设独臂大钻头，可在上下左右几个方向运动，挖出需要的洞室形状，然后通过配套的运输装渣系统出渣；盾构型的全断面掘进机，是一种前面不断向前掘进，后面在盾构的掩护下，接着用预制的混凝土片完成衬砌工作。

(1) 全断面掘进机的开挖施工

全断面掘进机的开挖施工技术是在近几十年发达国家发展起来的一种高效、先进的隧道开挖设备。我国近一二十年来一方面从国外引进了一些设备，另一方面也在研制 TBM 设备。

全断面掘进机主要优点是：适宜于打长洞，因为它对通风要求较低；开挖洞壁比较光滑；对围岩破坏较小，所以对围岩稳定有利；超挖少，衬砌混凝土回填量少。

(2) 独臂钻的开挖施工

独臂钻是另一种形式的掘进机，是在一个悬管上装设一个可以切削岩土的大钻头，这个大钻头可以上下左右运动。大钻头切削开挖的同时，皮带扒料机将石渣装上后面的斗车，开挖速度很快。该种设备适宜于开挖软岩，不适宜于开挖地下水较多、围岩不太稳定的地层。

(3) 天井钻的开挖施工

天井钻是专门用来开挖竖井或斜井的大型钻具，钻机是液压电动操作的，钻杆直径 20~30cm，中空，每一节长 1~1.5cm。先在钻杆上装较小的钻头，从上向下钻一直径为 20~30cm 的导向孔，达到竖井或斜井的底部。再在钻杆上换直径较大的钻头，由下向上反钻竖井或斜井。由上向下掘进时，用泥浆循环，带出石渣碎屑；由下向上掘进时，石渣碎屑即自由下落到已打通的底部巷道中出渣。

天井钻开挖直径可达 1.5~3.5m，甚至更大，开挖深度可由几十米至二三百米不等。在岩层硬度中等的情况下，由上向下、由下向上日钻进速度均可达到 10m 左右。

(4) 带盾构的 TBM 掘进法

当围岩是软弱破碎带时，在盾构内部可以立即安设预制钢筋混凝土片的衬圈，随掘进安设。衬圈与盾构外边缘间有 5cm 的间歇,盾构前进之后,在这间隙中填以小豆石,然后用水泥浆灌实。

3)盾构法

盾构施工是一种在软土或软岩中修建隧道的特殊施工方法。先在设计开挖位置开挖土体,再用千斤顶将盾构推进到已开挖的位置,然后在缩回千斤顶的同时,用液压举重拼装器拼装隧道衬砌。如此一段段地向前掘进、拼装,直至完成整条隧道的开挖和衬砌。

(1) 盾构机的类型与构造

盾构机一般分为开放式、部分开放式和封闭式三种类型,每种形式可以再进一步细分,如图 9-18 所示。

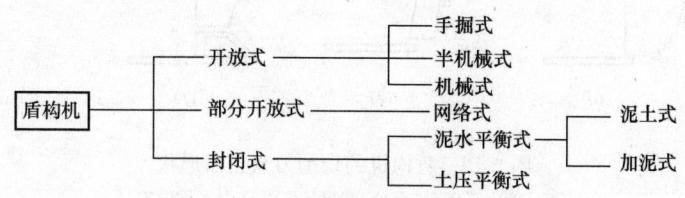

图 9-18 盾构机的分类

盾构机的标准为圆形,也有矩形、椭圆形、马蹄形、半圆形、双环及多环形等特殊形状,但其基本构造则是由钢壳、推进机系统、衬砌拼装系统三部分构成的。

盾构壳体一般由切口环、支承环和盾尾三部分组成。切口环部分位于盾构的最前端,施工时切入地层,掩护开挖作业。支撑环紧接于切口环之后,是与后部的盾尾相连的中间部分,是盾构结构的主体,是具有较强刚性的圆环结构,作用在盾构上的地层土压力、千斤顶的顶力以及切口、盾尾、衬砌拼装时传来的施工荷载等,均由支承环承担,它的外沿布置盾构推进千斤顶。盾尾部分是由盾构外壳钢板延长构成,主要用于掩护隧道衬砌的拼装工作,其末端设有密封装置,以防止地下水、外层土、衬砌背面压浆浆液等流入隧道内。盾构的推进系统,由液压设备和盾构千斤顶组成,盾构前进是靠千斤顶推进来实现的,因此要求千斤顶有足够力量,用以克服盾构推进过程中所遇到的各种阻力。拼装器是衬砌拼装系统的主要设备,能把管片按照设计的形状,安全迅速地进行拼装,并有夹钳使管片伸缩、滑动、旋转。常用的有杠杆式拼装机和环式拼装机两种形式。

此外,切削刀盘和螺旋输送机也是盾构机的主要设备。切削刀盘有的在切口环内,有的突出于切口环,有的与切口环几乎平齐,其正面形状如图 9-19 所示。螺旋输送机的主要功能是从切削密封舱内将切割下来的土运出。

(2) 盾构工法的选择

详尽地掌握好各种盾构机的特征是确定盾构工法的关键。其中,选择适合土质条件的、确保工作面稳定的盾构机种及合理的辅助工法最重要。此外,盾构的外径、覆盖土厚度、线形(曲线施工时的曲率半径等)、掘进距离、工期、竖井用地、路线附近的重要构筑物、障碍物等地域环境条件及安全性与成本的考虑也至

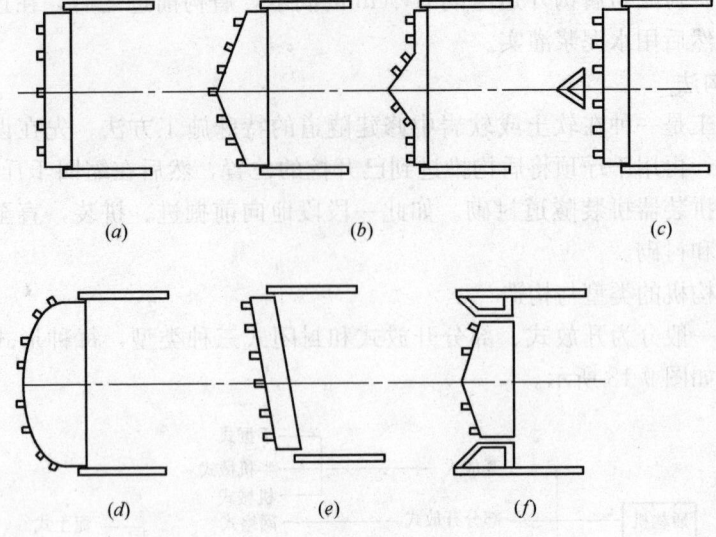

图 9-19 盾构机的切削刀盘正面形状
(a) 垂直平面形；(b) 圆锥形；(c) 中心掏挖形；
(d) 半球形；(e) 倾斜形；(f) 缩小形

关重要。应通过对上述条件综合考虑选定合适的盾构工法。

4）明挖法

明挖法是浅埋隧道的一种常用施工方法，它是先将隧道设计截面处土方及覆盖层挖去，形成一个露天的基坑。明洞以及隧道洞口段不能用暗挖法施工时常用明挖法施工。

(1) 明挖法特点

明挖法施工简单，技术成熟，施工快捷，根据需要可以分段同时作业，工程造价和运营费用均较低，且能耗较少。但外界气象条件和环境条件对施工影响较大。

(2) 明挖法施工分类

明挖方式开挖的基坑，根据不同的地质条件及开挖面的大小，可设计成矩形、四边形或梯形等。开挖面的大小应满足隧道断面设计和施工作业的要求。

根据不同的地质条件及外部条件，可先开挖基坑后建造基坑围护结构，也可先建造基坑围护结构再开挖土方。当隧道处于地下水位以下有可能出现涌水时，则需先人工降低地下水位，或利用支撑墙明挖。一般当覆盖层厚度小于 5m 时，可考虑明挖法。

明挖法也有无围护结构的敞口明挖，适用于地面开阔，周围建筑物稀少，地质条件好，土地稳定且在基坑周围无较大荷载，对基坑周围的位移和沉降无严格要求的情况。有围护结构的明挖适用于施工场地狭窄，土质自立性较差，地层松软，地下水丰富，建筑物密集的地区，采用该方法可以较好地控制基坑周围的变形和位移，同时可满足基坑开挖深度大的要求。

5）盖挖法

盖挖法适用于松散的地质条件、隧道处于地下水位线以上、地下工程明作时需要穿越公路、建筑等障碍物的情况。

（1）盖挖法特点

盖挖法优点是对结构的水平位移小，安全系数高；对地面影响小，只在短时间内封锁地面交通，施工受外界气候影响小。缺点是盖板上不允许留下过多的竖井，后续开挖土方需要采取水平运输，出土不方便；施工左右空间较小，施工速度较明挖法慢，工期较长；和基坑开挖、支挡开挖相比，费用较高。

（2）盖挖法施工类型

盖挖法有逆作法与顺作法两种施工方法。两种盖挖法的不同点在于：

① 施工顺序不同

顺作法是在挡墙施工完毕后，对挡墙作必要的支撑，再着手开挖至设计标高，并开始浇筑基础底板，接着依次由下而上，一边浇筑地下结构主体，一边拆除临时支撑；而逆作法是由下而上地进行施工。

② 所采用的支撑不同

顺作法中常见的支撑有钢管支撑、钢筋混凝土支撑、型钢支撑及锚杆支护，如图9-20所示。

而逆作法中建筑物本体的梁和板，也就是逆作结构本身，就可以作为支撑。盖挖逆作法多用于深层开挖，松软土层开挖，靠近建筑物施工

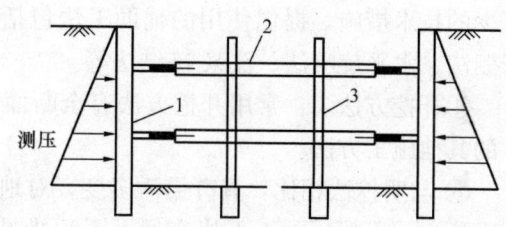

图9-20　顺作法施工的支撑
1—挡墙；2—支撑；3—立柱

等情况下。工程中较早采用的盖挖顺作法，从地面向下开挖，用大号型钢架于两侧钢柱或连续墙上，以维持原来路面的交通运行。此种基坑方法也称为路面覆盖式基坑法或称开壕被覆法（Cut and Cover），施工程序如图9-21所示。

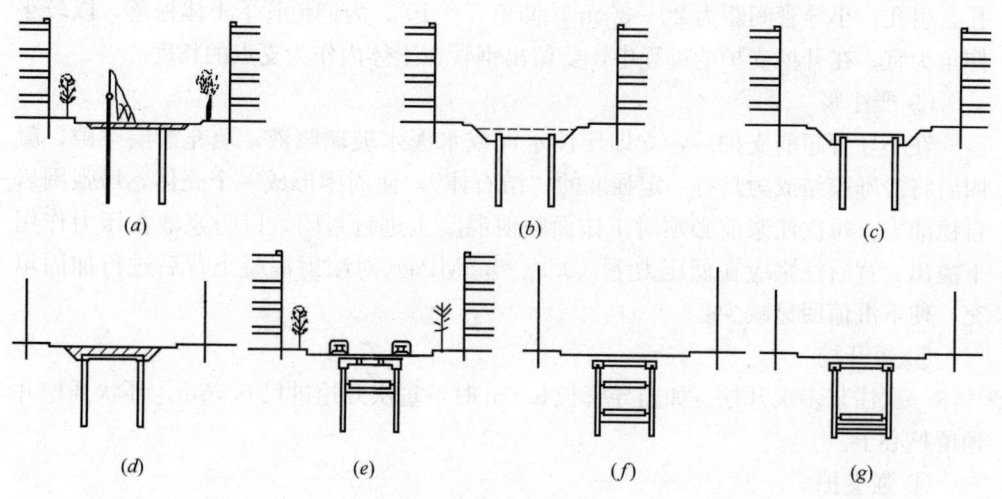

图9-21　盖挖顺作法施工步骤

(a) 板桩墙或连续墙施工；(b) 掘土以露出墙顶部；(c) 覆盖顶板；(d) 回填恢复路面；
(e) 基坑掘进与支护；(f) 掘砌结束形成基坑；(g) 拆除临时支护并建造（地铁）结构

6) 浅埋暗挖法

浅埋暗挖法是在距离地表较近的地下进行各种类型地下洞室暗挖施工的一种方法，在土质隧道开挖中应用较广。

(1) 浅埋暗挖法特点

浅埋暗挖法的施工技术特点主要有以下几点：

① 浅埋隧道施工中开挖的影响将波及地表，必须严格控制地中和地表的沉陷变形。

② 它是在软弱围岩浅埋地层中修建山岭隧道洞口段、城区地下铁道及其他适于浅埋地下工程的施工方法。它主要适用于不宜明挖施工的土质或软弱无胶结的砂、卵石等第四纪地层。对于水位高的地层，需采取堵水或降排水等措施。

③ 辅助工法多样，由于其适用于松软地层中，预先加固改良地层是一项必不可少的技术措施，提倡使用的辅助工法包括注浆法、降水法、超前小导管法、长管棚法、水平旋喷法、注浆-冻结法等。

④ 开挖方法多，常用开挖方法有全断面法、正台阶法以及适用于特殊地层条件的其他施工方法。

⑤ 与明挖法相比，具有灵活多变，对地面建筑、道路和地下管网影响小，拆迁占地少，不扰民，不干扰交通，不污染城市；与盾构法相比，具有简单易行，不需太多专用设备，灵活多变，使用范围广。

(2) 浅埋暗挖法施工方针

浅埋暗挖法施工中必须坚持"管超前、严注浆、短开挖、强支护、快封闭、勤量测"。

① 管超前

利用钢拱架为支点，使用超前小导管注浆防护。先用风钻或高压风吹孔、扩孔、引孔。小导管间距为20~30cm，仰角5°~10°。为避免管下土体松落，以较小仰角为宜。在开挖支护的过程中，要留出钢管在土体内作为支点的长度。

② 严注浆

在小导管超前支护后，立即压注水泥或水泥水玻璃浆液，填充沙层空隙，凝固后将沙砾胶结成为具有一定强度的"结石体"，使周围形成一个壳体，增强围岩自稳能力。每次注浆前必须对工作面喷射混凝土进行封闭，以防浆液在压力作用下溢出。背后注浆应在低压力下（0.3~0.5MPa）对喷射混凝土背后进行加固填充，使下沉值明显减少。

③ 短开挖

一次注浆多次开挖。如当导管长3.5m时，每次开挖进尺0.75m，环状开挖并预留核心土。

④ 强支护

在松软地层和浅埋条件下进行地下大跨度结构施工，初期支护必须十分牢固，以确保万无一失。按喷射混凝土→网构拱架→钢筋网→喷混凝土的工序进行支护。网喷支护承载系数取较大值，一般不考虑二次衬砌承载力。

⑤ 快封闭

正台阶开挖时，通过量测，当上台阶过长，变形增加较快时，必须考虑临时支撑，仰拱方能稳定。因此，要求台阶的长度为双线不得大于1倍洞径，单线不得大于1.5倍洞径。下半断面紧跟，土体挖出一环，封闭一环并及时封闭仰拱，使初期支护形成一个环状结构，此时变形曲线逐步趋于稳定。

⑥ 勤量测

量测是对施工过程中围岩及结构变化情况进行动态跟踪的主要手段，量测信息应及时而准确地反馈给设计施工，以便及时修改设计或采取特殊的施工措施。

7) 沉管法

沉管法修筑隧道，就是在水底预先挖好沟槽，把在陆地上（船台上或临时船坞内）预制的沉放管段，用拖轮运到沉放现场，待管段准确定位后，向管段水箱内灌水压载下沉，然后进行水下连接。处理好管端接头与基础，经覆土回填后，再进行内部设备的安装与装修，便筑成了隧道。沉管隧道如图9-22所示。

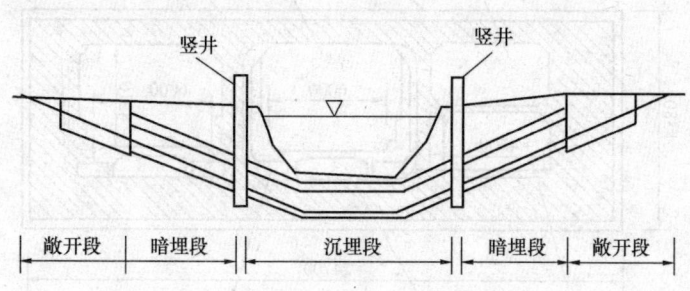

图 9-22 沉管隧道纵断面一般结构示意图

(1) 沉管隧道施工方式

沉管隧道施工方式视现场条件、用途、断面大小等各异。总体上可分为两种：

①不需要修建特殊的船坞，用浮在水上的钢壳箱体作为模板制造管段的"钢壳方式"。

②在干船坞内制造箱体，而后浮运、沉放的"干船坞方式"。

沉管隧道结构主要有圆形钢壳类与矩形混凝土类。圆形钢壳类隧道的钢壳管段是钢壳与混凝土的组合结构，通常用内、外两层骨架组成。内部是预制的短节，在船坞滑台上将它焊接成所要求长度的短节，加上辅助的加强板，再安装外部钢壳并焊接好。外壳顶部设有浇筑混凝土用的孔，在管段底部要灌注一定量的混凝土，以便在水下起镇重和稳定作用。该形式的隧道管段通常在船坞滑台上侧向下水，并要灌注较多的混凝土，一般是直接下沉到已充分准备好和破碎的砾石垫层上。如图9-23所示为圆形钢壳断面示例。

在干船坞中制作的矩形混凝土管段比在船台上制作的钢壳圆形、八角形或花篮形管段经济，且矩形断面更能充分利用隧道内的空间，可作为多车道、大宽度的公路隧道，是沉管隧道的主流结构，如图9-24所示是矩形钢筋混凝土沉管隧道的断面图例。两种方式的比较见表9-4。

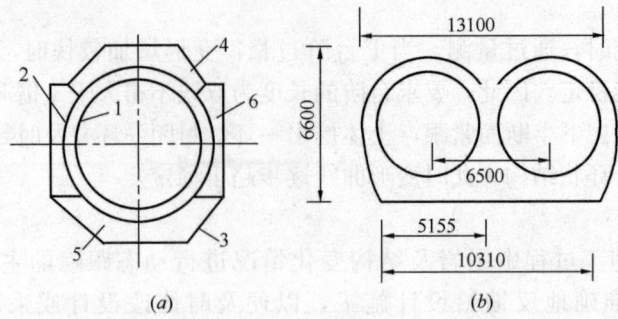

图 9-23 圆形钢壳断面示例

(a) 双层钢壳管段典型断面尺寸；(b) 香港地铁过海隧道

1—混凝土内环；2—钢壳；3—模板（外钢壳）；4—覆盖混凝土；
5—龙骨混凝土；6—水下导管浇筑混凝土

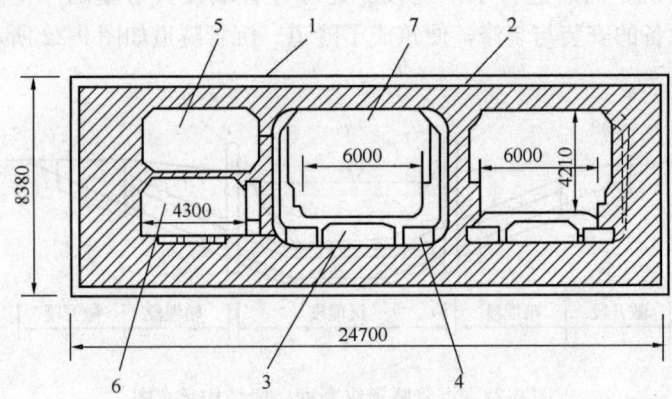

图 9-24 矩形钢筋混凝土沉管隧道的断面示意图

1—钢板；2—钢筋混凝土；3—送风道；4—排风道；5—自行车道；6—步道；7—车道

两种施工方式的比较　　　　　表 9-4

项目	钢壳方式	干船坞方式
用途	双车道公路、单线铁路、下水管道等管段在10m以内的	多车道宽度大的公路（铁路、人行道并置的情况也在内）
断面形状	圆形，外廓为变形的八角形	矩形
材料	钢壳及钢筋混凝土	钢筋混凝土
管段预制点	船台	临时干船坞
浮运沉放	干舷高度30~50cm，拖航；水上向管段投入砂和混凝土，沉放	干舷高度10cm左右、拖航、用管段内的水平衡方法沉放
防水处理	钢壳	防水层，钢板（6~8mm）、沥青、橡皮
基础处理	一般平整机敷设砂砾	设临时承台，填充砂或砂浆
水中连接	水中混凝土或橡胶密封垫水压连接	橡胶密封垫水压连接

(2) 沉管隧道施工工艺

① 施工之前，必须做好水利、地质、气象及地震等方面的调查。

② 在隧址附近的适当位置，建造一个与工程规模相适应的砾石干船坞，用于预制沉管管段的场地。场地规模取决于管段节数、每节长度和宽度，以及管段预制批量和工期；船坞深度应能保证管段制作后能顺利进行安装工作并浮运出坞；坞底一般铺一层20～30cm厚无筋混凝土或钢筋混凝土，并要在管段底下铺设一层砂砾或碎石，以防管段起浮时被吸住。

③ 管段制作工艺与地面钢筋混凝土结构大体相同，但对防水、均质等要求较高，除了从构造方面采取措施外，必须在混凝土选材、温控和模板等方面采取特殊措施。

④ 管段制作完成后，开始向干船坞内注水，此时需派检查人员从入口进入沉放管段内部检查有无漏水情况。当船坞内水位接近干舷量时，应向压载水箱内注水以防止管段上浮。当管段完全被水淹没后，派人从出入口进入沉放管段，排出压载水箱内的水，使管段上浮。管段浮运时的干舷量一般取10～15cm，调整完各节沉放管段后，即可打开干船坞的坞门，将沉放管段拽出。

⑤ 施工中，沟槽对沉放管段和其他基础设施有特殊用途。沟槽底部应相对平坦，其误差一般为±15cm。开挖由三个基本尺度决定，即底宽、深度和边坡坡度，应视土质情况，沟槽搁置时间以及沟槽水流情况而定。沟槽浚挖分粗挖和精挖两个阶段。粗挖挖到离管底标高约1m处。为避免淤泥沉积，精挖层应在临近管段沉放前再挖。在挖到沟槽底的标高后，应将槽底覆土和淤泥清除，主要设备是挖泥船。

⑥ 管道沉放前，需将其定位在挖好的基槽上方，管段的中线与隧道的轴线基本重合，定位完毕后，可开始灌注压载水，管段即开始慢慢下沉。初次下沉先灌注压载水使管段下沉力达到规定值50%，然后进行位置校正，待管段前后位置校正完毕后，再继续灌水直至下沉完全达到下沉规定值，并使管段开始以20～50cm/min速度下沉，直到管底离设计标高4～5m为止。

⑦ 靠拢下沉。先把管段向前面已沉放管段方向平移，直至已设管段大约2～2.5m处，然后下沉管段至高于最终标高的0.5m处。

⑧ 着地下沉。再次下沉管段至高于其最终位置20～50cm处。接着，把管段拉向距前面已设管段约10cm处，再检查其水平位置，着地时，前段搁在已设管段的鼻式托座上，然后将后端搁置到临时支座上，校正后，卸去全部吊力。管段常用沉放方法是浮箱分吊法和方驳扛吊法。

⑨ 水下连接常用水下混凝土法和水力压接法。水下混凝土法是先在管段两端安装矩形堰板，在管段沉放就位，解封对准拼合，安装底部罩板后，在前后两块平堰板的两侧，安置圆弧形堰板，然后把封闭模板插入堰板侧边，形成由堰板、封闭模板、上下罩板所围成的空间，随后向里灌注水下混凝土，从而形成水下混凝土连接。等水下混凝土充分硬化后，抽掉临时隔墙内的水，再进行管段内部接头部位混凝土衬砌的施工。开槽作业后槽底表面总会相当程度的不平整，在槽底表面与沉管底面间存在很多不规则的空隙，导致地基受力不均匀而局部破坏，引

起不均匀沉降，使沉管受到较高的局部压力以致开裂，必须进行基础处理将其垫平。施工方法主要有刮铺法、喷砂法、压注砂浆法。

复 习 思 考 题

1. 什么是隧道？按用途如何分类？
2. 什么是公路隧道的建筑界限？
3. 隧道衬砌的主要方式有什么类型？
4. 隧道洞门的形式有哪些？
5. 隧道施工主要有什么特点？
6. 隧道工程施工有什么方法？
7. 钻爆法施工的基本工序有什么？
8. 盾构机有什么类型？每种形式再进一步细分如何分类？
9. 浅埋暗挖法施工方针是什么？
10. 沉管隧道施工方式是什么？

第10章 铁路工程

10.1 概述

新中国成立以来,经过多年发展,我国铁路发生了巨大变化。一是路网数量有了较大的扩展,在我国10万km铁路中,时速120km及以上线路超过4万km,其中时速160km线路超过2万km;高速铁路突破1万km,在建规模1.2万km,截止2013年我国已成为世界上高速铁路运营里程最长、在建规模最大的国家,到2020年,全国铁路营业里程将达到12万km。全国各省、自治区、直辖市均有铁路通达,基本形成了以大通道为骨架、干支结合、纵横交错、连接亚欧的铁路网络。二是路网布局有了很大的完善,占国土面积一半以上的西南、西北地区,从昔日的不足上千公里跃进到上万公里;全国范围内加设动车组列车,使得高速铁路占路网比重逐步提升。三是初步形成我国铁路"八纵八横"路网主骨架的格局,特别是南北方向的京广、京沪、京九、京哈通道和东西方向的欧亚大陆桥、沪昆、京兰通道,已成为我国交通运输体系的大动脉。

1) 铁路线路分类与组成

铁路线路是机车车辆和列车运行的基础。铁路有单线、双线和多线之分,按轨距有标准轨距铁路、宽轨铁路和窄轨铁路。

铁路线路是由路基、桥隧建筑物和轨道组成的一个整体工程结构。就线路而言,它是由上部建筑和下部建筑所组成。上部建筑又称轨道,包括:钢轨、轨枕、道床、钢轨联结零件、防爬器、道岔等。下部建筑包括:路基、桥涵、隧道、挡土墙等。

2) 铁路等级

铁路(线路)等级是铁路的基本标准。设计铁路时,首先要确定铁路等级。铁路的技术标准和装备类型都要根据铁路等级去选定。

我国《铁路线路设计规范》GB 50090—2006规定,新建和改建铁路(或区段)的等级,应根据它们在铁路网中的地位、作用、性质和远期的客货运量确定。我国铁路共划分为四个等级,如表10-1所示。Ⅰ、Ⅱ级铁路的路段旅客列车设计行车速度宜按表10-1规定的数值选用。

铁路等级 表10-1

铁路等级	在铁路网中作用和性质	近期年客货运量	旅客列车设计行车速度(km/h)
Ⅰ级铁路	起骨干作用的铁路	≥20Mt	160、140、120
Ⅱ级铁路	起联络、辅助作用的铁路	<20Mt且≥10Mt	120、100、80

续表

铁路等级	在铁路网中作用和性质	近期年客货运量	旅客列车设计行车速度（km/h）
Ⅲ级铁路	为某一地区或企业服务的铁路	<10Mt 且≥5Mt	—
Ⅳ级铁路	为某一地区或企业服务的铁路	<5Mt	—

注：铁路设计年度中，近期指交付运营后第十年，远期指交付运营后第二十年，其运量均采用预测运量；年客货运量为重车方向的货运量与由客车对数折算的货运量之和，1对/d旅客列车按1.0Mt年货运量折算。

目前，我国铁路除以上四个等级以外又增加了"客运专线"等级，设计速度为200～350km/h的铁路统称为客运专线，曲线半径一般在2200m以上。

3) 铁路主要技术标准

铁路主要技术标准包括：正线数目、牵引种类、机车类型、牵引质量、限制坡度、最小曲线半径、机车交路、到发线有效长度和闭塞类型等。

这些标准是确定铁路能力大小的决定因素，一条铁路选用不同的标准，对设计线路的工程造价和运营质量有重大影响，同时又是确定设计线路的工程标准和设备类型的依据。

选定铁路主要技术标准是设计铁路的基本决策。应根据国家要求的年输送能力和确定的铁路等级，考虑沿线资源分布和国家科技发展规划，并结合设计线路的地形、地质、气象等自然条件，经过论证比选，慎重确定。

10.2 铁路线路

10.2.1 铁路勘察设计及定线

在建筑一条铁路以前，必须进行深入细致的调查研究和勘测工作，并从若干个可供比较的方案中选出一个最优方案来进行设计。铁路的勘测设计是一项涉及面广、工种繁多的连续性工作，一般要经过方案研究（室内研究、现场踏勘、提出研究报告）、初测、初步设计、定测、施工设计等过程。

经铁道主管部门批准的设计任务书是进行勘测设计工作的依据。设计任务书的内容一般包括铁路的起讫点、线路走向、铁路意义和等级、主要技术标准和交付运营的期限等。根据设计任务书组织初测和进行初步设计。在初步设计中要选定线路的比较方案，确定线路走向和机车类型、限制坡度、最小曲线半径等主要技术标准，以及完成平面、纵断面的设计等。根据初步设计的鉴定意见进行定测和施工设计，然后进行施工。

铁路的等级不同，在线路平、纵断面设计中所采用的标准和装备的类型也不一样，所以在进行设计时，首先要确定铁路的等级。

铁路定线是在地形图或地面上选定线路的方向，确定线路的空间位置，并布置各种建筑物，是铁路勘察设计中决定全局的重要工作。一条铁路线在空间的位置是用它的线路中心线表示的。线路中心线在水平面上的投影，称为铁路线路的平面；线路中心线（展直后）在垂直面上的投影，称为铁路线路的纵断面。

影响线路走向选定的因素有很多，主要应考虑：

(1) 设计线路的意义和与行政区其他建设的配合关系;
(2) 设计线路的经济效益和运量要求;
(3) 设计线路所处的自然条件;
(4) 设计线路的主要技术标准和施工条件等。

譬如,某条铁路经过 A、B、C 三点(图10-1),如果我们把 AB 和 BC 分别用直线连接起来,那么在 AB 之间要建筑两座桥梁,在 BC 之间要开凿一座隧道。这从工程角度上看线路质量差、隐患大、不经济,因而要选择折线 ADB 和折线 BEC,在折线的转角处

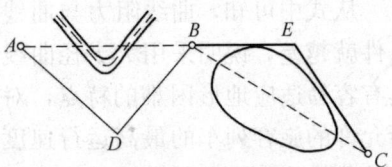

图 10-1 铁路线绕避地形障碍示意图

则用曲线连接。曲线的设置可用来绕避地面障碍或地质不良地段,从而减少工程量,缩短工期,降低造价获得较好的经济效益。

定线时应分两种情况区别对待:

(1) 采用的最大坡度大于平均自然纵坡时,线路不受高程障碍的限制,这时主要矛盾在平面一方,只要注意绕避平面障碍,按短直方向定线。这种地段称为缓坡地段。

(2) 采用的最大坡度小于或等于平均自然纵坡,则线路不仅受平面障碍的限制,更受高程障碍的控制,需要根据地形变化选择平均自然坡度与最大坡度基本吻合的地面坡度定线,有意识地将线路展长,使能达到预定的高程。这种地段称为紧坡地段。

紧坡地段通常用足最大坡度定线,以便争取高度,不额外展长线路。当遇到巨大高程障碍(如跨越分水岭)时,需用足最大坡度,结合地形展长线路,称为展线。展线的方式可以用直线和曲线组合成各种形式,通常使用套线、灯泡线、螺旋线等。

10.2.2 线路的平面及其组成要素

线路平面由直线和曲线组成,铁路曲线由圆曲线和缓和曲线构成。

设计线路平面直线时,相邻两直线位置不同,其间曲线位置也相应改变,因而要根据地形条件使直线和曲线相互协调;应力争设置较长的直线段,减少交点个数,以缩短线路长度、改善运营条件;选定直线位置时,应力求减小交点转角的度数。

1) 曲线附加阻力

列车通过曲线时,由于离心力的作用,使车轮轮缘和外轨内侧的挤压摩擦增大,同时由于曲线外轨比内轨长,两侧车轮在轨面上滚动时会产生相对滑动,因此会给运行中的列车造成一种附加阻力。曲线阻力的大小,通常用下面的试验公式来计算,即:

$$\omega_r = \frac{600g}{R} \tag{10-1}$$

式中 ω_r ——单位曲线阻力(N/kN),即列车每 1t 质量所摊到的曲线附加阻力;
    R ——曲线半径(m);

600——根据试验得出的常数。

这一公式适用于曲线长度大于或等于列车长度的情况。如果曲线长度小于列车长度时,则会出现列车的一部分处于曲线上,同时另一部分处于直线上的情况,此时,列车实际上所受的单位曲线阻力(平均值)要小于计算值。

从式中可知,曲线阻力与曲线半径成反比。半径越小,曲线阻力越大,运营条件就越差,说明采用大半径曲线对列车运行的影响较小。但是,小半径曲线亦具有容易适应地形困难的特点,对工程条件有利。因此,设计时必须根据该铁路所允许的旅客列车的最高运行速度,由大到小合理地选用曲线半径。我国铁路采用的曲线半径有:12000、10000、8000、7000、6000、5000、4500、4000、3500、3000、2800、2500、2000、1800、1600、1400、1200、1000、800、700、600、550、500m。此外,还对区间线路的最小曲线半径做了具体规定,见表10-2。

最小曲线半径   表10-2

路段旅客列车设计行车速度(km/h)		160	140	120	100	80
最小曲线半径(m)	工程条件 一般	2000	1600	1200	800	600
	困难	1600	1200	800	600	500

2) 缓和曲线

在铁路线上,直线和圆曲线不是直接相连的,它们之间需要插入一段缓和曲线,如图10-2所示。缓和曲线的半径是变化的,它与直线衔接一端的半径是无穷大,逐渐变化到等于它所衔接的圆曲线半径(R)。这样,既能保证列车平顺地从直线段进入圆曲线(或从圆曲线进入直线段),使离心力逐渐增加(或消失),从而避免轮轨间的突然冲击,并可以提高旅客的舒适度。

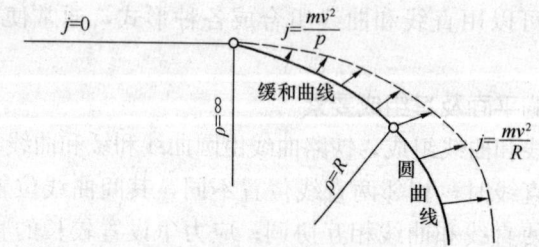

图10-2 缓和曲线示意图

铁路曲线的另一不良作用是限制列车运行的速度。半径越小,列车通过曲线时所允许的最大速度越低。限速的目的在于防止因离心力过大而危及行车安全。

3) 线路平面图

用一定的比例尺,把铁路中心线及其两侧的地面情况投影到水平面上,就得到线路平面图。

线路平面图是铁路勘测设计的重要设计文件,从图10-3中我们可以看到线路中心线的曲直变化和里程,沿线的车站、桥隧建筑物等的数量和位置;同时还可以看到用等高线(地面上高程相等各点的连线)表示的沿线地形和地物等情况。

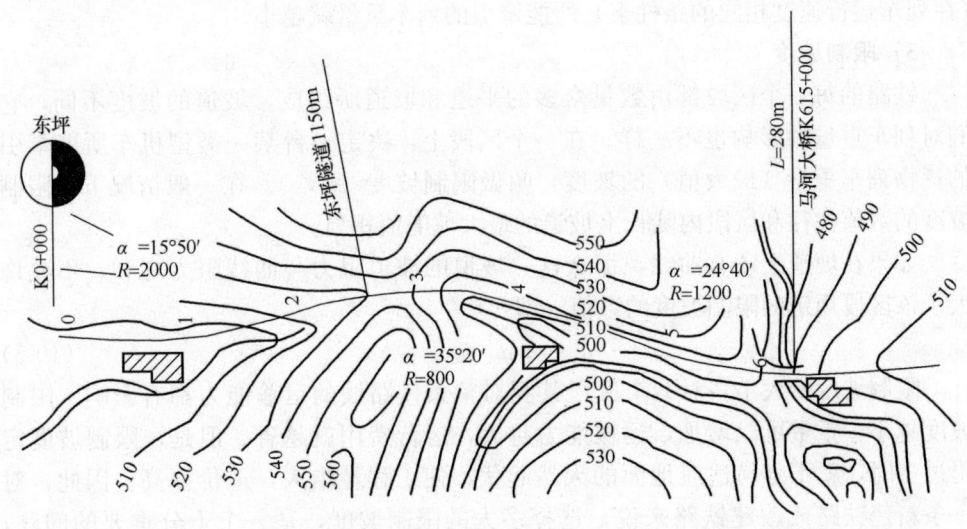

图 10-3　线路平面图

10.2.3　线路的纵断面及其组成要素

为了适应地面的起伏，线路中除了平道以外，还要修成上坡道和下坡道。因此，平道与坡道就成为线路纵断面的组成要素。

1) 坡道的坡度

坡道坡度 i 的大小为该坡段两端变坡点的高差 h 与坡段长度 L 的比值，以千分率表示，上坡取正值，下坡取负值。在图 10-4 中，坡道 AB 的坡度为：

$$i‰ = \frac{h}{L} = \tan\alpha \tag{10-2}$$

若坡度为 4‰，即表示每千米高差为 4m。

2) 坡道附加阻力

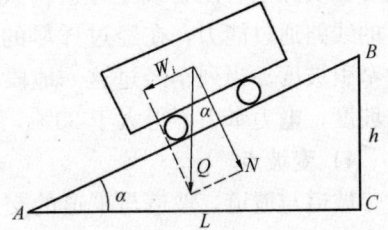

图 10-4　坡道与坡道阻力示意图

有了坡道以后，也给列车运行造成了不良影响。列车在坡道上运行时，会受到一种由坡道引起的阻力，称为坡道附加阻力。从图 10-4 中可以看出，机车车辆的重量 Q，可以分解为垂直于坡道的分力 N 和平行于坡道的分力 W_i。分力 N 被轨道的反作用力所抵消，而分力 W_i 就成为坡道附加阻力了。当列车上坡时坡道阻力规定为正（＋），下坡时为负（－）。列车在坡道上所受的总坡道阻力 W_i 可以按下式确定：

$$W_i = Qg \cdot \sin\alpha \approx Qg \cdot \tan\alpha = Qg \cdot i‰ \quad (N) \tag{10-3}$$

列车平均每单位重量所受的坡道阻力叫做单位坡道阻力（w_i），它等于：

$$w_i = \frac{W_i}{Qg} = \frac{Qg \cdot i‰}{Qg} \times 1000 = i \tag{10-4}$$

上面式中，g 为重力加速度。

即机车车辆每单位重量上坡时所受到的坡道阻力等于用千分率表示的坡道坡度。

由此可见，坡道坡度越大，列车上坡时的坡道阻力也就越大，同一台机车

（在列车运行速度相同的条件下）所能牵引的列车重量就越小。

3）限制坡度

铁路的每一个区段都由数量众多的平道和坡道所组成。坡道的坡度不同，它们对列车重量的影响也不一样。在一个区段上，决定一台某一类型机车所能牵引的货物列车重量（最大值）的坡度，叫做限制坡度（i_x‰）。在一般情况下，限制坡度的数值往往和区段内陡长上坡道的最大坡度值相当。

如果在坡道上还有曲线，那么这一坡道的坡道阻力与曲线阻力之和，不允许大于该区段规定的限制坡度的数值，即：

$$i + \omega_r \leqslant i_x \qquad (10-5)$$

限制坡度的大小，对一个区段甚至对整条铁路线的运输能力都有影响。限制坡度越小，重量可以增加，运输能力越大，运营费用就越省。但是，限制坡度定得过小时，就不容易适应地面的天然起伏，使工程量增大，造价提高。因此，对一条新建铁路或改建铁路来说，选择多大的限制坡度，是一个十分重要的问题，要经过周密考虑，综合研究以后决定。我国《铁路线路设计规范》GB 50090—2006 规定的限制坡度最大数值如表 10-3 所列。

限制坡度最大值（‰）　　　　　　　　　　　表 10-3

铁道等级		I			II		
地形等级		平原	丘陵	山区	平原	丘陵	山区
牵引等级	电力	6.0	12.0	15.0	6.0	15.0	20.0
	内燃	6.0	9.0	12.0	6.0	9.0	15.0

在个别线路的越岭地段，地形障碍显著而集中，如果仍采用上表规定的限制坡度，实际上有困难或工程造价太高时，为了统一全线的列车重量标准，保证必要的线路通过能力，在经过详尽的技术经济比较后，允许采用大于限制坡度的加力牵引坡度。当列车经过这一地段时就用几台机车来共同牵引。我国规定加力牵引坡度，电力牵引不得大于 30‰，内燃牵引不得大于 25‰。

4）变坡点

坡道与坡道，坡道与平道的交点叫变坡点。列车经过变坡点时，车钩的应力会发生变化。为了保证列车的运行平稳和安全，我国铁路规定，相邻坡段的连接宜设计为较小的坡度差，并以圆曲线型竖直连线连接，如图 10-5 所示。

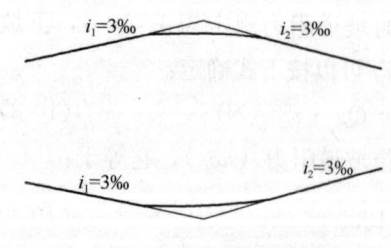

图 10-5　竖曲线示意图

竖曲线是纵断面上的圆曲线。竖曲线的半径通常依据旅客舒适条件、运行安全条件以及设置竖曲线可减小列车通过变坡点的附加纵向力来确定。当路段设计速度为 160km/h 的地段，相邻坡段的坡度差大于 1‰时，竖曲线的半径为 15km。当路段设计速度小于 160km/h 的地段，相邻坡段的坡度差大于 3‰时，竖曲线的半径为 10km，但缓和曲线地段、明桥面桥上、正线道岔范围内不得设置竖曲线，当路段设计速度大于 120km/h 时不得设置变坡点。

5）线路纵断面图

用一定的比例尺，把线路中心线（展直后）投影到垂直面上，并标明平面、纵断面的各项有关资料，就成为纵断面图，如图10-6所示。

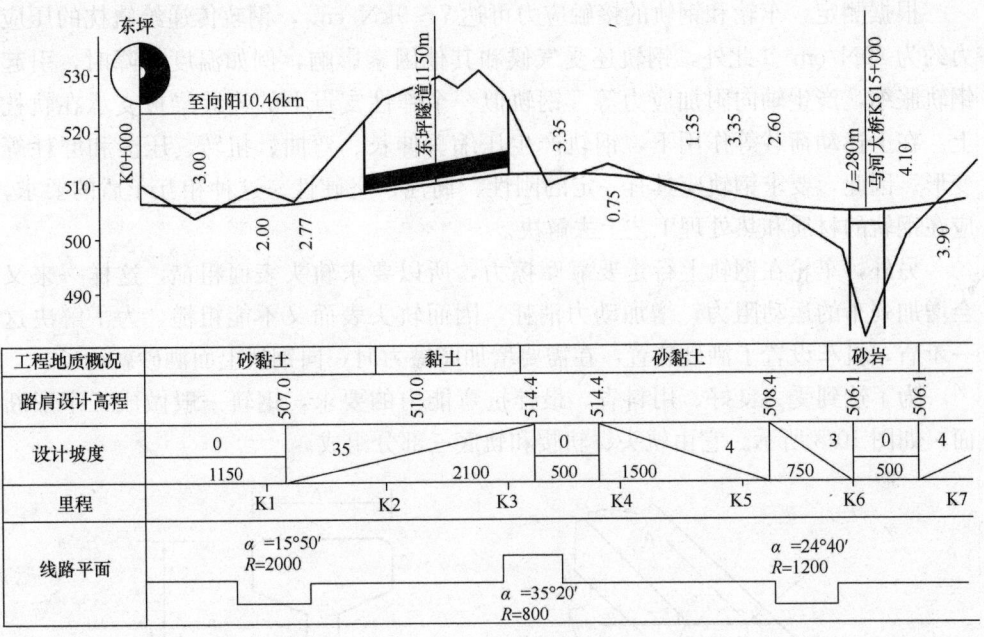

图 10-6　线路纵断面图

线路纵断面图的上部是图，主要表明了线路中心线（即路肩设计标高的连线）、地面线、车站、桥隧建筑物等有关资料及其他有关情况。

线路纵断面图的下部是表，主要有沿线的工程地质概况、设计坡度、地面标高、路肩设计高程及线路平面的有关资料等。

铁路线路平面图和纵断面图是全面、正确反映线路主要技术条件的重要文件，也是指导线路施工工作和在线路交付运营后仍需使用的技术资料。

10.3　轨道

轨道是铁路线路的组成部分，是主要的技术装备之一，是行车的基础，用来引导列车行驶方向，直接承受由车轮传来的巨大压力，并将其传递、扩散到路基或者桥隧建筑物。它包括钢轨、轨枕、联接零件、道床、防爬设备和道岔等，称作铁路线路的上部建筑。轨道必须坚固稳定，并具有正确的几何形位，以确保机车车辆的安全运行。

10.3.1　有砟轨道

1）钢轨

钢轨支持并引导机车车辆运行，承受车轮传来的动荷载，并将所承受的荷载传布于轨枕、道床及路基，同时为车轮的滚动提供阻力最小的接触面。在电气化道路上或自动闭塞区段，还可用作轨道电路。

钢轨受力情况十分复杂，如用 G 表示车轮施于轨头上的力，每一瞬间其大小、方向和作用点都在变化。G 可分解为 3 个分力，即垂直力 P，横向水平力 P_c 和沿钢轨轴线方向的纵向水平分力 P_n，如图 10-7 所示。

根据测定，车轮和钢轨的接触应力可达 7～9kN/cm²，钢轨传递给轨枕的压应力约为 20N/cm²。此外，钢轨还受气候和其他因素影响，例如温度升降时，引起钢轨胀缩，产生轴向附加应力等。钢轨似一个弹性支点上的连续梁被支承在轨枕上。在上述动荷载等作用下，钢轨产生压缩、伸长、弯曲、扭转、压溃和磨耗等变形。因此，要求钢轨应具有一定的刚性、韧性、坚硬性。这种相互矛盾的要求，应在钢轨的材质和热处理工艺上去解决。

另外，车轮在钢轨上行走要靠摩擦力，所以要求轨头表面粗糙，这样一来又会增加列车的运动阻力，增加动力消耗，因而轨头表面又不能粗糙。为了解决这一矛盾，机车设置了洒砂装置，在需要增加摩擦力时，向钢轨上面洒砂就行了。

为了达到受力良好、用料省、最佳抗弯能力的要求，钢轨一般做成工字形断面，如图 10-8 所示。它由轨头、轨腰和轨底三部分组成。

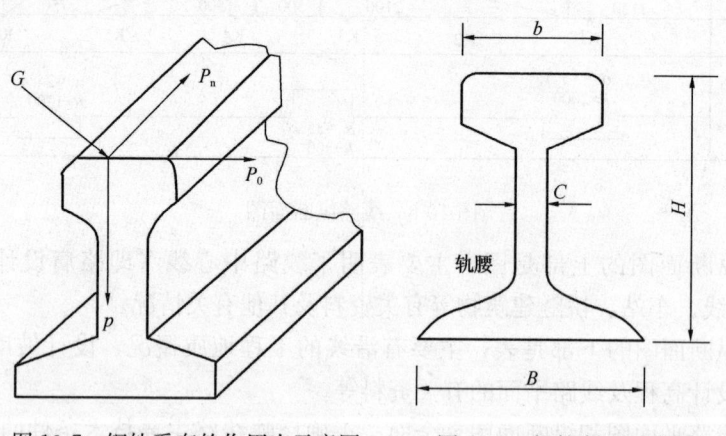

图 10-7 钢轨受车轮作用力示意图　　图 10-8 钢轨断面示意图

钢轨类型通常按照每延米质量来分类，在轴重大、运量大和速度高的重要线路上采用质量大的钢轨，在一般次要线路上使用的钢轨质量相对小一些。我国铁路采用的钢轨重量有 43、45、50、60 和 75kg/m。我国标准钢轨长度定为 12.50m 和 25m 两种，用于铁路曲线上标准缩短轨有比 12.5m 标准长度短 40、80mm 两种，比标准长度 25m 短 40、80、160mm 三种。

2）轨枕

(1) 轨枕的功用

承受钢轨及钢轨连接件（包括防爬器）等传来的垂直力、纵向和横向水平力，并将其分布在道床上。道床顶面所受的压力平均为 1.5～3.0N/cm²；保持钢轨的方向、位置和距离。

(2) 轨枕的种类

轨枕的种类很多，按材料来分，主要有木枕、钢筋混凝土枕和钢枕。此外还有轨枕板及整体道床等新型轨下基础。除普通常用的轨枕外，还有用于道岔下的岔枕、用于桥梁上的桥枕。

(3) 轨枕的配置

每公里配置轨枕的数量，关系到轨道各部分的使用寿命和稳定性。一般来说，在运量大、轴重大，车速高的线路上，轨枕配置应多一些，这样轨道各部分所承受的应力较小，强度高，同时纵横阻力增加了，稳定性好。但是也不宜过密，净距若小于 20cm 时，不便捣固，也不经济。由于钢轨接头处沉陷较大，又受冲力，所以在该处轨枕的间距就小些，靠近接头的轨枕间距次之，其余轨枕间距相同。

3) 联接零件

(1) 钢轨与轨枕的联接零件

钢轨与轨枕（或其他形式的轨下基础）的连接是通过中间联接零件（或简称为扣件）来实现的。中间联接零件把钢轨扣紧在轨枕上，保持钢轨在轨枕上的位置和稳定，防止钢轨倾覆和纵向、横向移动。

枕木常用的扣件是道钉与垫板。道钉有普通和螺纹的两种。枕木与钢轨的扣紧方式有简易式、不分开式、分开式及混合式 4 种。对扣件的要求是，具有一定的强度、耐久、有弹性、构造简单、便于装卸、成本低。

钢筋混凝土轨枕和其他轨下基础，由于弹性差，扣件除与木枕扣件有共同点之外，还要求弹性好，有安装绝缘设备的可能，能保护轨距且方便调节，不用锤击可装卸等功能。

钢筋混凝土轨枕扣件主要有扣板式、拱形弹片式和弹条式三种。

扣板式扣件主要由扣板、螺纹道钉、弹簧垫圈、铁座及绝缘缓冲垫板组成。扣板式扣件零件简单，调整轨距比较方便，但弹性扣压力较低，在使用过程中容易松动，适用于 50kg/m 及以下钢轨的线路。

弹条扣件有 Ⅰ 型、Ⅱ 型和 Ⅲ 型。Ⅰ 型弹条分为 A 型和 BA 型，分别用于 CHN50 钢轨和 CHN60 钢轨。Ⅱ 型与 Ⅰ 型外形相同，但扣压力和弹程都要大些。Ⅲ 型弹条为无挡肩扣件，适用于重载、运量大、密度高的运输条件。弹条Ⅰ型扣件如图 10-9 所示。

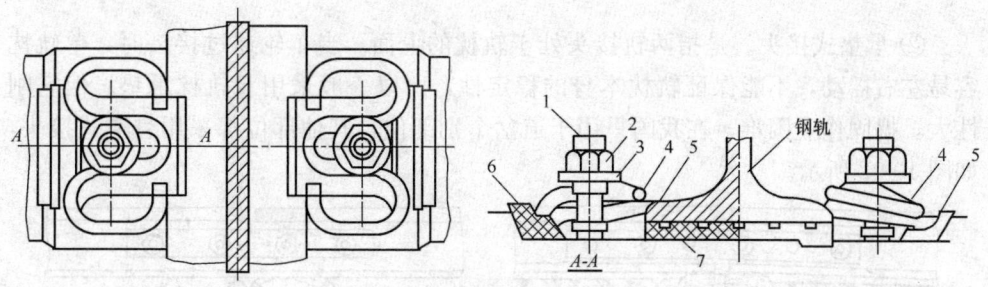

图 10-9　弹条Ⅰ型扣件示意图

1—螺纹道钉；2—螺母；3—平垫圈；4—弹条；5—轨距挡板；6—挡板座；7—橡胶垫板

(2) 钢轨接头的联接零件

钢轨与钢轨之间通过鱼尾板和螺栓连接在一起，以便列车顺利通行。我国干线铁路的钢轨接头采用对接形式，工厂内部曲率很小的曲线钢轨采取错接形式。

两股钢轨接头相互对应的叫对接，接头位置互错开的叫错接。

根据功能，接头可分为：

① 过渡接头。采用异形色尾板连接不同类型钢轨的接头。

② 导电接头。设置导电装备的接头称导电接头。

使用电力机车的线路，为了保证牵引电流回路由钢轨通过（电阻要小），用较粗的钢线连接两根相连的钢轨，在接头处形成电流通路，如图10-10所示。非电力机车区段，自动闭塞信号电流也要通过钢轨传导，因而钢轨接头处采用两根直径5mm镀锌铁丝（两端分别）焊接，能使信号电流顺利通过。

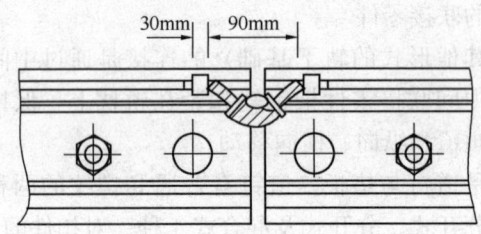

图 10-10 导电接头示意图

③ 绝缘接头。为了使一个闭塞区段的电流不传到另一个闭塞区段，在区段之间或者闭塞区段两端的钢轨接头处，设置绝缘装置，称为绝缘接头。

依照钢轨和轨枕在接头处相对位置，接头可分为：

① 悬空式接头。是指接头处于两轨枕之间。为了加强接头、减小弯矩，可适当缩小接头处两轨枕的距离，如图10-11所示。

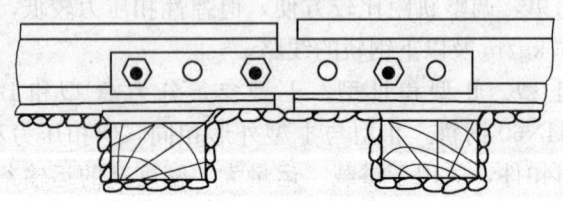

图 10-11 悬空式接头示意图

② 承垫式接头。是指两轨接头处于轨枕的上面。当车轮通过接头时，单轨枕容易左右摇动，不能保证轨枕本身的稳定性，所以一般采用双轨枕承垫。但它刚性大，捣固作业困难，在我国只用于道岔个别部位，其他部位都采用悬空式接头，如图10-12所示。

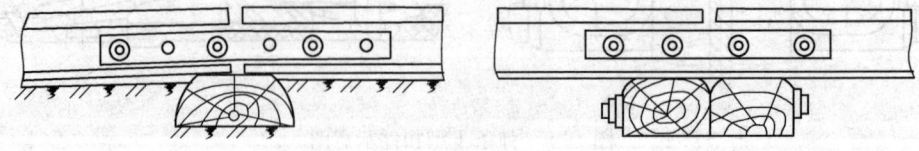

图 10-12 承垫式接头示意图

4) 道床

道床就是轨枕下部的石砟层（道砟层）。其功用为：

(1) 均匀传布机车车辆荷载于较大的路面上；

(2) 阻止轨枕在列车作用下面发生纵向和横向移动；

(3) 排除线路上的地表水并阻止水分自路基上升至轨枕；

(4) 使轨道具有弹性，借以吸收机车车辆的大部分冲击动力；

(5) 便于校正轨道平面和纵断面。

道床的质量直接影响轨道各部分的使用寿命、路基面的状况以及养护维修费用的多少，因而道床材料的质量首先要得到保证：质地坚韧；排水良好，吸水度小；不易被磨碎捣碎；耐冻性强，不易风化，不易被水冲走或被风吹动。

我国铁路的道床材料，主要是筛分碎石和筛选卵石。此外，天然级配卵石、矿渣和砂子也可作道床材料。

碎石道砟是用人工或机械破碎筛分而成的火成岩（如花岗岩、玄武岩）或沉积岩（如砂岩、石灰岩）。这种材料坚韧而表面粗糙，有尖锐的棱角，相错结合，阻力很大，故能较好地保持轨枕的位置，线路稳定性好。碎石要粒径大小均匀，应是粗糙的多面体，不许含有薄片，因为薄片碎石在捣面中容易被击碎或压碎。碎石料径规格有3种，即20~70mm、15~40mm、5~20mm。3种规格分别用于新建及大修、维修、垫砟起道。

卵石道床质量较差，只用于车速较低的线路上，或碎石供应困难的路段。

砂质道砟最差，虽价廉、易排水，但易污脏、易被水冲走和被风吹走，其承压力和阻力均小，线路不稳定。一般不用砂道床。

道床要有一定的厚度。道床厚度是指轨枕底面以下至路面的砟厚。它应能保证由钢轨、轨枕传下来的车辆压力经过道床的扩散而大大减小，使得道床对路基面的压力小于路基土壤的容许承载能力，同时要求路基面上的压力均匀，防止路基发生不均匀的永久变形。从轨枕传到道床上的压力是不均匀的，因而在确定道床厚度时只要求压力值不超过路基面土壤的容许应力就可以了。

在道砟铺设之前，如果不是砂石路基而是普通土路基，则在路基上面先铺设一层20cm厚的砂垫层（底砟）。其功用是使砟传来的荷载均匀分布在路基上，防止面砟被路基的土所玷污，并起反滤作用，避免不良土质的路基发生翻浆冒泥，保持路线稳定，同时也可以节约碎石道砟。

道床顶面要有足够的宽度，其值和轨枕长度有关。伸出轨枕端部的道砟称为道床肩宽，其作用是防止道砟在列车震动下从轨枕下面挤出，维持道床的紧密状态，提高轨道的横向阻力，保持轨道的几何尺寸，从而减少养护维修工作量，这对曲线地段尤为重要。肩宽的增加有助于延长捣固的效果和保持枕道砟不松动，提高线路质量。道床顶面宽度等于轨枕长度加2倍道床肩宽。所以，只要确定合适的道床肩宽就可以了。

根据实验，当道床肩宽取值15cm，道床边坡采用1∶1.5时，在列车震动的情况下不能保持稳定，轨枕端头的道砟塌落很多。当肩宽采用20cm，并将边坡放缓到1∶1.75时，情况就得到基本改善。若再增加肩宽，效果并不显著，反而多用道砟。因而重要线路采用1∶1.75的边坡。为了节约道砟，在运量、铺重和速度较小的轻型线路及站线，仍可采用1∶1.5的边坡，见表10-4。

道床边坡坡度 表10-4

线别	轨道类型	道床边坡坡度
正线	特重型~中型	1∶1.75
站线	轻型	1∶1.5

5）防爬设备

列车在运行时，车轮作用于钢轨有纵向水平力，使钢轨沿线路在轨枕上或带动轨枕发生纵向移动。这种现象叫线路爬行。使钢轨产生爬行的纵向水平力称为爬行力。

形成线路爬行的原因很多，也比较复杂，如钢轨在动荷载下的挠曲，被认为是线路爬行的基本原因。

如图10-13所示，以 A、B 表示钢轨某一断面的上下两点，当列车驶近，钢轨断面发生转动，B 点向前，A 点向后，当车轮滚过钢轨恢复挺直时，B 点向后收缩，但前面钢轨已被车轮压住，无法收缩，于是钢轨被拉向前移动，造成与列车运行方向一致的钢轨爬行。

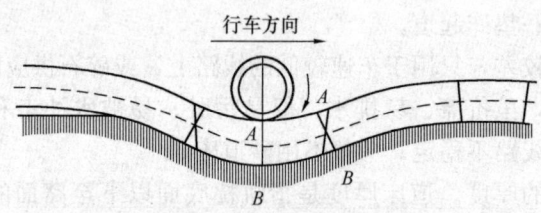

图10-13 线路爬行示意图

线路爬行对铁路危害很大，它会引起轨枕的位置歪斜、间隔不正；会使钢轨的接头缝隙不均，一端形成瞎缝，另一端则拉宽轨缝，造成鱼尾螺栓折断；线路爬行常使轨枕离开捣固坚实的基础，造成线路沉落，产生低接头等。根据资料分析，线路危害有30%以上与爬行有关。因此要采取措施，防止线路爬行。

防止爬行最根本的办法是采用强有力的中间扣件，使钢轨不能在垫板或轨枕上移动。钢筋混凝土轨枕自重大，其扣件的扣着力也大，所以防爬能力较强。在一般情况下，钢筋混凝土轨枕的线路可不另外采取防爬措施，只在其坡度大于6‰的制动地段或新铺线路尚未稳定时，可适当加设防爬设备。

在木枕地段及爬行力较大的地段，单靠加强钢轨与轨枕之间的联结是不够的，加设特制的防爬设备。我国目前常用的是穿销式防爬器。

穿销式防爬器（图10-14），是由穿销及带挡板的轨卡组成。轨卡的一边紧紧地卡住轨底的一边，轨卡的另一边与轨底的另一边之间用楔形穿销楔住，牢固地卡住轨底，挡板应靠紧轨枕侧固（如果是混凝土轨枕，可在挡板与轨枕侧面之间另加木楔以承力）。如果挡板与轨枕侧面不贴紧，则防爬器传不了力、受不到轨枕的抵抗。由于穿销一端断面小，另一端断面大，形状似楔子，小头插入轨卡及轨底之间，列车运行时产生向前方的爬行力，使楔形穿销愈紧，爬行力由轨卡挡板传到轨枕上，钢轨保持稳定而不爬行。

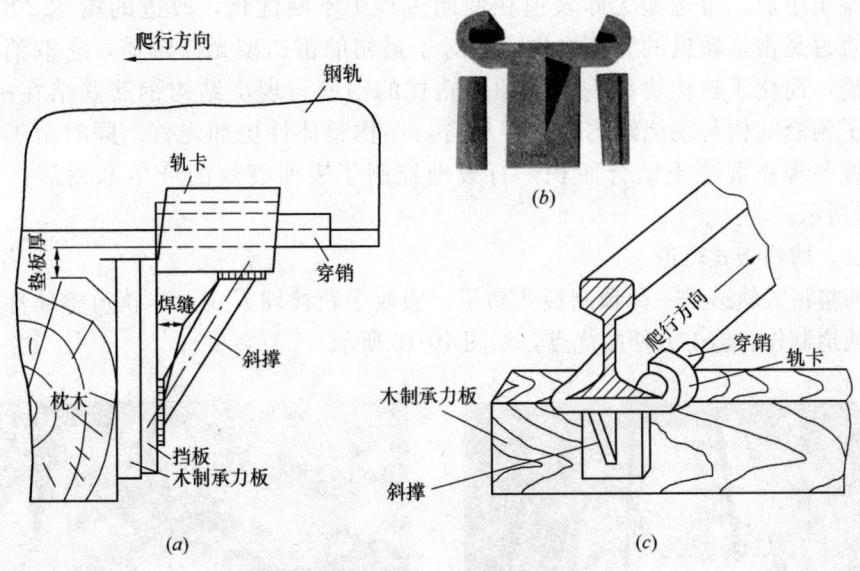

图 10-14　穿销式防爬器示意图
(a) 侧立面；(b) 照片；(c) 正面轴测图

10.3.2　无砟轨道

传统的有砟轨道由于碎石道床在列车荷载的长期作用下，极易产生变形及道砟的磨损和粉化。由于钢轨支承点的非连续性，道床变形和沿线路纵向呈非均匀下沉的特点，极易引起轨道几何形位的变化，影响行车的安全和平稳，对保持良好的轨道状态非常不利。随着世界铁路运行速度的不断提高和铁路技术的不断发展，不少国家成功地研究出并推广了无砟轨道结构。这种轨道结构用混凝土板体基础代替散体道床和轨枕，提高了轨下基础的强度和稳定性，使轨道结构得以加强，实现了轨道少维修的目的。

近年来我国的客运专线建设中，采用了多种类型的无砟轨道结构，如京津客运专线采用博格板；武广客运专线采用雷达 2000；郑西客运专线采用旭普林轨道结构；还有多条线路采用了日本的板式轨道。

1) 无砟轨道类型

无砟轨道结构具有稳定性好、轨道几何尺寸保持久、维修工作量少、耐久性好等特点。按照结构可分为整体结构式和直接支撑式。其中枕式无砟轨道德国采用较多，主要有单枕块式、整体枕式；板式无砟轨道日本采用较多，主要有预制板式、现浇板式。

(1) 雷达型无砟轨道

雷达型无砟轨道于 1972 年铺设于德国比勒菲尔德至哈姆的一段线路上，以雷达车站而命名。现在德国铺设的无砟轨道线路 50% 以上为雷达型无砟轨道。这种无砟轨道除了在德国成规模应用外，在世界其他国家和地区也得到认可并使用。

雷达型无砟轨道把整体式混凝土枕用混凝土灌注在钢筋混凝土的道床板

上，使轨枕与道床板形成了整体的无砟轨道结构形式，道床板又由凹槽板和填充混凝土组成。雷达型无砟轨道在使用过程中不断优化，改进的雷达 2000 型无砟轨道是雷达轨道的完美之作。相对于最初的雷达型无砟轨道，它取消了混凝土槽，简化了轨枕块结构，把预制轨枕的钢筋与现浇结构钢筋联结在一起，实现了预制结构与现浇结构的最佳组合，结构整体性更加完善。同时由于减少了轨枕与现浇混凝土结合面积，有效地控制了表面裂纹的产生和发展，如图 10-15 所示。

（2）博格板式轨道

博格板式轨道是一种预制板式轨道。吸收了轨枕埋入式无砟轨道整体性好和板式轨道制作、施工方便的优点，如图 10-16 所示。

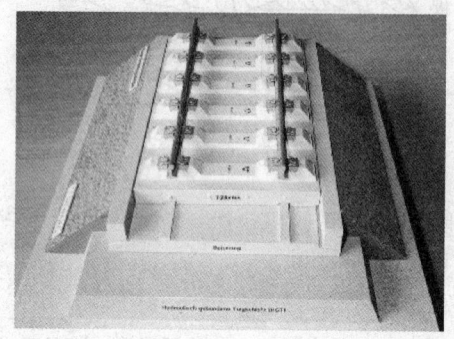
图 10-15　雷达型轨道示意图

图 10-16　博格板式轨道

（3）板式轨道

日本无砟轨道主要以日本新干线板式轨道结构为代表，它在日本得到非常广泛的应用。到目前为止，其板式轨道累计铺设里程已达到 2700 多延长公里。板式轨道结构由轨道板、CA 砂浆（水泥沥青砂浆）和混凝土基础三大部分组成。CA 砂浆作为调整层和弹性层放置在轨道板下面。CA 砂浆下面是混凝土基础，作为板式轨道的底座，混凝土基础上设有凸形挡台放置轨道板的移位，为防止轨道板与凸形挡台的相互挤压破损，在挡台与轨道板之间用树脂材料填充。随着技术的发展，目前常用的主要有普通 A 型轨道板（见图 10-17）、框架型轨道板（见图 10-18）、用于特殊减震区的防振 G 型轨道板、用于路基上的 RA 型轨道板。

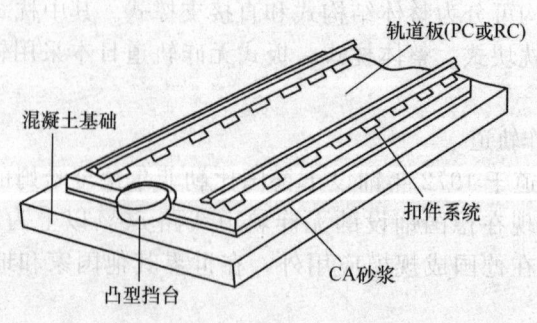
图 10-17　普通 A 型轨道板示意图

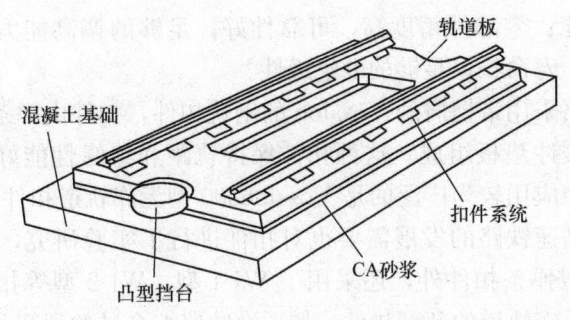

图 10-18 框架型轨道板

(4) LVT 型无砟轨道

英国 LVT 型无砟轨道（见图 10-19）是一种弹性支承块式无砟轨道，最大的特点是在双块式轨枕（或两个独立支承块）的下部及周围设橡胶套靴，在块底与套靴间设橡胶弹性垫层，而在双块式轨枕周围及下部灌注混凝土而成型，为减振轨道。目前 LVT 型无砟轨道的铺设总长度约 360km。

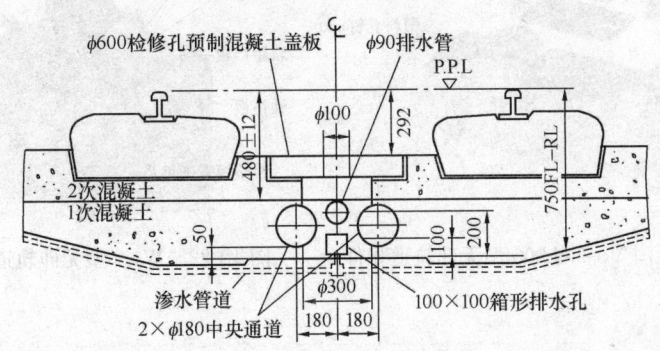

图 10-19 LVT 型无砟轨道

我国在秦沈客运专线的狗河和双何特大桥上分别铺设了板式轨道结构的无砟轨道（见图 10-20），长度分别为 741m 和 740m，在赣龙线枫树排隧道也铺设了 719m。轨道结构主要由 60kg/m 钢轨、WJ-2 扣件、预制轨道板、CA 砂浆、钢筋混凝土底座组成。我国台湾高速铁路的部分区段也采用了日本的框架型板式轨道。

原铁道部在遂渝铁路建立了无砟轨道试验段，对无砟轨道结构进行了系统的实验研究，并设计了不同类型的无砟轨道结构型式，如 CRTS-1 型平板式、框架型板式、纵连板式轨道和 CRTS-1 型双块式无砟轨道等多种类型。

2）无砟轨道扣件

高铁采用无缝钢轨，用高强度扣件锁定钢轨的方式来抑制钢轨的伸缩。高铁无砟轨道对扣件有比一般线路更高的要求：可在各类运营条件下固定钢轨，保持轨距能力强；具有足够的防爬能力，适用于较大的运营温度范围和较大的轴重范围，维持轨道稳定性；具有较高弹

图 10-20 我国秦沈客运专线无砟轨道

性和良好减振性能；零部件精度高，可靠性好；足够的调高能力和调距能力；结构简单，少维修，寿命长；足够的电绝缘性。

德国高速铁路采用带挡肩的 Vossloh 的钢轨扣件，扣件由弹条、轨距挡板、螺栓、塑料套管和缓冲垫板组成。这种扣件保持轨距和绝缘性能好，结构简单，安装使用方便。其中应用较为广泛的是 Vossloh300 型无砟轨道扣件（见图 10-21）。

我国为适应高速铁路的发展需要也对扣件进行了实验研究，试验段内除了应用较为通用的Ⅱ型弹条扣件外，还采用了 WJ-1 型、WJ-2 型等扣件。此外还有针对我国高速铁路无砟轨道的新型扣件，如遂渝铁路综合试验段采用的 WJ-7 型扣件等。图 10-22 为我国客运专线上普遍采用的 WJ-8 型无砟轨道扣件。

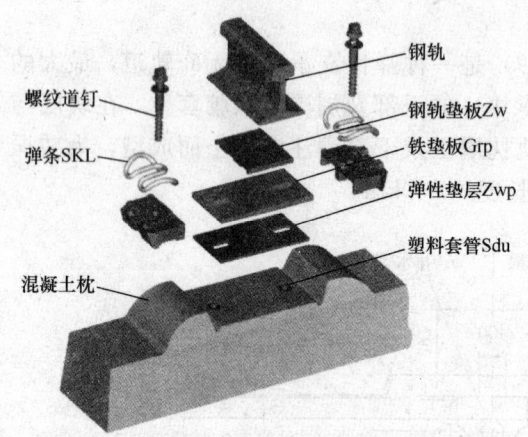

图 10-21　德国 Vossloh300 型无砟轨道扣件

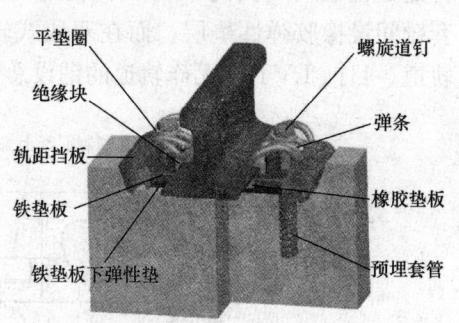

图 10-22　WJ-8 型无砟轨道扣件示意图

10.4　铁路路基

1）路基断面

路基是铁路线路的重要组成部分，它承受铁路轨道的重量以及通过轨道传来的机车车辆动力荷载。路基修建的质量关系到行车速度与安全，因此要求路基应坚实、稳定、耐久；具有良好的排水设施；有利于机械养护与维修；修建费用低。

垂直于线路中心线的路基截面，称为路基横断面，简称路基断面。

路基断面形式有：路堤、路堑、不填不挖、半路堤、半路堑、半填半挖等，如图 10-23～图 10-28 所示。

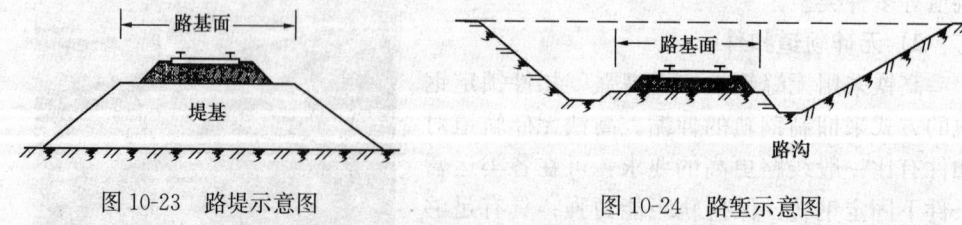

图 10-23　路堤示意图　　　　　　图 10-24　路堑示意图

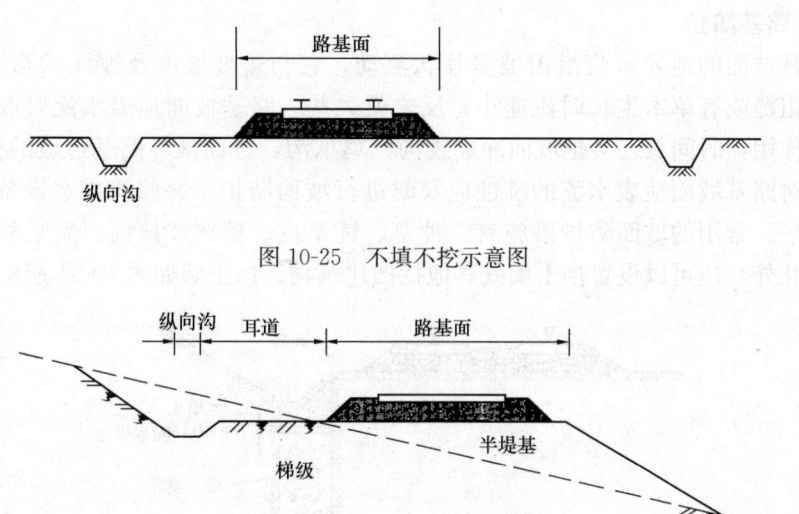

图 10-25　不填不挖示意图

图 10-26　半路堤示意图

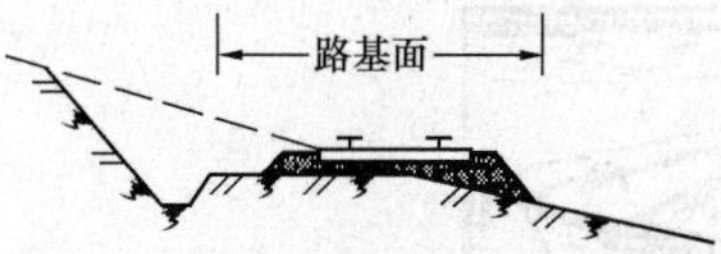

图 10-27　半路堑示意图 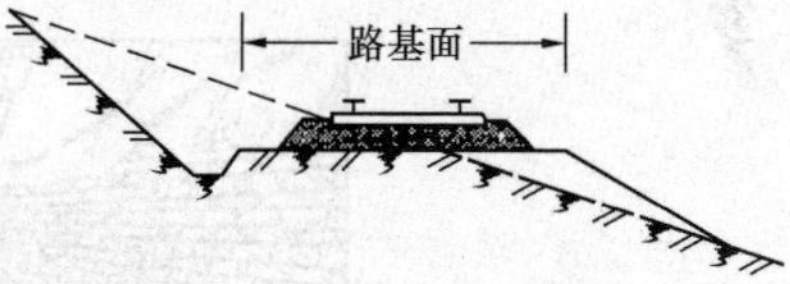　　　　图 10-28　半填半挖示意图

路基的宽度，应考虑远期发展的铁路等级，维修和机械化作业，并根据路拱断面、轨道类型、道床标准形式及尺寸和路肩宽度计算确定。

路基横断面设计分定型设计和个别设计两大类。通常情况下，路基填挖高度不大，地质水文条件一般，修建路基为普通土壤，大都采用路基标准设计图。如果遇到高填深挖或地质不良地带等特殊情况，要根据具体情况进行个别设计，或对标准图进行某些修改。

2) 路基排水

为保持路基经常处于干燥、坚固和稳定状态，路基上设有一套完整的排水设备。如纵向排水沟、侧沟和截水沟是为了排除地面水而设置的，如图 10-29 所示。

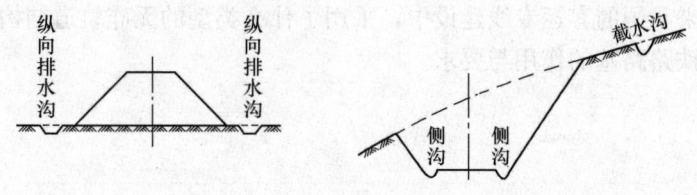

图 10-29　路基地面排水设施

除了地面水以外，地下水也是破坏路基坚实、稳固的一个重要因素。为了拦截地下水，降低地下水位，常采用渗沟和渗管等地下排水设备，如图 10-30 所示。地下水渗入渗沟后，可通过渗管纵向排出路堑。

3) 路基防护

路基坡面的地表水流沿山坡呈片状流动，它与边坡坡度及坡面状态等有关。缓坡、粗糙或有草木生长时流速小，反之就大些。路基坡面地表水流对坡面有洗蚀破坏作用，时间长还会把坡面冲成纹沟、鸡爪沟，进而破坏路基边坡的稳定性。因此，对路基坡面地表水流的洗蚀应及时进行坡面防护，并修筑排水设备，保证排水通畅。常用的坡面防护措施有：种草、铺草皮、植树、抹面、灌浆和砌石护坡等。此外，还可以设置挡土墙或其他拦挡建筑物。挡土墙如图 10-31 所示。

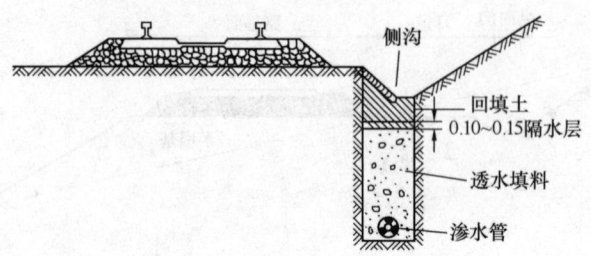

图 10-30　渗沟和渗管

图 10-31　挡土墙

复习思考题

1. 铁路线路分类与组成分别是什么？
2. 影响线路走向选定的因素有很多，主要应考虑什么因素？
3. 什么是铁路线路纵断面图？有什么内容？
4. 铁路轨道有什么作用？由什么组成？有何要求？
5. 铁路道床有什么作用？
6. 近年来我国的客运专线建设中，采用了什么类型的无砟轨道结构？
7. 简述铁路路基的作用与要求。

附录　常用建筑术语

1　民用建筑设计通则部分

（1）民用建筑 civil building
供人们居住和进行公共活动的建筑的总称。
（2）居住建筑 residential building
供人们居住使用的建筑。
（3）公共建筑 public building
供人们进行各种公共活动的建筑。
（4）无障碍设施 accessibility facilities
方便残疾人、老年人等行动不便或有视力障碍者使用的安全设施。
（5）停车空间 parking space
停放机动车和非机动车的室内外空间。
（6）建筑基地 construction site
根据用地性质和使用权属确定的建筑工程项目的使用场地。
（7）道路红线 boundary line of roads
规划的城市道路（含居住区级道路）用地的边界线。
（8）用地红线 boundary line of land; property line
各类建筑工程项目用地的使用权属范围的边界线。
（9）建筑控制线 building line
有关法规或详细规划确定的建筑物、构筑物的基底位置不得超出的界线。
（10）建筑密度 building density; building coverage ratio
在一定范围内，建筑物的基底面积总和与占用地面积的比例（%）。
（11）容积率 plot ratio, floor area ratio
在一定范围内，建筑面积总和与用地面积的比值。
（12）绿地率 greening rate
一定地区内，各类绿地总面积占该地区总面积的比例（%）。
（13）日照标准 insolation standards
根据建筑物所处的气候区、城市大小和建筑物的使用性质确定的，在规定的日照标准日（冬至日或大寒日）的有效日照时间范围内，以底层窗台面为计算起点的建筑外窗获得的日照时间。
（14）层高 storey height
建筑物各层之间以楼、地面面层（完成面）计算的垂直距离，屋顶层由该层楼面面层（完成面）至平屋面的结构面层或至坡顶的结构面层与外墙外皮延长线的交点计算的垂直距离。
（15）室内净高 interior net storey height
从楼、地面面层（完成面）至吊顶或楼盖、屋盖底面之间的有效使用空间的垂直距离。
（16）地下室 basement
房间地平面低于室外地平面的高度超过该房间净高的 1/2 者为地下室。

（17）半地下室　semi-basement

房间地平面低于室外地平面的高度超过该房间净高的1/3，且不超过1/2者为半地下室。

（18）设备层　mechanical floor

建筑物中专为设置暖通、空调、给水排水和配变电等的设备和管道且供人员进入操作用的空间层。

（19）避难层　refuge storey

建筑高度超过100m的高层建筑，为消防安全专门设置的供人们疏散避难的楼层。

（20）架空层　open floor

仅有结构支撑而无外围护结构的开敞空间层。

（21）台阶　step

在室外或室内的地坪或楼层不同标高处设置的供人行走的阶梯。

（22）坡道　ramp

连接不同标高的楼面、地面，供人行或车行的斜坡式交通道。

（23）栏杆　railing

高度在人体胸部至腹部之间，用以保障人身安全或分隔空间用的防护分隔构件。

（24）楼梯　stair

由连续行走的梯级、休息平台和维护安全的栏杆（或栏板）、扶手以及相应的支托结构组成的作为楼层之间垂直交通用的建筑部件。

（25）变形缝　deformation joint

为防止建筑物在外界因素作用下，结构内部产生附加变形和应力，导致建筑物开裂、碰撞甚至破坏而预留的构造缝，包括伸缩缝、沉降缝和抗震缝。

（26）伸缩缝　expansion and contraction joint

将建筑物分割成两个或若干个独立单元，彼此能自由伸缩的竖向缝。通常有双墙伸缩缝、双柱伸缩缝等。

（27）建筑幕墙　building curtain wall

由金属构架与板材组成的，不承担主体结构荷载与作用的建筑外围护结构。

（28）吊顶　suspended ceiling

悬吊在房屋屋顶或楼板结构下的顶棚。

（29）管道井　pipe shaft

建筑物中用于布置竖向设备管线的竖向井道。

（30）烟道　smoke uptake；smoke flue

排除各种烟气的管道。

（31）通风道　air relief shaft

排除室内蒸汽、潮气或污浊空气以及输送新鲜空气的管道。

（32）装修　decoration；finishing

以建筑物主体结构为依托，对建筑内、外空间进行的细部加工和艺术处理。

（33）采光　daylighting

为保证人们生活、工作或生产活动具有适宜的光环境，使建筑物内部使用空间取得的天然光照度满足使用、安全、舒适、美观等要求的技术。

（34）采光系数　daylight factor

在室内给定平面上的一点，由直接或间接地接收来自假定和已知天空亮度分布的天空漫射光而产生的照度与同一时刻该天空半球在室外无遮挡水平面上产生的天空漫射光照度之比。

（35）采光系数标准值　standard value of daylight factor

室内和室外天然光临界照度时的采光系数值。

（36）通风　ventilation

为保证人们生活、工作或生产活动具有适宜的空气环境，采用自然或机械方法，对建筑物内部使用空间进行换气，使空气质量满足卫生、安全、舒适等要求的技术。

2　砌体建筑与结构部分

（1）砌体结构　masonry structure

由块体和砂浆砌筑而成的墙、柱作为建筑物主要受力构件的结构。是砖砌体、砌块砌体和石砌体结构的统称。

（2）建筑砂浆　building mortar

由无机胶凝材料、细集料、掺合料、水以及根据性能确定的各种组分按适当比例配合、拌制并经硬化而成的工程材料。分为施工现场拌制的砂浆或由专业生产厂生产的商品砂浆。

（3）砌筑砂浆　masonry mortar

建筑砂浆的一种，是将砖、石、砌块等块材经砌筑成为砌体，起粘结、衬垫和传力作用的砂浆。

（4）现场配制砂浆　masonry mortar site mixing

由水泥、经骨料和水，以及根据需要加入的石灰、活性掺合料或外加剂在现场配制成的砂浆，分为水泥砂浆和水泥混合砂浆。

（5）预拌砂浆　ready-mixed mortar

专业生产厂生产的湿拌砂浆或干混砂浆。

（6）保水增稠材料　water-retentive and plastic material

改善砂浆可操作性及保水性能的非石灰类材料。

（7）湿拌砂浆　wet-mixed mortar

水泥、细集料、保水增稠材料、外加剂和水以及根据需要掺入的矿物掺合料等组分按一定比例，在搅拌站经计量、拌制后，采用搅拌运输车运送至使用地点，放入专用容器储存，并在规定时间内使用完毕的砂浆拌合物。

（8）干混砂浆　dry-mixed mortar

经干燥筛分处理的细集料与水泥、保水增稠材料以及根据需要掺入的外加剂、矿物掺合料等组分按一定比例在专业生产厂混合而成的固态混合物，在使用地点按规定比例加水或配套液体拌合使用。

（9）烧结普通砖　fired common brick

由煤矸石、页岩、粉煤灰或黏土为主要原料，经过焙烧而成的实心砖。分烧结煤矸石砖、烧结页岩砖、烧结粉煤灰砖、烧结黏土砖等。

（10）烧结多孔砖　fired perforated brick

以煤矸石、页岩、粉煤灰或黏土为主要原料，经焙烧而成，孔洞率不大于35%，孔的尺寸小而数量多，主要用于承重部位的砖。

（11）蒸压灰砂普通砖　autoclaved sand-lime brick

以石灰等钙质材料和砂等硅质材料为主要原料，经坯料制备、压制排气成型、高压蒸汽养护而成的实心砖。

（12）蒸压粉煤灰普通砖　autoclaved flyash-lime brick

以石灰、消石灰（如电石渣）或水泥等钙质材料与粉煤灰等硅质材料及集料（砂等）为主要原料，掺加适量石膏，经坯料制备、压制排气成型、高压蒸汽养护而成的实心砖。

（13）混凝土小型空心砌块　concrete small hollow block

由普通混凝土或轻骨料混凝土制成。主规格尺寸为390mm×190mm×190mm、空心率为

25%～50%的空心砌块。简称混凝土砌块或砌块。

(14) 混凝土砖　concrete brick

以水泥为胶结材料，以砂、石等为主要集料。加水搅拌、成型、养护制成的一种多孔的混凝土半盲孔砖或实心砖。多孔砖的主规格尺寸为240mm×115mm×90mm、240mm×190mm×90mm、190mm×190mm×90mm等；实心砖的主规格尺寸为240mm×115mm×53mm、240mm×115mm×90mm等。

(15) 轻集料混凝土　lightweight aggregate concrete

用轻粗集料、轻砂（或普通砂）、水泥和水等原材料配制而成的干表观密度不大于1950kg/m³的混凝土。

(16) 混凝土轻集料小型空心砌块　lightweight aggregate concrete small hollow block

用轻集料混凝土制成的小型空心砌块。

(17) 混凝土砌块（砖）专用砌筑砂浆　mortar for concrete small hollow block

由水泥、砂、水以及根据需要掺入的掺合料和外加剂等组分，按一定比例，采用机械拌合制成，专门用于砌筑混凝土砌块的砌筑砂浆。简称砌块专用砂浆。

(18) 蒸压灰砂普通砖、蒸压粉煤灰普通砖专用砌筑砂浆　mortar for autoclaved silicate brick

由水泥、砂、水以及根据需要掺入的掺合料和外加剂等组分，按一定比例，采用机械拌合制成，专门用于砌筑蒸压灰砂砖或蒸压粉煤灰砖砌体，且砌体抗剪强度应不低于烧结普通砖砌体的取值的砂浆。

(19) 混凝土构造柱　structural concrete column

在砌体房屋墙体的规定部位，按构造配筋，并按先砌墙后浇灌混凝土柱的施工顺序制成的混凝土柱。通常称为混凝土构造柱，简称构造柱。

(20) 圈梁　ring beam

在房屋的檐口、窗顶、楼层、吊车梁顶或基础顶面标高处，沿砌体墙水平方向设置封闭状的按构造配筋的混凝土梁式构件。

(21) 墙梁　wall beam

由钢筋混凝土托梁和梁上计算高度范围内的砌体墙组成的组合构件。包括简支墙梁、连续墙梁和框支墙梁。

(22) 挑梁　cantilever beam

嵌固在砌体中的悬挑式钢筋混凝土梁。一般指房屋中的阳台挑梁、雨篷挑梁或外廊挑梁。

3　钢筋混凝土建筑与结构部分

(1) 普通混凝土　ordinary concrete

干表观密度为（2000～2800）kg/m³的水泥混凝土。

(2) 混凝土抗冻标号　resistance grade to freezing-thawing of concrete

用慢冻法测得的最大冻融循环次数来划分的混凝土的抗冻性能等级。

(3) 混凝土抗冻等级　resistance class to freezing-thawing of concrete

用快冻法测得的最大冻融循环次数来划分的混凝土的抗冻性能等级。

(4) 钢筋混凝土结构　reinforced concrete structure

配置受力的普通钢筋、钢筋网或钢筋骨架的混凝土结构。

(5) 预应力混凝土结构　prestressed concrete structure

配置受力的预应力筋，通过张拉或其他方法建立预加应力的混凝土结构。

(6) 现浇混凝土结构　cast-in-situ concrete structure

在现场原位支模并整体浇筑而成的混凝土结构。

(7) 装配式混凝土结构　prefabricated concrete structure

由预制混凝土构件或部件装配、连接而成的混凝土结构。

(8) 装配整体式混凝土结构　assembled monolithic concrete structure

由预制混凝土构件或部件通过钢筋、连接件或施加预应力加以连接，并现场浇筑混凝土而形成整体受力的混凝土结构。

(9) 混凝土保护层　concrete cover

结构构件中钢筋外边缘至构件表面范围用于保护钢筋的混凝土，简称保护层。

(10) 锚固长度　anchorage length

受力钢筋端部依靠其表面与混凝土的粘结作用或端部弯钩、锚头对混凝土的挤压作用而达到设计所需应力的长度。

(11) 钢筋连接　splice of reinforcement

通过绑扎搭接、机械连接、焊接等方法实现钢筋之间内力传递的构造形式。

(12) 配筋率　ratio of reinforcement

混凝土构件中配置的钢筋面积（或体积）与规定的混凝土截面面积（或体积）的比值。

(13) 剪跨比　ratio of shear span to effective depth

截面弯矩除以剪力和有效高度的乘积所得的值。

(14) 横向钢筋　transverse rereinforcement

垂直于纵向受力钢筋的箍筋及用于约束的间接钢筋。

4　建筑抗震部分

(1) 抗震设防烈度　seismic precautionary intensity

按国家规定的权限批准作为一个地区抗震设防依据的地震烈度。一般情况，取50年内超越概率10%的地震烈度。

(2) 抗震设防标准　seismic precautionary criterion

衡量抗震设防要求高低的尺度，由抗震设防烈度或设计地震动参数及建筑抗震设防类别确定。

(3) 地震作用　earthquake action

由地震动引起的结构动态作用，包括水平地震作用和竖向地震作用。

(4) 建筑抗震概念设计　seismic concept design of buildings

根据地震灾害和工程经验等所形成的基本设计原则和设计思想，进行建筑和结构总体布置并确定细部构造的过程。

(5) 抗震措施　seismic measures

除地震作用计算和抗力计算以外的抗震设计内容，包括抗震构造措施。

(6) 抗震构造措施　details of seismic design

根据抗震概念设计原则，一般不需计算而对结构和非结构各部分必须采取的各种细部要求。

5　地基与基础部分

(1) 地基　Subgrade, Foundation soils

支承基础的土体或岩体。

(2) 基础　Foundation

将结构所承受的各种作用传递到地基上的结构组成部分。

(3) 地基处理　Ground treatment, Ground improvement

为提高地基强度，或改善其变形性质或渗透性质而采取的工程措施。

(4) 复合地基　Composite subgrade, Composite foundation

部分土体被增强或被置换，而形成的由地基土和增强体共同承担荷载的人工地基。

(5) 扩展基础　Spread foundation

为扩散上部结构传来的荷载，使作用在基底的压应力满足地基承载力的设计要求，且基础内部的应力满足材料强度的设计要求，通过向侧边扩展一定底面积的基础。

(6) 无筋扩展基础　Non-reinforced spread foundation

由砖、毛石、混凝土或毛石混凝土、灰土和三合土等材料组成的，且不需配置钢筋的墙下条形基础或柱下独立基础。

(7) 桩基础　Pile foundation

由设置于岩土中的桩和连接于桩顶端的承台组成的基础。

(8) 基坑工程　Excavation engineering

为保证地面向下开挖形成的地下空间在地下结构施工期间的安全稳定所需的挡土结构及地下水控制、环境保护等措施的总称。

6　钢结构与施工部分

(1) 钢结构　steel structure

以钢板、钢管、热轧型钢或冷加工成型的型钢通过焊接、铆钉或螺栓连接而成的结构。

(2) 钢与混凝土组合梁　composite steel and concrete beam

由混凝土翼板与钢梁通过抗剪连接件组合而成可整体受力的梁。

(3) 钢管混凝土柱　concrete filled steel tubular column

钢管内浇筑混凝土的柱。

(4) 大体积混凝土　mass concrete

混凝土结构物实体最小几何尺寸不小于1m的大体量混凝土，或预计会因混凝土中胶凝材料水化引起的温度变化和收缩而导致有害裂缝产生的混凝土。

(5) 施工缝　construction joint

因设计要求或施工需要分段浇筑而在先、后浇筑的混凝土之间所形成的接缝。

(6) 竖向施工缝　vertical construction seam

混凝土不能连续浇筑时，因混凝土浇筑停顿时间有可能超过混凝土的初凝时间，在适当位置留置的垂直方向的预留缝。

(7) 水平施工缝　horizontal construction seam

混凝土不能连续浇筑时，因混凝土浇筑停顿时间有可能超过混凝土的初凝时间，在适当位置留置的水平方向的预留缝。

(8) 后浇带　post-cast strip

考虑环境温度变化、混凝土收缩、结构不均匀沉降等因素，将梁、板（包括基础底板）、墙划分为若干部分，经过一定时间后再浇筑的具有一定宽度的混凝土带。

7　屋面工程技术部分

(1) 屋面工程　roof project

由防水、保温、隔热等构造层所组成房屋顶部的设计和施工。

(2) 隔汽层　vapor barrier

阻止室内水蒸气渗透到保温层内的构造层。

(3) 保温层　thermal insulation layer

减少屋面热交换作用的构造层。

(4) 防水层　waterproof layer

能够隔绝水而不使水向建筑物内部渗透的构造层。

(5) 隔离层　Isolation layer

消除相邻两种材料之间粘结力、机械咬合力、化学反应等不利影响的构造层。

(6) 保护层　protection layer

对防水层或保温层起防护作用的构造层。

(7) 隔热层　insulation layer

减少太阳辐射热向室内传递的构造层。

(8) 复合防水层　compound waterproof layer

由彼此相容的卷材和涂料组合而成的防水层。

(9) 附加层　additional layer

在易渗漏及易破损部位设置的卷材或涂膜加强层。

(10) 防水垫层　waterproof cushion

设置在瓦材或金属板材下面，起防水、防潮作用的构造层。

(11) 持钉层　nail-supporting layer

能够握裹固定钉的瓦屋面构造层。

(12) 平衡含水率　equilibrium water content

在自然环境中，材料孔隙中所含有的水分与空气湿度达到平衡时，这部分水的质量占材料干质量的百分比。

(13) 相容性　compatibility

相邻两种材料之间互不产生有害的物理和化学作用的性能。

(14) 纤维材料　fiber material

将熔融岩石、矿渣、玻璃等原料经高温熔化，采用离心法或气体喷射法制成的板状或毡状纤维制品。

(15) 喷涂硬泡聚氨酯　spraying polyurethane rigid foam

以异氰酸酯、多元醇为主要原料加入发泡剂等添加剂，现场使用专用喷涂设备在基层上连续多遍喷涂发泡聚氨酯后，形成无接缝的硬泡体。

(16) 现浇泡沫混凝土　casting foam concrete

用物理方法将发泡剂水溶液制备成泡沫，再将泡沫加入到由水泥、骨料、掺合料、外加剂和水等制成的料浆中，经混合搅拌、现场浇筑、自然养护而成的轻质多孔混凝土。

(17) 玻璃采光顶　Glass lighting roof

由玻璃透光面板与支承体系组成的屋顶。

8　道路工程部分

(1) 路基　Subgrade

按照路线位置和一定技术要求修筑的带状构造物，是路面的基础，承受由路面传来的行车荷载。

(2) 路床　Roadbed

指路面底面以下 0.80m 范围内的路基部分。在结构上分为上路床（0～0.30m）及下路床（0.30～0.80m）两层。

(3) 路堤　Embankment

高于原地面的填方路基。路堤在结构上分为上路堤和下路堤，上路堤是指路面底面以下 0.80～1.50m 范围内的填方部分；下路堤是指上路堤以下的填方部分。

(4) 路堑　Cutting

低于原地面的挖方路基。

(5) 填石路堤　Rockfill embankment

用粒径大于 40mm、含量超过 70% 的石料填筑的路堤。

(6) 挡土墙　Retaining wall

承受土体侧压力的墙式构造物。

(7) 抗滑桩　Slide-resistant pile

抵抗土压力或滑坡下滑力的横向受力桩。

(8) 土钉　Soil nailing

在土质或破碎软弱岩质边坡中设置钢筋钉以维持边坡稳定的支护结构。

(9) 预应力锚杆（索）　Prestressed anchor

由锚头、预应力筋、锚固体组成，通过对预应力筋施加张拉力以加固岩土体使其达到稳定状态的支护结构。

(10) 沥青结合料 asphalt binder, asphalt cement

在沥青混合料中起胶结作用的沥青类材料（含添加的外掺剂、改性剂等）的总称。

(11) 乳化沥青　emulsified bitumen（英），asphalt emulsion, emulsified asphalt（美）

石油沥青与水在乳化剂、稳定剂等的作用下经乳化加工制得的均匀的沥青产品，也称沥青乳液。

(12) 液体沥青　liquid bitumen（英），cutback asphalt（美）

用汽油、煤油、柴油等溶剂将石油沥青稀释而成的沥青产品，也称轻制沥青或稀释沥青。

(13) 改性沥青　modified bitumen（英），modified asphalt cement（美）

掺加橡胶、树脂、高分子聚合物、天然沥青、磨细的橡胶粉或者其他材料等外掺剂（改性剂），使沥青或沥青混合料的性能得以改善而制成的沥青结合料。

(14) 改性乳化沥青 modified emulsified bitumen（英），modified asphalt emulsion（美）

在制作乳化沥青的过程中同时加入聚合物胶乳，或将聚合物胶乳与乳化沥青成品混合，或对聚合物改性沥青进行乳化加工得到的乳化沥青产品。

(15) 天然沥青　natural bitumen（英），natural asphalt（美）

石油在自然界长期受地壳挤压、变化，并与空气、水接触逐渐变化而形成的、以天然状态存在的石油沥青，其中常混有一定比例的矿物质。按形成的环境可以分为湖沥青、岩沥青、海底沥青、油页岩等。

(16) 透层　prime coat

为使沥青面层与非沥青材料基层结合良好，在基层上喷洒液体石油沥青、乳化沥青、煤沥青而形成的透入基层表面一定深度的薄层。

(17) 粘层　tack coat

为加强路面沥青层与沥青层之间、沥青层与水泥混凝土路面之间的粘结而洒布的沥青材料薄层。

(18) 封层　seal coat

为封闭表面空隙、防止水分侵入而在沥青面层或基层上铺筑的有一定厚度的沥青混合料薄层。铺筑在沥青面层表面的称为上封层，铺筑在沥青面层下面、基层表面的称为下封层。

(19) 稀浆封层　slurry seal

用适当级配的石屑或砂、填料（水泥、石灰、粉煤灰、石粉等）与乳化沥青、外掺剂和水，按一定比例拌和而成的流动状态的沥青混合料，将其均匀地摊铺在路面上形成的沥青封层。

(20) 微表处　micro-surfacing

用适当级配的石屑或砂、填料（水泥、石灰、粉煤灰、石粉等）采用聚合物改性乳化沥青、外掺剂和水，按一定比例拌和而成的流动状态的沥青混合料，将其均匀地摊铺在路面上形成的沥青封层。

(21) 沥青混合料　bituminous mixtures（英），asphalt（美）

由矿料与沥青结合料拌和而成的混合料的总称。按材料组成及结构分为连续级配、间断级配混合料，按矿料级配组成及空隙率大小分为密级配、半开级配、开级配混合料。按公称最大粒径的大小可分为特粗式（公称最大粒径等于或大于31.5mm）、粗粒式（公称最大粒径26.5mm）、中粒式（公称最大粒径16或19mm）、细粒式（公称最大粒径9.5或13.2mm）、砂粒式（公称最大粒径小于9.5mm）沥青混合料。按制造工艺分热拌沥青混合料；冷拌沥青混合料；再生沥青混合料等。

(22) 密级配沥青混合料 dense-graded bituminous mixtures（英），dense-graded asphalt mixtures（美）

按密实级配原理设计组成的各种粒径颗粒的矿料，与沥青结合料拌合而成，设计空隙率较小（对不同交通及气候情况、层位可作适当调整）的密实式沥青混凝土混合料（以AC表示）和密实式沥青稳定碎石混合料（以ATB表示）。按关键性筛孔通过率的不同又可分为细型、粗型密级配沥青混合料等。粗集料嵌挤作用较好的也称嵌挤密实型沥青混合料。

(23) 开级配沥青混合料 open-graded bituminous paving mixtures（英），open graded asphalt mixtures（美）

矿料级配主要由粗集料嵌挤组成，细集料及填料较少，设计空隙率18%的混合料。

(24) 半开级配沥青碎石混合料 half (semi)-open-graded bituminous paving mixtures（英）

由适当比例的粗集料、细集料及少量填料（或不加填料）与沥青结合料拌合而成，经马歇尔标准击实成型试件的剩余空隙率在6%～12%的半开式沥青碎石混合料（以AM表示）。

(25) 间断级配沥青混合料 gap-graded bituminous paving mixtures（英），gap-graded asphalt mixtures（美）

矿料级配组成中缺少1个或几个档次（或用量很少）而形成的沥青混合料。

(26) 沥青稳定碎石混合料（简称沥青碎石） bituminous stabilization aggregate paving mixtures（英），asphalt-treated permeable base（美）

由矿料和沥青组成具有一定级配要求的混合料，按空隙率、集料最大粒径、添加矿粉数量的多少，分为密级配沥青碎石（ATB）、开级配沥青碎石（OGFC表面层及ATPB基层）、半开级配沥青碎石（AM）。

(27) 沥青玛蹄脂碎石混合料 stone mastic asphalt（英），stone matrix asphalt（美）

由沥青结合料与少量的纤维稳定剂、细集料以及较多量的填料（矿粉）组成的沥青玛蹄脂，填充于间断级配的粗集料骨架的间隙，组成一体形成的沥青混合料，简称SMA。

(28) 路面水泥混凝土 Paving Cement Concrete

满足路面摊铺工作性、弯拉强度、表面功能、耐久性及经济性等要求的水泥混凝土材料。

(29) 滑模铺筑 Slipform Paving

采用滑模摊铺机铺筑混凝土路面的施工工艺。其特征是不架设边缘固定模板，能够一次完成布料摊铺、振捣密实、挤压成形、抹面修饰等混凝土路面摊铺功能。

(30) 轨道铺筑 Trailform Paving

采用轨道摊铺机铺筑混凝土路面的施工工艺。

(31) 碾压混凝土路面铺筑 Paving by Roller Compacted Concrete Pavement

采用特干硬性水泥混凝土拌合物，使用沥青摊铺机摊铺、压路机械碾压密实成形的混凝土路面施工工艺。

9 桥梁工程部分

(1) 铁路桥梁 railway bridge

铁路跨越天然障碍物或人工设施的架空建筑物。

(2) 铁路涵洞 culvert for railway

横穿铁路路基，用以排洪、灌溉或作为通道的建筑物。

(3) 顶进桥涵　jacked-in bridge or culvert
穿越既有铁路路基用顶进方法施工的桥涵。

(4) 桥跨结构　bridge superstructure
梁桥支座以上或拱桥起拱线以上跨越桥孔的结构。

(5) 桥墩　pier
支承相邻桥跨结构，并将其荷载传给地基的建筑物。

(6) 桥台　abutment
连接桥跨结构和路基的支挡建筑物。

(7) 实体墩台　solid pier and abutment
墩身和台身为实体的桥墩和桥台。

(8) 空心墩　hollow pier
墩身为空腔体的桥墩。

(9) 地基　subsoil；foundation soil
承受结构作用的地层。

(10) 基础　foundation
将结构所承受的荷载传递至地基上的构造物。

(11) 明挖基础　open dug foundation
由开挖地基进行施工的基础。

(12) 桩基础　pile foundation
由基桩和承台板构成的基础。

(13) 沉井基础　open caisson foundation
由上、下开口的井筒状结构物下沉至设计高程所形成的基础。

(14) 梁　beam
直线或曲线形构件。主要承受各种荷载产生的弯矩和剪力。

(15) 简支梁　simple-supported beam
一端支承在固定支座上，另一端支承在活动支座上的梁。

(16) 连续梁　continuous beam
由三个或三个以上支座支承的梁。

(17) 桁架　truss
由若干杆件构成的平面或空间格架式结构或构件。各杆件主要承受各种荷载产生的轴向力。

(18) 钢梁　steel beam
以钢材作为主要建筑材料的梁。

(19) 框架　frame
由梁和柱以刚接或铰接相连接而构成承重体系的结构。

(20) 刚构　rigid frame
梁与墩（台）连接的结构。

(21) 主桁（主梁）　main truss
在上部结构中，支承各种荷载并将其传递至墩、台的桁（梁）。

(22) 横梁　floor beam
在上部结构中，沿桥轴横向设置并支承于主桁（主梁）上的梁。

(23) 纵梁　stringer
在上部结构中，沿桥轴向设置并支承于横梁上的梁。

(24) 桥面系　floor system，bridge decking

上部结构中，直接承受车辆、人群等荷载并将其传递到主桁（主梁）的整个桥面构造系统。包括桥面铺装、桥面板、纵梁、横梁及人行道等。

(25) 支座　bearing

设在桥梁上部结构与下部结构之间的传力装置，其应能使上部结构具有必要的活动性。

(26) 拱桥　arch bridge

以拱圈或拱肋作为桥跨结构的桥。

(27) 拱涵　arch culvert

洞身顶部呈拱形的涵洞。

10　隧道工程部分

(1) 公路隧道　road tunnel

供汽车和行人通行的隧道，一般分为汽车专用和汽车与行人混用的隧道。

(2) 山岭隧道　mountain runnel

指贯穿山岭或丘陵的隧道。是相对于城市隧道和水下隧道，表示修建场所不同的名称。

(3) 围岩　surrounding rock

隧道工程影响范围内的岩土体。

(4) 围岩压力　surrounding rock pressure

隧道开挖后，因围岩变形或松散等原因，作用于支护或衬砌结构上的压力。

(5) 围岩分级　surrounding rock classification

根据岩体完整程度和岩石坚硬程度等主要指标，按稳定性对围岩进行的分级。

(6) 新奥法　NATM（New Austrian Tunneling Method）

新奥法是应用岩体力学的理论，以维护和利用围岩的自承能力为基点，采用锚杆和喷射混凝土为主要支护手段，及时地进行支护，控制围岩的变形和松弛，使围岩成为支护体系的组成部分，并通过对围岩和支护的量测、监控来指导隧道和地下工程设计施工的方法和原则。

(7) 净空断面（内轮廓）　inner section

指隧道衬砌内侧的断面面积、形状。

(8) 洞门　portal

在隧道的洞口部位，为挡土、坡面防护等而设置的隧道结构物。

(9) 衬砌　lining

为控制和防止围岩的变形或坍落，确保围岩的稳定，或为处理涌水和漏水，或为隧道的内空整齐或美观等目的，将隧道的周边围岩被覆起来的结构体。

(10) 竖井　vertical shaft

为改善营运通风或施工条件而竖向设置的坑道。

(11) 斜井　incline，inclined shaft

为改善营运通风或施工条件按一定倾斜角度设置的坑道。

(12) 横通道　horizontal adit

将隧道划分成几个工区进行施工时，为搬入材料和出渣等而设置的大体上接近水平的作业坑道。横通道有时也可用于营运通风。

11　铁道工程部分

(1) 设计路段（路段）　design section（section）

在设计线（或区段）中，各个按规定的不同旅客列车设计行车速度确定与行车速度有关的建筑物和设备标准的线路段落。简称为路段。

(2) 路段旅客列车设计行车速度（路段设计速度）　design running speed of passenger train in section（section design speed）

用于确定各设计路段内与行车速度有关的建筑物和设备标准的旅客列车设计行车速度。简称为路段设计速度。

（3）国家要求的年输送能力　annual transporting capacity required by the state

国家要求的铁路和在交付运营第 20 年以后具有远景规模性质的年货运输送能力。

（4）道口折算交通量　equivalent traffic volume of grade crossing

年均一昼夜通过道口的火车次数与通过道口的车辆、行人折合为标准车辆数的乘积。

（5）道口平台　platform of grade crossing

道口两侧道路自最外侧钢轨至相邻竖曲线始点的水平路段。

（6）路基　subgrade

经开挖或填筑而形成的直接支承轨道结构的土工结构物。

（7）路堤　embankment

在原地面上，用土、石填筑的路基。

（8）路堑　cutting

自原地面向下开挖的路基。

（9）基床　subgrade bed

路基上部承受轨道、列车动力作用，并受水文、气候变化影响而具有一定厚度的土工结构。基床分表层与底层。

（10）路肩高程　formation level

路肩外缘的高程。

（11）压实系数　compacting factor

填料压实后的干密度与击实试验得出的最大干密度的比值。

（12）土工合成材料　geosynthetics

岩土工程应用的合成材料产品的总称。

（13）最优含水率　optimum moisture content

击实试验所得的干密度与含水率关系曲线上峰值点对应的含水率。

（14）边坡稳定系数　stability factor of slope

边坡稳定性分析中，土体沿某一滑动面的抗滑力（矩）和滑动力（矩）之比值。

（15）轨道　track

路基面以上的线路部分，由钢轨、配件、轨枕、扣件、道岔、道床等组成。

（16）有碴道床　ballast bed

用道碴铺设的道床。

（17）无碴道床　unballast bed

不用道碴铺设的道床。

（18）缩短轨　standard length short rail

用在曲线内股的短于标准长度的规定长度钢轨。

（19）长钢轨　long rail

超过标准长度的钢轨（其中包括厂焊钢轨）。

（20）单元轨节　rail link

一次铺设锁定的连续轨条。

（21）无缝道岔　gapless (welded or glued) turnout

对全部钢轨接头进行焊接、胶接或冻结的道岔。

（22）跨区间无缝线路　super long continuous welded rail track

轨条长度跨越两个或更多区间，且车站正线上采用无缝道岔的无缝线路。

(23) CA 砂浆　CA sand mortar

由沥青乳化剂和水、水泥、细骨料等混合而成的材料，称水泥沥青砂浆，简称 CA 砂浆。

(24) 板式无碴道床　slab rtack

由轨道板、凸型挡台、CA 砂浆及基础垫层组成的无碴道床。

(25) 轨枕埋入式无碴道床　longitudinal track

由轨枕、道床板、隔离层、混凝土底座组成的无碴道床。

(26) 弹性支承块式无碴道床　low vibration track

由混凝土支承块、橡胶套靴、混凝土道床组成的无碴道床。

主要参考文献

[1] 李钰. 建筑工程概论(第二版). 北京：中国建筑工业出版社，2014.
[2] 全国造价工程师执业资格考试培训教材编审委员会. 2013版建设工程技术与计量(土木建筑工程). 北京：中国计划出版社，2014.
[3] 白茂瑞，胡长明. 土木工程概论. 北京：冶金工业出版社，2005.
[4] 朱永全，宋玉香. 隧道工程. 北京：中国铁道出版社，2005.
[5] 韩宝明，李学伟. 高速铁路概论. 北京：北京交通大学出版社，2010.
[6] 李明华，罗世民. 铁道概论. 长沙：中南大学出版社，2011.
[7] 周平. 铁道概论. 北京：中国铁道出版社，2007.
[8] GB/T 15229—2011. 轻集料混凝土小型空心砌块.
[9] JGJ/T 98—2010. 砌筑砂浆配合比设计规程.
[10] JGJ/T 70—2009. 建筑砂浆基本性能试验方法标准.
[11] GB 50010—2010. 混凝土结构设计规范.
[12] GB 50164—2011. 混凝土质量控制标准.
[13] GB 18242—2012. 弹性体改性沥青防水卷材.
[14] GB 50001—2010. 房屋建筑制图统一标准.
[15] GB/T 50103—2010. 总图制图标准.
[16] GB/T 50104—2010. 建筑制图标准.
[17] GB/T 50105—2010. 建筑结构制图标准.
[18] 11G101—1. 混凝土结构施工图平面整体表示方法制图规则和构造详图(现浇混凝土框架、剪力墙、梁、板).
[19] GB 30345—2012. 屋面工程技术规范.
[20] GB 50003—2011. 砌体结构设计规范.
[21] GB 50007—2011. 地基基础设计规范.
[22] GB 50011—2010. 建筑抗震设计规范.
[23] GB 50203—2011. 砌体结构工程施工质量验收规范.
[24] GB 506666—2011. 混凝土结构工程施工规范.
[25] JTG B01—2003 公路工程技术标准.
[26] JTG D30—2004 公路路基设计规范.
[27] JTG F10—2006 公路路基施工技术规范.
[28] JTG F40—2004. 公路沥青路面施工技术规范.
[29] JTG F30—2004. 公路水泥混凝土路面施工技术规范.
[30] JTG D60—2004 公路桥涵设计通用规范.
[31] TB10002.1—2005 铁路桥涵设计基本规范.
[32] JTG D70—2004 公路隧道设计规范.
[33] TB10003—2005 铁路隧道设计规范.
[34] GB 50090—2006 铁路线路设计规范.
[35] TB10001—2005 铁路路基设计规范.
[36] TB10082—2005 铁路轨道设计规范.